全国中等职业学校电工类专业通用教材

全国技工院校电工类专业通用教材（中级技能层级）

电工EDA

（第三版）

人力资源社会保障部教材办公室　组织编写

中国劳动社会保障出版社

简　介

本书主要内容包括 Protel DXP 2004 入门、电路原理图设计、印制电路板设计。

本书由朱振华任主编，恽文卫任副主编，都晔凯、陈嘉参加编写。

图书在版编目（CIP）数据

电工 EDA / 人力资源社会保障部教材办公室组织编写 . -- 3 版 . -- 北京：中国劳动社会保障出版社，2021

全国中等职业学校电工类专业通用教材　全国技工院校电工类专业通用教材 . 中级技能层级

ISBN 978-7-5167-4953-1

Ⅰ. ①电…　Ⅱ . ①人…　Ⅲ. ①电子线路 – 电路设计 – 计算机辅助设计 – 中等专业学校 – 教材　Ⅳ. ①TN702

中国版本图书馆 CIP 数据核字（2021）第 174369 号

中国劳动社会保障出版社出版发行

（北京市惠新东街 1 号　邮政编码：100029）

*

北京汇林印务有限公司印刷装订　　新华书店经销

787 毫米 ×1092 毫米　16 开本　19 印张　361 千字

2021 年 9 月第 3 版　　2024 年 8 月第 5 次印刷

定价：38.00 元

营销中心电话：400-606-6496

出版社网址：http://www.class.com.cn

http://jg.class.com.cn

前　言

为了更好地适应全国技工院校电工类专业的教学要求，全面提升教学质量，人力资源社会保障部教材办公室组织有关学校的一线教师和行业、企业专家，在充分调研企业生产和学校教学情况、广泛听取教师使用反馈意见的基础上，吸收和借鉴各地技工院校教学改革的成功经验，对现有电工类专业通用教材进行了修订（新编）。

本次教材修订（新编）工作的重点主要体现在以下几个方面。

更新教材内容

◆ 根据企业岗位需求变化和教学实践，确定学生应具备的知识与能力结构，调整部分教材内容，增补开发教材，使教材的深度、难度、广度与实际需求相匹配。

◆ 根据相关专业领域的最新技术发展，推陈出新，补充新知识、新技术、新设备、新材料等方面的内容。

◆ 根据最新的国家标准、行业标准编写教材，保证教材的科学性和规范性。

◆ 根据一体化教学理念，提高实践性教学内容的比重，进一步强化理论知识与技能训练的有机结合，体现“做中学、学中做”的教学理念。

优化呈现形式

◆ 创新教材的呈现形式，尽可能使用图片、实物照片和表格等形式将知识点生动地展示出来，提高学生的学习兴趣，提升教学效果。

◆ 部分教材将传统黑白印刷升级为双色印刷和彩色印刷，提升学生的阅读体验。例如，《电工基础（第六版）》和《电子技术基础（第六版）》采用双色设计，使电路图、波形图的内涵清晰明了；《安全用电（第六版）》将图片进行彩色重绘，符合学生的认知习惯。

提升教学服务

为方便教师教学和学生学习，除全面配套开发习题册外，还提供二维码资源、电子教案、电子课件、习题参考答案等多种数字化教学资源。

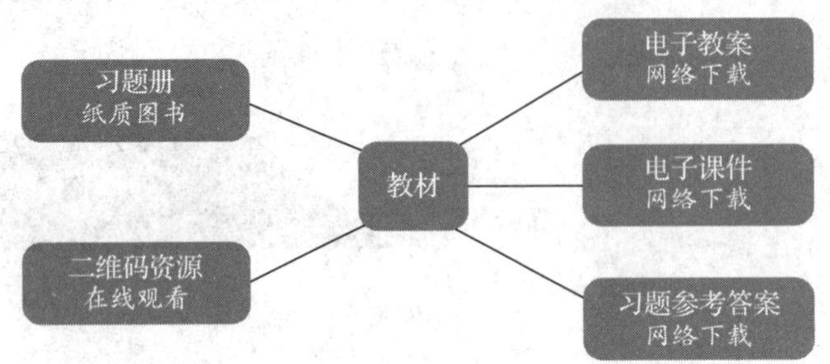

二维码资源——在部分教材中，针对重点、难点内容制作微视频，针对拓展学习内容制作电子阅读材料，使用移动设备扫描即可在线观看、阅读。

电子教案——结合教材内容编写教案，体现教学设计意图，为教师备课提供参考。

电子课件——依据教材内容制作电子课件，为教师教学提供帮助。

习题参考答案——提供教材中习题及配套习题册的参考答案，为教师指导学生练习提供方便。

电子教案、电子课件、习题参考答案均可通过中国技工教育网（http://jg.class.com.cn）下载使用。

致谢

本次教材的修订（新编）工作得到了辽宁、江苏、山东、河南、广西等省（自治区）人力资源社会保障厅及有关学校的大力支持，在此我们表示诚挚的谢意。

人力资源社会保障部教材办公室

2020 年 9 月

目录

第一单元　Protel DXP 2004 入门

第二单元　电路原理图设计

第三单元　印制电路板设计

附　录

第一单元
Protel DXP 2004 入门

课题 1　初识 Protel DXP 2004

学习目标

1. 了解 Protel DXP 2004 的发展历程。
2. 熟悉 Protel DXP 2004 的特点。
3. 能独立完成 Protel DXP 2004 的安装。

基础知识

一、Protel DXP 2004 的发展历程

随着计算机技术的不断发展，电子设计自动化（Electronic Design Automation，EDA）技术已经应用到了各行各业。以设计电路原理图和印制电路板为目标的 EDA 软件，以其惊人的速度在不断地更新换代。常见的此类软件有 Protel、OrCAD、ViewLogic、PowerPCB 等。

Protel 软件主要经历了以下的发展历程：

·20 世纪 80 年代末，随着计算机技术不断应用到各个领域以及电子技术的发展，传统的人工设计和制作印制电路板的方式越来越难以适应形式的发展。在这种背景下，1988 年，美国 Accel Technologies 公司推出了 Protel 的前身 Tango 软件包，开创了电子

设计自动化的先河。随后，Protel Technologies 公司[①]又及时推出了 Protel for DOS 软件包，作为 Tango 的升级版本。

· 进入 20 世纪 90 年代以后，随着个人计算机硬件性能的提高和 Windows 操作系统的推出，Protel Technologies 公司推出了 Protel for Windows 1.0 版本，这是世界上第一款基于 Windows 操作系统的 PCB（Print Circuit Board，印制电路板）设计软件。

· 1994 年，Protel Technologies 公司首创了 EDA Client/Server 体系结构，实现了各种 EDA 工具的无缝链接，随后又陆续推出了 Protel for Windows 2.0、Protel for Windows 3.0 版本。

· 1996 年年底，Protel Technologies 公司推出了 EDA Client 的第三代 Protel 版本。

· 1998 年，Protel Technologies 公司推出了 Protel 98，随后经过引进美国 MicroCode Engineering 公司的仿真技术和德国 Incases Engineering GmbH 公司的信号完整性分析技术，于 1999 年正式推出了 Protel 99。

· 2000 年，Protel Technologies 公司兼并了美国著名的 EDA 公司 Accel Technologies，随后推出了 Protel 99-SE。

· 2001 年，Protel Technologies 公司更名为 Altium 公司，并于 2002 年推出了 Protel DXP。

· 2004 年，Altium 公司推出了 Protel DXP 2004。

· 2006 年，Altium 公司推出了 Protel DXP 2004 的升级版本 Altium Designer 6.0。

· 2006 年之后，陆续发布了 Altium Designer Winter 09、Altium Designer 10 及 Altium Designer 16 等。

二、Protel DXP 2004 的基本文件

1．原理图文件

电路图纸是生产检修过程中常用的一种工具，它可以帮助人们更好地认识和分析电路，通过 Protel DXP 2004 绘制的电路原理图整洁、规范，如图 1-1-1 和图 1-1-2 所示，它们可读性强，直接可以由计算机连接的打印机输出清晰规范的图纸，并且具有很好的外延特性，制图者可以通过在绘图阶段对元件库进行必要的整理，提高今后同类型电路的绘图速度和精度。同时，用户还可以在绘图完成后生成关于电路的元件清单，如图 1-1-3 所示，其中详细列出了电路中各个元件的相关参数，为读图和后续 PCB 的制作提供了便利。

① 文中提到的 Protel Technologies 公司均是指澳大利亚 Protel Technologies 公司。

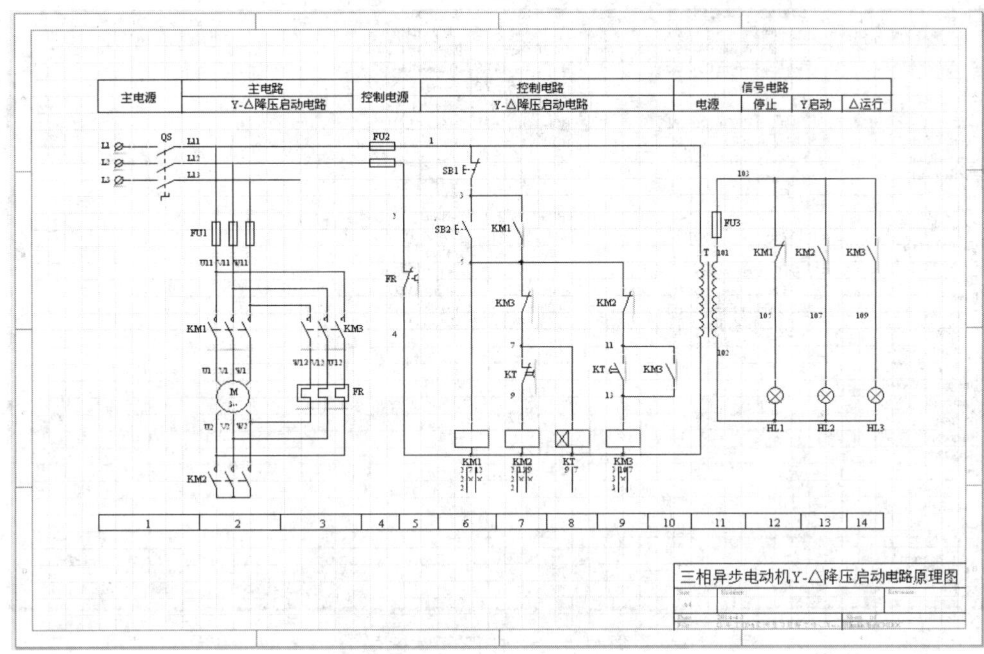

图 1-1-1 三相异步电动机 Y- △降压启动电路原理图

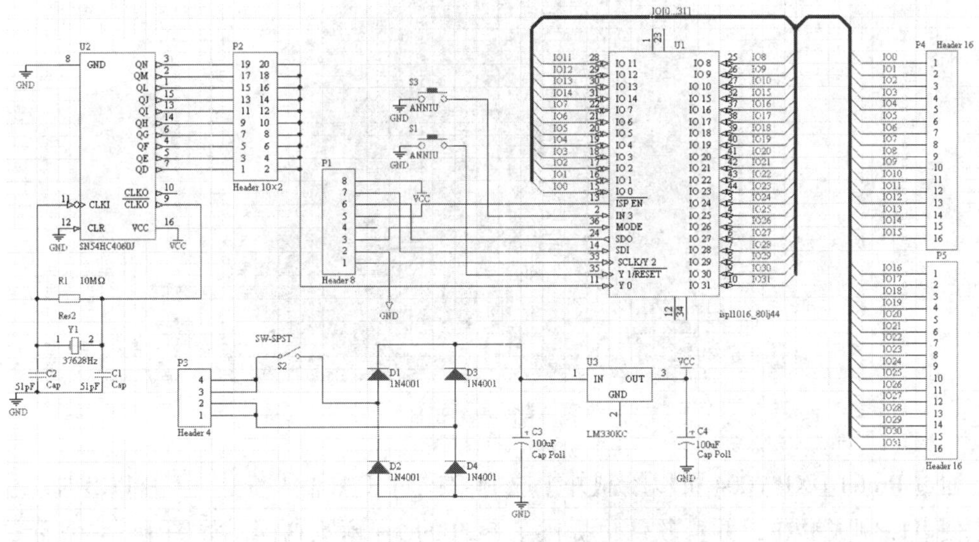

图 1-1-2 单片机电路原理图

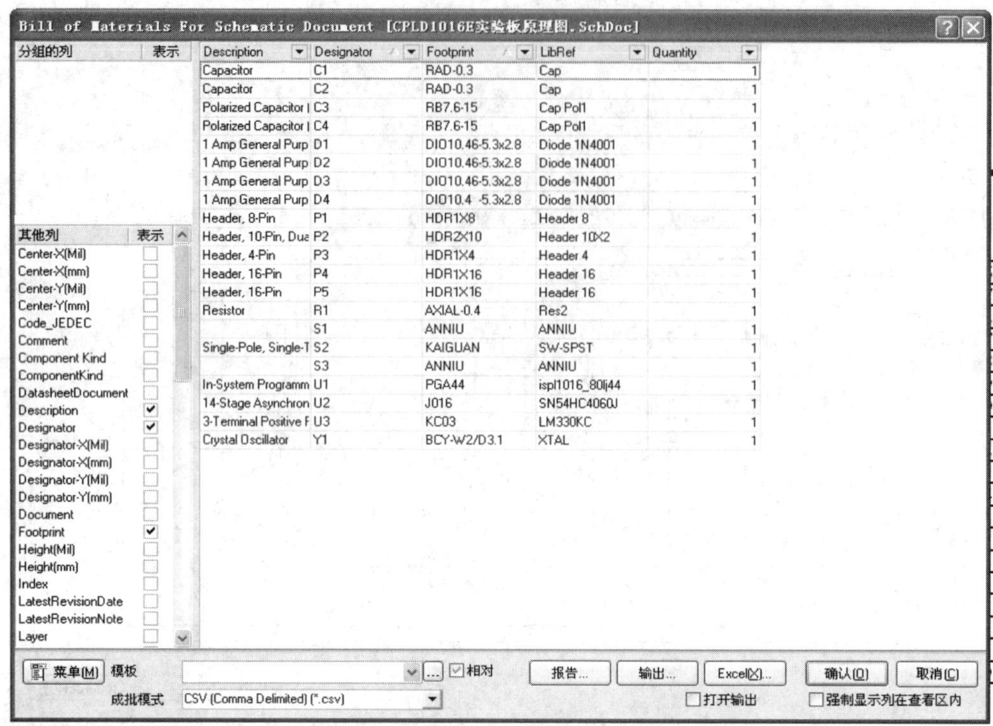
Bill of Materials For Schematic Document [CPLD1016E实验板原理图.SchDoc]

Description	Designator	Footprint	LibRef	Quantity
Capacitor	C1	RAD-0.3	Cap	1
Capacitor	C2	RAD-0.3	Cap	1
Polarized Capacitor	C3	RB7.6-15	Cap Pol1	1
Polarized Capacitor	C4	RB7.6-15	Cap Pol1	1
1 Amp General Purp	D1	DIO10.46-5.3x2.8	Diode 1N4001	1
1 Amp General Purp	D2	DIO10.46-5.3x2.8	Diode 1N4001	1
1 Amp General Purp	D3	DIO10.46-5.3x2.8	Diode 1N4001	1
1 Amp General Purp	D4	DIO10.4 -5.3x2.8	Diode 1N4001	1
Header, 8-Pin	P1	HDR1X8	Header 8	1
Header, 10-Pin, Dua	P2	HDR2X10	Header 10X2	1
Header, 4-Pin	P3	HDR1X4	Header 4	1
Header, 16-Pin	P4	HDR1X16	Header 16	1
Header, 16-Pin	P5	HDR1X16	Header 16	1
Resistor	R1	AXIAL-0.4	Res2	1
	S1	ANNIU	ANNIU	1
Single-Pole, Single-T	S2	KAIGUAN	SW-SPST	1
	S3	ANNIU	ANNIU	1
In-System Programm	U1	PGA44	ispl1016_80lj44	1
14-Stage Asynchron	U2	J016	SN54HC4060J	1
3-Terminal Positive F	U3	KC03	LM330KC	1
Crystal Oscillator	Y1	BCY-W2/D3.1	XTAL	1

图 1–1–3　电路元件清单

2. PCB 文件

在生活生产中，到处都能见到用电设备中放置的 PCB，如图 1–1–4 所示。

图 1–1–4　PCB

通过 Protel DXP 2004 可以绘制并生成 PCB 文件（图 1–1–5），交由 PCB 加工中心加工便可以制成 PCB，并且软件也提供了 PCB 的 3D 预览功能，如图 1–1–6 所示，它可以使制作者在计算机绘制阶段便可以看到 PCB 的仿真模型，为进一步认识、完善和调整 PCB 提供了部分依据。

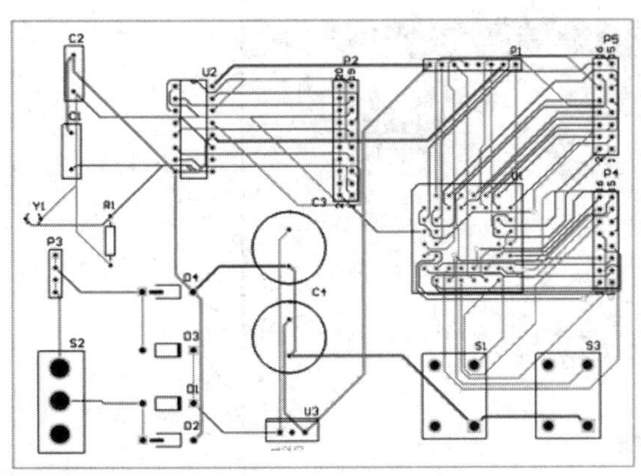

图 1–1–5 PCB 文件

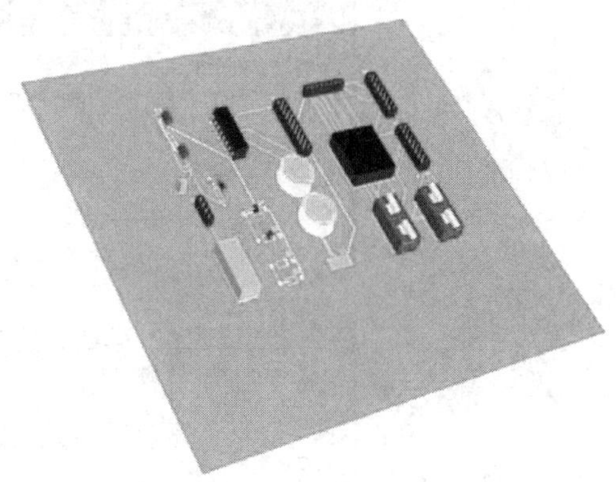

图 1–1–6 软件中 PCB 的 3D 预览图

实例讲解

本例主要介绍 Protel DXP 2004 软件的安装。

Protel DXP 2004 的安装方法和多数 Windows 应用程序的安装方法相类似，只要执行安装程序中的 Setup.exe 文件，然后根据安装向导的提示逐步操作即可。具体步骤如下：

1. 将光盘放入 CD–ROM 中，双击安装程序中的 Setup.exe 文件，系统将弹出如图 1–1–7 所示的 Protel DXP 2004 安装向导界面。

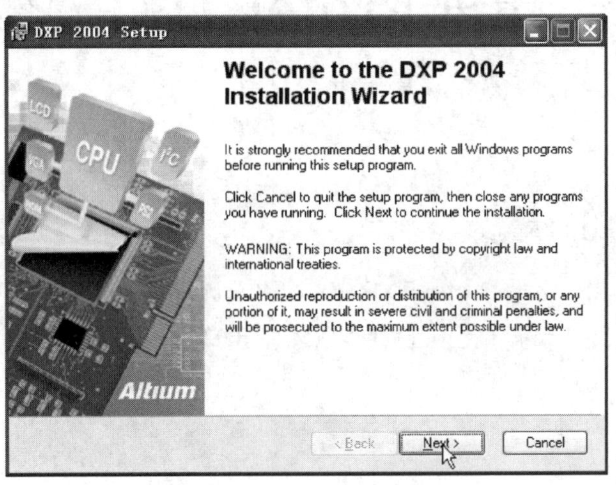

图 1–1–7 安装向导界面

2. 单击 Next > 按钮进入下一步，此界面要求用户接受软件的使用许可协议。选中 I accept the license agreement 选项，然后单击 Next > 按钮。

3. 在如图 1–1–8 所示的用户使用权限对话框中输入用户姓名和单位信息，选中 Anyone who uses this computer 选项，然后单击 Next > 按钮。

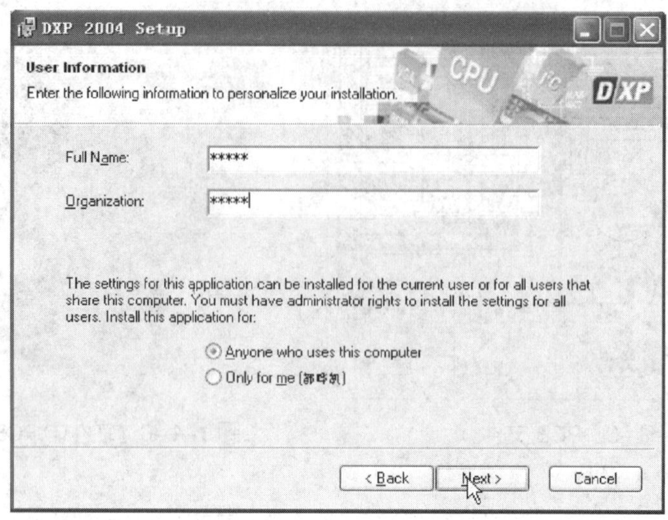

图 1-1-8　用户使用权限界面

4. 选择安装路径，安装结束后，安装向导将出现安装成功的提示信息，单击 Finish 按钮即完成安装。

课题 2　走进 Protel DXP 2004

学习目标

1. 熟悉 Protel DXP 2004 的设计环境。
2. 掌握 Protel DXP 2004 常用环境参数的设置方法。

实例讲解

一、Protel DXP 2004 的设计环境

启动 Protel DXP 2004，进入 Protel DXP 2004 的工作界面，如图 1-2-1 所示。

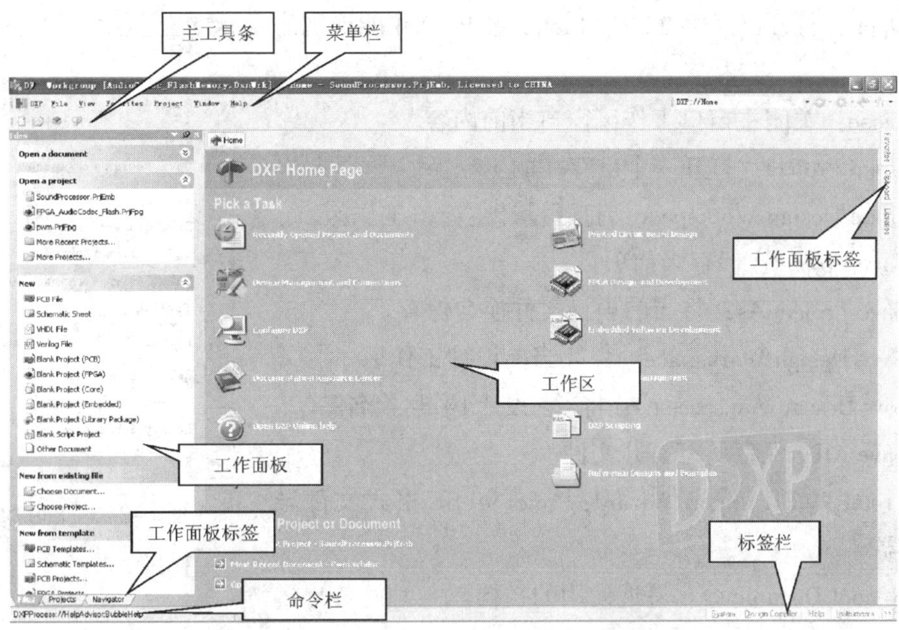

图 1-2-1 Protel DXP 2004 的工作界面

在工作界面中，主窗口工作区列出了当前最常用的功能。工作面板可以显示文件、项目等诸多信息。下面将围绕如何创建一个新文件这个主题展开对工作界面相关部分功能的介绍。

1．菜单栏

与大多数 Windows 程序一样，Protel DXP 2004 的菜单栏也位于窗口的上方，在没有打开任何编辑器时，菜单栏包括 DXP（系统菜单）、File（文件）、View（查看）、Favorites（收藏）、Project（项目管理）、Window（视窗）、Help（帮助）七个下拉菜单，如图 1-2-2 所示。由于刚开始接触该软件，在不影响后期具体操作的前提下，本章节在此只对其中的 File 菜单和 View 菜单做重点介绍。

DXP File View Favorites Project Window Help

图 1-2-2 Protel DXP 2004 的菜单栏

（1）File 菜单

File 菜单主要用于文件的新建、打开和保存，如图 1-2-3 所示。

File 菜单中各项功能如下：

· New：新建一个文件。单击该选项可以新建原理图（Schematic）文件、VHDL 文件、PCB 文件、原理图库（Schematic Library）文件、PCB 库（PCB Library）文件、PCB 项目（PCB Project）文件、FPGA 项目（FPGA Project）文件、集成库（Integrated Library）文件、嵌入式项目（Embedded Project）文件、文本文件、CAM 文件。

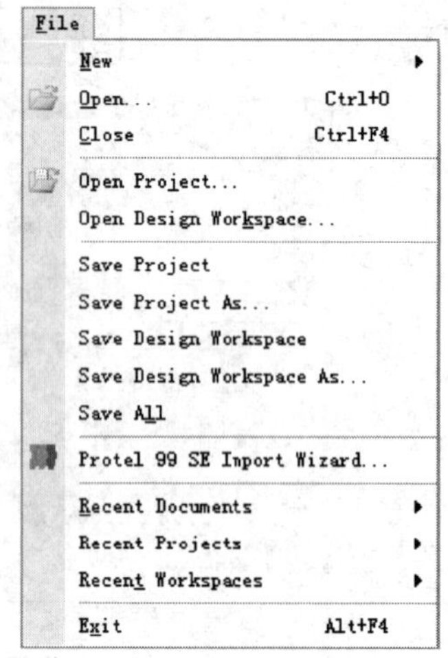

图 1-2-3　File 菜单

· Open：打开已经存在的且 Protel DXP 2004 能识别的文件。

· Close：关闭主窗口工作区窗口当前内容。

· Open Project：打开一个已存在的工程。

· Open Design Workspace：打开设计主窗口工作区。

· Save Project：保存当前项目。

· Save Project As：将当前项目文件换名保存。

· Save Design Workspace：保存当前设计工作区。

· Save Design Workspace As：将当前设计工作区换名保存。

· Save All：保存所有打开文件。

· Protel 99 SE Import Wizard：Protel 99 SE 格式文件导入向导器。

· Recent Documents：最近使用的文档。

· Recent Projects：最近使用的项目。

· Recent Workspaces：最近使用的设计工作区。

· Exit：退出 Protel DXP 2004。

（2）View 菜单

View 菜单主要用来设置窗口的外观，包括工具栏、工作面板、状态栏、命令栏等区域的显示，如图 1-2-4 所示。

View 菜单中各项功能如下：

· Toolbars：控制工具栏。其子菜单中有三个选项，如图 1-2-5 所示。其中，Navigation 用于设置是否显示导航器；No Document Tools 用于设置是否显示文件工具；Customize... 用于定制用户接口资源。

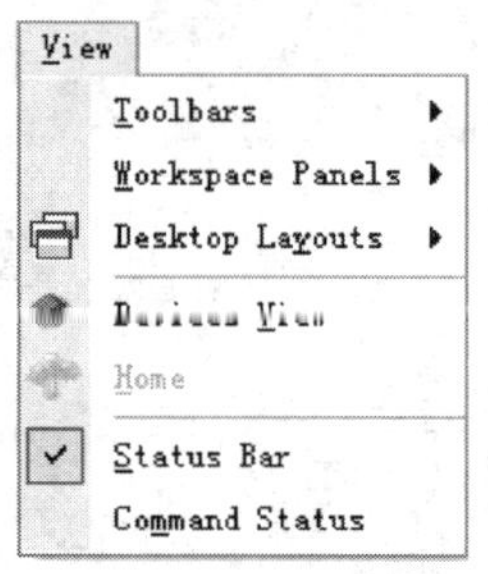

图 1-2-4　View 菜单

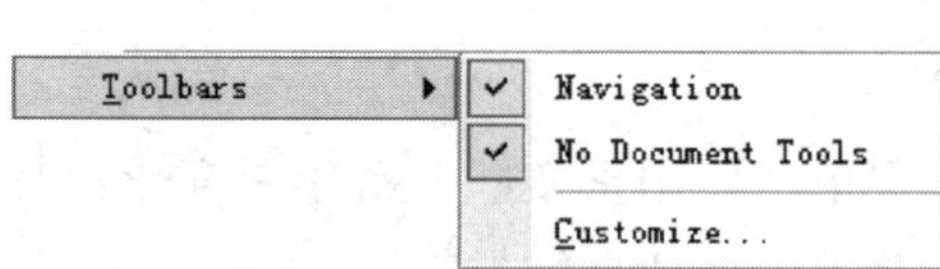

图 1-2-5　Toolbars 子菜单

· Workspace Panels：设置是否显示各个主窗口工作区面板。

· Desktop Layouts：设置显示 Protel DXP 2004 的桌面布局方式。

· Devices View：设置是否显示器件视图。

· Status Bar：设置是否显示状态栏。

· Command Status：设置是否显示命令栏。

2. 主窗口工作面板

在 Protel DXP 2004 中大量地使用了工作面板，用户可以通过工作面板方便地实现各种操作，如打开文件、访问元件库、浏览各个设计文件等。

（1）工作面板的打开

Protel DXP 2004 的工作面板共分为四种类型，分别是 System、Design Compiler、Help 和 Instruments，其打开的方法有两种：

1）找到主窗口右下角的标签栏，如图 1-2-6 所示，单击相应的标签即可打开该类型工作面板的选项，选择不同的选项即可打开相应的工作面板。

图 1-2-6　用标签栏打开工作面板

2）通过菜单 View 中的 Workspace Panels 选项也可以打开相应的工作面板，如图 1-2-7 所示。

当打开工作面板后，在窗口会生成工作面板标签，单击不同的标签，可以在不同的工作面板之间进行切换。

（2）常用的工作面板

1）Files 工作面板。单击工作面板标签的 Files 项，会在窗口出现 Files 工作面板，如图 1-2-8 所示。

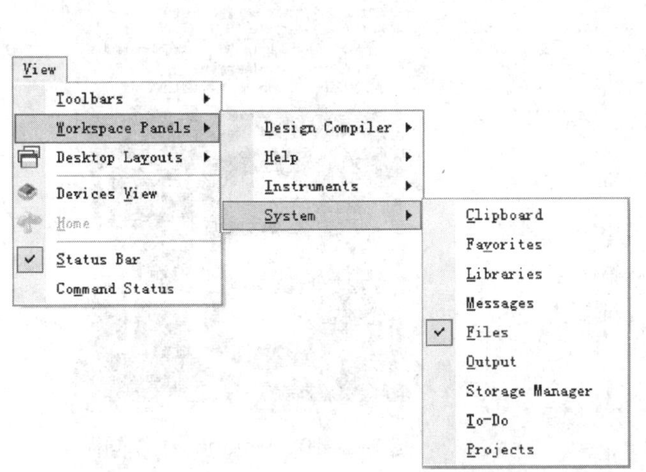

图 1-2-7　用菜单栏打开工作面板

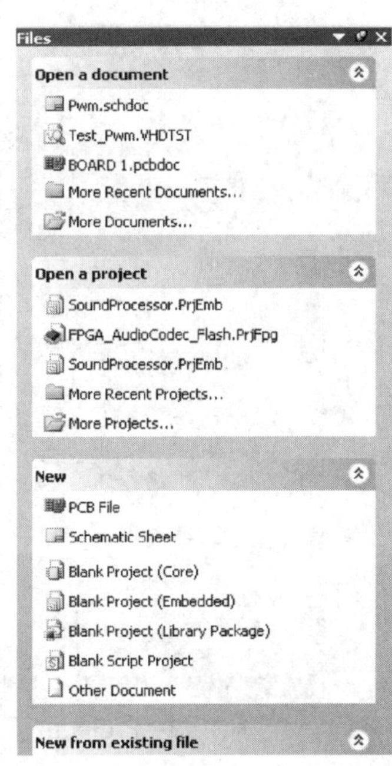

图 1-2-8　Files 工作面板

Files 工作面板包括下列四栏：

· Open a document：打开文档，包括直接打开最近使用过的文档及打开更多的文档。

· Open a project：打开项目文件，包括直接打开最近使用过的项目文件及打开更多的项目文件。

· New：新建各种类型的文件。

· New from existing file：根据已经存在的文件来新建。

2）Projects 工作面板。单击工作面板标签的 Projects 项，会在窗口出现 Projects 工作面板，如图 1–2–9 所示。

Projects 工作面板主要用于对已经打开的文件进行管理。这些文件可以是项目文件和项目文件所包含的文档，也可以是单独的自由文件。图 1–2–9 中就只有一个自由的电路图文档 Sheet1.SchDoc。

3）Libraries 工作面板。单击工作面板标签的 Libraries 项，会在窗口出现 Libraries 工作面板，如图 1–2–10 所示。

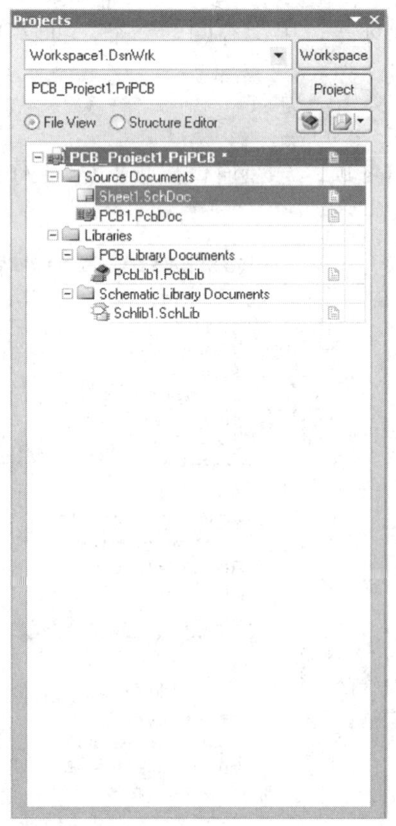

图 1–2–9　Projects 工作面板

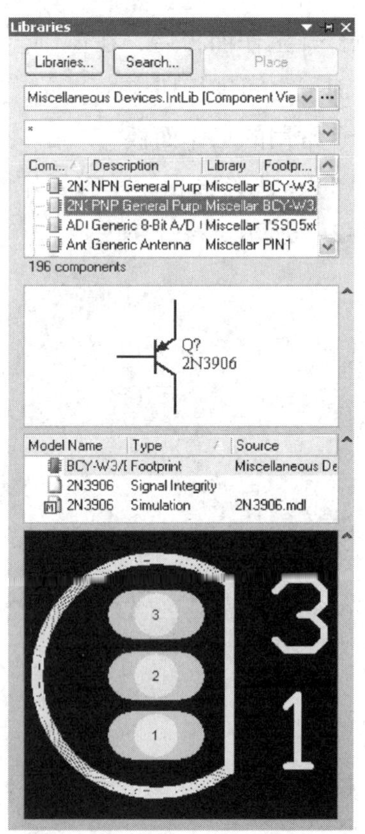

图 1–2–10　Libraries 工作面板

Libraries 工作面板主要用来管理元件库。元件库的加载和元件的查找、编辑、放置等操作都可以在 Libraries 工作面板中实现。在 Libraries 工作面板中，用户可以看到元件的各种信息，如原理图、封装图等。

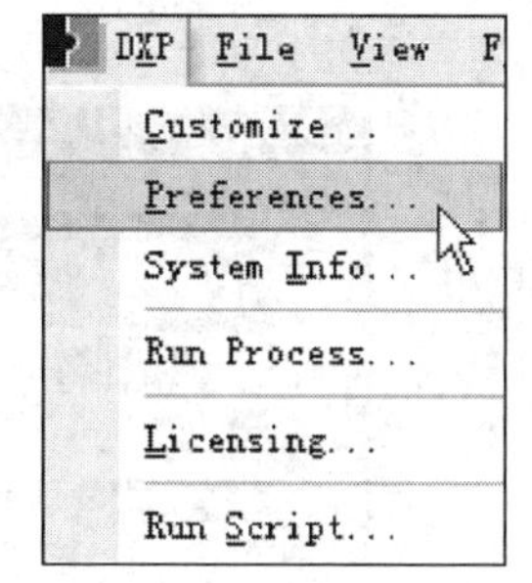

图 1-2-11 设置环境参数打开方法

二、Protel DXP 2004 环境参数设置

合理地设置环境参数是进行后续设计的第一步，执行 Preferences 命令即可对 Protel DXP 2004 环境参数进行设置，如图 1-2-11 所示。

执行该命令后，窗口将出现如图 1-2-12 所示的环境参数设置对话框。

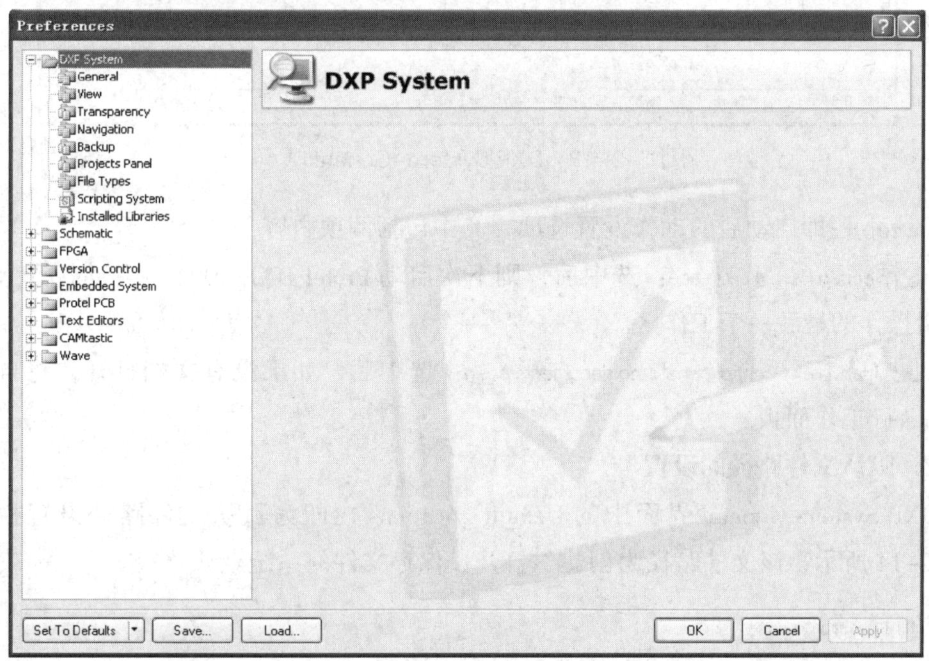

图 1-2-12 环境参数设置对话框

环境参数设置对话框可以对整个 Protel DXP 2004 各个模块的设计环境进行设置。下面介绍 DXP System 选项中常用参数的设置方法。

1. 启动后的动作设置

单击 DXP System 选项中的 General 命令，进入 DXP System-General 界面，如图 1-2-13 所示，此界面主要用于设置 Protel DXP 2004 的一般系统参数。

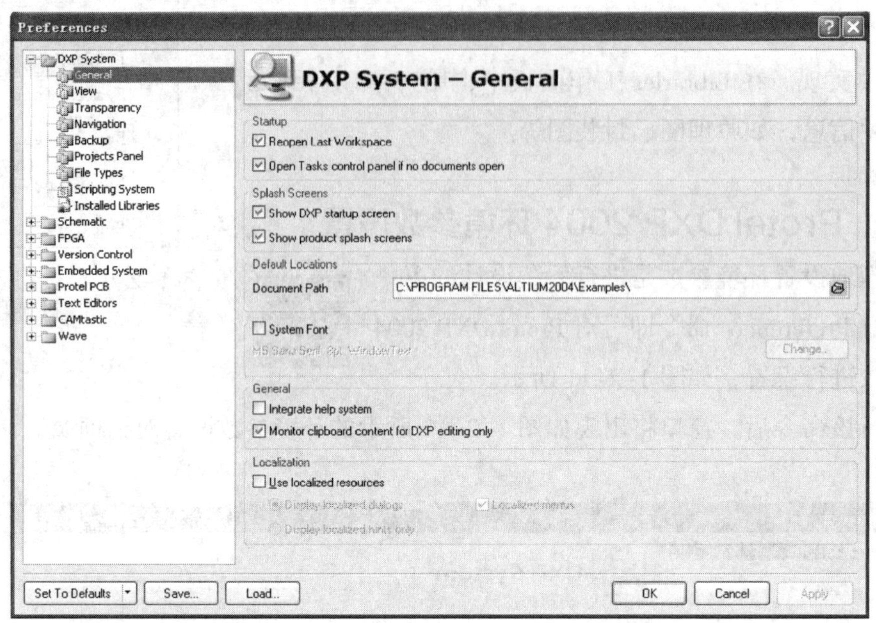

图 1–2–13　DXP System–General 界面

Startup 栏即启动后的动作设置选项，其中包括两项内容：

· Reopen Last Workspace：选中后，则下次启动 Protel DXP 2004 将自动打开上次进行编辑操作的最后一个工作区。

· Open Tasks control panel if no documents open：选中后，如果没有文档打开，将自动打开 Projects 工作面板。

2. 默认文件路径的设置

DXP System–General 界面中的 Default Locations 栏即为默认文件路径设置栏，如图 1–2–14 所示，该文件路径为创建、打开、保存文件的系统默认路径。

图 1–2–14　默认文件路径设置栏

要改变文件路径，只要在 Document Path 后的编辑框中输入新的文件路径即可，或者单击右边的按钮，选择相应的文件夹后，即在编辑框中出现相应的文件路径。

3. 备份文件参数的设置

单击 DXP System 选项中的 Backup 命令，进入 DXP System–Backup 界面，其中的 Auto Save 栏可用于设置 Protel DXP 2004 的备份文件参数，如图 1–2–15 所示。

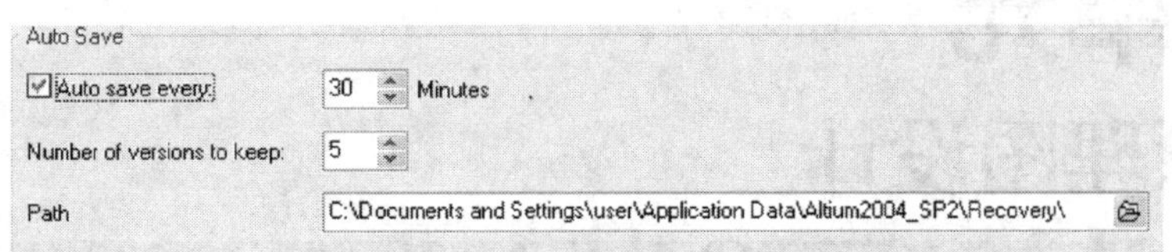

图 1-2-15 备份文件参数设置栏

其中包括三个选项：

· Auto save every：选中后，系统会自动备份保存当前的文件，后面的参数用于设置自动保存当前编辑文件的时间间隔，最长时间为 120 min。

· Number of versions to keep：设置备份文件的次数，最大为 10 次，即可按顺序备份 10 次所保存的文件。

· Path：用于设置备份文件的保存路径，可以在编辑框中输入保存路径，也可单击  按钮选择一个路径。

巩固练习

1. 设置创建、打开、保存文件的系统默认路径为“F: \DXP 2004 制图 \”。

2. 设置备份文件的系统默认保存路径为“F: \DXP 2004 备份文件 \”，且备份时间间隔为 10 min。

第二单元
电路原理图设计

课题 1　简单电路原理图的绘制

学习目标

1. 熟悉电路设计及原理图设计的一般步骤。
2. 熟悉原理图的构成。
3. 掌握原理图的设计规划。
4. 能创建项目文件和原理图文件。
5. 掌握原理图设计的基本操作。

基础知识

一、电路设计的一般步骤

在一般情况下，一个电子产品电路设计的最终表现形式为印制电路板（PCB），其设计过程基本可以分为四个主要步骤：

1．原理图的设计

原理图的设计是利用 Protel DXP 2004 的原理图编辑器（Schematic）来完成的。

2．生成网络表

网络表是原理图设计与印制电路板设计之间的“一座桥梁”。网络表可以在原理图中获得，也可以从印制电路板中获得。

3. 印制电路板的设计

印制电路板的设计是在 Protel DXP 2004 提供的 PCB 编辑器平台下进行的。PCB 编辑器提供了强大的印制电路板板面设计功能，可以完成高难度的布线工作。

4. 生成 PCB 报表并打印 PCB 图

PCB 设计完成后，还需要生成 PCB 的有关报表，并打印 PCB 图。

二、原理图设计的一般步骤

原理图设计是整个电路设计过程的第一步，是印制电路板设计等后续步骤的基础。用 Protel DXP 2004 设计原理图，大致可分为如图 2–1–1 所示的七个步骤。

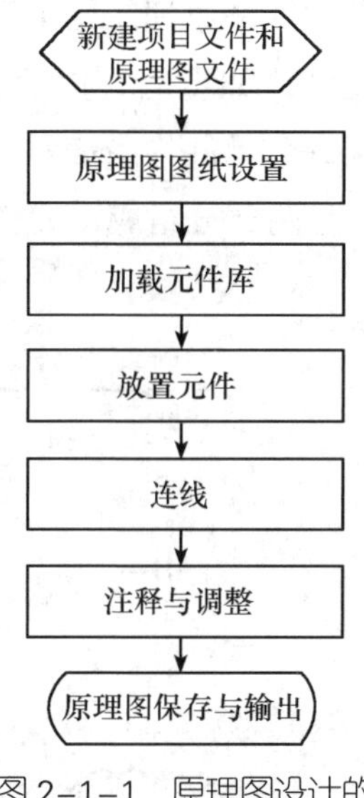

图 2–1–1 原理图设计的一般步骤

1. 新建项目文件和原理图文件

用户必须首先启动原理图编辑器，才能进行设计和绘图工作。

2. 原理图图纸设置

原理图绘制前，必须根据电路的复杂程度来设置图纸的大小、方向、栅格、标题栏等信息。

3. 加载元件库

电路中的元件需要从元件管理器的元件库中取用，因此，必须把需要用到的元件库加载到原理图编辑器中。

4. 放置元件

从加载的元件库中选择需要的元件放置到原理图中。用户可以根据设计及布局的要求，将元件位置进行调整和修改，并对元件的编号、封装进行选定、自定义等，为下一步工作打好基础。

5. 连线

连线过程实际上就是一个画图的过程。设计者根据原理图需要的电气连接关系，利用 Protel DXP 2004 提供的各种工具和指令进行连线，将各个元件的引脚用具有电气意义的导线和网络标号连接起来，使元件之间建立起原理图所要求的电气连接关系。

6. 注释与调整

原理图连线完成后，还需要对其进行进一步的调整与修改，以保证原理图的美观和正确性。其中包括元件位置的重新调整、增加必要的文字注释、导线位置的移动、更改图形的尺寸及各部分的属性等，调整与修改后可使原理图的内容和布局更加完善。

7. 原理图保存与输出

原理图设计完成后，需要将其保存，也可以将其打印输出。

三、原理图的构成

原理图即各种元件的电气连接图。原理图主要包括元件、导线、标志和参数，这些均是原理图表述的重点。除此之外，实际电路原理图中还含有信号的走向、各功能模块集中表述、说明字符等信息，这些信息可为电路的分析、检查提供方便。下面介绍原理图中的部分实体。

1. 元件（Component）

元件是原理图中最重要的组成部分，它是放置在原理图上反映各种电气特性的物理元件，如电阻、电容、电感、半导体器件、集成电路、接插件等，如图 2–1–2 所示，每个元件均由表示元件特性的图形和功能引脚组成。元件的名称由元件代号和元件序号两部分组成，元件的引脚由引脚名称和引脚号两部分组成。

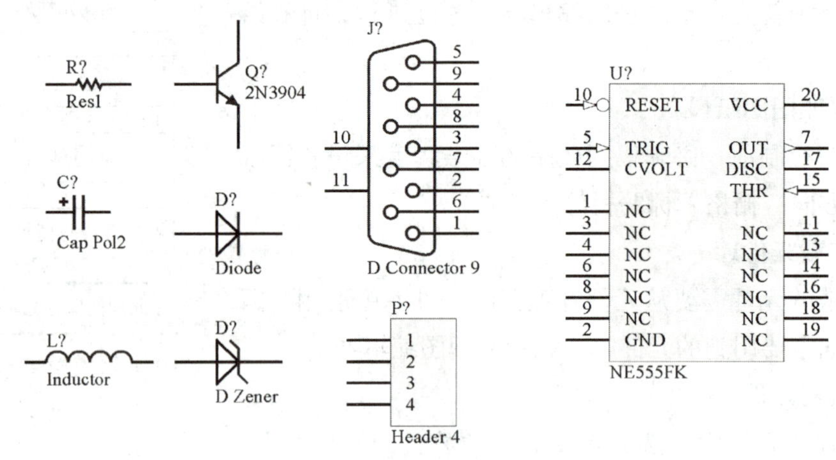

图 2–1–2　各种元件

2. 导线（Wire）

导线是连接元件引脚的直线，用于建立各实体之间的电气连接，并随网络表将连接关系传递到 PCB 文件。导线在原理图和 PCB 设计中是具有电气意义的实体。图 2–1–3 表明了几个元件之间的连接关系。

3. 电气节点（Junction）

电气节点在两根或多根导线相交的情况下起电气连接的作用。在绘制原理图时，不可避免地要遇到导线相交的情况，而相交的导线有相连和不相连两种情况，因此，就需要用电气节点来加以区分，如图 2–1–4 所示。

4. 端口（Port）

这里所说的端口主要是指电源端口，它用于标志电源网络，Protel DXP 2004 中备有数种图标可供选取，如图 2–1–5 所示。

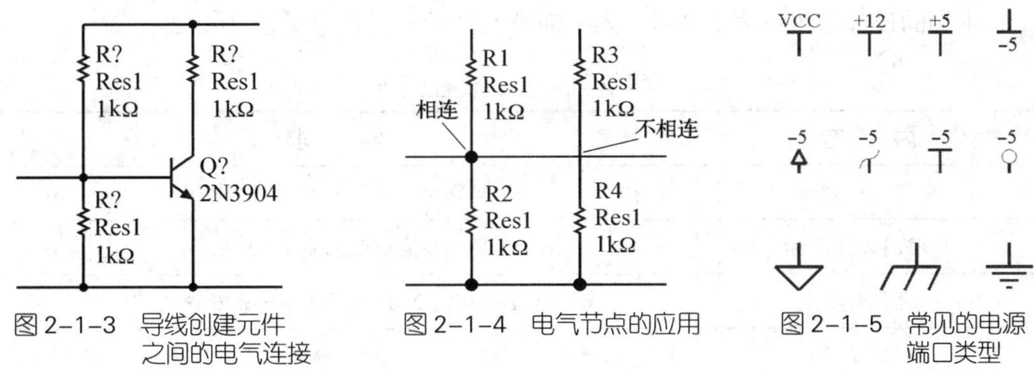

图 2-1-3 导线创建元件之间的电气连接

图 2-1-4 电气节点的应用

图 2-1-5 常见的电源端口类型

四、原理图的设计规则

原理图作为 PCB 设计的基础，体现了设计人员的设计思想，因此，必须保证设计的正确性，并且尽量使绘制的原理图清晰、流畅，以方便读图。电路原理图主要有以下两个方面的要求：直观，能正确表示电路的电气连接。

在绘制原理图时，应遵循以下规则：

· 按照信号的流向放置元器件。

· 电源线布在元件上部，地线布在元件下部。

· 相同功能的元件尽量放在一起。

· 接插件集中标注引脚属性。

实例讲解

下面以图 2-1-6 所示的串联型直流稳压电源电路原理图为例，详细讲解原理图的绘制过程，并将通过任务的完成来学习各种参数的设置方法、原理图编辑器的基本操作方法及绘制原理图的基本技巧。

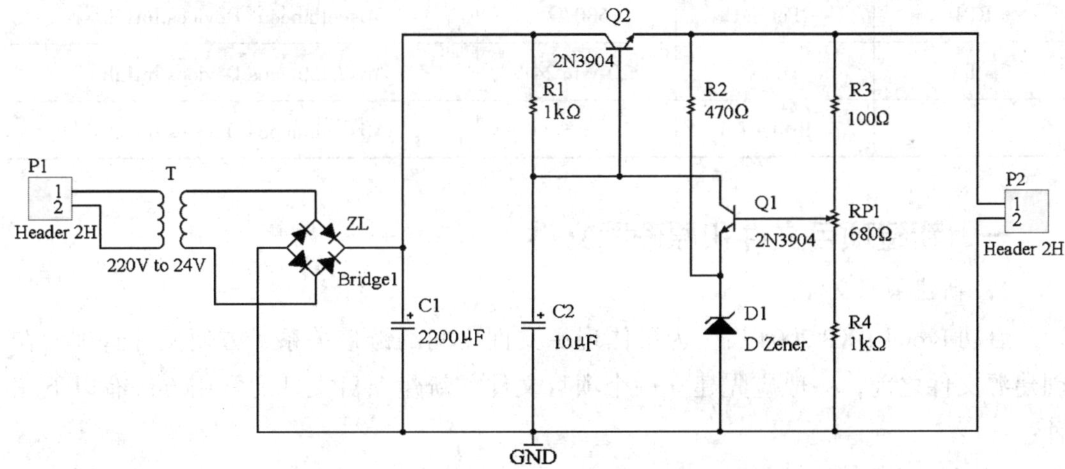

图 2-1-6 串联型直流稳压电源电路原理图

本例的设计要求见表 2–1–1，图中涉及元件的有关信息见表 2–1–2。

表 2–1–1　设计任务表

内　容	要　求
项目文件名称	串联型直流稳压电源 . PrjPCB
原理图文件名称	串联型直流稳压电源 . SchDoc
存盘路径	D: \DXP 2004 制图 \ 第一张原理图
图纸设置	A4、横向
元件取用	见元件信息表
导线	宽度: Small；颜色：黑色

表 2–1–2　元件信息表

元件序号	元件名称	参数	元　件　库
C1	Cap Pol2	2 200 μF	Miscellaneous Devices.IntLib
C2	Cap Pol2	10 μF	Miscellaneous Devices.IntLib
D1	D Zener	—	Miscellaneous Devices.IntLib
P1、P2	Header 2H	—	Miscellaneous Connectors.IntLib
Q1、Q2	2N3904	—	Miscellaneous Devices.IntLib
R1、R4	Res1	1 kΩ	Miscellaneous Devices.IntLib
R2	Res1	470 Ω	Miscellaneous Devices.IntLib
R3	Res1	100 Ω	Miscellaneous Devices.IntLib
RP1	RPot SM	680 Ω	Miscellaneous Devices.IntLib
T	Trans	220 V to 24 V	Miscellaneous Devices.IntLib
ZL	Bridge1	—	Miscellaneous Devices.IntLib

一、新建项目文件和原理图文件

1. 新建项目文件

启动 Protel DXP 2004 后，为了体现源文件之间的链接关系、方便文件管理，在创建源文件之前，一般应先建立一个项目文件。新建项目文件的常用方法有以下三种：

· 执行菜单栏命令 File → New → Project → PCB Project，如图 2–1–7 所示。

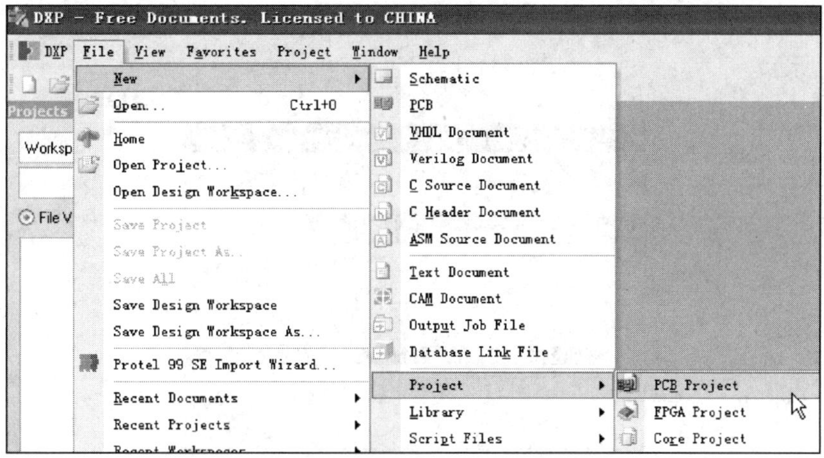

图 2-1-7 利用菜单命令新建项目文件

· 在 Files 工作面板的 New 栏中选择 Blank Project（PCB）命令，如图 2-1-8 所示。

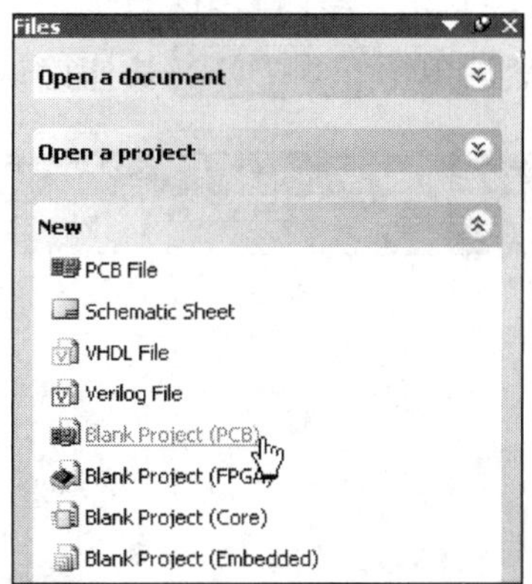

图 2-1-8 利用 Files 工作面板新建项目文件

· 打开 Projects 面板，用鼠标右键单击 Workspace 按钮或用鼠标左键单击 Project 按钮，执行 Add New Project → PCB Project 命令，如图 2-1-9 所示。

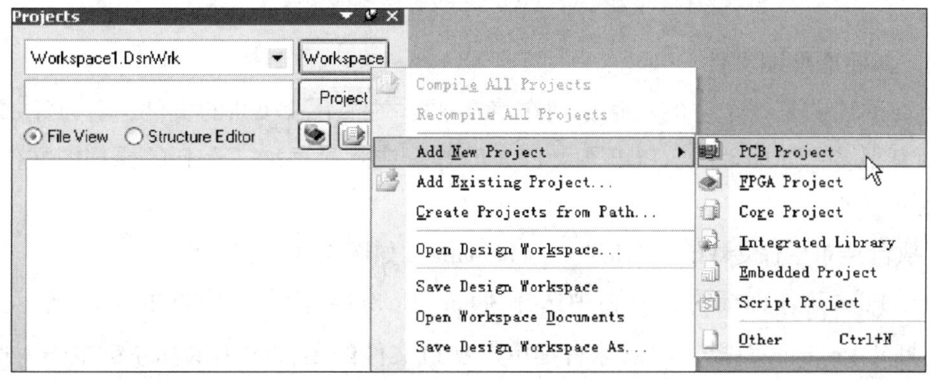

图 2-1-9 利用 Projects 工作面板新建项目文件

这样，便创建了一个项目文件，系统默认文件名为“PCB_Project1.PrjPCB”，如图 2–1–10 所示。

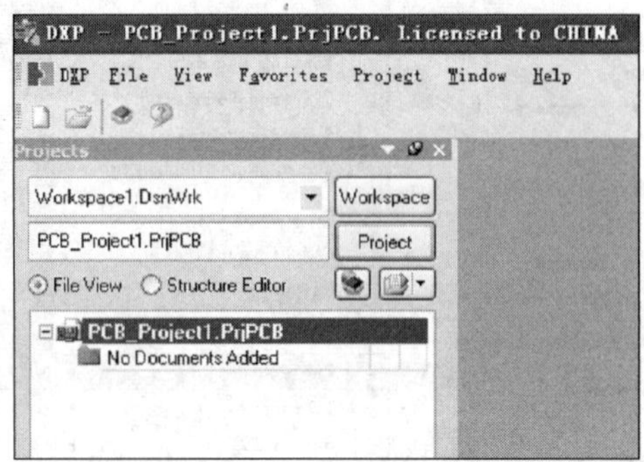

图 2–1–10 新建的项目文件

执行菜单栏命令 File → Save Project，在弹出的对话框中选择本例要求的存盘路径“D: \DXP 2004 制图 \ 第一张原理图”，并在文件名栏中填入文件名“串联型直流稳压电源”，如图 2–1–11 所示，然后单击 保存(S) 按钮确认。

图 2–1–11 保存项目文件

2. 新建原理图文件

上面创建的是一个空的项目，现在将在项目文件下添加新的文件，可以添加的文件类型有很多，如原理图、PCB 图、PCB 库等，在此只添加一个新的原理图文件，方法有以下三种：

· 执行菜单栏命令 File → New → Schematic，如图 2–1–12 所示。

· 在 Files 工作面板的 New 栏中选择 Schematic Sheet 命令，如图 2–1–13 所示。

· 打开 Projects 面板，用鼠标右键单击项目文件的名称或用鼠标左键单击 Project 按钮，执行 Add New to Project → Schematic 命令，如图 2–1–14 所示。

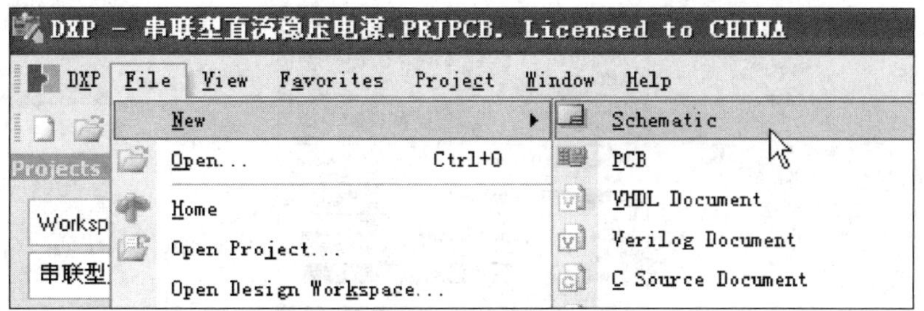

图 2–1–12 利用菜单命令新建原理图文件

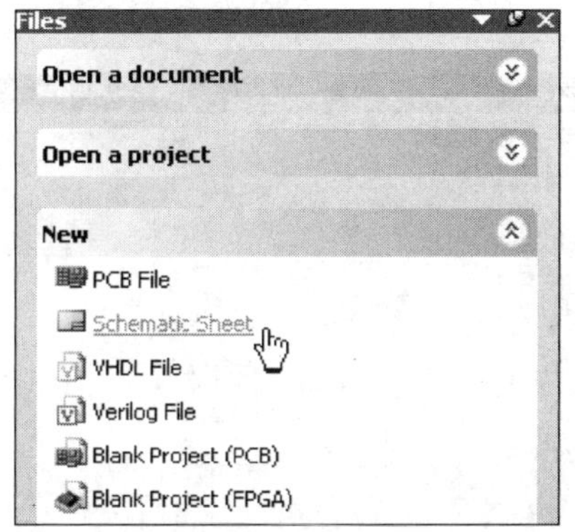

图 2–1–13 利用 Files 工作面板新建原理图文件

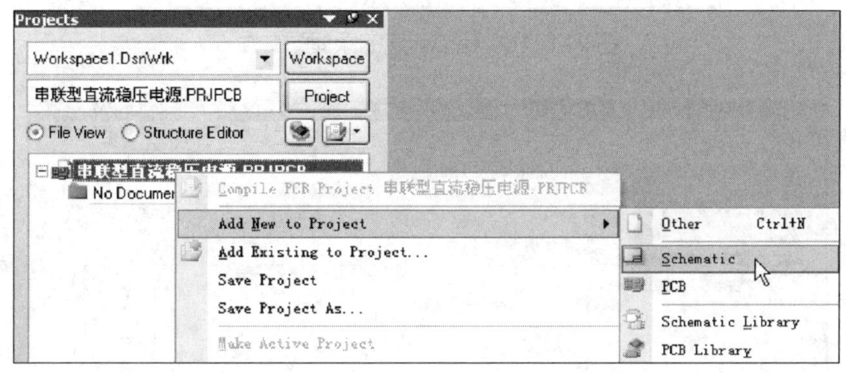

图 2–1–14 利用 Projects 工作面板新建原理图文件

执行上述任意一种方法即可在项目文件下创建一个新的原理图文件，系统默认文件名为“Sheet1.SchDoc”，如图 2–1–15 所示。

执行菜单栏命令 File → Save 或单击工具栏上的 按钮，在弹出的对话框中选择本任务要求的存盘路径“D: \DXP 2004 制图 \ 第一张原理图”，并在文件名栏中填入文件名“串联型直流稳压电源”，如图 2–1–16 所示，然后单击 保存(S) 按钮确认。

项目文件和原理图文件至此新建完成，系统将自动进入原理图编辑器界面，如图 2–1–17 所示。

图 2-1-15　新建的原理图文件

图 2-1-16　保存新建的原理图文件

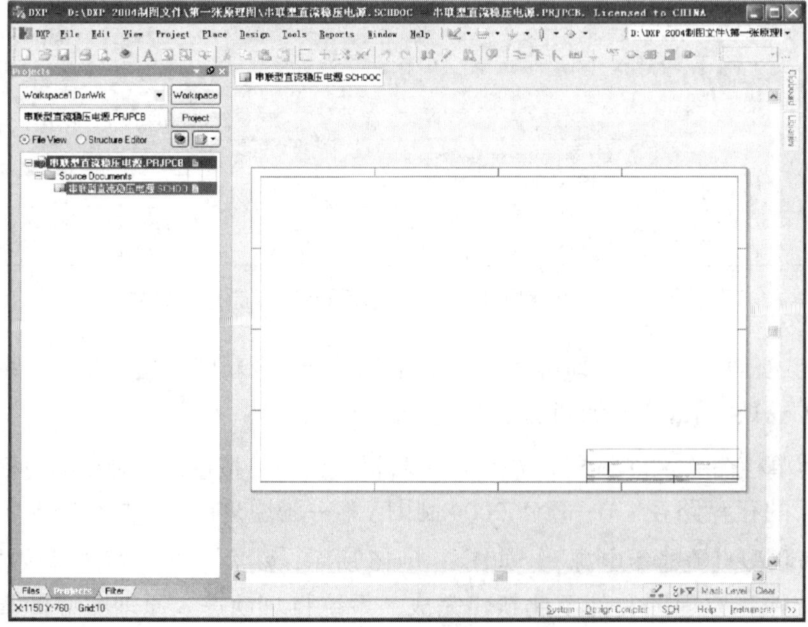

图 2-1-17　原理图编辑器界面

二、原理图图纸设置

进入原理图编辑器界面后，在工作区将出现一张空白的图纸，图纸设置的实质就是设置图纸的有关参数（如图纸大小、方向、底色、边框、标题栏等）。用户可以根据具体的情况进行自定义，图纸参数设置得当，会使整个原理图看起来更加美观，给后续的绘图工作带来更大的方便。

1. 图纸大小的设置

（1）打开文档选项对话框

设置图纸的大小必须打开 Document Options（文档选项）对话框，如图 2-1-18 所示，方法有以下三种：

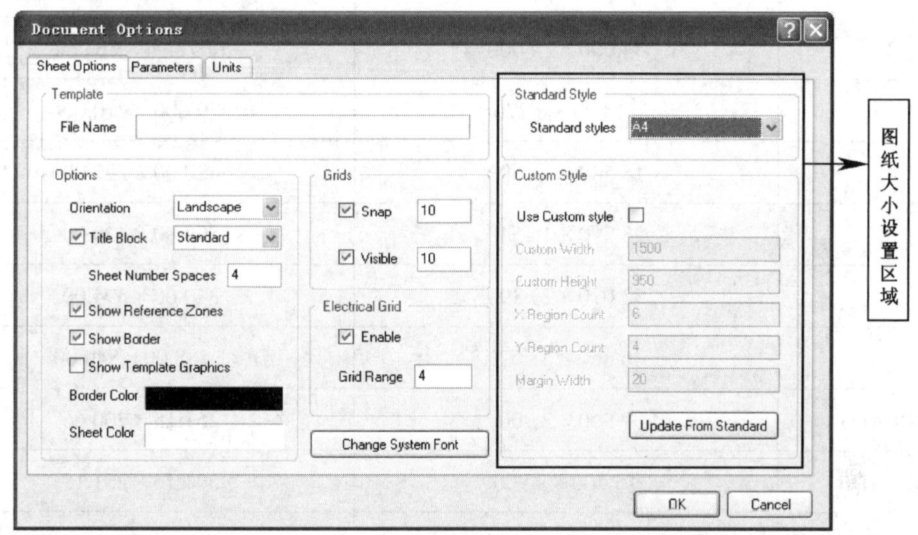

图 2-1-18　Document Options 对话框

· 在原理图编辑器界面下，执行菜单栏命令 Design → Document Options。

· 在当前原理图上单击鼠标右键，在弹出菜单的 Options 选项中选择 Document Options 命令。

· 使用快捷键【D】→【O】。

（2）图纸大小的设置

在如图 2-1-18 所示的 Document Options 对话框的 Sheet Options 选项卡中，有图纸大小设置区域，其中包括两个设置栏：

· Standard Style 栏：用于设置图纸的标准样式。用鼠标单击该项的下拉按钮，在下拉列表中出现了可供选择的标准图纸（图 2-1-19），其中 A0～A4 幅面为

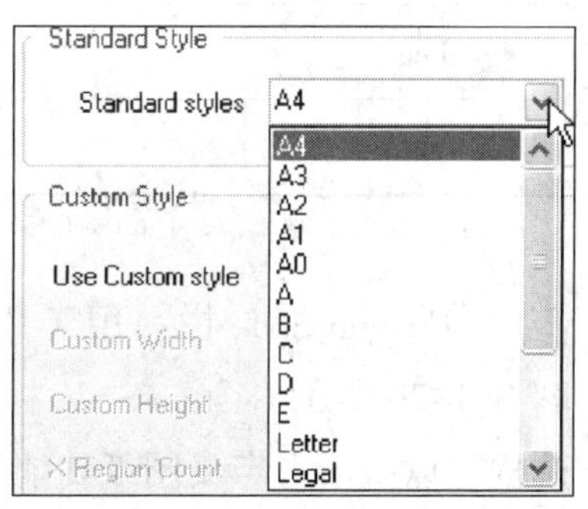

图 2-1-19　选择标准图纸

我国的常用格式。按照本例要求，这里选择 A4 图纸。

Protel DXP 2004 提供的标准图纸尺寸见表 2–1–3。

表 2–1–3　Protel DXP 2004 提供的标准图纸尺寸

图纸型号	宽度（mil）× 高度（mil）	宽度（mm）× 高度（mm）
A	11 000 × 8 500	279.42 × 215.90
B	17 000 × 11 000	431.80 × 279.40
C	22 000 × 17 000	558.80 × 431.80
D	34 000 × 22 000	863.60 × 558.80
E	44 000 × 34 000	1 078.00 × 863.60
A4	11 690 × 8 270	297.00 × 210.00
A3	16 540 × 11 690	420.00 × 297.00
A2	23 390 × 16 540	594.00 × 420.00
A1	33 070 × 23 390	840.00 × 594.00
A0	46 800 × 33 070	1 188.00 × 840.00
ORCADA	9 900 × 7 900	251.15 × 200.66
ORCADB	15 400 × 9 900	391.16 × 251.15
ORCADC	20 600 × 15 600	523.24 × 396.24
ORCADD	32 600 × 20 600	828.04 × 523.24
ORCADE	42 800 × 32 800	1 087.12 × 833.12
Letter	11 000 × 8 500	279.40 × 215.90
Legal	14 000 × 8 500	355.60 × 215.90
Tabloid	17 000 × 11 000	431.80 × 279.40

注：mil 为英制单位，1 mil=0.025 4 mm。

· Custom Style 栏：用于用户自定义图纸尺寸。自定义图纸尺寸时必须设置如图 2–1–20 所示 Custom Style 栏中的各个选项。在进行设置前需选中 Use Custom style 复选框，以激活自定义图纸功能。

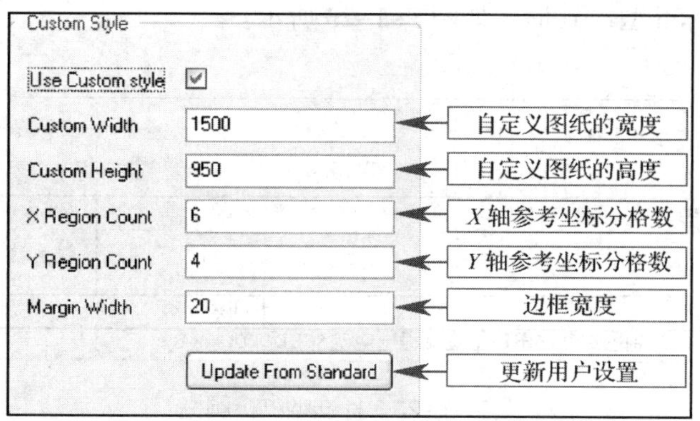

图 2-1-20 自定义图纸尺寸

按照本例要求，这里选择标准图纸格式 A4，设置完毕后，单击 OK 按钮确认，即完成了图纸大小的设置。

2. 图纸方向的设置

打开 Document Options 对话框的 Sheet Options 选项卡，其中 Options 栏的 Orientation 选项为图纸方向设置项，如图 2-1-21 所示。

单击右侧下拉按钮，在下拉列表中可以选择图纸的方向。

· Landscape：横向。

· Portrait：纵向。

这里根据图 2-1-6 的要求选择横向。

3. 图纸标题栏的设置

打开 Document Options 对话框的 Sheet Options 选项卡，其中 Options 栏的 Title Block 选项为标题栏设置项。首先，必须选中 Title Block 复选框，以激活标题栏设置功能，如图 2-1-22 所示。

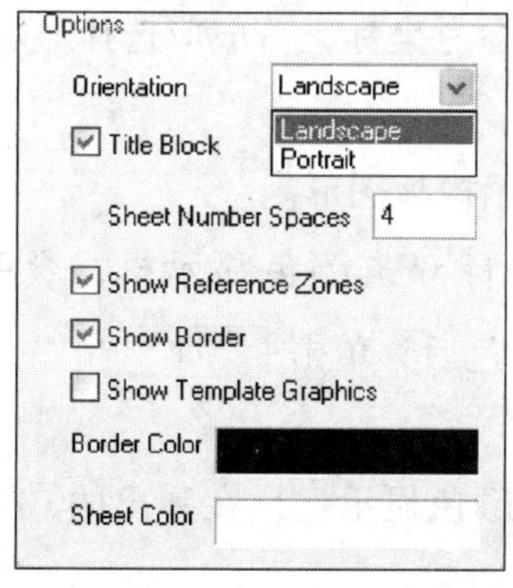

图 2-1-21 图纸方向设置

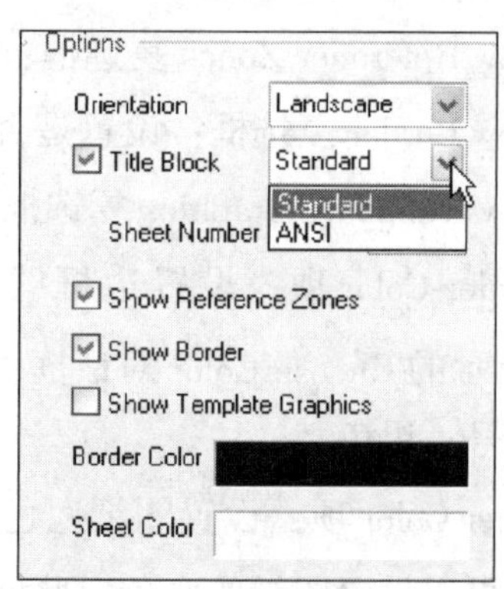

图 2-1-22 标题栏设置

单击右侧下拉按钮，在下拉列表中可以选择两种标题栏形式。

· Standard：标准型，其形式如图 2–1–23 所示。

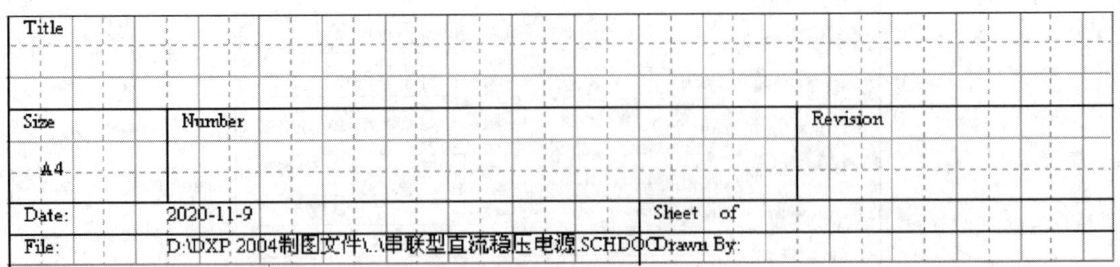

图 2–1–23　标准型的标题栏

· ANSI：ANSI 型（美国国家标准协会标准的形式），其形式如图 2–1–24 所示。

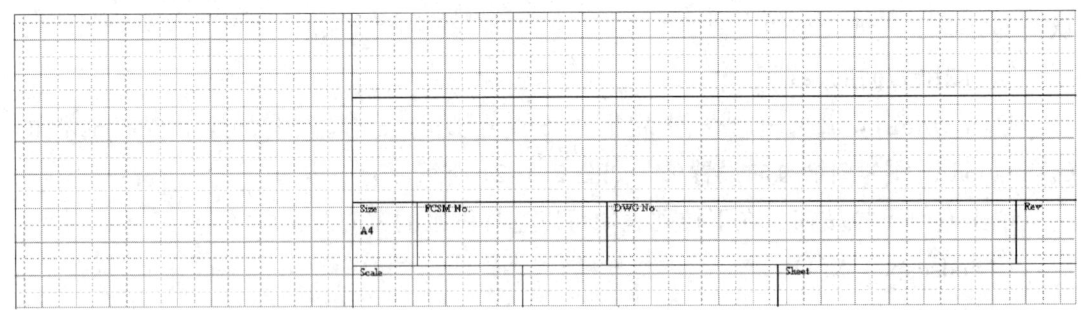

图 2–1–24　ANSI 型的标题栏

此处选择标准型。

4. 图纸边框及颜色的设置

在 Document Options 对话框的 Sheet Options 选项卡中，在 Options 栏还可以进行图纸边框、参考坐标及颜色的设置，各项的设置含义如下：

· Show Reference Zones 复选框：设置是否显示参考坐标，一般应选择显示。

· Show Border 复选框：设置是否显示图纸边框。

· Show Template Graphics 复选框：设置是否显示模板图形。

· Border Color 项：设置边框线的颜色。用鼠标双击颜色显示框，会弹出如图 2–1–25 所示的 Choose Color 对话框。选择相应的颜色后，单击 OK 按钮确认。此处选择 3 号：黑色。

· Sheet Color 项：设置图纸底色。用鼠标双击颜色显示框，在弹出的 Choose Color 对话框中可以设置图纸的底色。此处选择 233 号：白色。

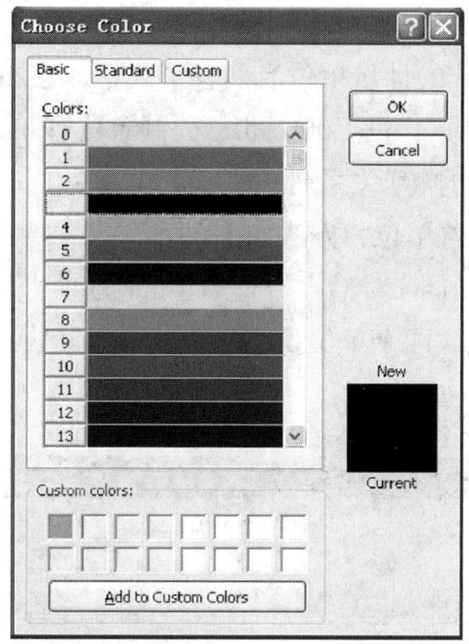

图 2-1-25　Choose Color 对话框

5. 系统字体的设置

在原理图中，坐标分格区及标题栏中的文字称为系统文字，通过 Document Options 对话框可以对系统文字的字体、字形及大小等参数进行设置，方法如下：

首先打开 Document Options 对话框的 Sheet Options 选项卡，单击 Change System Font 按钮，便会弹出如图 2-1-26 所示的字体对话框，用户可以根据设计需要选择字体、字形和字的大小，同时还可以设置字体的颜色及其他的相关信息。这里选择默认值。

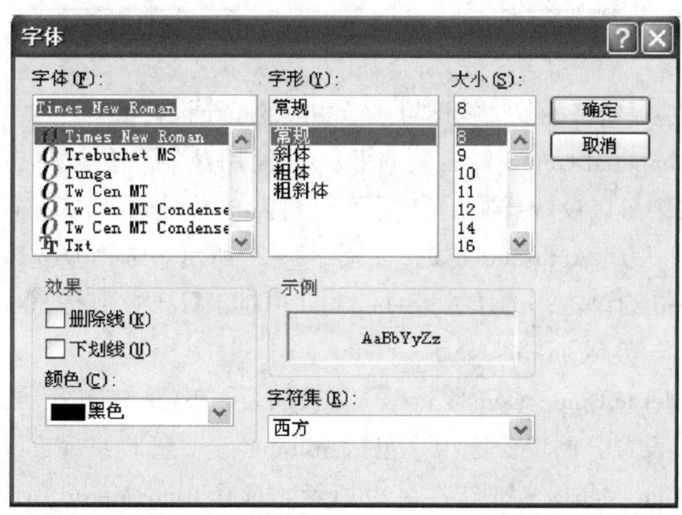

图 2-1-26　字体对话框

6. 系统单位的设置

在原理图编辑器中系统的计量单位有两种形式，即英制和公制。其中，英制单位有 in（英寸）、mil（密耳），1 in=1 000 mil；公制单位有 mm（毫米）、cm（厘米）和 m（米）三种。两种单位的换算关系是：1 in=25.4 mm，1 mil=0.025 4 mm。可以通过 Document Options 对话框设置单位，方法如下：

（1）打开 Document Options 对话框，进入 Units 选项卡，即可进行系统单位设置，如图 2–1–27 所示，其中包含两个单位设置系统：Imperial Unit System（英制单位系统），Metric Unit System（公制单位系统）。

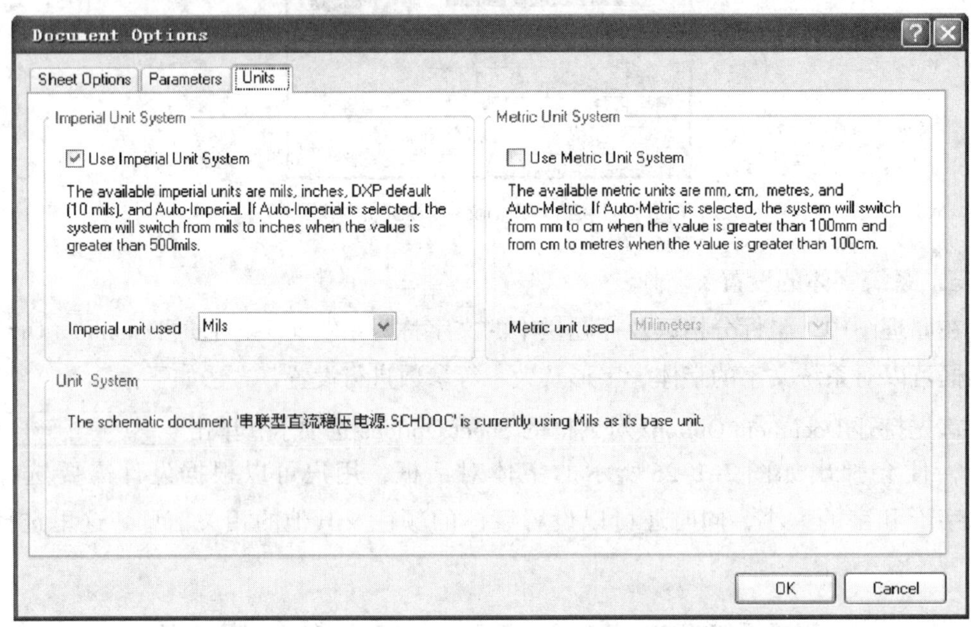

图 2–1–27　系统单位设置选项卡

（2）选中相应系统下的复选框即可激活相应的单位设置项。

· 选中 Use Imperial Unit System 复选框，即使用英制单位。单击下方的下拉按钮，在下拉列表中可以设置英制单位选项，包括 Mils（密耳）、Inches（英寸）、Dxp Defaults（DXP 默认）、Auto–Imperial，如图 2–1–28 所示。选择 Dxp Defaults 项时，系统显示将以 10 mil 为单位；选择 Auto–Imperial 项时，只要数值是 500 mil 的倍数，系统会将单位“mil”切换为“in”显示。

· 选中 Use Metric Unit System 复选框，即使用公制单位。单击下方的下拉按钮，在下拉列表中可以设置公制单位选项，包括 Millimeters（毫米）、Centimeters（厘米）、Meters（米）、Auto–Metric，如图 2–1–29 所示。选择 Auto–Metric 项时，如果数值是 100 mm 的倍数，系统会将单位“mm”切换为“cm”显示；如果数值是 100 cm 的倍数，系统会将单位“cm”切换为“m”显示。

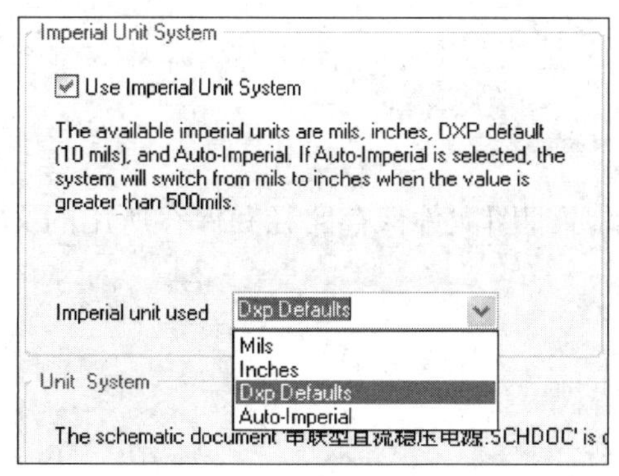

图 2–1–28　英制单位设定

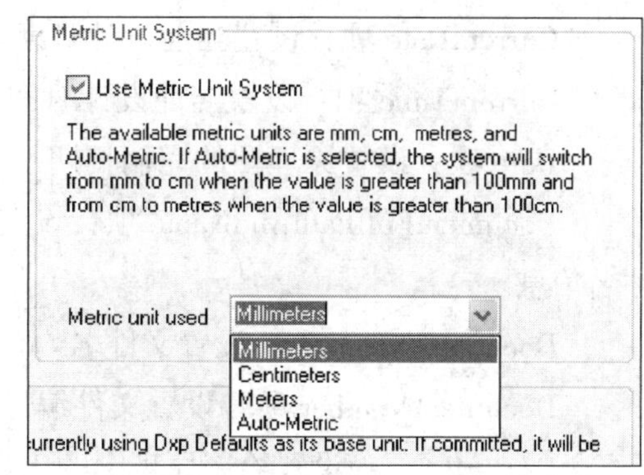

图 2–1–29　公制单位设定

这里选择英制单位中的 Dxp Defaults 项，系统单位为 10 mil。

7．文档信息的设置

打开 Document Options 对话框中的 Parameters（文档参数设定）选项卡，如图 2–1–30 所示，在该选项卡中可以设置图纸的文档信息，如公司名称、地址、图样编号、图样总数、文件标题以及日期等。

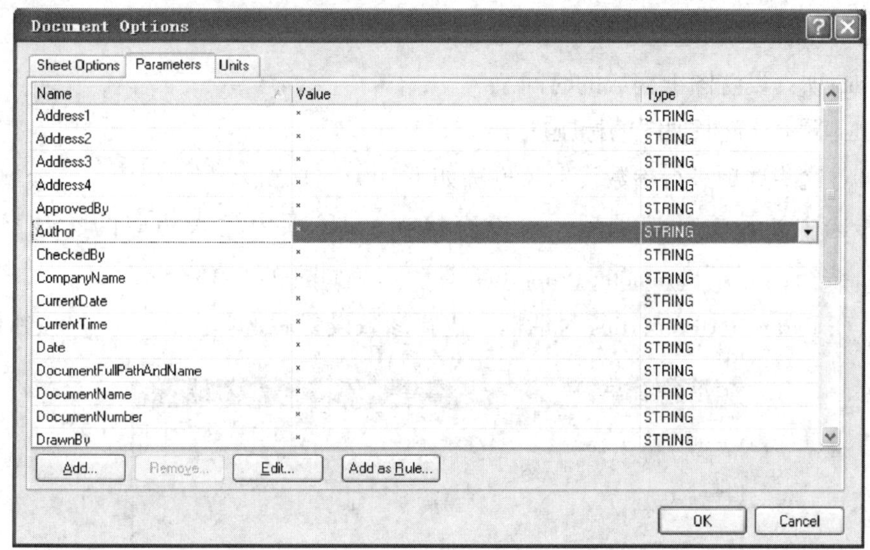

图 2–1–30　文档参数设定选项卡

Parameters 选项卡中列出了可设置的选项名称，各选项的含义如下：

· Address1/2/3/4 项：设置所在单位或公司的地址。

· ApprovedBy 项：设置审核者的姓名。

· Author 项：设置设计者的姓名。

· CheckedBy 项：设置校对者的姓名。

· CompanyName 项：设置公司的名称。

· CurrentDate 项：设置当前设计日期。

· CurrentTime 项：设置当前设计时间。

· Date 项：设置原理图的完稿日期。

· DocumentFullPathAndName 项：设置完整的原理图文件保存路径和保存所用的文件名信息。

· DocumentName 项：设置文件名。

· DocumentNumber 项：设置文件编号。

· DrawnBy 项：设置绘制原理图的人员姓名。

· Engineer 项：设置工程师的姓名。

· ImagePath 项：设置图片路径。

· ModifiedDate 项：设置文件的修改日期。

· Organization 项：设置设计组的名称。

· Revision 项：设置文件的修订版本号。

· Rule 项：设置原理图绘制的准则。

· SheetNumber 项：设置文件的图纸编号。

· SheetTotal 项：设置文件的图纸数量。

· Time 项：设置图纸完成的时间。

· Title 项：设置原理图的标题。

可以对这些选项进行参数设置，方法如下：

（1）选中要设置的选项后，可以直接在 Value 项内输入相应的参数，或单击 Edit... 按钮，打开 Parameter Properties 对话框，如图 2-1-31 所示。

（2）在 Parameter Properties 对话框中进行参数设置后，单击 OK 按钮即可。

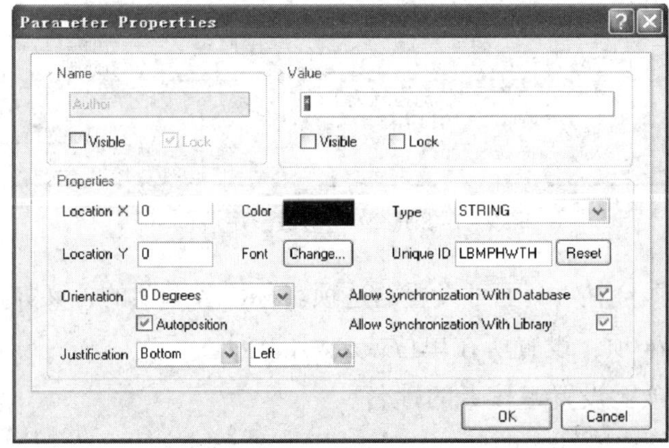

图 2-1-31　Parameter Properties 对话框

三、网格和光标的设置

在设计原理图时，图纸上的网格为放置元件、连接线路等设计工作带来了极大的方便。在进行图纸的显示操作时，可以设置网格的种类以及是否显示网格，也可以对光标的形状进行设置。

1. 网格可见性的设置

打开 Document Options 对话框，进入 Sheet Options 选项卡，其中 Grids 栏的 Visible 选项可以设置网格的可见性，如图 2–1–32 所示。

Visible 选项前的复选框可以设置网格是否可见，在右边的设置框中输入数值可以改变图纸中网格的间距，单位为 10 mil。显示网格后的图纸如图 2–1–33 所示。

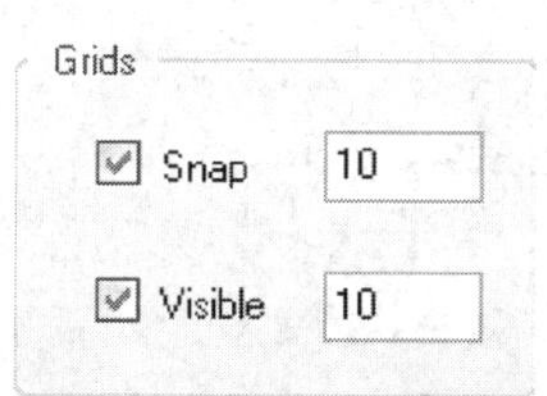

图 2–1–32　网格设定区

图 2–1–33　显示网格后的图纸

按快捷键【Shift+Ctrl+G】可对网格是否可见进行切换。

这里选择网格可见，设置数值为 10，即网格间距为 100 mil。

2. 网格捕捉的设置

所谓网格捕捉设置，即设置光标移动时的最小间距，通过图 2–1–32 所示的 Grids 栏的 Snap 选项进行设置。选中 Snap 前的复选框，表示光标移动时以 Snap 右边的设置值为移动的基本单位，系统默认是 10，即 100 mil，如果设置的网格间距为 100 mil，则光标以 1 格为单位移动。未选中 Snap 前的复选框，则光标移动时的基本单位为 1，即 10 mil，如果设置的网格间距为 100 mil，则光标移动的基本单位为 1/10 格。

按快捷键【G】可以进行网格捕捉两种形式的切换。

这里选择网格捕捉，设置值为 10，即 100 mil。

3. 网格形状及颜色的设置

Protel DXP 2004 提供了两种不同形状的网格，分别是线状（Line）和点状（Dot）网格，如图 2–1–34 和图 2–1–35 所示。

单击鼠标右键，执行 Options → Grids 命令，如图 2–1–36 所示，即可打开 Preferences 对话框。

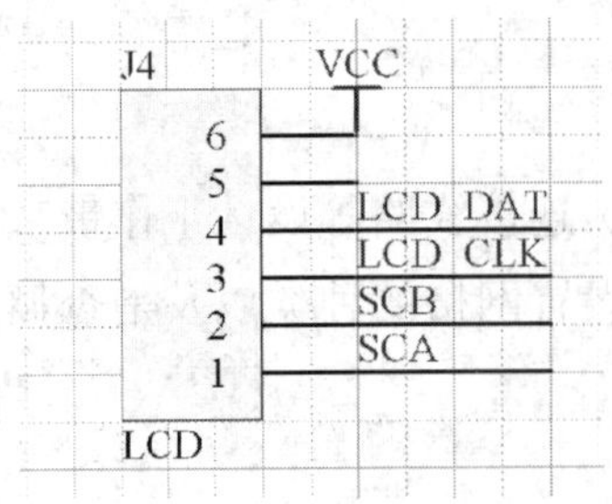

图 2-1-34　线状网格

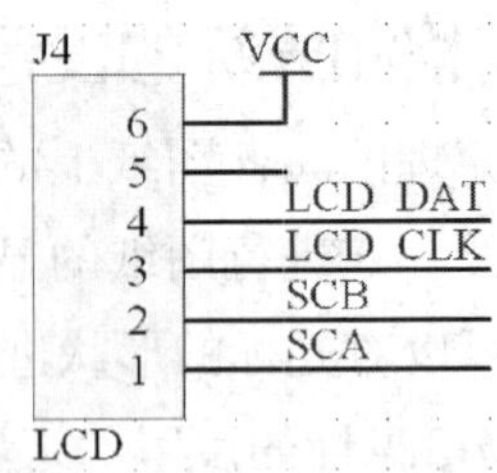

图 2-1-35　点状网格

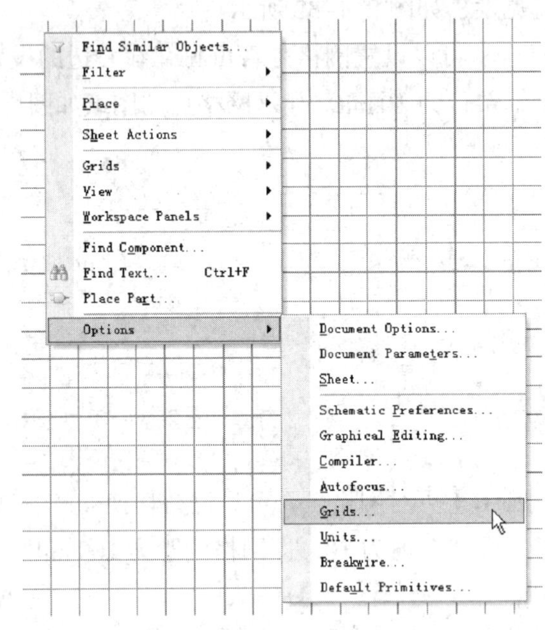

图 2-1-36　执行 Options → Grids 命令

在 Schematic-Grids 界面的 Grid Options 栏可以设置网格的形状和颜色，如图 2-1-37 所示。

· Visible Grid 项：单击右方下拉按钮，可以选择网格的形状（共两种）。

· Grid Color 项：单击颜色显示框，可以打开 Choose Color 对话框，设置网格的颜色。

这里选择 Line Grid（线状网格），颜色采用默认颜色。

4. 电气网格的设置

在 Document Options 对话框的 Sheet Options 选项卡中，用 Electrical Grid 栏可以进行电气网格的设置，如图 2-1-38 所示，各项的设置含义如下：

· Enable 复选框：设置是否使用电气网格。如果使用电气网格，在进行导线绘制等操作时，系统会以鼠标箭头为圆心，在周围的圆形区域内自动寻找电气节点。如果存在电气节点，光标会自动移动到该节点上，并显示一个红色的叉。

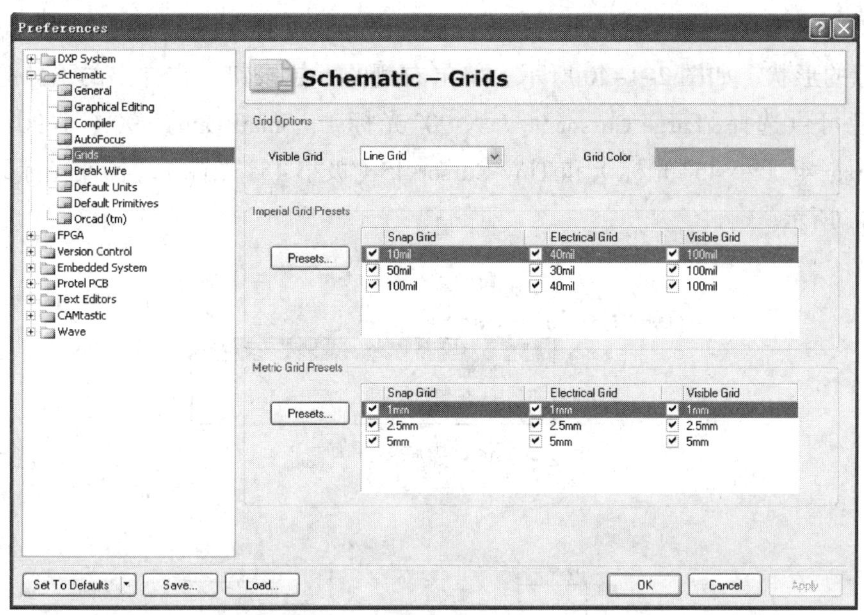

图 2-1-37 设置网格的形状和颜色

· Grid Range 项：设置电气网格的范围，单位是 10 mil。这里设置采用电气网格，范围设置值为 4，即 40 mil。

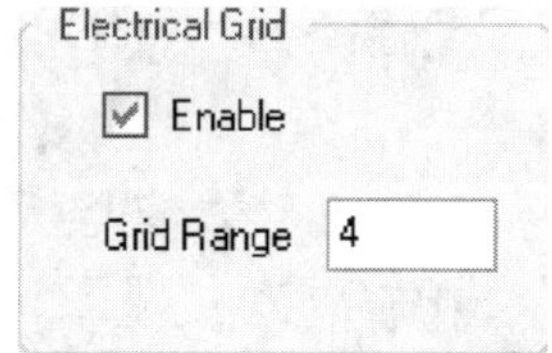

图 2-1-38 设置电气网格

5. 光标的设置

设置光标是指设置在画图、放置元件和绘制导线时的光标形状。

设置光标可以单击鼠标右键，执行 Options → Graphical Editing 命令，如图 2-1-39 所示。

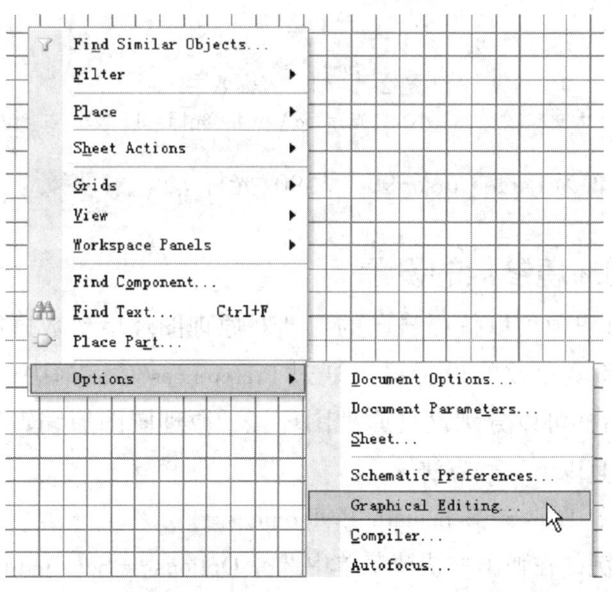

图 2-1-39 执行 Options → Graphical Editing 命令

在弹出的 Preferences 对话框的 Schematic–Graphical Editing 界面中，Cursor 栏用于设置光标的形状，如图 2–1–40 所示。单击右侧的下拉按钮，在弹出的下拉列表中有四种类型可供选择：Large Cursor 90（大 90° 光标）、Small Cursor 90（小 90° 光标）、Small Cursor 45（小 45° 光标）和 Tiny Cursor 45（极小 45° 光标），各种光标的效果如图 2–1–41 所示。

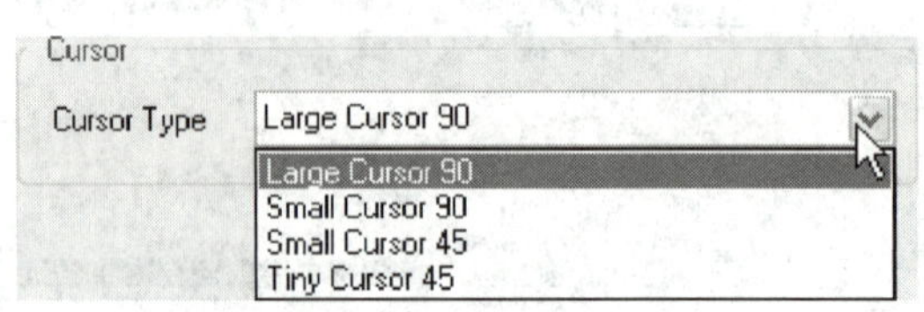

图 2–1–40　光标形状设置栏

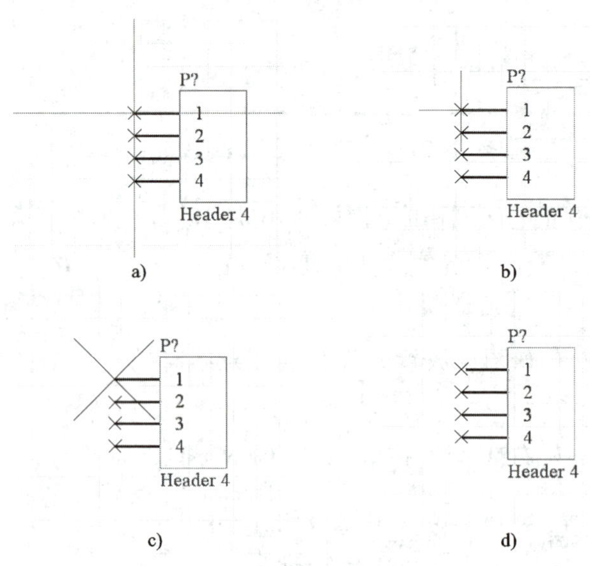

图 2–1–41　光标效果

a）大 90° 光标　b）小 90° 光标　c）小 45° 光标　d）极小 45° 光标

这里将光标设置为 Large Cursor 90（大 90° 光标）。

四、原理图环境参数的设置

用户在设计过程中可以按照自己的习惯对原理图环境参数进行设置，以提高工作效率。原理图环境参数的设置可以通过 Preferences 对话框中的 Schematic 单元来实现。通过该对话框可以分别设置原理图环境、原理图图形编辑环境等参数。打开 Preferences 对话框有以下三种方法：

· 执行菜单命令 Tools → Schematic Preferences。

· 单击鼠标右键，在弹出的快捷菜单中选择 Options → Schematic Preferences 选项。

· 按快捷键【T】→【P】。

1．原理图环境设置

原理图环境设置通过 Preferences 对话框中的 Schematic–General 界面来实现，如图 2–1–42 所示，可以设置的参数如下：

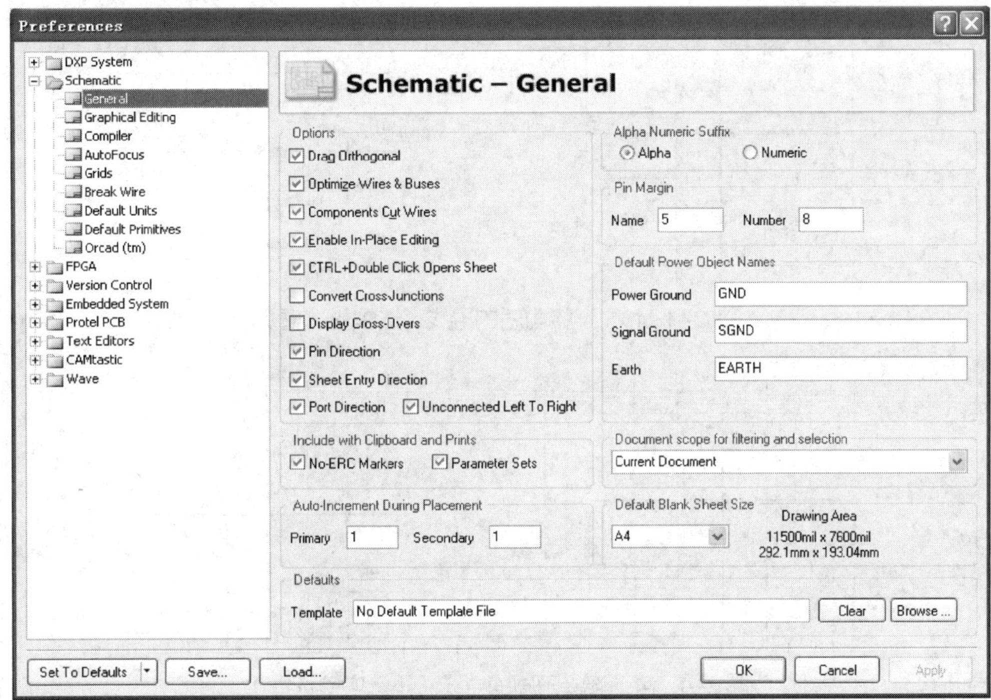

图 2–1–42　原理图环境设置对话框

（1）Options 栏

在该栏中有 11 个复选框，其含义如下：

· Drag Orthogonal 复选框：选中该复选框后，只能以正交的方式拖动或绘制图形对象。不选中该复选框，则以默认的分辨率拖动对象。

· Optimize Wires & Buses 复选框：选中该复选框后，可以防止导线和总线相互重叠，相互重叠的导线和总线会被自动去除。

· Components Cut Wires 复选框：本复选框可操作的条件是先选中 Optimize Wires & Buses 复选框。选中该复选框后，当拖动元件到导线上时，导线将被切割成两段，并且断开的导线能自动连接到该元件的敏感管脚上。

· Enable In–Place Editing 复选框：选中该复选框后，用户可以对嵌套对象进行编辑，即可对插入的连接对象进行编辑。

· CTRL+Double Clik Opens Sheet 复选框：若不选中该复选框，在双击原理图中的符号（包括元件或子图）时会弹出对象的属性对话框。选中该复选框时，将选中元件或打开对应的子原理图。

· Convert Cross-Junctions 复选框：选中该复选框后，当在导线的 T 形连接处增加一段导线形成四个方向的连接时，会自动生成两个相邻的三向连接点，如图 2-1-43 所示。若不选中该复选框，则会形成两条交叉的导线，并没有电气连接，如图 2-1-44 所示。

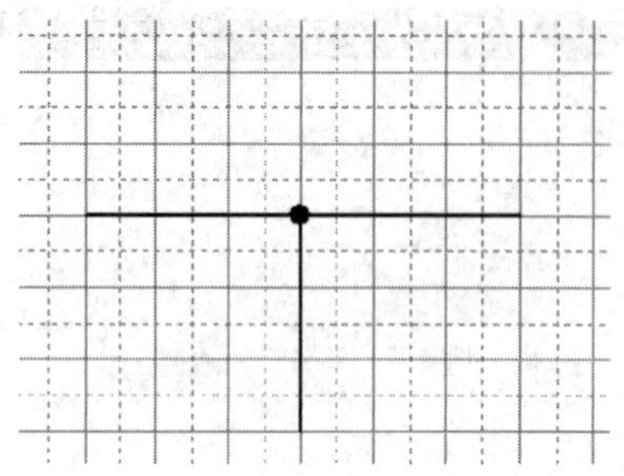
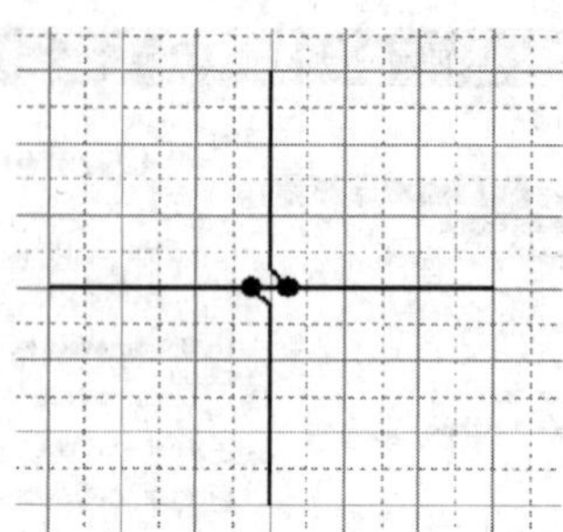

图 2-1-43　连接前后的导线（选中复选框）

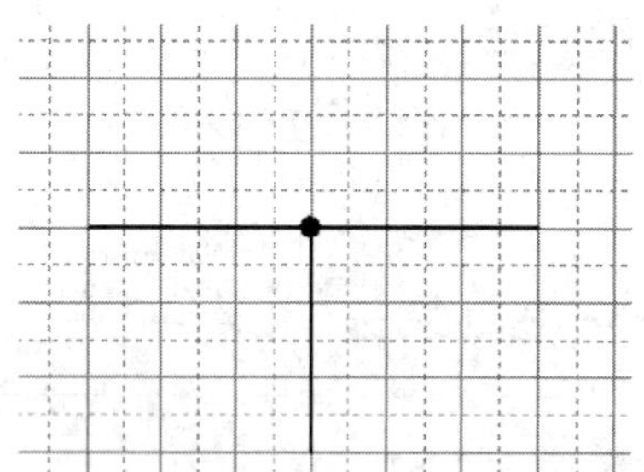
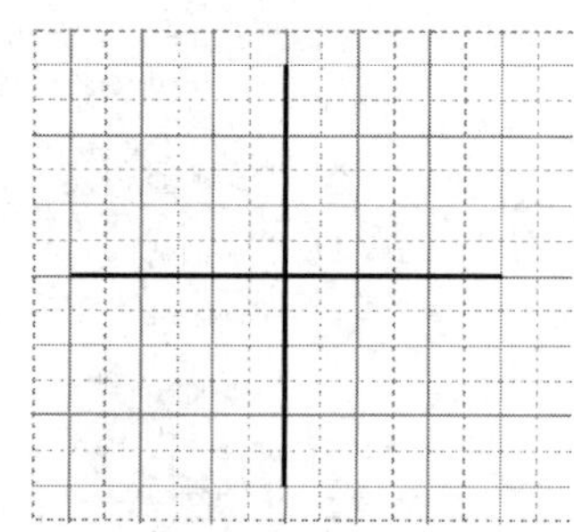

图 2-1-44　连接前后的导线（不选中复选框）

· Display Cross-Overs 复选框：选中该复选框，在无电气连接的十字交叉处会显示一个拐过的十字曲线桥，如图 2-1-45 所示。

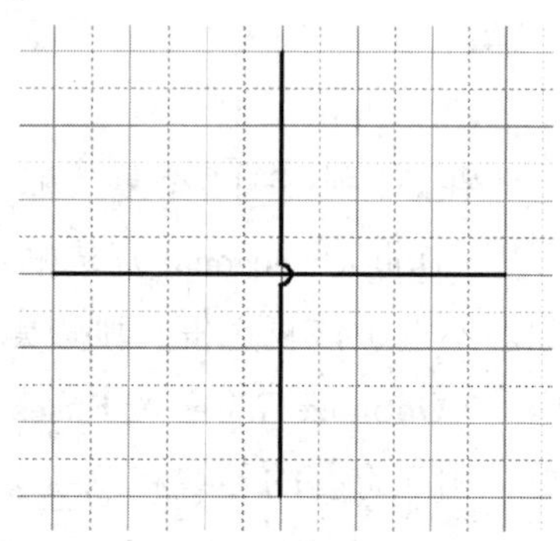

图 2-1-45　十字连接处的曲线桥

· Pin Direction 复选框：选中该复选框后，在原理图中会显示元件引脚的方向，且引脚的方向用一个三角表示。

· Sheet Entry Direction 复选框：选中该复选框后，在层次原理图中将显示电路的入口方向，否则，只显示电路入口的基本形状，即双向显示。

· Port Direction 复选框：选中该复选框后，端口属性对话框中的样式（Style）设置被 I/O 类型选项所覆盖。

· Unconnected Left To Right 复选框：该选项只有在选中了 Port Direction 复选框后才有效。选中该复选框后，原理图中未连接的端口将显示为由左到右的方向。

（2）Alpha Numeric Suffix 栏

该栏用于当原理图中出现多个元件时，设置元件序号的后缀。其中选中 Alpha 项，后缀以字母表示，如 A、B 等；选中 Numeric 项，后缀以数字表示，如 1、2 等。

（3）Pin Margin 栏

该栏用来设置元件的引脚号和引脚名称距元件边界的距离。

· Name 项：设置引脚名称离元件边界的距离，单位为 10 mil。

· Number 项：设置引脚号离元件边界的距离，单位为 10 mil。

（4）Default Power Object Names 栏

该栏的各项用来设置默认电源的接地名称。

· Power Ground 项：设置电源地的名称，一般采用默认值 GND。

· Signal Ground 项：设置信号地的名称，一般采用默认值 SGND。

· Earth 项：设置接地的名称，一般采用默认值 EARTH。

（5）Include with Clipboard and Prints 栏

该栏用来设置粘贴和打印的相关属性。

· No-ERC Markers 复选框：选中该复选框后，复制设计对象到剪贴板或打印时，会包括非 ERC 标记。

· Parameter Sets 复选框：选中该复选框后，复制设计对象到剪贴板或打印时，会包括参数集。

（6）Document scope for filtering and selection 栏

该栏用来设置过滤器和执行选择功能时默认的文件范围。在该栏可以分别选择 Current Document（当前打开的文档）或 Open Document（所有打开的文档）。

（7）Auto-Increment During Placement 栏

该栏用于设置放置元件时，元件号或元件引脚号的自动增量大小。

· Primary 项：放置元件时，元件号会按设置值自动增加。

· Secondary 项：编辑元件库时，放置的引脚号会按设置值自动增加。

（8）Default Blank Sheet Size 栏

该栏用于设置默认的新建原理图图纸的大小。用户可以在其下拉列表中选择图纸的大小，在下一次新建原理图文件时，会自动生成设置的图纸尺寸。

（9）Defaults 栏

该栏用于设置默认的模板文件，当设置了该文件后，下次进行新的原理图创建时，会自动调用该模板文件。单击 Browse... 按钮可以选择模板文件的路径，单击 Clear 按钮可以清除模板文件。如果不需要模板文件，则 Template 框中显示 No Default Template File（无模板文件）。

2. 原理图图形编辑环境设置

原理图图形编辑环境设置通过 Preferences 对话框中的 Schematic-Graphical Editing 界面来实现，如图 2-1-46 所示，可以设置的参数如下：

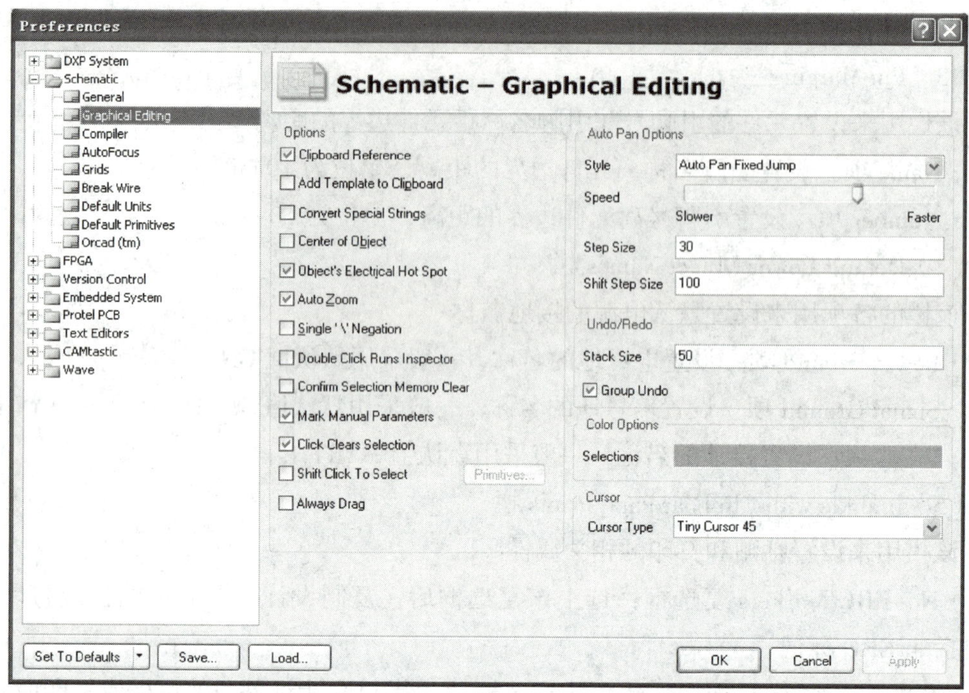

图 2–1–46　原理图图形编辑环境设置

（1）Options 栏

该栏可用来设置图形编辑环境的一些基本参数，共有 13 个复选框，其含义如下：

· Clipboard Reference 复选框：选择是否使用剪贴板参考点。选中该复选框后，当用户在执行复制、剪切和粘贴命令时，将会被要求选择一个参考点。建议选中该复选框。

· Add Template to Clipboard 复选框：选择是否添加模板到剪贴板。选中该复选框后，当用户执行复制或剪切命令时，系统将会把模板文件添加到剪贴板中，用来保证原理图编辑环境的一致性。建议选中该复选框。

· Convert Special Strings 复选框：选择是否转换特殊字符。选中该复选框后，可以在原理图上使用特殊字符。

· Center of Object 复选框：选中该复选框后，可以通过选中对象的中心来移动对象。

· Object's Electrical Hot Spot 复选框：选中该复选框后，可以通过距对象最近的热点来移动对象。

· Auto Zoom 复选框：选中该复选框后，在原理图中加入元件符号时，原理图会自动地实现缩放。建议选中该复选框。

· Single'\' Negation 复选框：选中该复选框后，可以用“\”表示某个字符为“负”。

· Double Click Runs Inspector 复选框：选中该复选框后，在原理图上双击一个对象时，将打开 Inspector 面板。

· Confirm Selection Memory Clear 复选框：选中该复选框后，选择集存储器可以用于保存一组对象的选择状态。为了防止一个选择集存储器被覆盖，建议选中该复选框。

· Mark Manual Parameters 复选框：选中该复选框后，当用一个点来显示参数时，这个点表示自动定位已经被关闭，并且这些参数被移动或旋转。建议选中该复选框。

· Click Clears Selection 复选框：选中该复选框后，在绘制原理图时，可以通过在空白处单击鼠标左键来取消选定的状态。建议选中该复选框。

· Shift Click To Select 复选框：选中该复选框后，在原理图中要进行选中对象的操作时，必须同时按下【Shift】键和鼠标左键才能进行选中操作。

· Always Drag 复选框：选中该复选框后，在绘制好的原理图中进行元件移动时，元件引脚上的导线总是随引脚移动而拖动，而不断开电路。

（2）Auto Pan Options 栏

该栏用于设置当光标到达绘图窗口边沿时，如何自动移动图纸（自动摇景）。其各设置项如图 2–1–47 所示，各项含义如下：

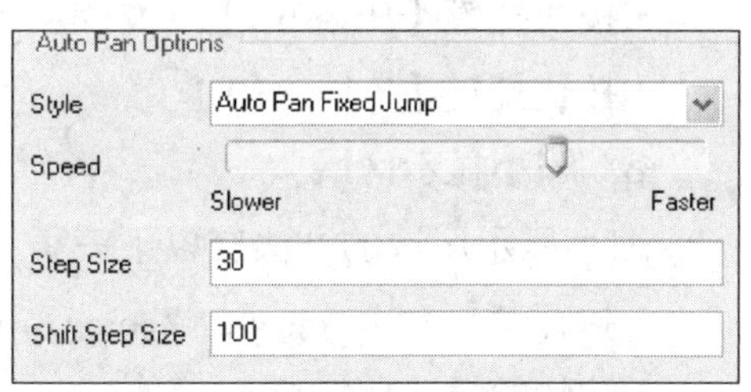

图 2–1–47 自动摇景设置对话框

· Style 项：用于设置自动移动图纸的风格。

在 Style 项的下拉列表中，有三项可供选择：

Auto Pan Off：取消自动移动图纸。

Auto Pan Fixed Jump：按设置的步距移动图纸。

Auto Pan Recenter：当光标移动到绘图窗口边沿时，自动将光标处作为中心显示图纸。

· Speed 项：拖动右侧的滑块，可以设置图纸的移动速度。

· Step Size 项：设置移动图纸的步距。

· Shift Step Size 项：设置图纸加速移动时的步距。

（3）Undo/Redo 栏

该栏用于设置 Undo（撤销操作）和 Redo（重做操作）的最深堆栈次数，如图 2–1–48 所示，Stack Size 用于输入 Undo 和 Redo 的最深堆栈次数。

（4）Color Options 栏

该栏用于设置所选中对象的颜色。单击 Selections 右侧的颜色显示框，可以设置所需要的颜色，如图 2–1–49 所示。

注意，原理图环境参数设置应该按照具体的应用和设计者的习惯来进行。对于一般的应用，除了本例中特殊说明的一些参数外，其余各项参数都可以保持默认设置。

Undo/Redo
Stack Size 50
☑ Group Undo

图 2-1-48　最深堆栈次数设置

图 2-1-49　选中对象颜色设置

五、画面显示操作

在原理图设计过程中，设计人员需要经常查看整张原理图或原理图的某个局部区域，因此，要改变绘图区的显示状态，可放大、缩小或移动绘图区以满足设计的需要。对绘图区的显示操作通常有放大、缩小、移动等。

1. 放大显示区域

放大显示区域的方法有以下三种：

· 执行菜单命令 View → Zoom In。

· 按快捷键【Page Up】。

· 按快捷键【Z】→【I】。

2. 缩小显示区域

缩小显示区域的方法有以下三种：

· 执行菜单命令 View → Zoom Out。

· 按快捷键【Page Down】。

· 按快捷键【Z】→【O】。

一般在光标处于空闲状态时采用菜单命令方式，在任何时候均可采用快捷键方式，特别是在光标处于非空闲状态时，采用快捷键方式极为方便。

3. 按比例显示绘图区域

按比例显示绘图区域的情况有以下四种：

· 50% 显示：执行菜单命令 View → 50%、按快捷键【Z】→【5】。

· 100% 显示：执行菜单命令 View → 100%、按快捷键【Z】→【1】。

· 200% 显示：执行菜单命令 View → 200%、按快捷键【Z】→【2】。

· 400% 显示：执行菜单命令 View → 400%、按快捷键【Z】→【4】。

4. 显示整张图纸

通过该命令可以查看整张图纸，方法有以下两种：

· 执行菜单命令 View → Fit Document。

· 按快捷键【Z】→【S】。

5. 显示所有对象

通过该命令可以将整张图纸中的对象最大化显示，方法有以下三种：

· 执行菜单命令 View → Fit All Objects。

· 按快捷键【Ctrl+Page Down】。

· 按快捷键【Z】→【A】。

6. 显示选定区域

启动显示选定区域命令的方法有以下三种：

· 执行菜单命令 View → Area。

· 单击主工具栏中的 按钮。

· 按快捷键【V】→【A】。

启动命令后，光标将变为十字形，然后将光标移至目标区的一角，单击鼠标左键，再移动光标到目标区另一对角并单击鼠标左键，如图 2–1–50 所示，即可放大显示所框选的范围。

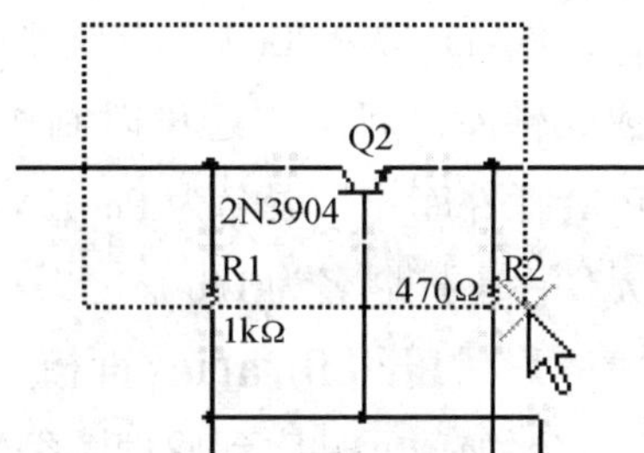

图 2–1–50 显示选定区域

7. 显示选定点周围区域

启动显示选定点周围区域命令的方法有以下两种：

· 执行菜单命令 View → Around Point。

· 按快捷键【V】→【P】。

启动命令后，光标将变为十字形，单击鼠标左键，然后移动光标，确定显示区域的范围，即可放大显示所框选的范围。

8. 移动显示中心

启动移动显示中心命令的方法有以下三种：

· 执行菜单命令 View → Pan。

· 按快捷键【V】→【N】。

· 按快捷键【Home】。

启动命令后，将以光标为中心显示绘图区域。

9. 刷新显示区域

当绘图区域出现非正常的画面扭曲变形时，只要刷新一下显示区域就可以恢复正常。刷新的方法有以下三种：

· 执行菜单命令 View → Refresh。

· 按快捷键【V】→【R】。

· 按快捷键【End】。

六、元件库的加载

掌握了新建原理图文件的方法及对原理图进行了必要的设置后，接下来就可以进行原理图的绘制工作了。绘制原理图的第一步是加载元件库，只有加载元件库后，用户才能从中选择元件放置到原理图中。

Protel DXP 2004 自带的元件库是集成元件库，库文件的扩展名为 IntLib。所谓集成元件库，即将元件的各种模型集成在一个元件库中，这些模型包括绘制原理图用的原理图符号、制作 PCB 用的元件封装模型、进行电路仿真用的 Spice 模型、进行电路板信号分析用的 SI 模型。

使用了集成元件库后，能使元件库的管理变得更加清晰、高效。例如，在原理图设计完成后，可以直接进行电路仿真而不用重新绘制仿真原理图；可以利用原理图直接进行 PCB 设计而不用重新载入元件封装库。

Protel DXP 2004 具有丰富的自带元件库，其中包含了大多数常用电子元件，除集成元件库外，用户还可以制作单独的元件库，如原理图元件库（扩展名为 SchLib）、PCB 元件库（扩展名为 PcbLib）。另外，在 Protel DXP 2004 中还可使用 Protel 99 SE 的元件库（扩展名为 Lib）。

1. 打开 Libraries 面板

要加载元件库到原理图编辑器中，首先必须打开 Libraries 面板（元件库管理器），方法通常有以下四种：

· 单击原理图编辑窗口右侧的 Libraries 工作面板标签 Libraries（默认的位置）。

· 执行菜单命令 Design → Browse Library。

· 按快捷键【D】→【B】。

· 单击主工具栏中的 按钮。

执行以上命令后，即可打开 Libraries 面板，面板各部分的说明如图 2-1-51 所示。

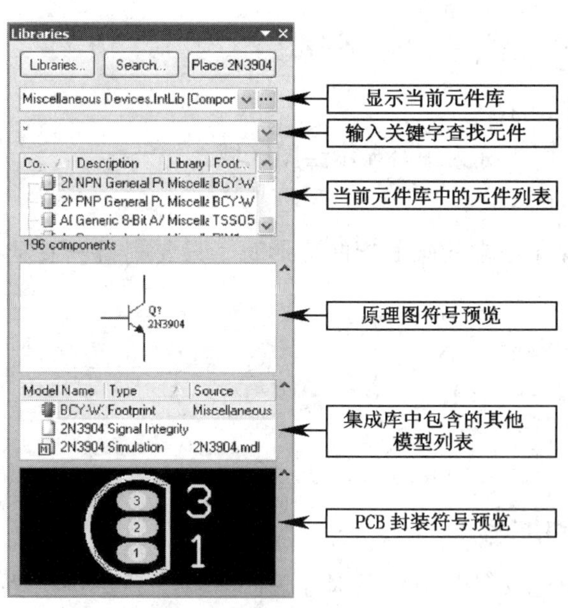

图 2-1-51　Libraries 面板

2. 浏览元件

单击元件库选择栏中的下拉按钮，如图 2–1–52 所示，在下拉列表中显示出已经加载的元件库。

已经存在的两个元件库是系统默认加载的。其中 Miscellaneous Devices. IntLib 是常用元件的元件库，Miscellaneous Connectors. IntLib 是常用接插件的元件库。本例中的元件都可在这两个元件库中找到。

在 Libraries 面板中，集成元件库中元件信息的显示有三种模式。单击元件选择栏右侧的 ··· 按钮，在弹出的对话框中有三个复选框，如图 2–1–53 所示。

· Components 复选框：选中该复选框后，在 Libraries 面板中将显示元件的集成信息，如图 2–1–51 所示。

· Footprints 复选框：选中该复选框后，在 Libraries 面板的元件库选择栏中将自动生成元件库的封装形式文件，如 Miscellaneous Devices. IntLib（Footprints View）文件，选择该文件后，在面板中将显示元件库中所有的封装形式，如图 2–1–54 所示。

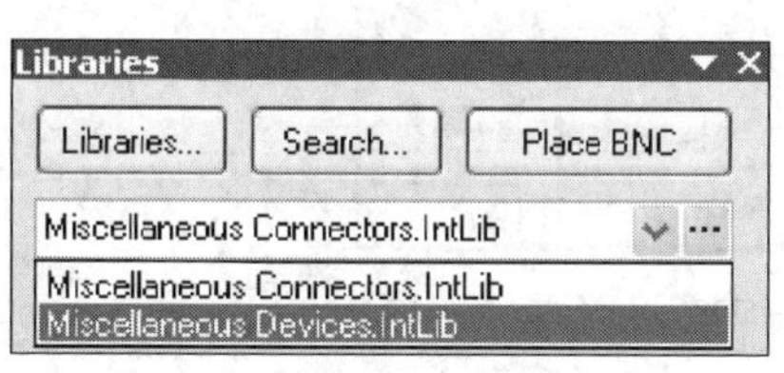

图 2–1–52 显示已经加载的元件库

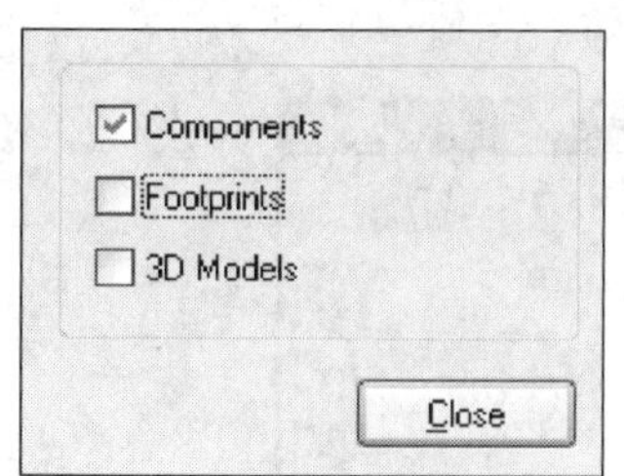

图 2–1–53 元件信息的三种显示模式

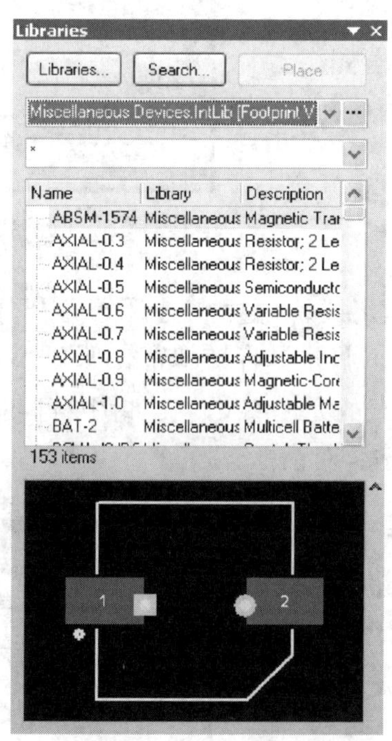

图 2–1–54 元件信息的 Footprints 显示模式

· 3D Models 复选框：选中该复选框后，如元件库中包含元件的 3D 模型，将在面板中显示元件库中包含的元件的 3D 模型。

这里只需选择 Components 复选框。

3. 加载和卸载元件库

（1）加载元件库

在设计原理图的过程中，如果需要放置的元件不在已加载的元件库中时，就需要加载新的元件库，加载元件库的方法如下：

1）在 Libraries 面板中单击 Libraries... 按钮，打开 Available Libraries 对话框中的 Installed 选项卡，如图 2-1-55 所示。

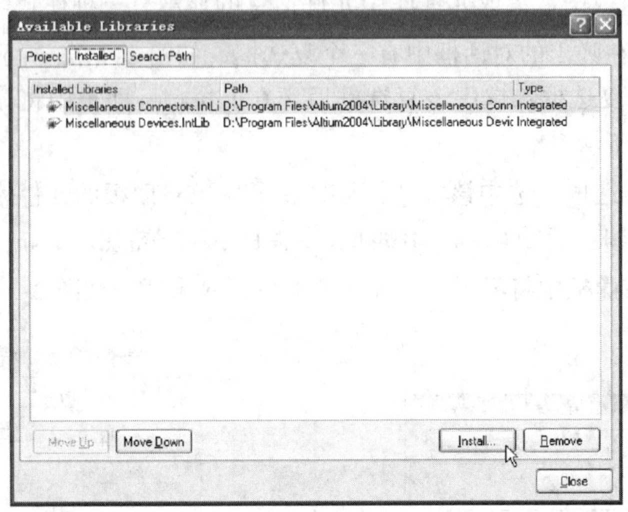

图 2-1-55　Available Libraries 对话框中的 Installed 选项卡

2）单击 Install... 按钮，在弹出的对话框中选择元件库的存盘路径（Protel DXP 2004 的自带元件库通常存放在 System\Program\Altium\Library 目录下），在列表中选择要加载的元件库文件，如图 2-1-56 所示，然后单击 打开(O) 按钮，返回到 Available Libraries 对话框。

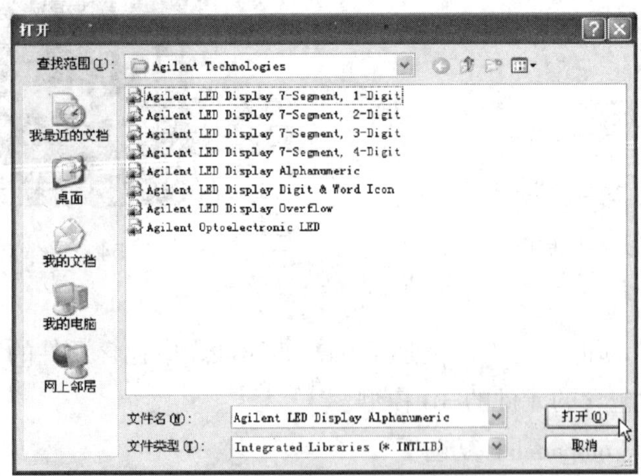

图 2-1-56　选择要加载的元件库文件

3）此时，在 Available Libraries 对话框中显示了加载的元件库名称，再单击 Close 按钮即可。

（2）卸载元件库

在原理图设计过程中，如果一次加载过多的元件库，将会占用较多的系统资源且不便于实际使用，因此，对于一些不常用的元件库，应将其从原理图编辑器中卸载。卸载元件库的方法如下：

1）在 Libraries 面板中单击 Libraries... 按钮，打开 Available Libraries 对话框中的 Installed 选项卡，选中要卸载的元件库名称。

2）单击 Remove 按钮即可。

七、放置元件

将所需的元件库加载到原理图编辑器中后，就可以从元件库中将元件放置到原理图中，放置元件有以下两种方法：

1. 用 Libraries 面板放置元件

这里以放置任务原理图中的插座 Header 2H 为例。

（1）通过任务中的元件信息表已经知道，插座 Header 2H 在 Miscellaneous Connectors. IntLib 这个元件库中。打开 Libraries 面板，单击元件库选择栏的下拉按钮，在下拉列表中选择 Miscellaneous Connectors. IntLib 元件库，在 Libraries 面板中将显示元件库中的所有元件信息，如图 2–1–57 所示。

（2）在元件名列表中找到 Header 2H，如图 2–1–58 所示。

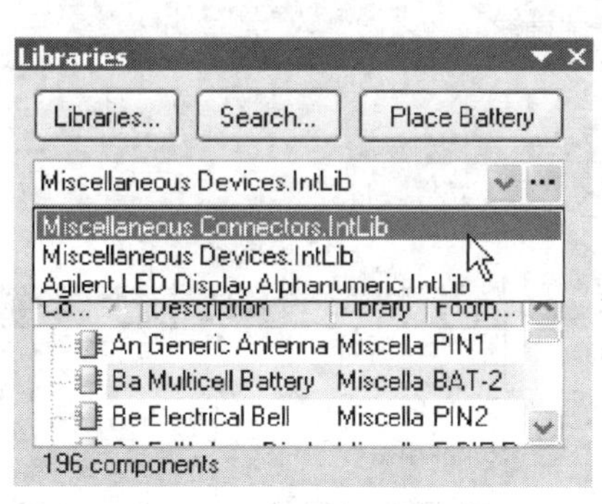

图 2–1–57　选择元件库

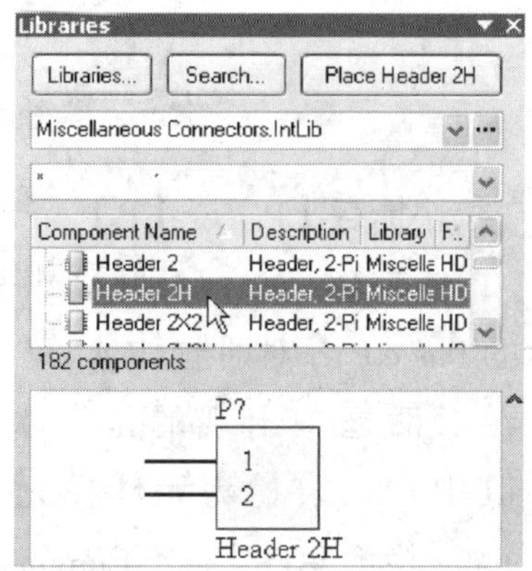

图 2–1–58　选择元件

（3）双击 Header 2H 或单击 Place Header 2H 按钮，将进入放置元件状态。此时在绘图区将出现一个随光标移动的元件，将光标移动到合适的位置，单击鼠标左键即可将该元件放置到原理图中，如图 2–1–59 所示。

（4）一个元件放置完成后，系统仍处于元件的放置状态。单击鼠标左键将再放置一个同样的元件，如图 2-1-60 所示，按【Esc】键或单击鼠标右键即可退出放置状态。

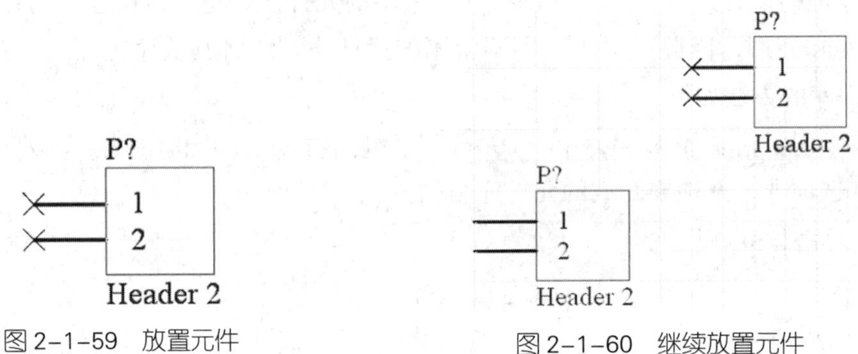

图 2-1-59　放置元件　　　图 2-1-60　继续放置元件

2. 用 Place Part 命令放置元件

这里以放置任务原理图中的变压器 Trans 为例。

（1）启动 Place Part 命令的方法有以下四种：

· 执行菜单命令 Place → Part。

· 单击鼠标右键，执行快捷菜单命令 Place → Part。

· 单击 Wiring 工具条中的 按钮。如果原理图编辑窗口没有 Wiring 工具条，则执行菜单命令 View → Toolbars → Wiring，即可显示 Wiring 工具条，如图 2-1-61 所示。

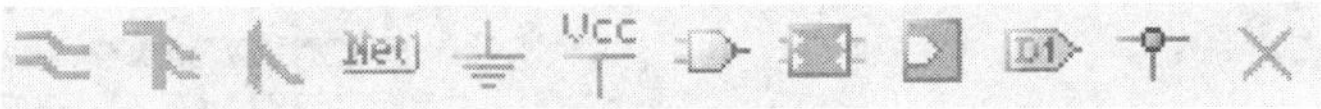

图 2-1-61　Wiring 工具条

· 按快捷键【P】→【P】。

（2）Place Part 命令启动后，将弹出如图 2-1-62 所示的 Place Part 对话框。

在对话框中出现的是上次放置的元件信息。其中 Lib Ref 栏为元件在元件库中的名称，Designator 栏为元件序号，Comment 栏为元件的描述信息，Footprint 栏为元件的封装代号。如果当前元件就是要放置的元件，单击 OK 按钮即可进入元件的放置状态；如果不是，则单击 ... 按钮选择其他元件或元件库，此时将弹出 Browse Libraries 对话框，如图 2-1-63 所示。

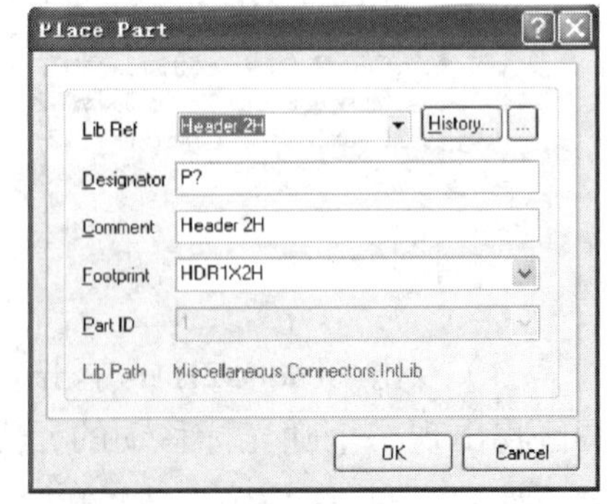

图 2-1-62　Place Part 对话框

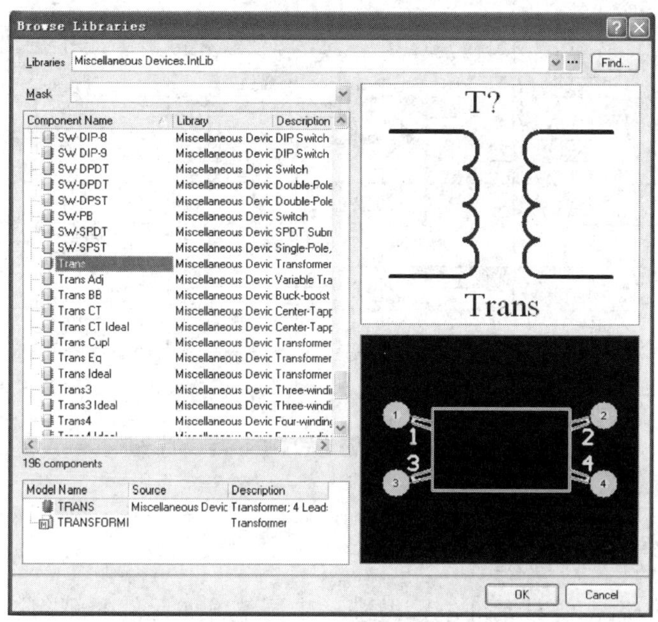

图 2-1-63 Browse Libraries 对话框

（3）在对话框中的 Libraries 栏中选择 Miscellaneous Devices. IntLib 元件库（根据本例中的元件信息表可知，Trans 在该元件库中）。然后在元件名列表中找到 Trans，单击 OK 按钮，完成元件选择，如图 2-1-64 所示。

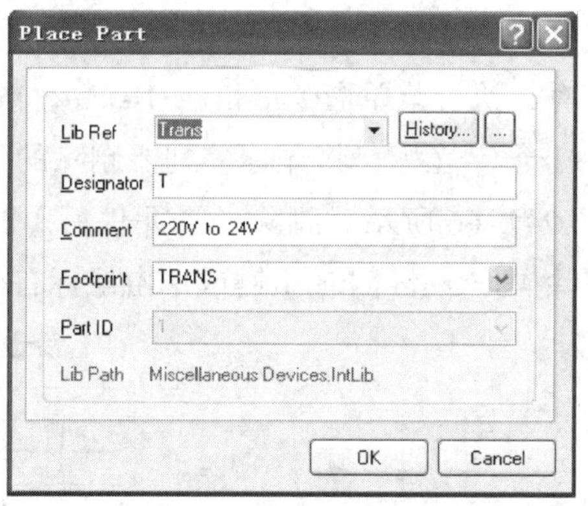

图 2-1-64 修改元件信息

（4）返回 Place Part 对话框后，Lib Ref 栏中的元件名已变为 Trans，然后单击 OK 按钮，即可进入元件放置状态。

用上述两种方法将本例中的其他元件放置到电路原理图中，如图 2-1-65 所示。

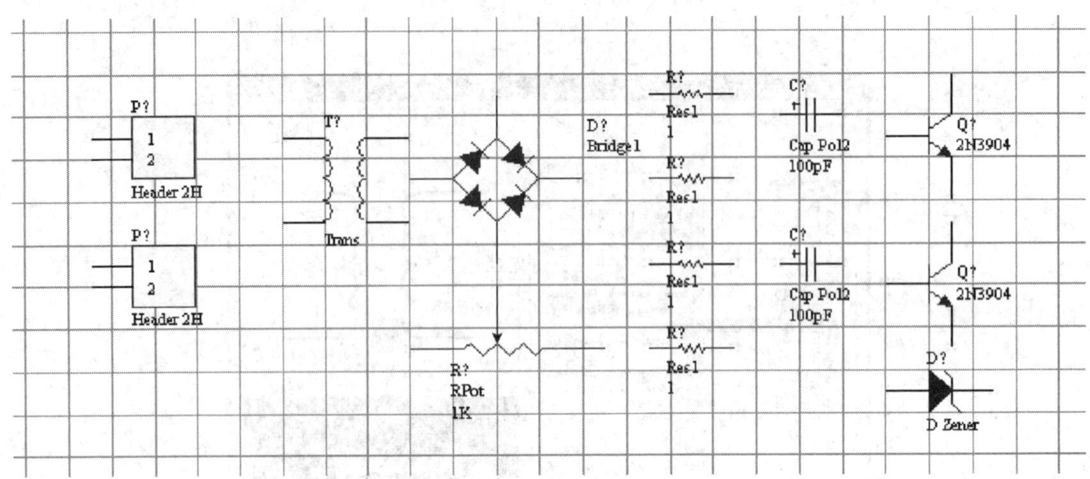

图 2–1–65　元件放置完成后的电路原理图

八、元件位置的调整

元件放置完毕后，要对元件位置做进一步调整，如元件的删除、移动及旋转等。元件位置的布置，直接影响到整个电路的布局及后续的连线工作。在本课题中，要把图 2–1–65 所示的元件按图 2–1–6 的要求调整到适当的位置。

1．元件的删除

在元件的放置过程中，难免出现放错及多放的情况，这时对这些元件要进行删除操作。常用的删除方法有以下三种：

（1）执行 Edit → Delete 命令删除元件

在没有选中任何元件时，执行菜单命令 Edit → Delete，或按快捷键【E】→【D】，此时，在绘图区会出现一个十字光标，将光标移到要删除的元件上，单击鼠标左键确认，即可删除元件，如图 2–1–66 所示。删除一个元件后（图 2–1–67），十字光标仍然存在，可以继续进行删除操作，按【Esc】键或单击鼠标右键退出。

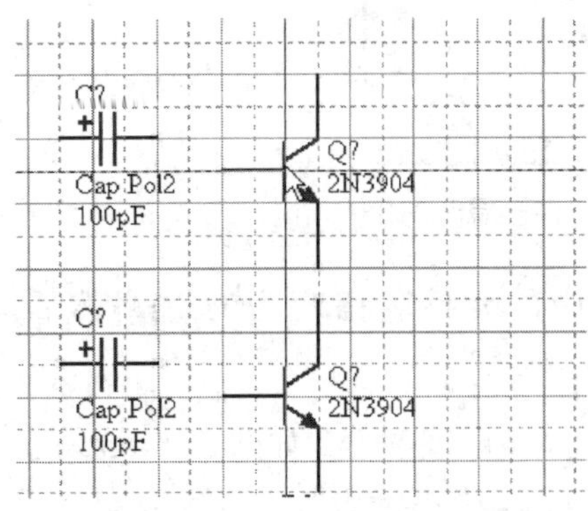

图 2–1–66　删除元件前

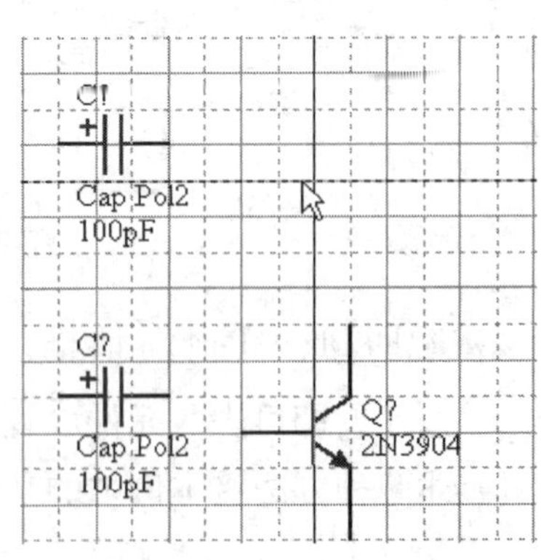

图 2–1–67　删除元件后

（2）用点取操作删除元件

用鼠标单击所要删除的元件，元件四周会出现一个虚线框（又称元件的点取操作），此时元件处于选定状态，如图 2–1–68 所示。执行菜单命令 Edit → Delete，或按快捷键【Delete】，即可删除该元件。用点取法每次只能删除一个元件。

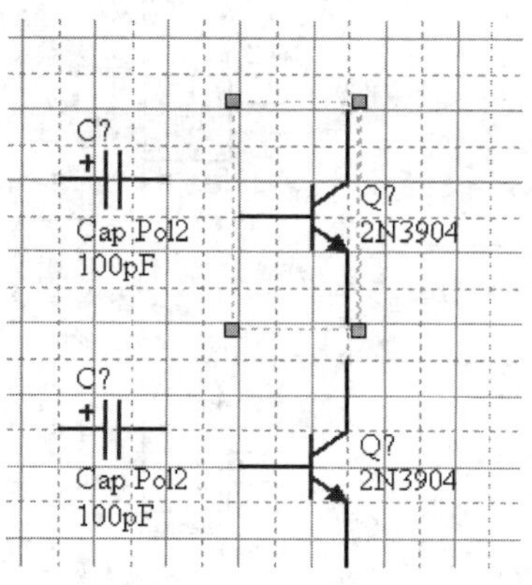

图 2–1–68 元件处于点取状态

注意，撤销元件的选定状态，只要将光标移到图纸空白处单击左键即可。

（3）用选取操作删除元件

如果要一次删除多个元件，首先要用选取操作来选定多个元件，常用方法有以下四种：

· 在绘图区，按住鼠标左键不放，拖动鼠标拉出一个虚线框，将所要删除的元件包含在内，然后松开鼠标左键，即可选定多个元件，如图 2–1–69 所示。

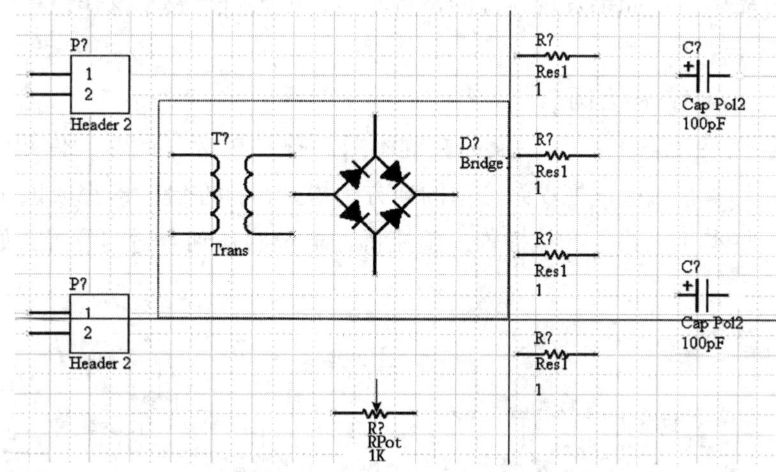

图 2–1–69 用鼠标框选多个元件

· 按住【Shift】键，用鼠标左键依次单击要删除的元件，可选定多个元件。

· 单击主工具栏中的 ⬚ 按钮，在绘图区单击鼠标左键，拖动鼠标拉出一个虚线框，将所要删除的元件包含在内，然后再次单击鼠标左键，所框元件即处于选定状态。

· 执行菜单命令 Edit → Select → Toggle Selection，此时在绘图区将出现十字光标，依次单击要删除的元件即可，如图 2–1–70 所示。选取操作完毕后，单击鼠标右键或按【Esc】键可退出该状态。

当元件处于选定状态后，执行菜单命令 Edit → Delete，或按快捷键【Delete】，即可删除这些元件。

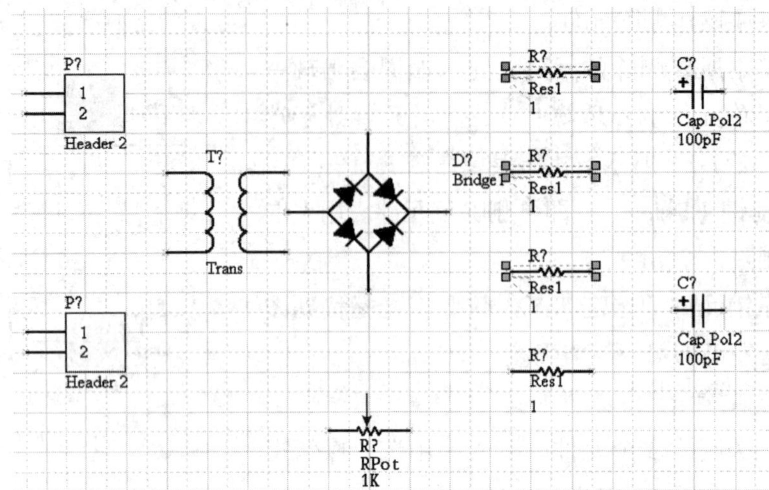

图 2–1–70　使用 Toggle Selection 命令选取元件

2. 元件的移动

元件放置完毕后，如果发现元件的位置不对，就要进行移动操作，具体如下：

（1）单个元件的移动

以移动变压器 Trans 为例。

将光标移到变压器上，按住鼠标左键不放，拖动鼠标，此时元件跟随光标移动（处于悬浮状态），将 Trans 拖动到合适的地方，松开鼠标左键，即完成该元件的移动。用这个方法，将本例电路中的接插件、整流桥、电位器移到合适的位置，如图 2–1–71 所示。

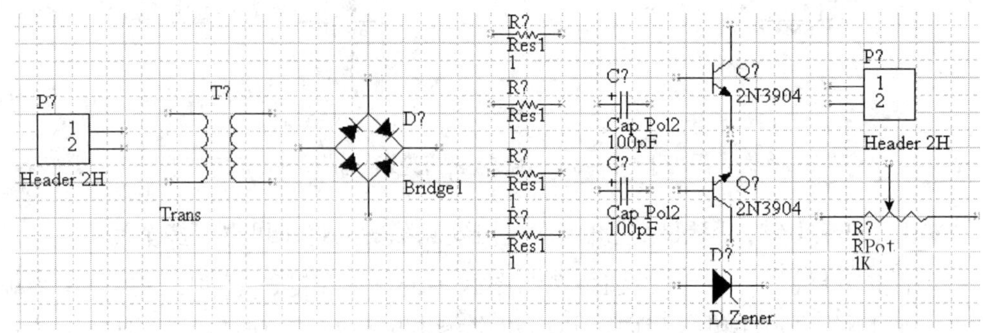

图 2–1–71　单个元件移动后的电路原理图

（2）同时移动多个元件

上述元件调整好后，要继续布置元件，就必须把图 2–1–71 中的电阻、电容、三极管等元件移开，在这种情况下使用同时移动多个元件的方法比较方便，具体如下：

将所要移动的元件进行选取操作，如图 2–1–72 所示，此时元件处于选定状态。

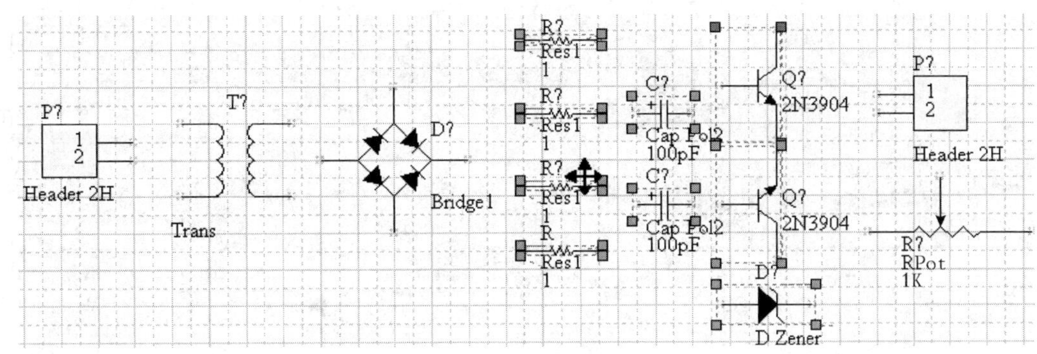

图 2–1–72 选定要移动的元件

选定多个元件后，将光标移到其中的任意一个元件上，光标将变成十字形，如图 2–1–72 所示。此时按住鼠标左键不放，拖动鼠标，选定的多个元件将跟随光标移动。将元件拖动到合适的位置后，松开鼠标左键，即可将元件移动到该位置，如图 2–1–73 所示。

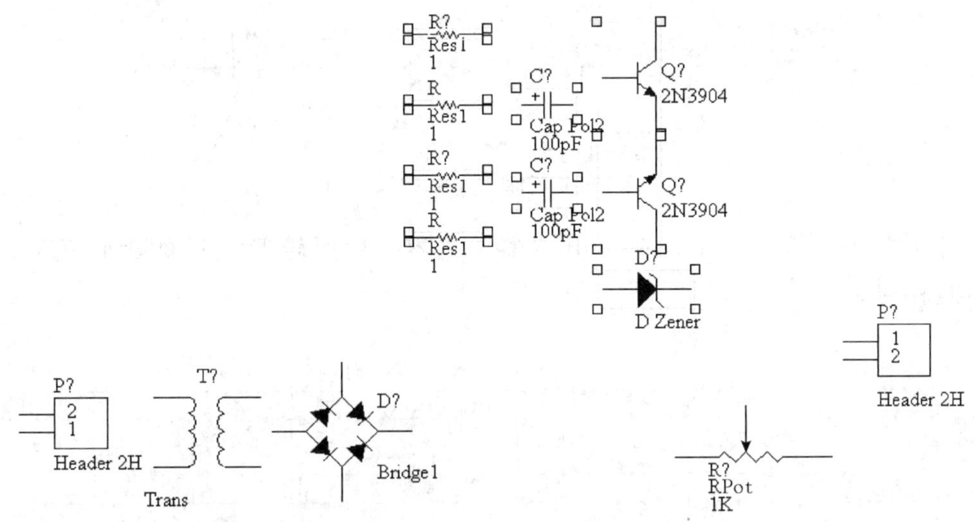

图 2–1–73 同时移动多个元件后的电路原理图

用上述方法将余下元件按图 2–1–6 的要求放置到合适的位置，如图 2–1–74 所示。

3．元件的旋转

将元件移动到合适的位置后，发现有很多元件放置的角度和样图中的不同，这就需要进行元件的旋转操作，方法如下：

（1）元件的 90° 旋转

用鼠标左键对元件进行点取操作选定元件，按空格键，每按一次，元件逆时针旋转 90°，如图 2–1–75 所示。

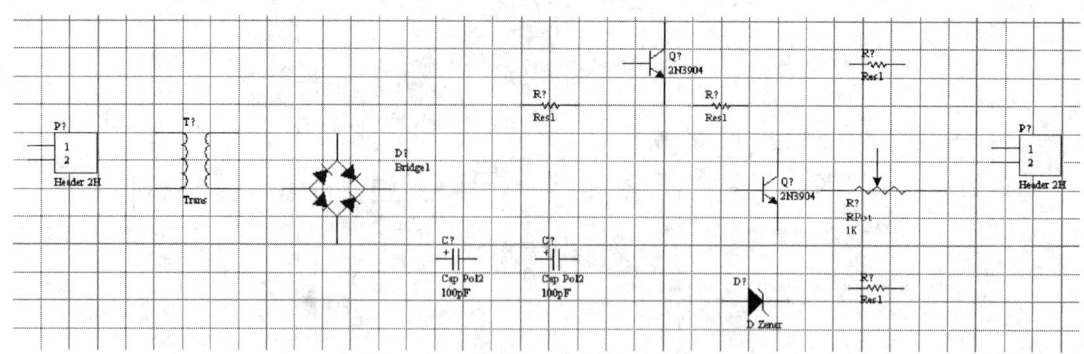

图 2-1-74　移动元件位置后的电路原理图

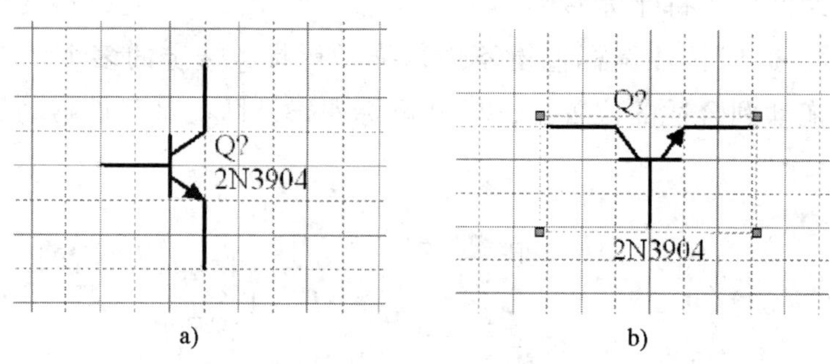

图 2-1-75　单个元件旋转 90°

a）旋转前的元件　b）旋转后的元件

用此方法，调整图中电阻、电位器、电容、稳压管等元件的旋转角度，如图 2-1-76 所示。

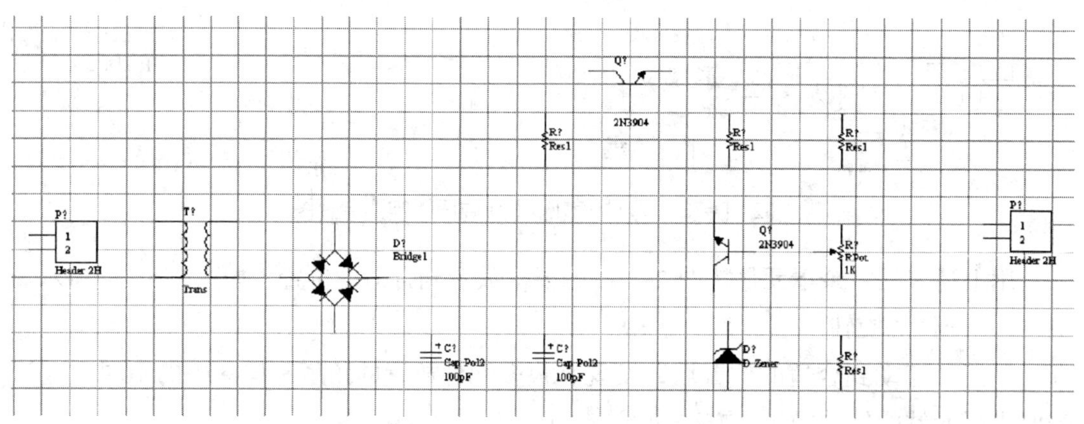

图 2-1-76　元件旋转角度后的电路原理图

（2）元件沿 *X* 轴方向翻转

图 2-1-76 中，还有两个元件的位置需要调整，其中二脚接插件 Header 2H 要进行

沿 *X* 轴方向的翻转，方法如下：用鼠标左键按住接插件 Header 2H，使其处于悬浮状态，此时按【X】键，每按一次，元件在 *X* 轴方向进行一次翻转，如图 2–1–77 所示。

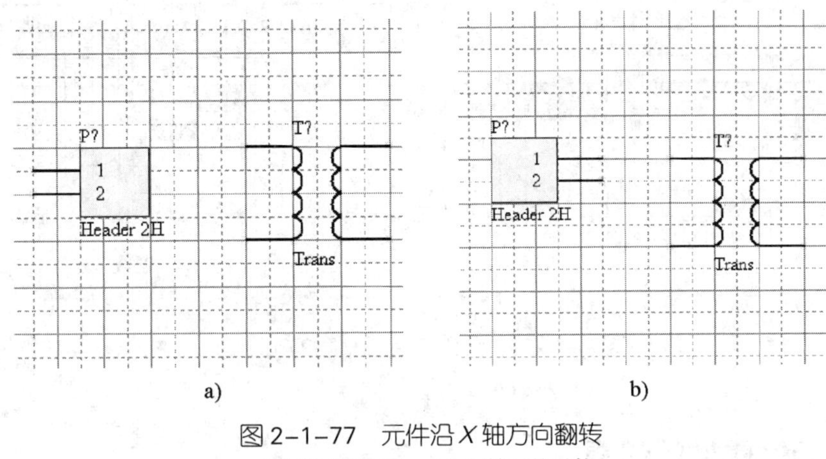

图 2–1–77 元件沿 *X* 轴方向翻转

a）翻转前的元件 b）翻转后的元件

（3）元件沿 *Y* 轴方向翻转

图 2–1–76 中的一个三极管 2N3904 经过 90° 旋转后，还需要进行沿 *Y* 轴方向的翻转，才能达到本例样图的要求。方法如下：用鼠标左键按住三极管 2N3904，使其处于悬浮状态，此时按【Y】键，每按一次，元件在 *Y* 轴方向进行一次翻转，如图 2–1–78 所示。

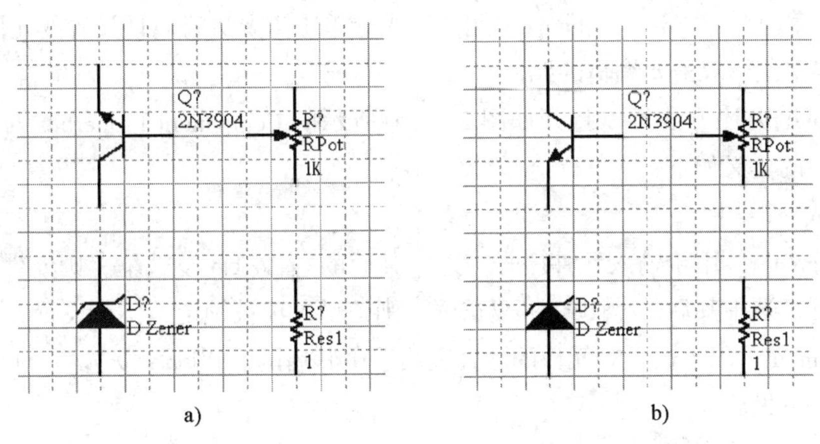

图 2–1–78 元件沿 *Y* 轴方向翻转

a）翻转前的元件 b）翻转后的元件

元件位置调整后的布局如图 2–1–79 所示。

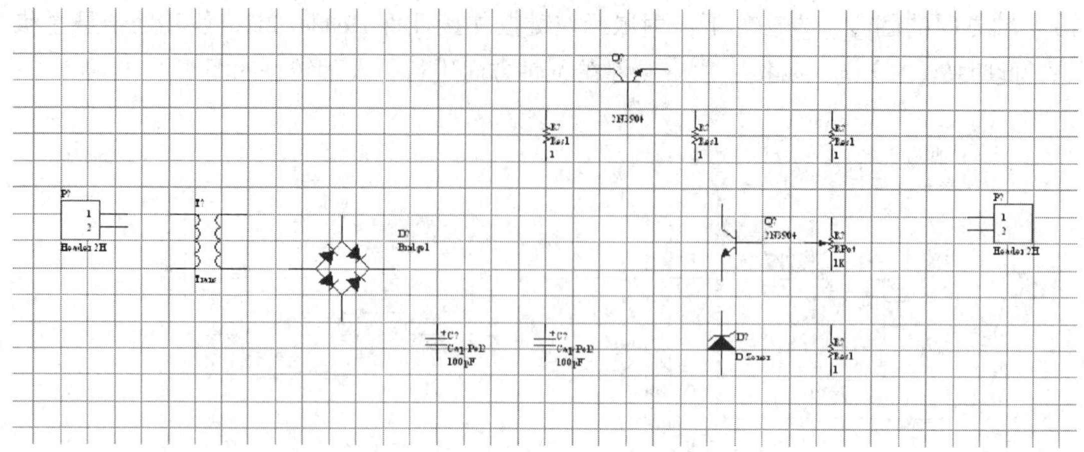

图 2-1-79　元件位置调整后的布局图

九、元件属性的设置

元件位置调整好后，通常在元件周围的元件注解还不够明确，这不但会影响原理图的阅读，还会影响网络表的生成及 PCB 的设计，这时需要进行元件的属性设置。元件的属性设置主要包括元件的序号、参数、封装代号及管脚的定义等。

1. 通过 Component Properties 对话框设置元件属性

（1）打开 Component Properties 对话框，有以下三种方法：

· 在元件处于待放状态（悬浮状态）时，按【Tab】键。

· 执行菜单命令 Edit → Change，用十字光标单击需要进行属性设置的元件。

· 直接用鼠标双击要编辑的元件。

（2）通过上述方法可以打开如图 2-1-80 所示的 Component Properties 对话框，其中各设置项的含义如下：

1）Properties 栏

· Designator：用于输入元件序号。选中其后的 ☑Visible 复选框，则元件序号在原理图中可见；选中其后的 ☐Locked 复选框，则该设置项被锁定，不可设置。

· Comment：用于输入对元件的注释。当选中其后的 ☑Visible 复选框，则元件序号在原理图中可见。

· Library Ref：用于显示元件在元件库中的名称。该名称不显示在原理图中，也不能修改。

· Library：用于显示元件所在的元件库名称。

· Description：用于显示元件的描述信息。

· Unique Id：元件的唯一编号，由系统随机给定。

· Type：用于显示元件类型，一般不需要改动。

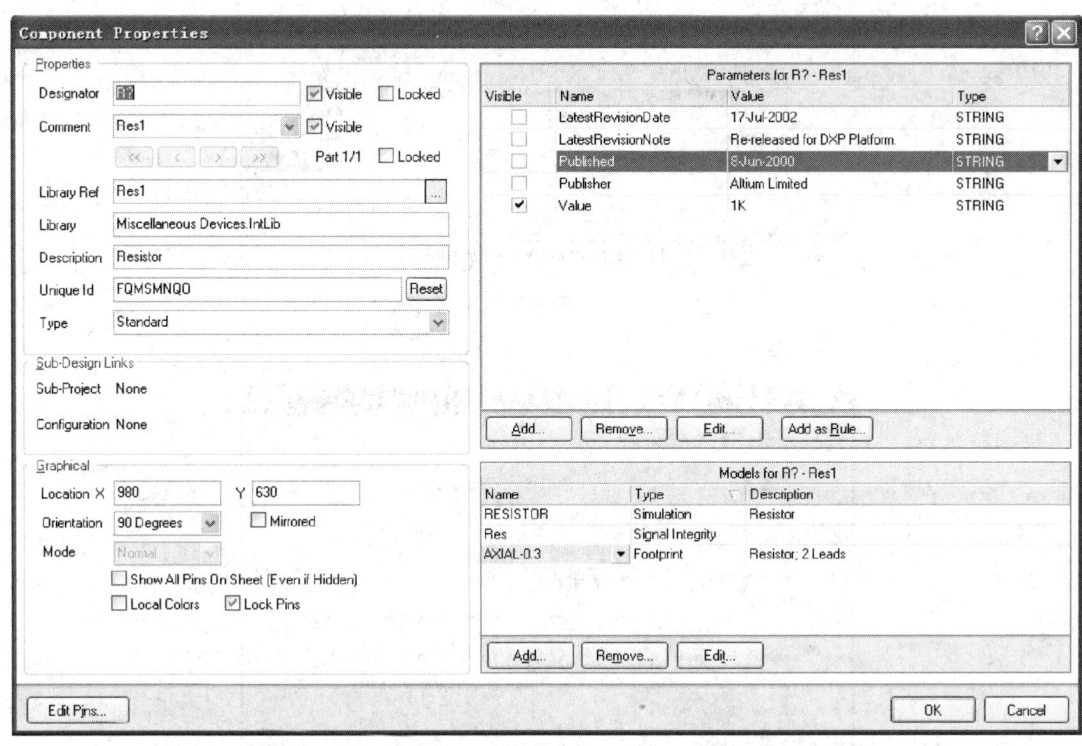

图 2–1–80　Component Properties 对话框

2）Sub–Design Links 栏：用于定位说明可编程逻辑器件（Programmable Logic Device，PLD）的文件位置及名称。

3）Graphical 栏

· Location：用于设置元件的具体坐标位置。

· Orientation：在其下拉列表中可以选择元件的旋转角度。选中其后的 □ Mirrored 复选框，原理图中的元件将进行 Y 轴镜像显示。

· Show All Pins On Sheet 复选框：选中该复选框后，将在原理图中显示元件的全部引脚。

· Local Colors 复选框：选中该复选框后，将显示元件的颜色、边线颜色和引脚颜色。

· Lock Pins 复选框：选中该复选框后，将锁定元件引脚。否则，在原理图中元件引脚可以和元件分开，并进行单独编辑。

4）Parameters for R?-Res1 栏。在该栏列表框中显示了元件的参数列表信息，如元件的制作者、制作日期及元件的参数等。若要编辑相应的信息，方法有以下两种：

· 可在编辑处单击鼠标左键，直接输入即可，如图 2–1–81 所示。

· 可在某一参数上双击鼠标左键或单击 Edit... 按钮，即可打开 Parameter Properties 对话框，在该对话框中可编辑该参数的所有设置，如图 2–1–82 所示。

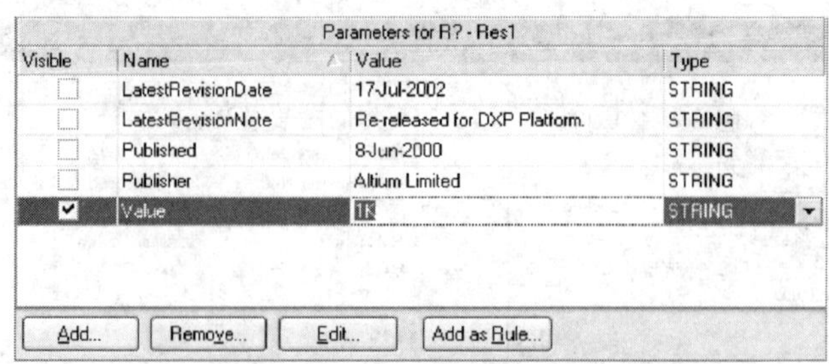

图 2-1-81　直接输入元件参数

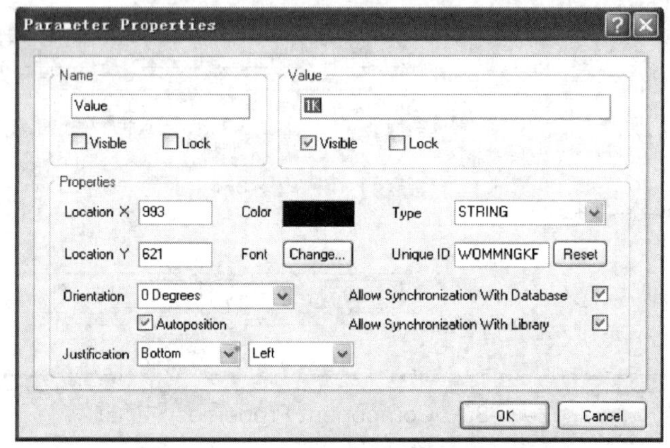

图 2-1-82　Parameter Properties 对话框

若要在原理图中显示某参数信息，则需选中该项前的复选框；若要在 Parameters for R?-Res1 栏中添加其他参数信息，可以单击 Add... 按钮，在打开的 Parameter Properties 对话框中设置；若要删除其中的某项参数信息，可以先选中该项参数，然后单击 Remove... 按钮。

5）Models for R?-Res1 栏。该栏列出了元件的其他模型，在该栏中可以对这些信息进行编辑、添加及删除操作，如图 2-1-83 所示。

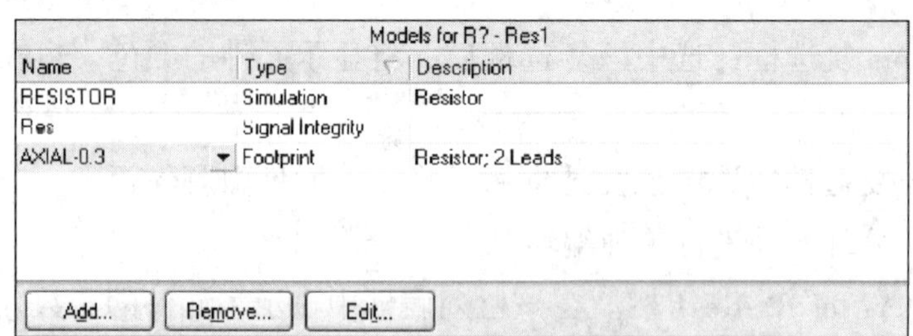

图 2-1-83　元件的其他模型

（3）若要对元件的引脚进行编辑，需要在 Component Properties 对话框中单击 Edit Pins... 按钮，打开 Component Pin Editor 对话框，如图 2-1-84 所示。

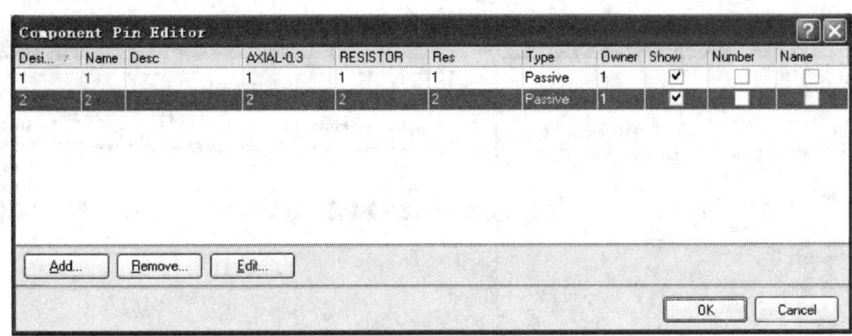

图 2-1-84　Component Pin Editor 对话框

在该对话框中显示了元件各只引脚的信息。如果要对某只引脚进行编辑，首先选中要编辑的引脚，然后单击 Edit... 按钮，打开如图 2-1-85 所示的 Pin Properties 对话框进行设置。

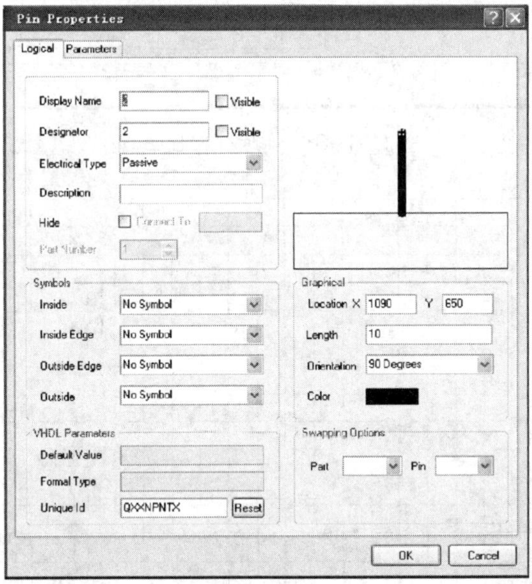

图 2-1-85　Pin Properties 对话框

例如，对本例电路图中电阻 R2 的属性进行编辑的方法如下：

用鼠标左键双击 R2，弹出 Component Properties 对话框。修改元件序号，将 Designator 后面的 R? 改成 R2；取消元件注释，将 Comment 后面的复选框设置取消；单击 Parameters for R2-Res1 栏的 Value 参数设置项，将 1 K 改成 470 Ω；单击 OK 按钮确认，如图 2-1-86 所示。

用上述方法编辑电路中电阻、接插件、整流桥及稳压管的属性，编辑完成后的电路原理图如图 2-1-87 所示。

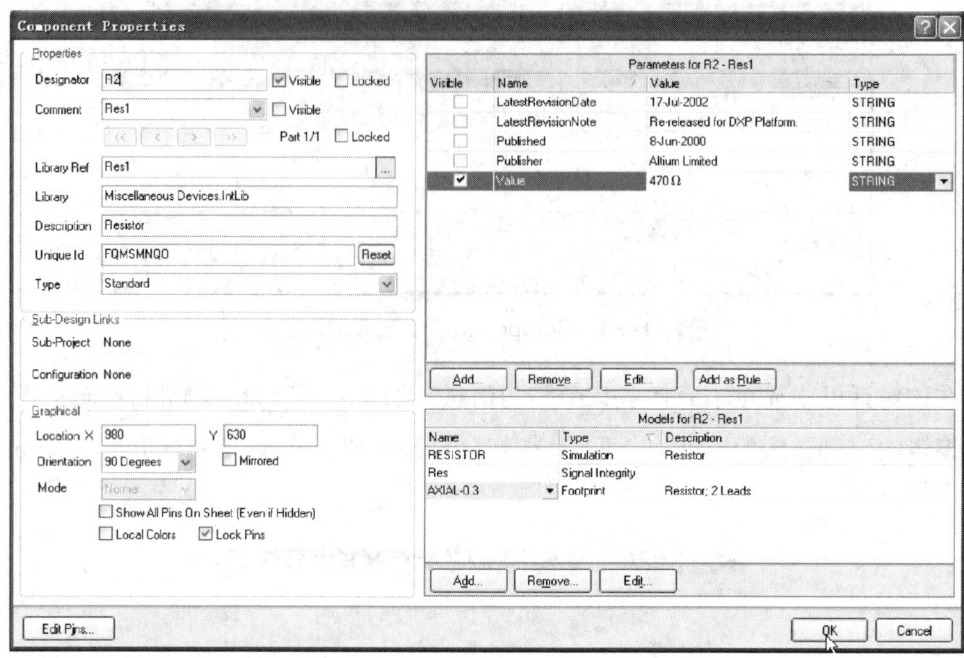

图 2-1-86　修改 R2 的属性

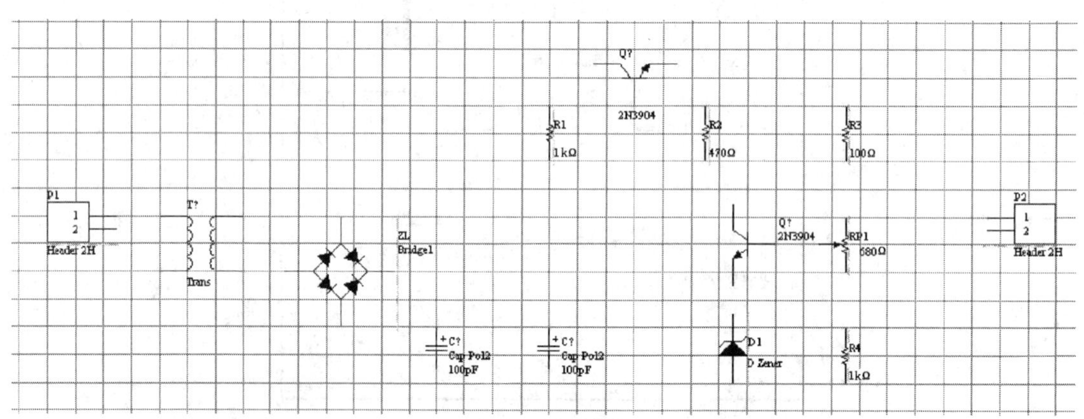

图 2-1-87　修改部分元件属性后的电路原理图

2. 直接编辑元件的标注

在编辑元件属性时，可以直接修改元件的标注，以电路中的电容 C1 为例。

（1）用鼠标左键双击电容 C1 的标注 C?，弹出如图 2-1-88 所示的 Parameter Properties 对话框。

（2）Parameter Properties 对话框各设置项含义如下：

· Name 栏：显示该标注的名称，该名称不能修改。一般选择不可见。

· Value 栏：显示该标注的内容。在复选框中选择可见性及是否锁定（不可用状态）。这里将内容改为 C1，可见。

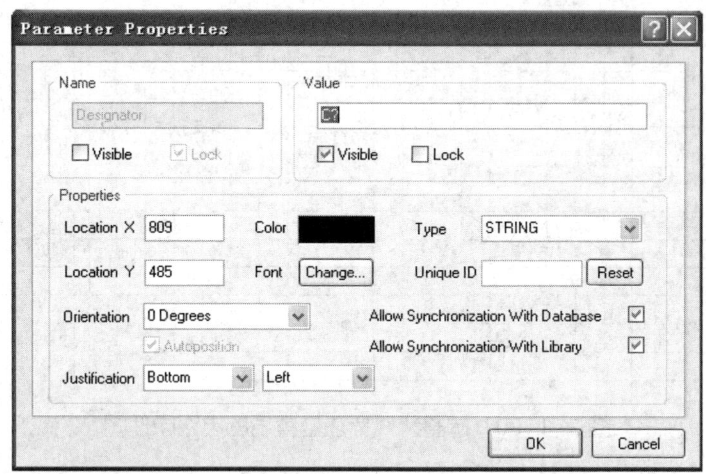

图 2-1-88 Parameter Properties 对话框

· Properties 栏：设置标注的坐标、颜色、字体、旋转角度及在元件周围的位置。这里将标注的字体大小改成四号。

用同样的方法修改其他元件的标注，如图 2-1-89 所示。

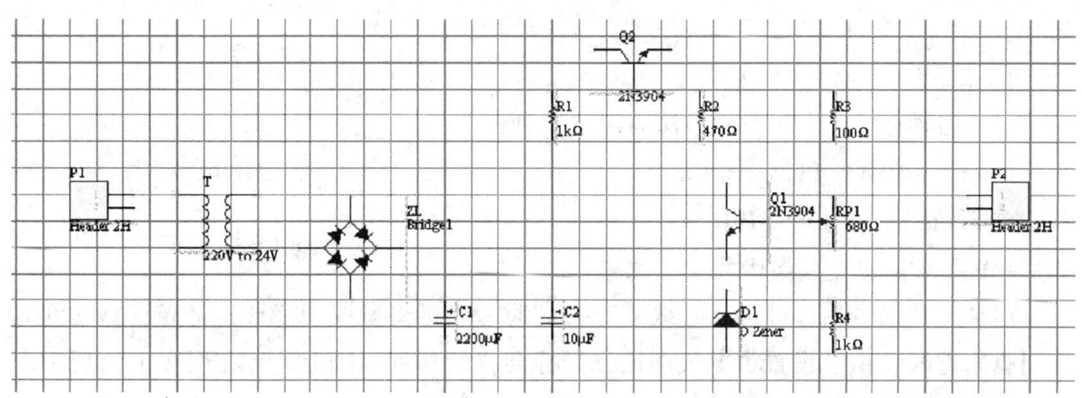

图 2-1-89 修改元件标注后的电路原理图

3. 元件标注的移动

元件标注修改后，可以看到有的元件标注的位置将影响后续的连线操作，而且分布比较杂乱，影响图纸的美观，这就需要对元件标注的位置进行调整。移动标注的方法和移动元件的方法类似：将光标移到标注上，按住鼠标左键不放，拖动元件标注到合适的位置，松开鼠标左键，即完成了元件标注的移动。在移动时，若发现网格捕捉的尺寸太大，可以通过打开 Document Options 对话框修改 Snap 的值来实现标注位置的微调。

用该方法移动元件标注到合适的位置，如图 2-1-90 所示。

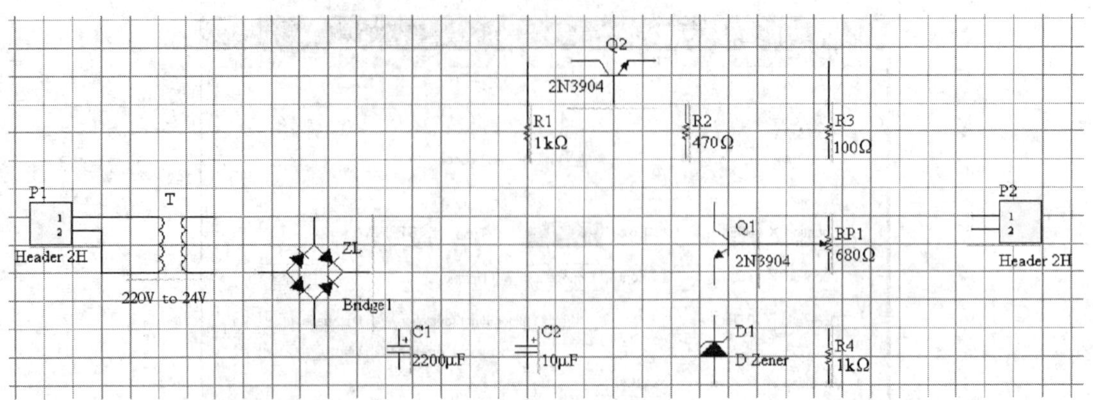

图 2–1–90　调整元件标注位置后的电路原理图

十、导线的连接

将电路中的元件布置好并修改属性后，接下来就要进行连线工作了。要将电路中的各对象组成一个电路，必须给它们建立电气连接。在 Protel DXP 2004 中，建立元件间的电气连接的方法有很多种，在这里仅介绍最简单、最常用的导线连接方法。

1. 连线

（1）启动连线命令，常用方法有以下三种：

· 执行菜单命令 Place → Wire。

· 按快捷键【P】→【P】。

· 单击 Wiring 工具条中的 按钮。

启动连线命令后，即进入连线状态。此时，光标将变成十字形，将光标移动到元件引脚附近时，由于设置了电气网格，光标会自动移到引脚上，且在引脚上出现一个红色的米字形连接标志，如图 2–1–91 所示，表示系统已经找到电气节点。

（2）将光标移动到连线起点，出现电气节点时，单击鼠标左键，拖动鼠标，便会出现一条随光标移动的预拉线，如图 2–1–92 所示。

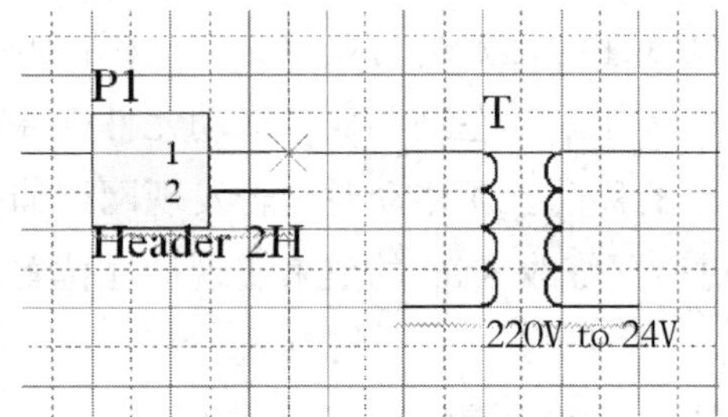

图 2–1–91　米字形连接标志

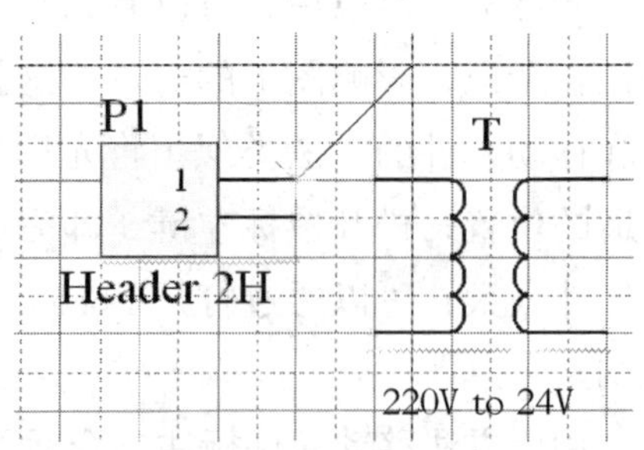

图 2–1–92　预拉线

（3）将光标移到终点上，出现电气节点时，单击鼠标左键，即完成了一条导线的连接，如图 2–1–93 所示。此时，系统还处于连线状态，可以继续连接下一条导线，单击鼠标右键或按【Esc】键可退出连线状态。

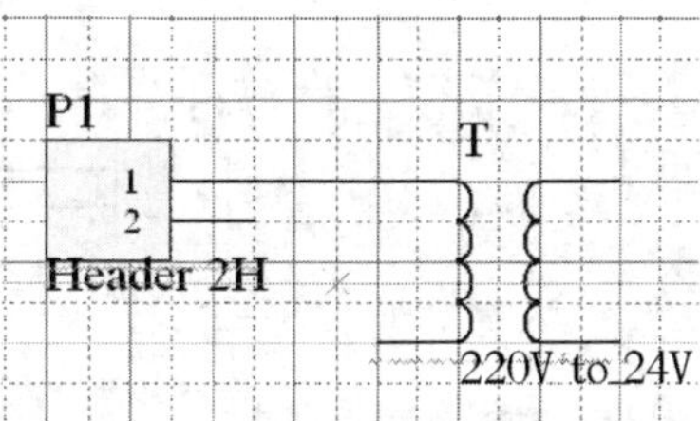

图 2–1–93 完成一条导线的连接

2. 导线的转折方式

在连线过程中，经常遇到导线转折的情况，按【Shift】+ 空格键，可在各种转折方式中进行切换，如图 2–1–94 ~ 图 2–1–97 所示。

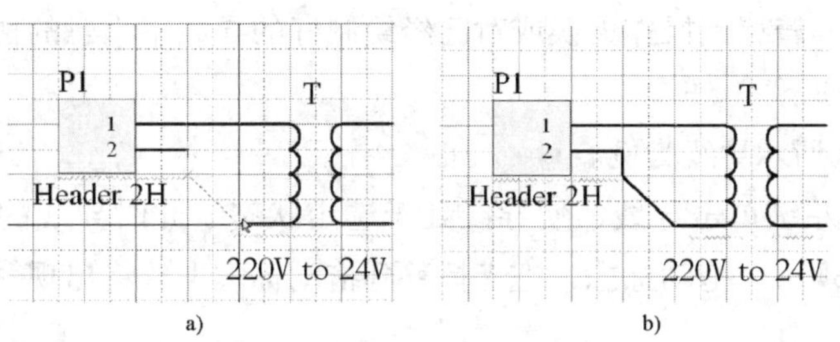

图 2–1–94 45° 过渡转折

a）45° 过渡转折选择 b）45° 过渡转折效果

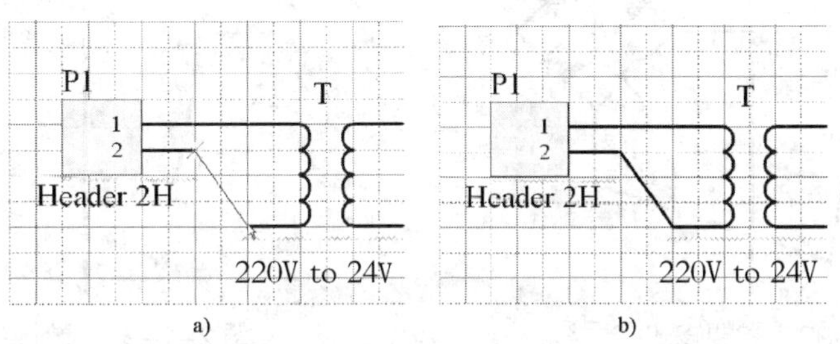

图 2–1–95 不转折

a）不转折选择 b）不转折效果

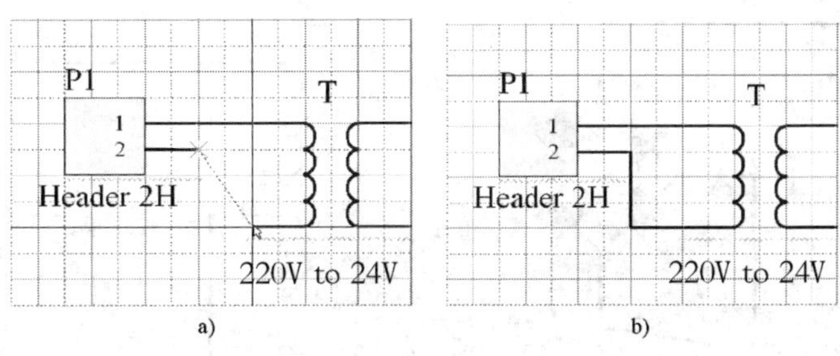

图 2–1–96 90° 自动转折

a）90° 自动转折选择 b）90° 自动转折效果

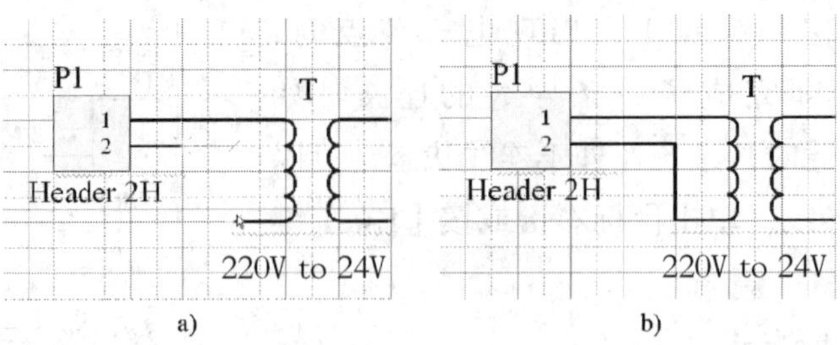

图 2–1–97　90° 转折

a）90° 转折选择　b）90° 转折效果

3. 导线的修改

连线过程中，若遇到操作失误或对已经绘制好的导线不满意的情况，也可以对其进行修改，方法如下：

以图 2–1–98 所示导线为例。

（1）用鼠标左键单击导线，使导线处于选定状态，此时导线的起始点、终点及转折点上各会出现一个拖动标志，把光标移到拖动标志上，将出现一个拖动箭头，如图 2–1–99 所示。

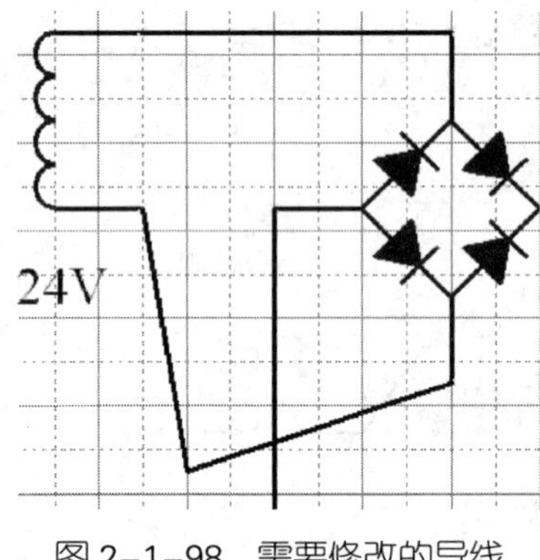

图 2–1–98　需要修改的导线

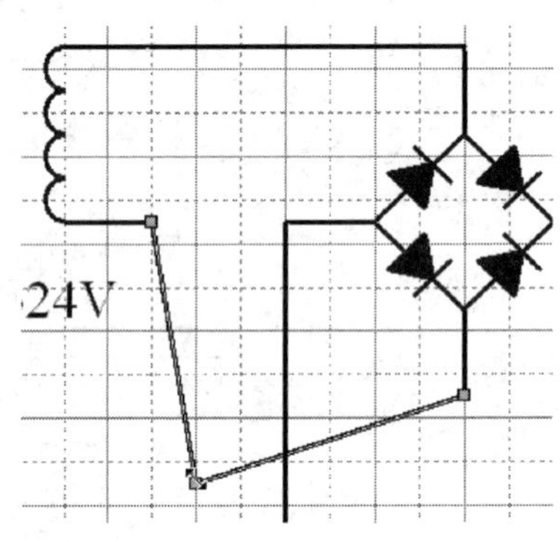

图 2–1–99　选择拖动点

（2）按住鼠标不放，就可以拖动导线，如图 2–1–100 所示。

（3）拖动导线到合适的位置，松开鼠标左键即可，效果如图 2–1–101 所示。

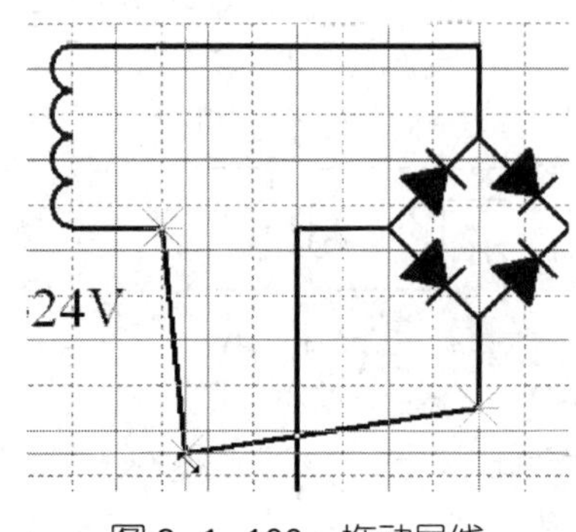

图 2–1–100　拖动导线

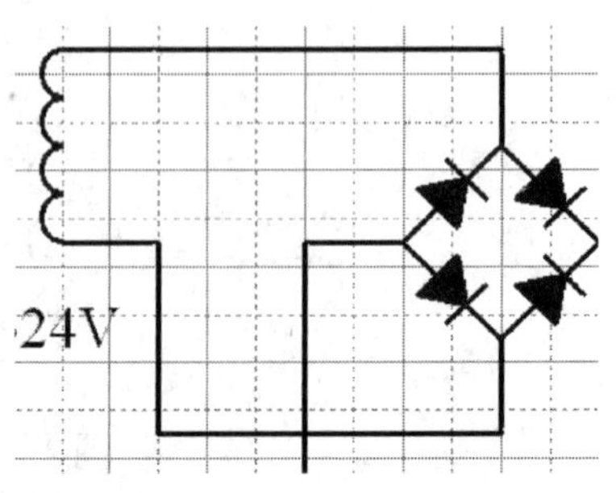

图 2–1–101　修改后的效果

4. 导线属性的编辑

用鼠标左键双击要编辑的导线，或在连线操作时按【Tab】键，即可弹出 Wire 对话框，如图 2-1-102 所示。

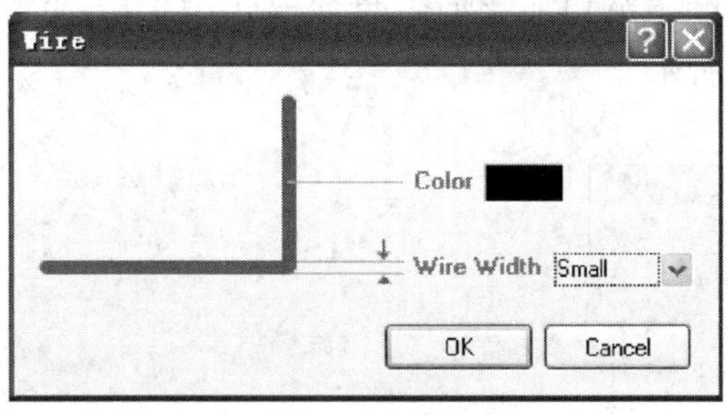

图 2-1-102　编辑导线属性

在 Wire 对话框中有以下两个选项：

· Color：设置导线的颜色。

· Wire Width：设置导线的宽度，有 Smallest、Small、Medium、Large 四种线宽可以选择。

这里选择 90° 转折连线方式，参照图 2-1-6 将余下导线绘制完成，效果如图 2-1-103 所示。

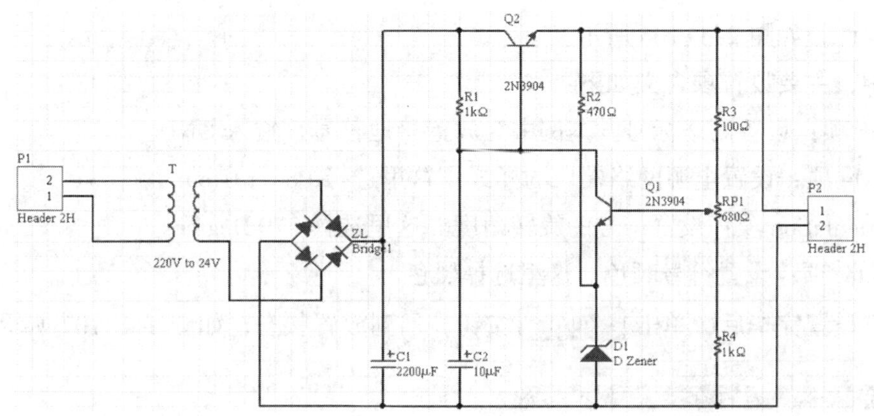

图 2-1-103　连线完毕的电路原理图

十一、电源网络端口的放置

电源网络端口包括电源符号及接地符号。放置电源和接地符号可以将同一类电源或接地线连接起来，从而建立起各元件之间的供电关系。

（1）启动放置电源网络端口命令，常用方法有以下四种：

· 执行菜单命令 Place → Power Port。

· 按快捷键【P】→【O】。

· 单击 Wiring 工具条中的 [图标] 或 [图标] 按钮。

· 单击 Utilities 工具条中 Power Sources 下的各项命令，如图 2-1-104 所示。

（2）启动放置电源网络端口命令后，将在电路图中出现一个随十字光标移动的端口符号，如图 2-1-105 所示。

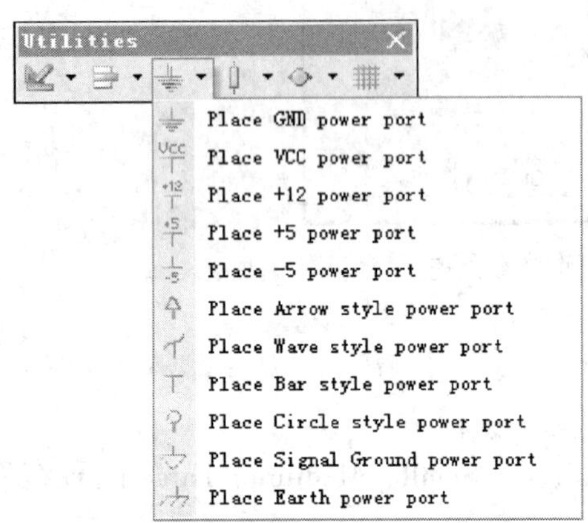

图 2-1-104　利用 Utilities 工具条放置电源网络端口

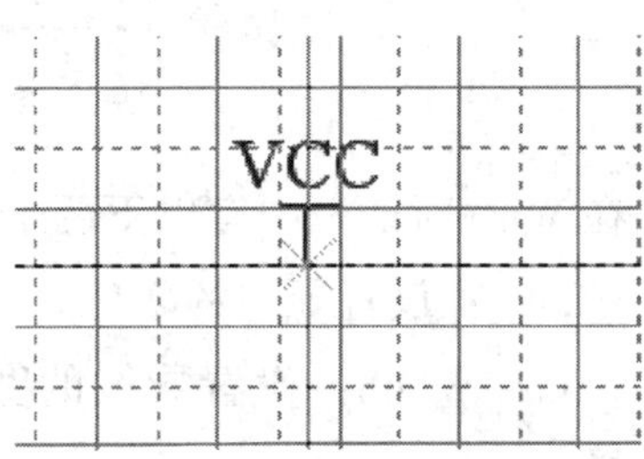

图 2-1-105　启动放置电源网络端口命令后的效果

（3）此时，按【Tab】键，会弹出 Power Port 对话框，该对话框可用于设置电源网络端口属性，如图 2-1-106 所示。

其中，主要设置项含义如下：

· Net 项：设置网络标号。本例中为放置接地符号，输入 GND。

· Style 项：设置电源网络端口的样式。这里选择 Power Ground。

· Orientation 项：设置符号的旋转角度。这里选择 270 Degrees。

· Color 项：设置符号颜色。这里选择黑色。

属性设置完毕后，单击 [OK] 按钮，回到放置状态，如图 2-1-107 所示。

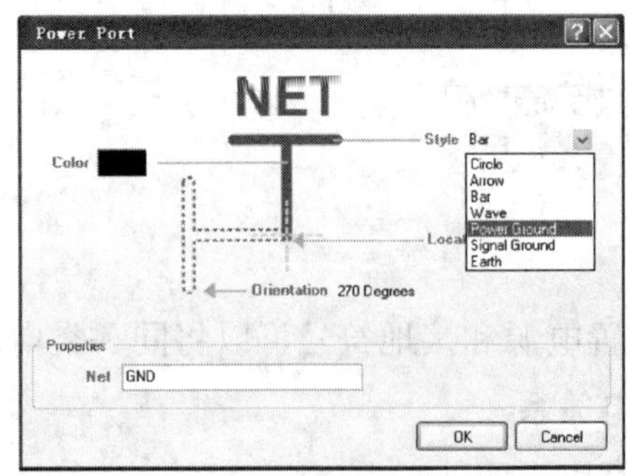

图 2-1-106　设置电源网络端口属性

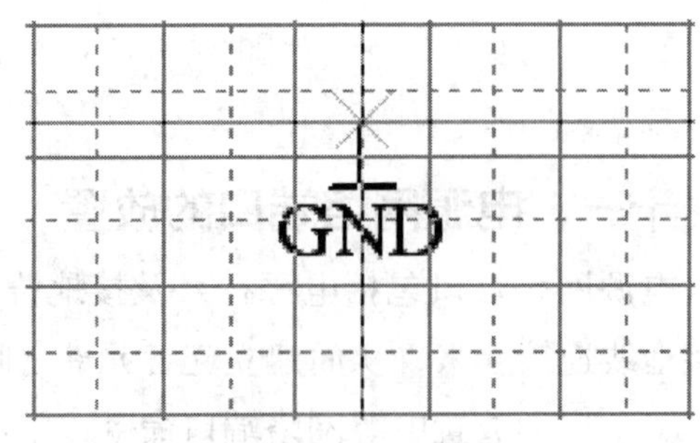

图 2-1-107　放置状态

（4）拖动光标将接地符号移动到电路原理图中相应的位置，单击鼠标左键即完成接地符号的放置。至此，电路原理图绘制完毕，如图 2–1–108 所示。

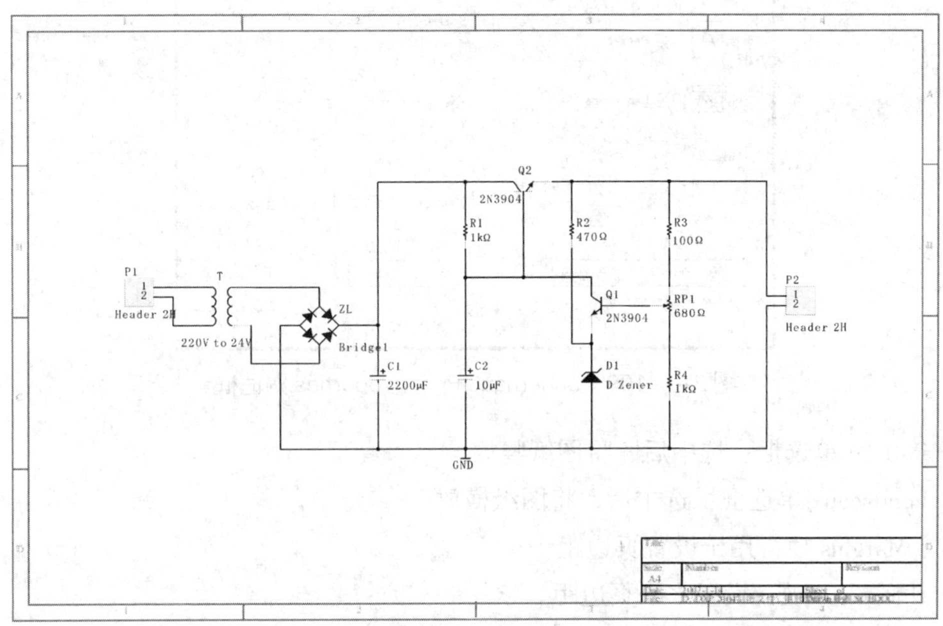

图 2–1–108　绘制完毕的电路原理图

十二、原理图文件的保存和打印

1．保存

在原理图绘制完毕后，应对文件进行保存。常用的方法如下：

· 执行菜单命令 File → Save。

· 按快捷键【Ctrl+S】。

· 单击主工具栏中的 按钮。

用上述方法后，文件名不会改变，文件将被保存在前面设置的路径中。若需在另外的路径保存文件或更改文件名，可执行菜单命令 File → Save As。

2．打印文件

为了方便原理图的浏览、交流，工作中经常要将原理图打印到图纸上。Protel DXP 2004 提供了将原理图打印输出的功能，使用方法如下：

（1）在打印之前首先进行页面设置。执行菜单命令 File → Page Setup，此时系统将弹出 Schematic Print Properties 对话框，如图 2–1–109 所示。

其中各设置项含义如下：

1）Printer Paper 栏：用于设置图纸大小和方向。

· Size 项：设置所用打印纸的尺寸。

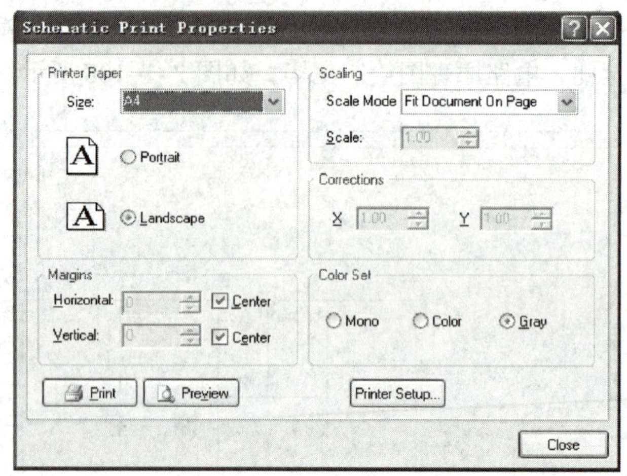

图 2-1-109　Schematic Print Properties 对话框

· Portrait 单选框：选中后，将图纸竖放。

· Landscape 单选框：选中后，将图纸横放。

2）Margins 栏：用于设置页边距。

· Horizontal 项：设置水平页边距。

· Vertical 项：设置垂直页边距。

3）Scaling 栏：用于设置打印比例。

· Scale Mode：选择比例模式。其中，Fit Document On Page 为系统自动调整比例，即将整张图纸最大化打印在一张图纸上；Scaled Print 为由用户自己定义比例的大小，这时整张图纸将以用户定义的比例打印。

· Scale 项：当选择 Scaled Print 模式时，设定打印比例。

4）Corrections 栏：用于设置修正打印比例。

5）Color Set 栏：用于设置打印的颜色模式。

· Mono 单选框：选中后，以单色模式打印。

· Color 单选框：选中后，以彩色模式打印。

· Gray 单选框：选中后，以灰度模式打印。

（2）单击 Preview 按钮，可以预览打印效果。

（3）单击 Printer Setup... 按钮，可以进行打印机设置。

（4）设置、预览结束后，可以单击 Print 按钮打印原理图。

此外，单击主工具栏中的 按钮，也可以直接打印原理图。

巩固练习

1. 画出如图 2–1–110 所示的共发射极放大电路原理图。

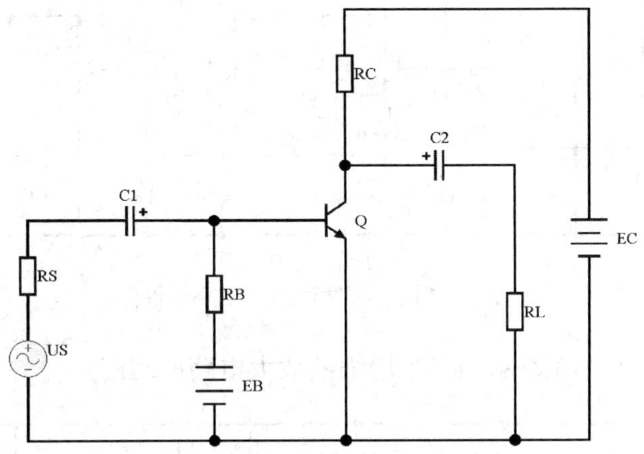

图 2–1–110 共发射极放大电路原理图

2. 画出如图 2–1–111 所示的传声器放大器电路原理图。

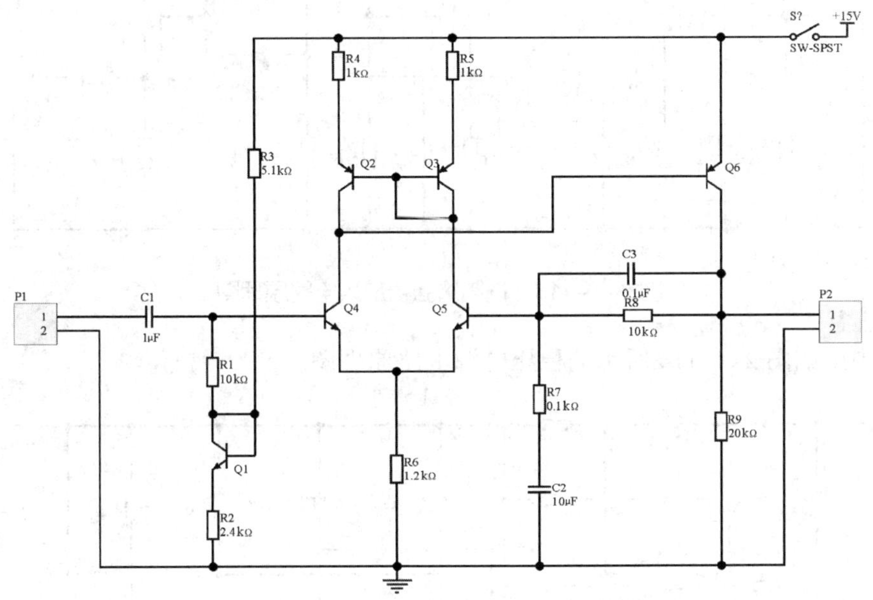

图 2–1–111 传声器放大器电路原理图

3. 画出如图 2-1-112 所示的毫伏计放大电路原理图。

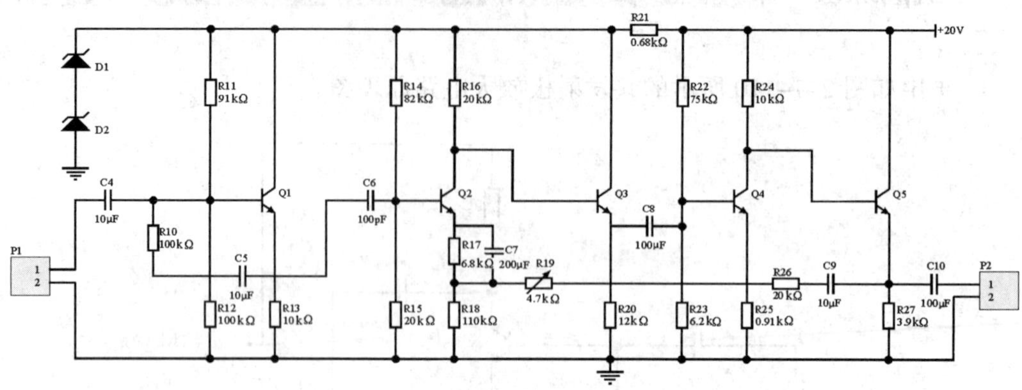

图 2-1-112　毫伏计放大电路原理图

4. 画出如图 2-1-113 所示的视频增强器放大电路原理图。

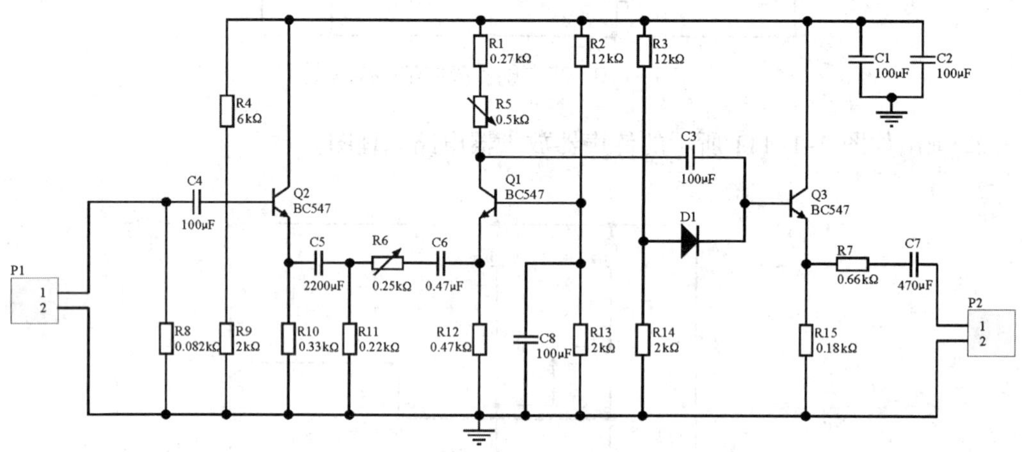

图 2-1-113　视频增强器放大电路原理图

5. 画出如图 2-1-114 所示的稳压电源电路原理图。

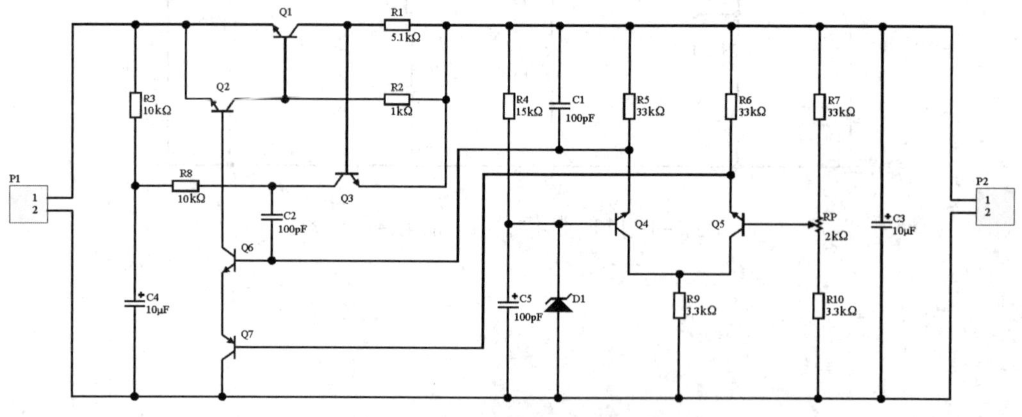

图 2-1-114　稳压电源电路原理图

课题 2 原理图库和元器件的创建

学习目标

1. 了解模型与元器件的概念。
2. 熟悉元件库的常见类型。
3. 能创建原理图库。
4. 能创建简单元件。
5. 能正确使用自建元件。

基础知识

一、模型与元器件

在物理世界中，元器件是有形的、相对容易识别的对象；但在虚拟的设计世界中，元器件被抽象成了不同的设计域模型，也就是说，一个元器件对应多个不同的表示方法。

1．模型

模型是一个设计域中对元器件的特定表达方式。例如，在设计过程中，一个元器件在原理图中用逻辑符号表示，也就是说，在原理图域，模型就是元器件符号；在 PCB 域，模型就是元器件封装或 3D 体；而在仿真和信号完整性域，模型则是包含特性数据的文本文件。

在 Protel DXP 2004 中，一个物理元器件可以用多种方式来表示，元器件模型依次为原理图符号、PCB 封装、3D 设计和导出到机械 CAD 用的 3D STEP 模型。

原理图是整个设计的核心，它定义了系统的连接性，因此，在 Protel DXP 2004 中使用原理图符号来存储其他各种设计域的参考模型，如 PCB 封装模型等。

2．元器件

元器件是电子设计中所有器件的通称，它在每个设计阶段都有单独的表示方法，根据当前执行的操作可能会有不同的上下文称谓。在原理图设计时，元器件被称为“Symbol”（符号）；在 PCB 布线时，元器件被称为“Footprint”（封装），或称为“PCB Component”（PCB 元件）；而在仿真时，元器件被称为“Simulation Model”（仿真模型）。

在设计过程中，从工程或设计角度而言，一个元器件本质上是一个容器，它包含指向各个设计域特定模型的指针，可以链接到原理图符号、PCB 2D/3D 封装等。在 Protel DXP 2004 的数据模型中，原理图符号既是原理图域的元器件表示，也是链接到其他域模型的容器。原理图符号实际上有双重特性，它既可以作为一个简单的域模型操作，在库编辑器中创建一个图形和一系列引脚（本课题中将重点讲解该部分内容），又可以作为真正的统一设计的元器件，包含其他的域模型，如 PCB 封装等。

二、元件库

元件库是包含模型的集合。有时元件库仅包含一种类型的模型，如原理图库和 PCB 库；有时元件库可以结合这些模型生成更完整的元器件定义，如集成库。

1. 模型库

每个域的模型都存储在模型库中，不同设计域的模型分组和架构可能不同。在 Spice 等设计域中，通常每个模型用一个文件存储（.MDL，.CKT）；在其他设计域中，模型通常是根据分类按组存储在库文件中，如 PCB 封装库（.PcbLib）等。

2. 原理图库

原理图库（.SchLib）比较特殊，它可以是只包含原理图符号的模型库，但如果每个模型都包含了到其他库模型的链接，该原理图库就等效于元件库。

3. 集成库

集成库（.IntLib）是将原理图符号、封装和其他信息（如 Spice 和其他模型文件）编译到一个单独的文件中，在编译过程中同时还检查如何定义关系、验证模型和符号之间有效性并将其集成到单个的集成库文件。

集成库的优点是单个文件中所有的元件信息的接口性更强，但集成库中的元件和模型通常无法被编辑，除非通过反向编译集成库来提取源数据。

本课题中主要讲解创建原理图库及其内部元件的方法。

实例讲解

随着绘制的原理图越来越复杂，在调用元件时经常会遇到在软件自带的元件库中找不到相应元件的问题，这时就需要自己动手创建原理图库和元件。

下面以典型元件为例，详细讲解创建原理图库和其中元件的方法。

本例的设计要求见表 2–2–1，涉及新建的元件的有关信息见表 2–2–2。

表 2-2-1 设计任务表

内　容	要　求
项目文件名称	新建原理图库和元件 .PrjPCB
原理图库名称	新建的元件 .SchLib
存盘路径	D: \DXP 2004 制图 \ 第二单元课题 2
元件取用	见元件信息表

表 2-2-2 元件信息表

元件序号	元件名称	元件图例	元件库
FU	熔断器	FU	新建的元件 .SchLib
SAWF	声表面波滤波器	SAWF SAW	
T	变压器		

首先，用本单元课题 1 介绍的方法创建新的项目文件，本例文件保存在“D: \DXP 2004 制图 \ 第二单元课题 2”路径下，并且将项目文件命名为“新建原理图库和元件 .PrjPCB”，在该项目内预先创建一个原理图文件并命名为“新元件的使用 .SchDoc”。

一、原理图库的创建

1. 新建原理图库

在绘制具体的新元件之前，一般需要先创建一个专属于当前作图者或设计者的新原理图库。创建一个新原理图库的方法和创建原理图文件的方法类似，常用方法有以下三种：

· 执行菜单栏命令 File → New → Library → Schematic Library，如图 2-2-1 所示。

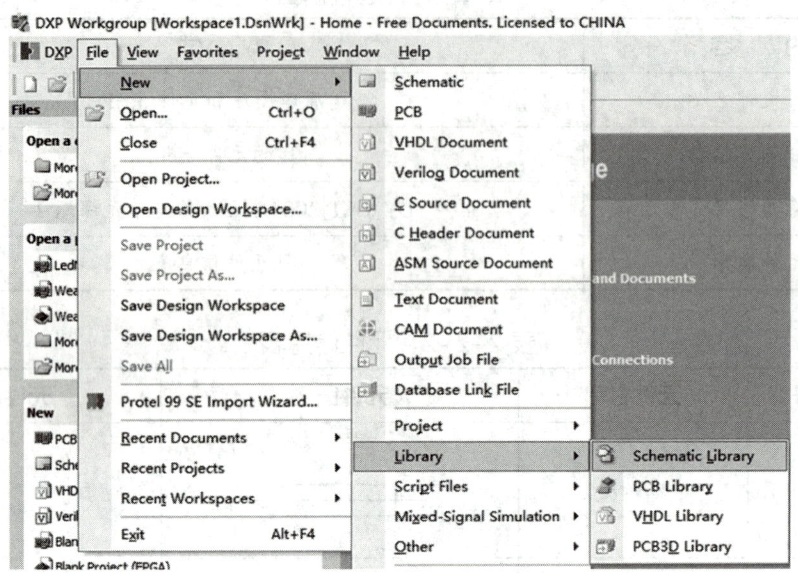

图 2-2-1　利用菜单命令新建原理图库

· 在 Files 工作面板的 New 栏中单击 Other Document → Schematic Library Document，如图 2-2-2 所示。

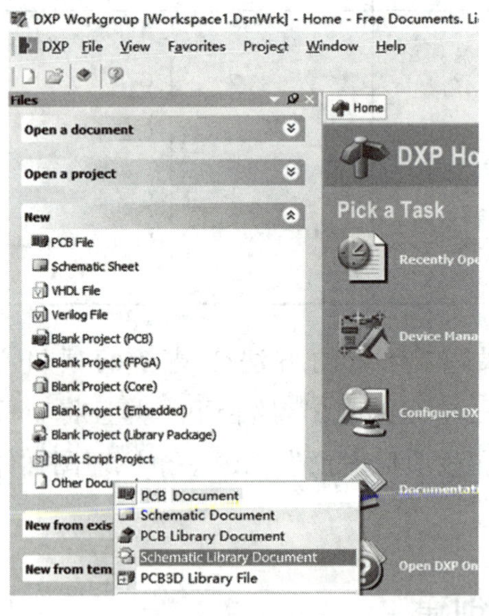

图 2-2-2　利用 Files 工作面板新建原理图库

· 打开 Projects 面板，用鼠标右键单击面板中的文件名“新建原理图库和元件 .PRJPCB”，执行 Add New to Project → Schematic Library 命令，如图 2-2-3 所示。

执行上述任意一种操作后即可创建一个新的原理图库文件，系统默认文件名为“Schlib1.SchLib”，如图 2-2-4 所示。

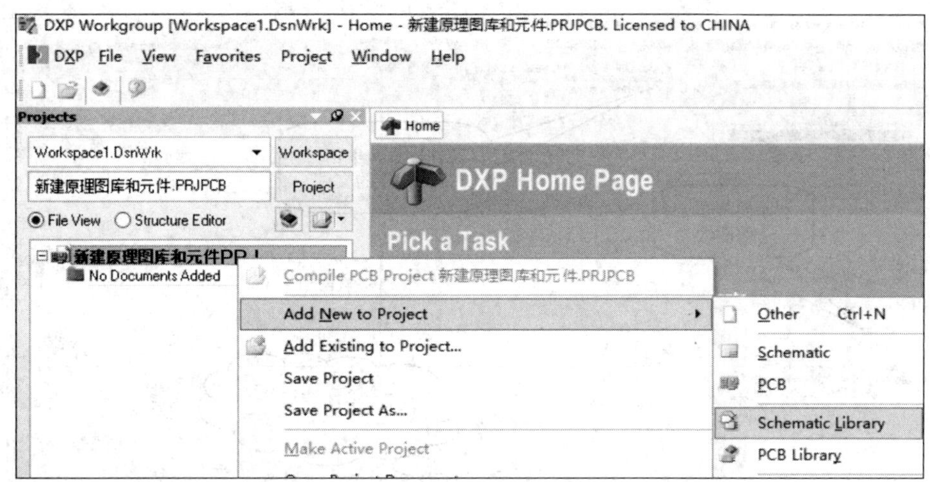

图 2-2-3　利用 Projects 工作面板新建原理图库

2．保存原理图库文件

单击主工具栏中的按钮，在弹出的对话框中选择存盘路径“D: \DXP 2004 制图 \ 第二单元课题 2”，并在文件名栏中填入文件名“新建的元件”，如图 2-2-5 所示，然后单击 保存(S) 按钮确认，即完成了原理图库文件的保存。

图 2-2-4　新建的原理图库文件

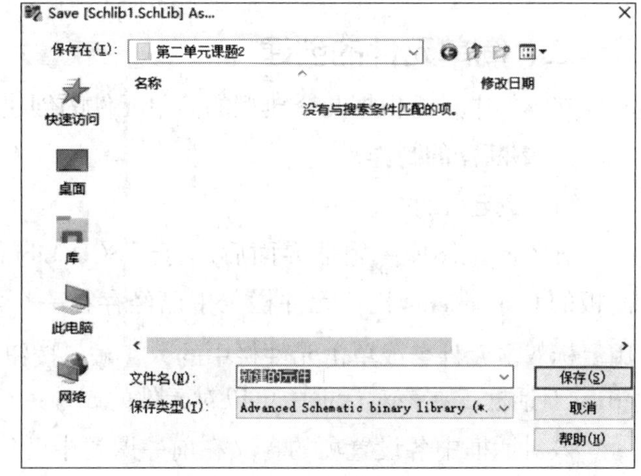

图 2-2-5　保存原理图库文件

小提示

在绘图操作过程中，经常单击主工具栏中的按钮保存文件是一个很好的习惯，可以避免突发情况引起的文件丢失。

这样，原理图库文件就新建完成了，系统将自动进入原理图库编辑器界面，如图 2-2-6 所示。

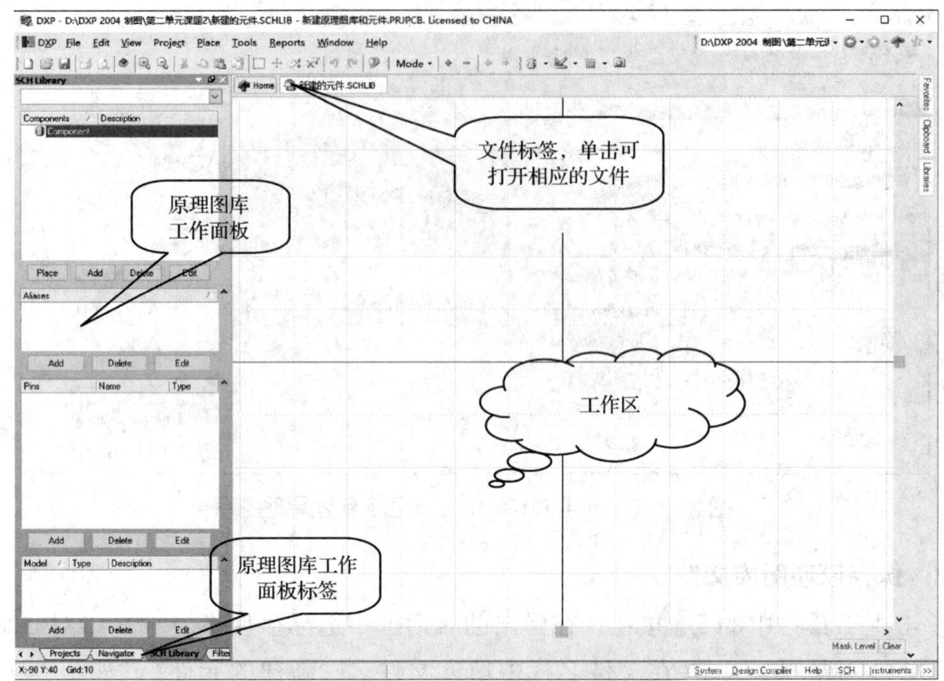

图 2-2-6　原理图库编辑器界面

二、简单元件的创建

在本例中，将根据几个典型的简单元件的创建过程来介绍自建元件的方法。

1. 熔断器的制作

（1）创建元件

进入原理图库编辑器界面后，打开 SCH Library 工作面板，可以发现在面板的 Components 栏（元件栏）中已经存在一个默认的名为“Component1”的元件。用鼠标双击元件名或单击元件栏中的 Edit 按钮，即可打开 Library Component Properties 对话框，在该对话框中可以对元件的属性进行设置，如图 2-2-7 所示。

该对话框中各设置项的含义在前一课题中已经进行过介绍，这里主要对以下参数进行设置。

· Default Designator 项：修改默认的元件序号。由于元件为熔断器，根据电路序号规则，元件序号设置为 FU？

· Comment 项：此处可先设置为没有注释，在后续绘制具体原理图时再填写具体注释内容。

· Library Ref 项：设置元件在元件库中的名称为“熔断器”。

其他设置项保持不变，单击 OK 按钮确认，即可完成元件的创建。

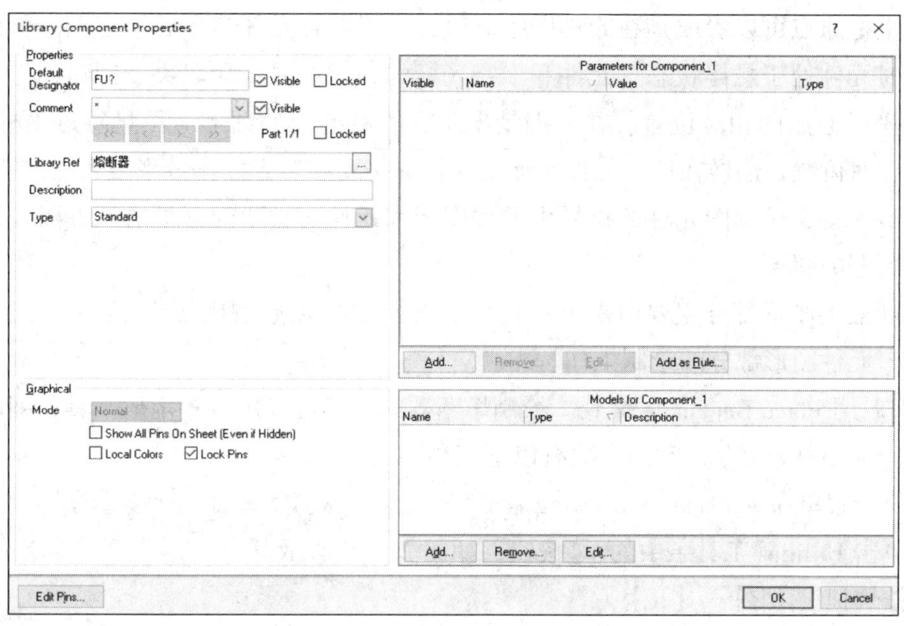

图 2–2–7　设置元件属性

（2）绘制元件图形

元件创建完成后，单击元件栏中的元件名，工作区将以坐标原点为中心自动放大显示，如图 2–2–8 所示。

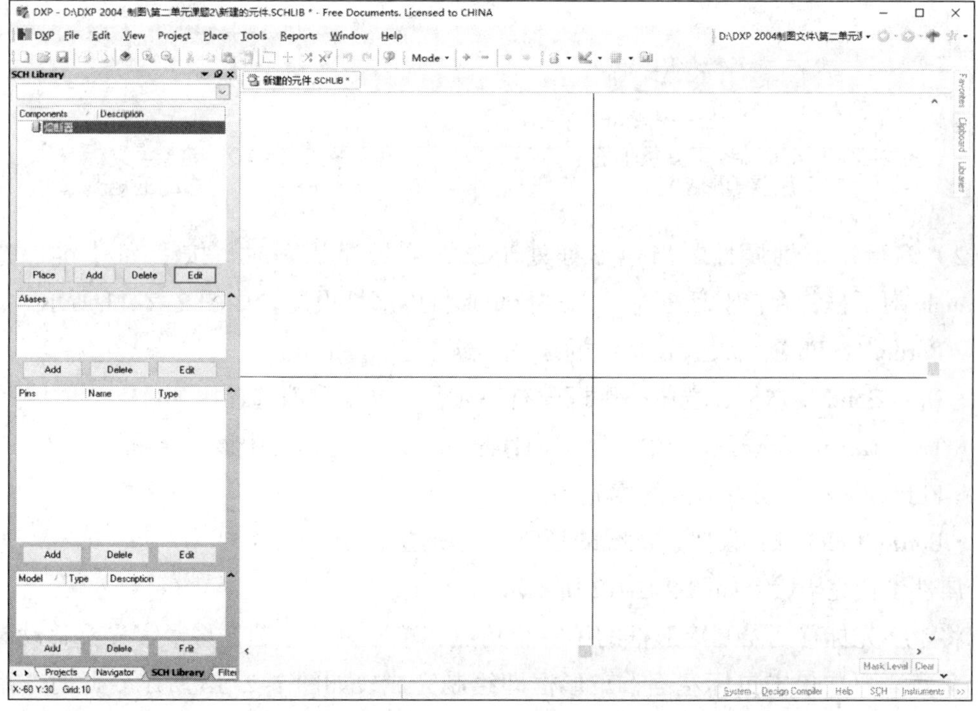

图 2–2–8　放大后的工作区

该坐标原点可以看成是在原理图绘制时，执行放置元件命令后十字光标所处的位置，此时元件处于悬浮状态，元件和十字光标的相对位置实际取决于创建元件时元件图形和坐标原点的相对位置。在一般情况下，绘制的元件图形应尽量靠近坐标原点，并统一相对位置，这样在放置元件时能给元件的排列和对齐操作带来很大的方便。

一般来说，原理图元件的符号由元件图形和元件引脚两部分组成。下面介绍如何绘制熔断器的图形。

熔断器的图形部分主要由矩形和直线组成，可以通过使用绘制矩形和直线的命令来完成该元件图形部分的绘制工作。

1）启用 Place Rectangle 命令。绘制熔断器的图形可以用放置矩形工具，即需要启用 Place Rectangle 命令，常用方法有以下三种：

· 执行菜单命令 Place → Drawing Tools → Rectangle。

· 单击 Utilities 工具条中的 ▢ 按钮，如图 2–2–9 所示。

· 按快捷键【P】→【R】。

执行上述任一操作后，在工作区将出现一个矩形框随十字光标移动，如图 2–2–10 所示。

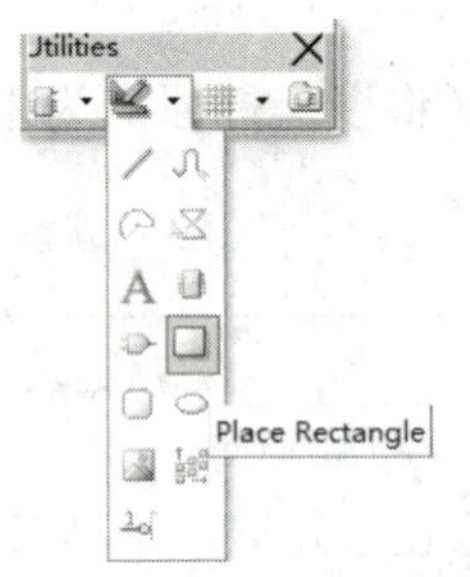

图 2–2–9　Utilities 工具条中的放置矩形按钮

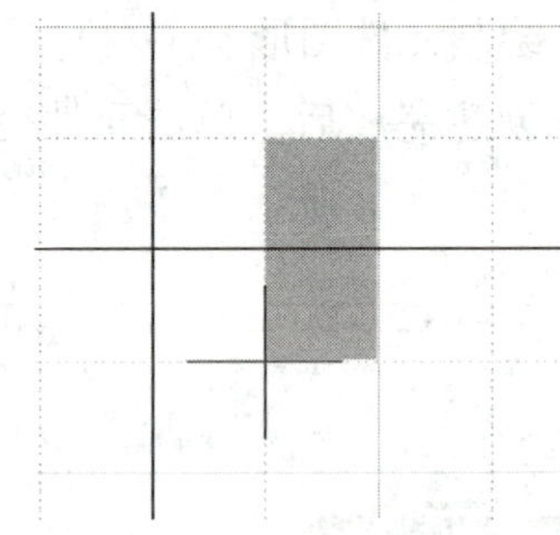

图 2–2–10　随十字光标移动的矩形框

2）编辑矩形框属性。当矩形框处于放置或悬浮状态时，按【Tab】键，弹出 Rectangle 对话框，在该对话框中可以进行矩形框的属性设置，如图 2–2–11 所示。

· Border Width 项：设置边框线的线宽。这里选择 Small。

· Draw Solid 复选框：选中，则框内有填充色。这里取消选择。

· Transparent 复选框：选中，则框内作透明显示。这里选中该复选框。

· Fill Color 项：设置框内的填充颜色。

· Border Color 项：设置边框线的颜色。这里选择黑色。

属性设置完毕后，如图 2–2–12 所示。

将十字光标移到绘制矩形框的第一个角点，单击鼠标左键，将十字光标移动到另一个角点，再次单击鼠标左键，矩形框即绘制完成，如图 2–2–13 所示。此时，系统仍处于矩形框放置状态，单击鼠标右键退出。

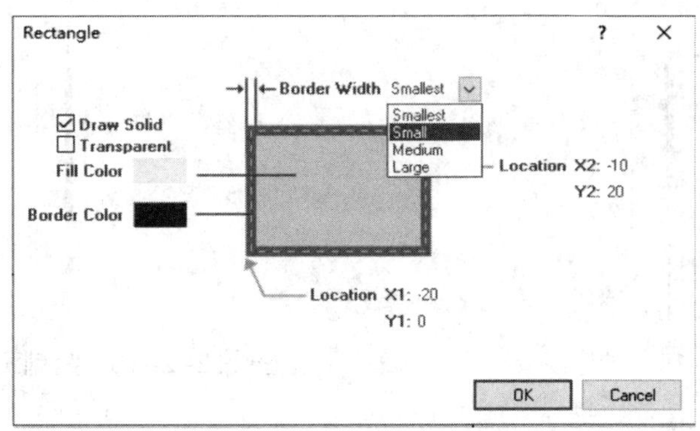

图 2-2-11　矩形框属性设置

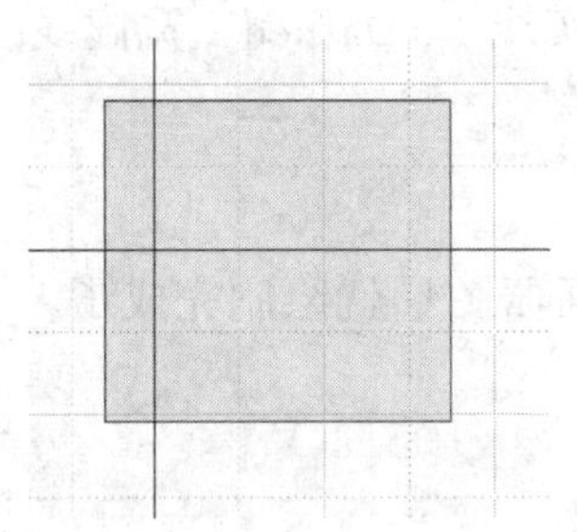

图 2-2-12　属性设置完后的矩形框

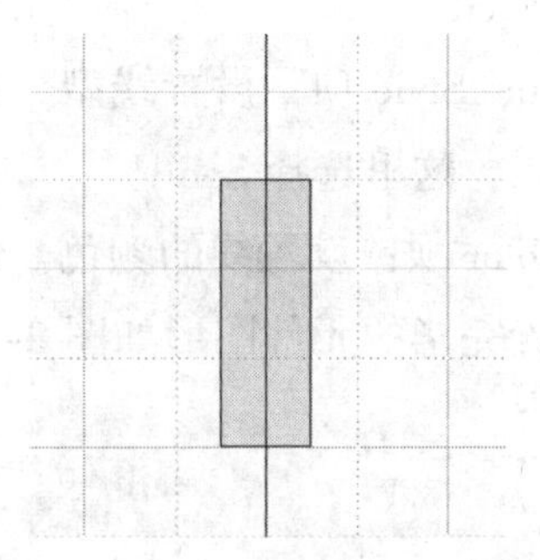

图 2-2-13　绘制完成的矩形框

熔断器图形的中间有一条黑色的直线，只需用直线工具来完成绘制，即启用 Place Line 命令，常用方法有以下三种：

· 执行菜单命令 Place → Drawing Tools → Line。

· 单击 Utilities 工具条中的 ／ 按钮，如图 2-2-14 所示。

· 按快捷键【P】→【L】。

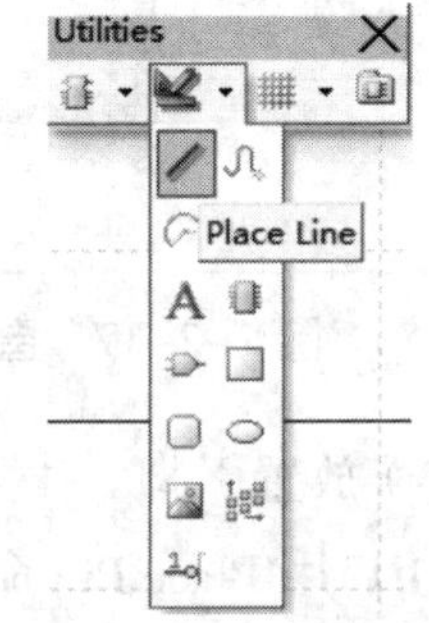

图 2-2-14　Utilities 工具条中的放置直线按钮

执行上述任一操作即可启用 Place Line 命令，此时系统处于放置直线状态，光标将变成十字形。绘制直线和原理图中的放置导线操作类似，首先将光标移到直线的起点，单击鼠标左键，移动光标，可以发现一条随光标移动的预拉线，如图 2-2-15 所示，移动光标到直线的终点，单击鼠标左键确认即可完成该段直线的绘制，如图 2-2-16 所示。之后若继续移动光标，可以看到光标上仍然存在预拉线，此时若单击鼠标左键，可以继续绘制直线，单击鼠标右键则结束本次直线的绘制。但此时直线绘制命令仍处于启用状态，可以继续绘制另外一根直线，再次单击鼠标右键可结束直线绘制命令。

用鼠标双击直线或在绘制直线时按【Tab】键，在弹出的 PolyLine 对话框中可以修改直线的属性，如图 2-2-17 所示。其中各主要设置项的含义如下：

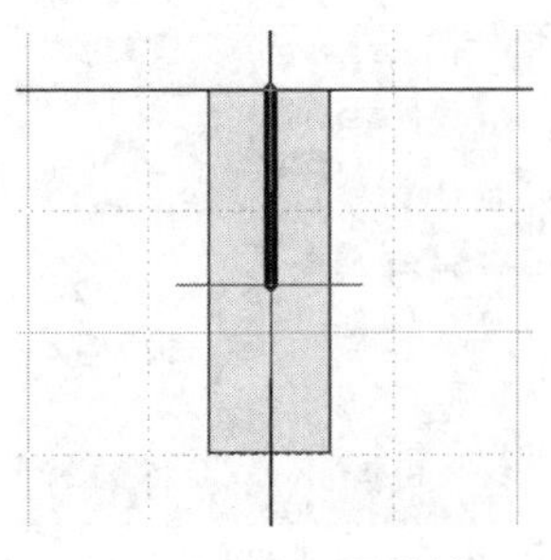

图 2-2-15　预拉线

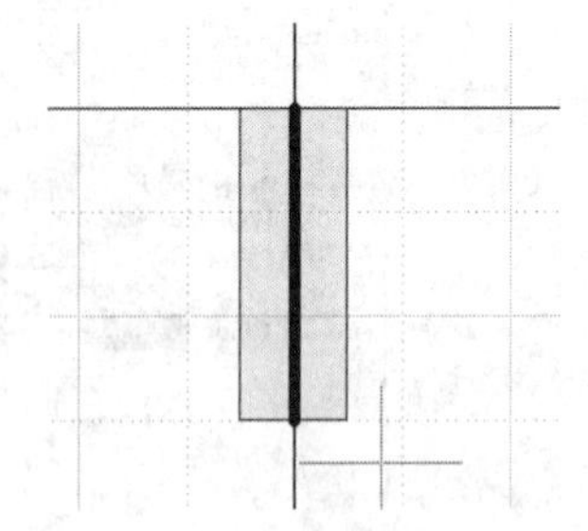

图 2-2-16　绘制完成的直线

· Line Width 项：设置线宽，共有四个选项：Smallest、Small、Medium、Large。这里选择 Small。

· Line Style 项：设置线型，共三个选项：Solid（实线）、Dashed（宽虚线）、Dotted（窄虚线）。这里选择 Solid。

· Color 项：设置线的颜色。这里设置为黑色。

设置完毕的元件图形如图 2-2-18 所示。这样熔断器图形就绘制完成了。

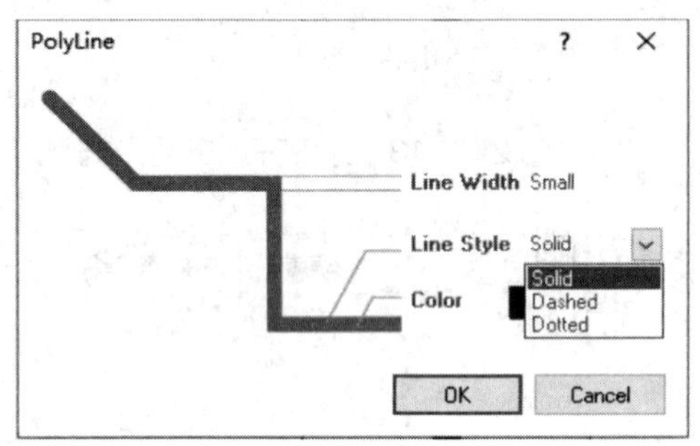

图 2-2-17　直线属性修改

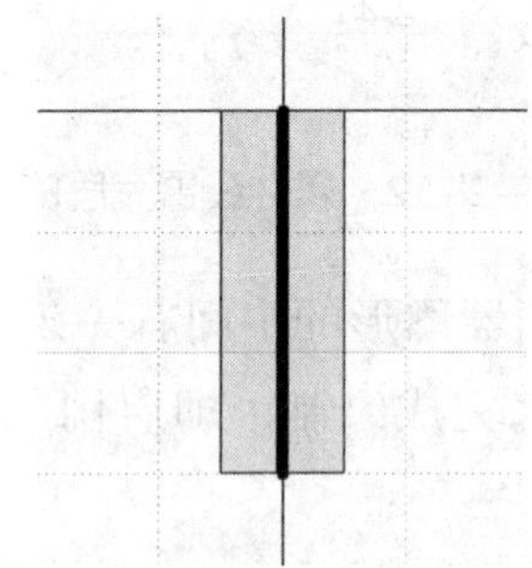

图 2-2-18　设置完毕的元件图形

（3）放置引脚

1）启用 Place Pin 命令。

· 执行菜单命令 Place → Pin。

· 单击 Utilities 工具条中的 按钮，如图 2-2-19 所示。

· 按快捷键【P】→【P】。

2）设置引脚长度。执行放置引脚命令后，在工作区将出现一个随十字光标移动的元件引脚，此时按【Tab】键，在弹出的 Pin Properties 对话框中可以设置其属性，如图 2-2-20 所示。其中，需要设置的参数如下：

· Display Name 项：设置引脚名称。取消选中复选框，则参数不可见。

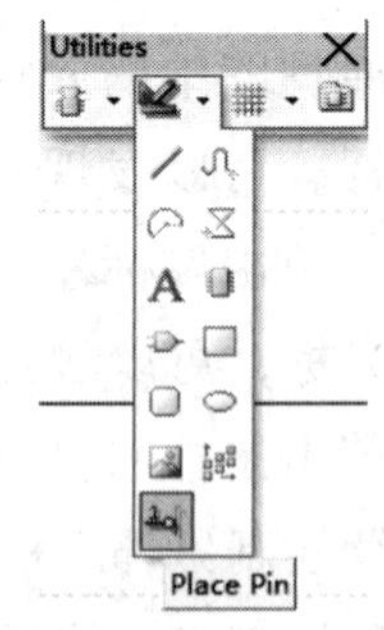

图 2-2-19　Utilities 工具条中的放置引脚按钮

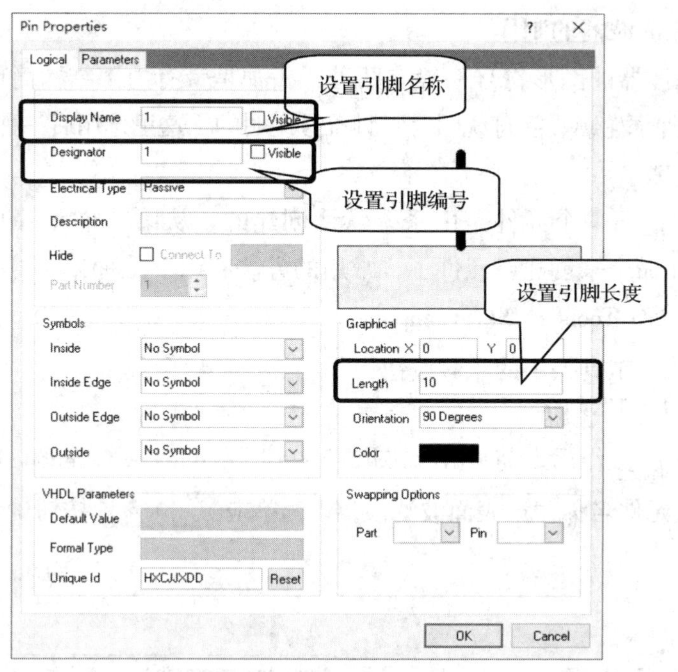

图 2-2-20 设置引脚属性

· Designator 项：设置引脚编号。取消选中复选框，则参数不可见。

· Length 项：设置引脚长度。这里设置为 10。

3）放置引脚。引脚长度设置完成后，引脚仍处于悬浮状态，如图 2-2-21 所示。按空格键，调整引脚的角度，使引脚的电气连接点朝元件外的方向，然后将引脚移到元件图形合适的位置，单击鼠标左键即可放置引脚。图 2-2-22 所示为放置完成第一只引脚。

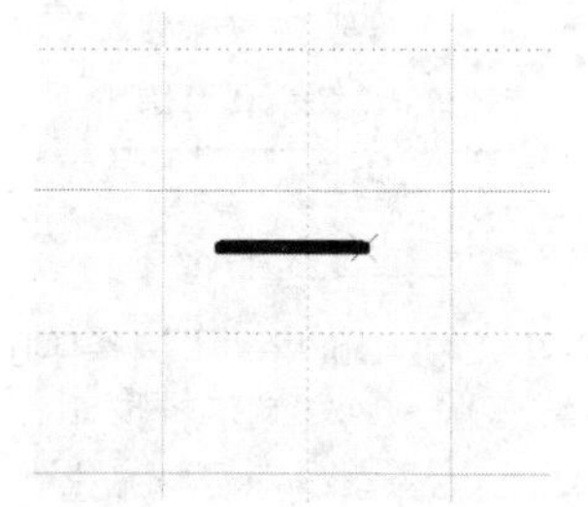

图 2-2-21 引脚处于悬浮状态

继续放置第二只引脚，至此，熔断器制作完成，如图 2-2-23 所示。

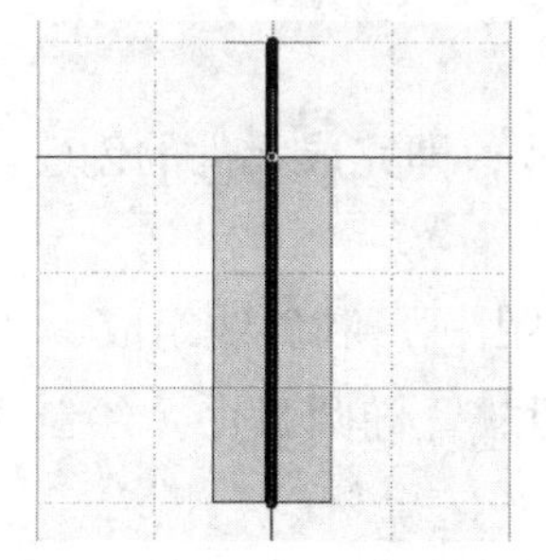

图 2-2-22 放置完成第一只引脚

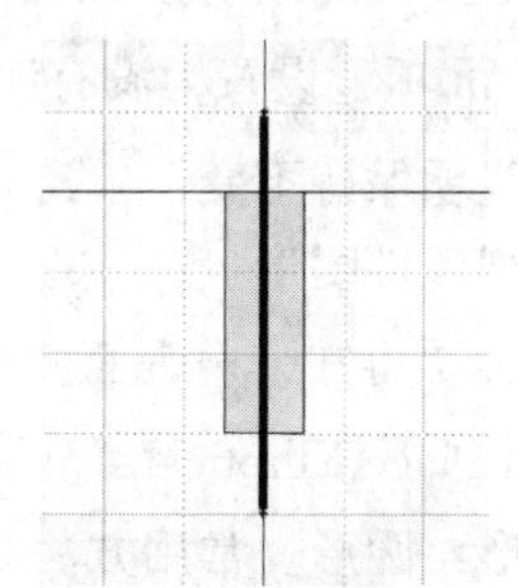

图 2-2-23 绘制完成的熔断器图形

2. 声表面波滤波器的制作

声表面波滤波器的图形符号一般有两种，一种是带有内部结构简单示意的，一种是只有外部轮廓、字符说明及引脚符号说明的，这里选用后一种。

（1）创建元件

在元件库中，第一个元件是由系统默认创建的，从第二个元件开始就需要执行 Create Component 命令来创建新元件了，常用的方法有以下三种：

· 执行菜单命令 Tools → New Component。

· 单击 Utilities 工具条中的 按钮，如图 2–2–24 所示。

· 按快捷键【T】→【C】。

执行上述任一操作后，将弹出如图 2–2–25 所示的 New Component Name 对话框，在文本栏中输入元件名称“声表面波滤波器”，单击 OK 按钮确认，即创建了新的元件。

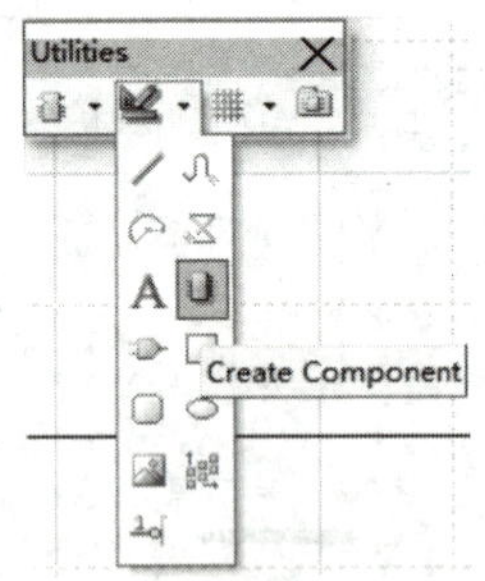

图 2–2–24　Utilities 工具条中的创建新元件按钮

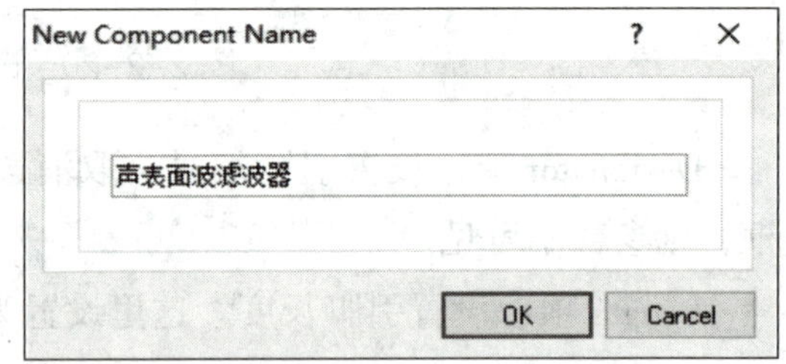

图 2–2–25　New Component Name 对话框

元件创建完成后，双击工作面板元件栏中的元件名称“声表面波滤波器”，在弹出的 Library Component Properties 对话框中设置其属性，如图 2–2–26 所示。

主要对以下参数进行设置：

· Default Designator 项：修改默认的元件序号为 SAWF？。

· Comment 项：设置为没有注释。

其他设置项保持不变，单击 OK 按钮确认，即完成元件的创建。

（2）绘制元件图形

由表 2–2–2 可知，声表面波滤波器的图形主要由圆形和斜线组成。

1）启用 Place Elliptical Arc 命令。首先，启用放置椭圆弧命令绘制声表面波滤波器的主要图形：圆形。常用方法如下：

· 执行菜单命令 Place → Drawing Tools → Elliptical Arc。

· 单击 Utilities 工具条中的 按钮，如图 2–2–27 所示。

· 按快捷键【P】→【I】。

执行上述任一操作后，在工作区将出现一个随十字光标移动的椭圆弧，如图 2–2–28 所示。

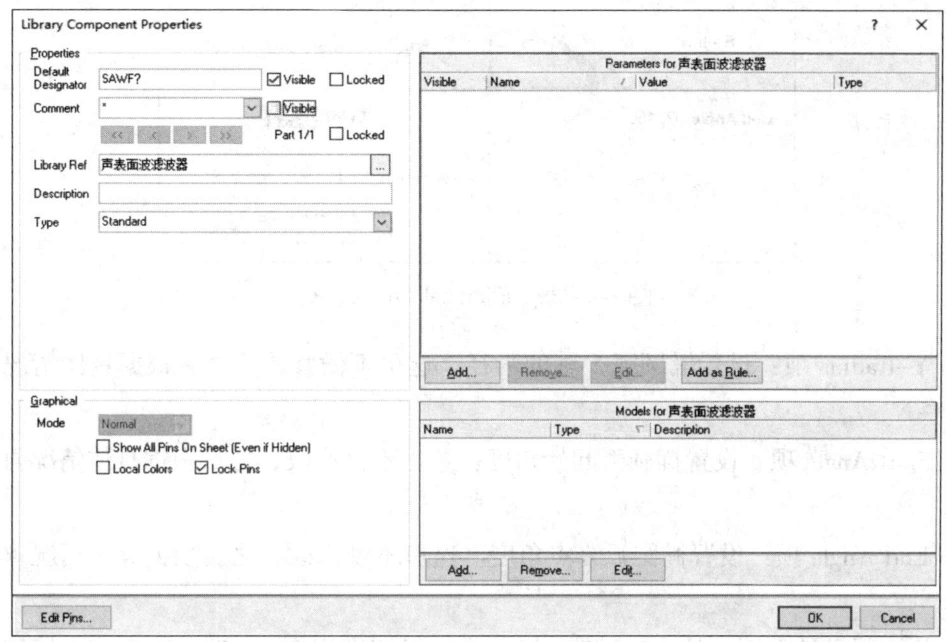

图 2–2–26　设置新元件属性

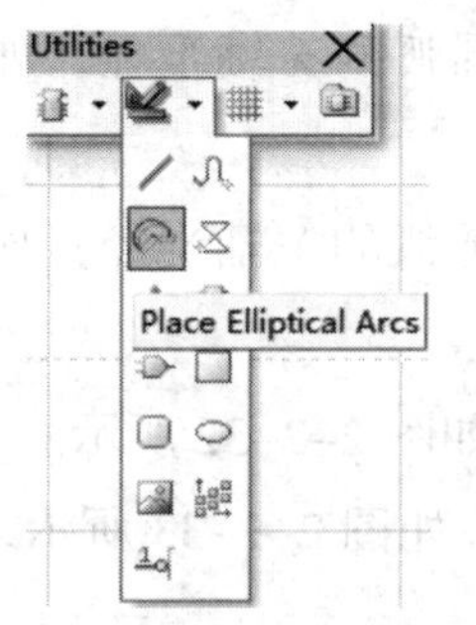

图 2–2–27　Utilities 工具条中的放置椭圆弧按钮

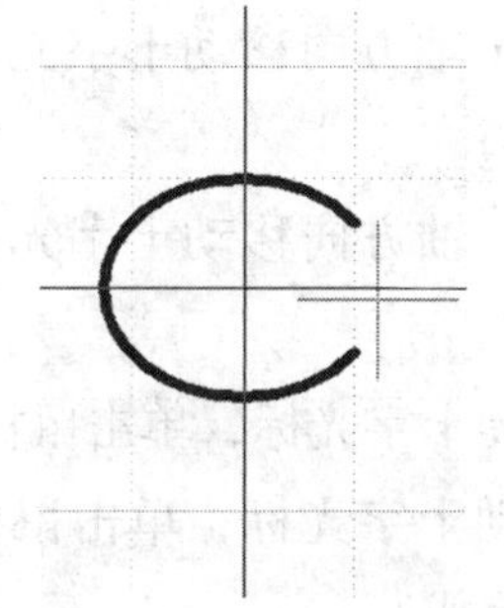

图 2–2–28　随十字光标移动的椭圆弧

2）编辑椭圆弧属性。当椭圆弧处于放置或悬浮状态时，按【Tab】键，弹出如图 2–2–29 所示的 Elliptical Arc 对话框，在该对话框中可以进行椭圆弧的属性设置。

其中，主要对以下参数进行设置：

· Line Width 项：设置椭圆弧线的线宽。这里选择 Small。

· Color 项：设置椭圆弧线的颜色。这里选择黑色。

· X–Radius 项：设置椭圆弧 *X* 轴的半径。这里不做修改，之后根据具体情况再进行调整。

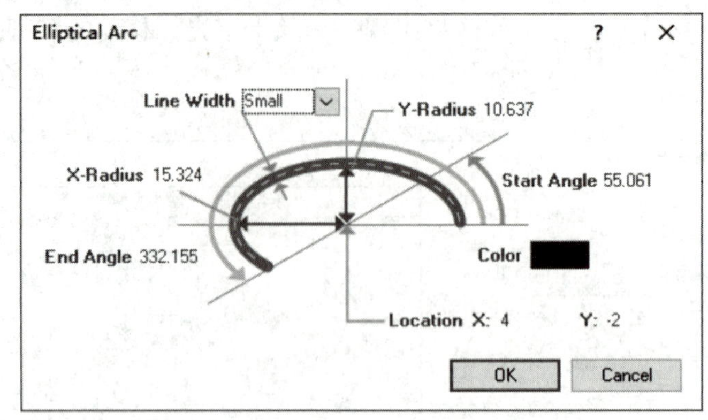

图 2-2-29　Elliptical Arc 对话框

· Y-Radius 项：设置椭圆弧 *Y* 轴的半径。这里不做修改，之后根据具体情况再进行调整。

· Start Angle 项：设置椭圆弧起始角度。这里不做修改，之后根据具体情况再进行调整。

· End Angle 项：设置椭圆弧终点角度。这里不做修改，之后根据具体情况再进行调整。

3）绘制元件图形。按【G】键，将网格捕捉切换到 5，然后再将十字光标移到绘制椭圆弧的圆心处，单击鼠标左键确定椭圆弧的圆心。

在 *X* 轴方向移动十字光标，单击鼠标左键确定椭圆弧的 *X* 轴半径，如图 2-2-30 所示。

在 *Y* 轴方向移动十字光标，单击鼠标左键确定椭圆弧的 *Y* 轴半径，如图 2-2-31 所示。

移动十字光标，单击鼠标左键确定椭圆弧的起点，如图 2-2-32 所示。

移动十字光标，单击鼠标左键确定椭圆弧的终点，如图 2-2-33 所示，至此，圆形绘制完成。

此处绘制的是一个正圆，该圆弧的 *X* 轴和 *Y* 轴半径长度一致，起点与终点重叠在一起形成闭环。单击鼠标右键可退出绘制椭圆弧状态。

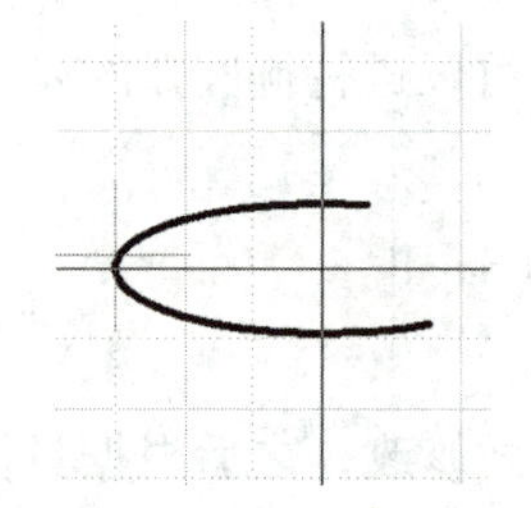

图 2-2-30　确定椭圆弧的 *X* 轴半径

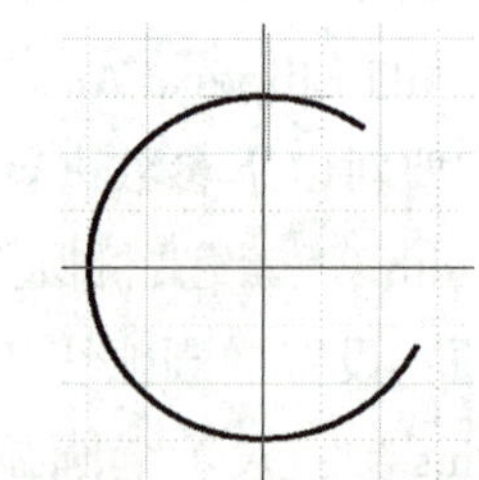

图 2-2-31　确定椭圆弧的 *Y* 轴半径

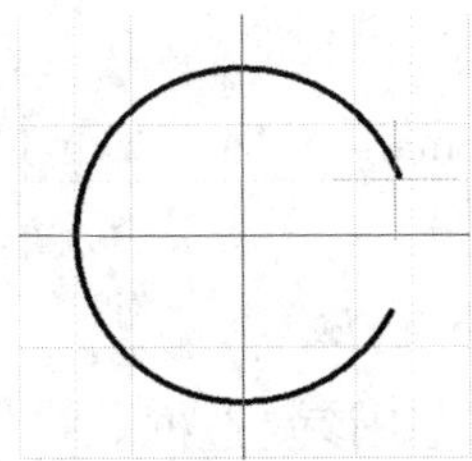

图 2-2-32 确定椭圆弧的起点

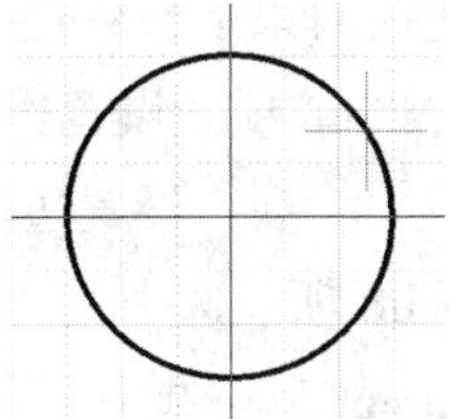

图 2-2-33 确定椭圆弧的终点

此外，绘制圆形时也可以采用 Place Ellipse 命令，其过程与上述方法略有不同。

首先启用 Place Ellipse 命令，常用的方法有以下三种：

· 执行菜单命令 Place → Drawing Tools → Ellipse。

· 单击 Utilities 工具条中的 按钮，如图 2-2-34 所示。

· 按快捷键【P】→【E】。

执行上述任一操作后，在工作区将出现一个随十字光标移动的椭圆，如图 2-2-35 所示。

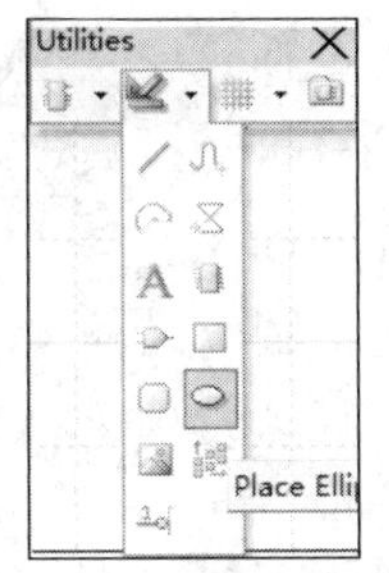

图 2-2-34 Utilities 工具条中的放置椭圆按钮

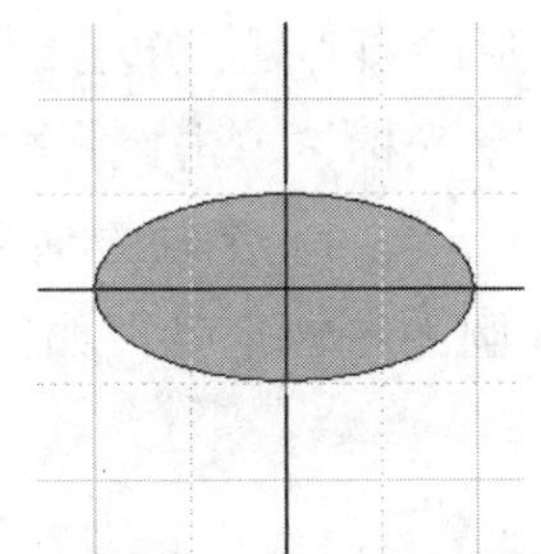

图 2-2-35 随十字光标移动的椭圆

当椭圆处于放置或悬浮状态时，按【Tab】键，弹出如图 2-2-36 所示的 Ellipse 对话框，在该对话框中可以进行椭圆的属性设置。

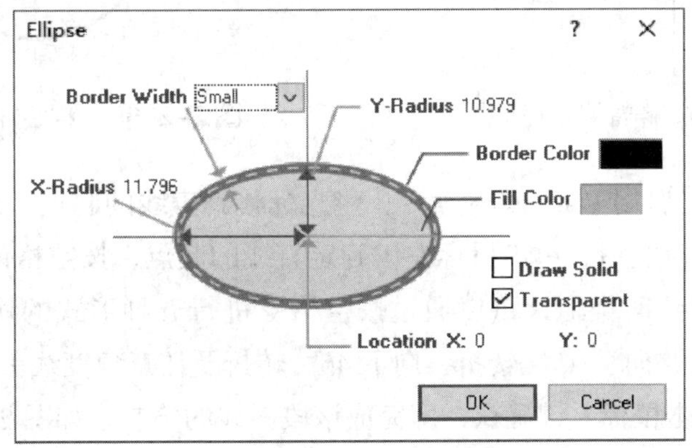

图 2-2-36 Ellipse 对话框

其中，主要对以下参数进行设置：

· Border Width 项：设置边框线的线宽。这里选择 Small。

· Border Color 项：设置边框线的颜色。这里选择黑色。

· Draw Solid 项：选中，则框内有填充色。这里取消选择。

· Transparent 项：选中，则框内作透明显示。这里选中该复选框。

· Fill Color 项：设置框内的填充颜色。

· X–Radius 项：设置椭圆 X 轴的半径。这里不做修改，之后根据具体情况再进行调整。

· Y–Radius 项：设置椭圆 Y 轴的半径。这里不做修改，之后根据具体情况再进行调整。

· Location X/Y 项：椭圆圆心坐标。这里不做修改，之后根据具体情况再进行调整。

属性设置完毕的椭圆如图 2–2–37 所示。

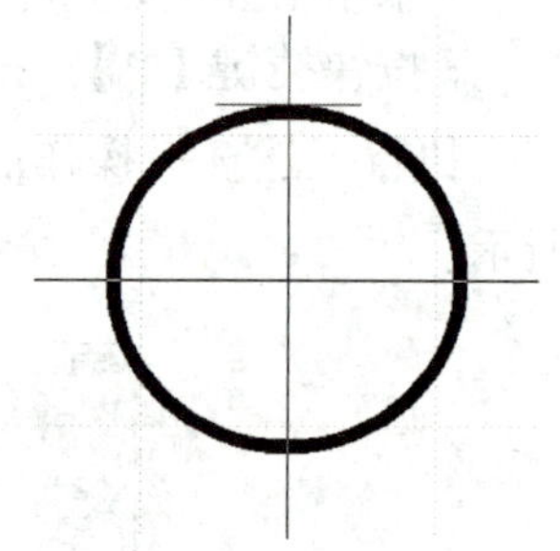

图 2–2–37　属性设置完毕的椭圆

按【G】键，将网格捕捉切换到 5，然后将十字光标移到要绘制圆形的圆心处，单击鼠标左键确定圆心，在 X 轴方向移动十字光标，单击鼠标左键确定椭圆的 X 轴半径，如图 2–2–38 所示。在 Y 轴方向移动十字光标，单击鼠标左键确定椭圆的 Y 轴半径，如图 2–2–39 所示。至此，圆形绘制完成。

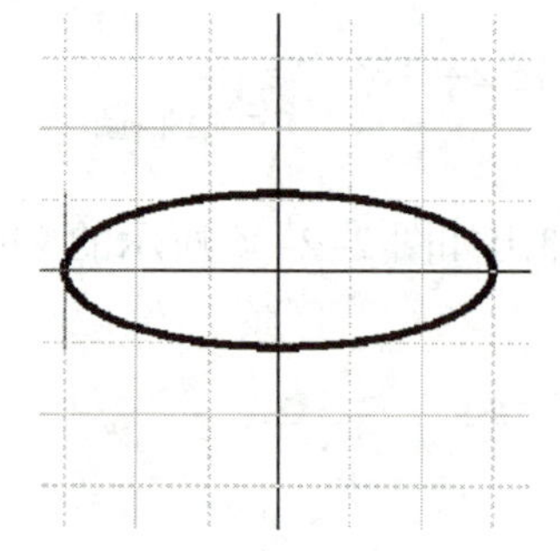

图 2–2–38　确定椭圆的 X 轴半径

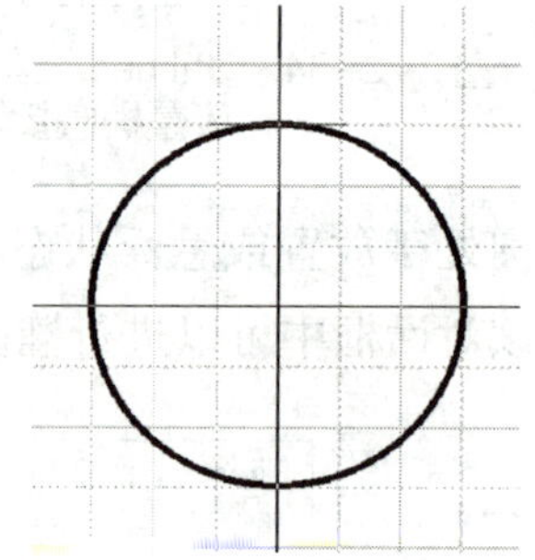

图 2–2–39　确定椭圆的 Y 轴半径

4）绘制斜线。启用 Place Line 命令，将光标移到直线的起点，单击鼠标左键，移动鼠标，在出现预拉线后，单击鼠标左键确定直线的起点，按空格键选择 45° 转折模式（此处和放置导线时类似，可以通过按空格键进行五种形式的切换：向上 90° 转折、向下 90° 转折、向上 45° 转折、向下 45° 转折及任意角度线），放置直线使其一端与圆形相连，单击鼠标左键确认，即完成该段斜线的绘制，如图 2–2–40 所示。

用相同的方法完成其余三条斜线的绘制，如图 2–2–41 所示。

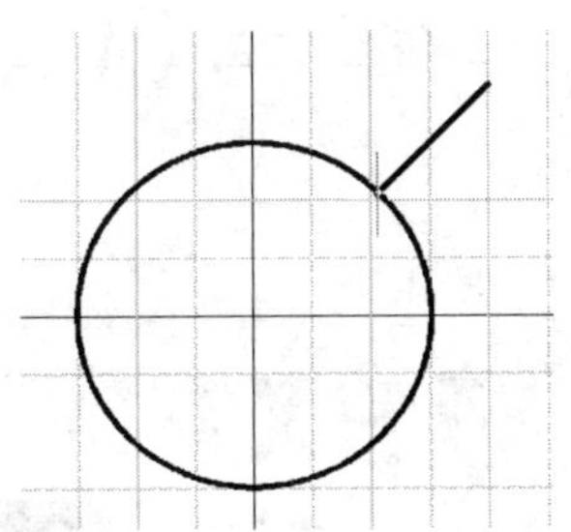

图 2-2-40 绘制完成第一条斜线

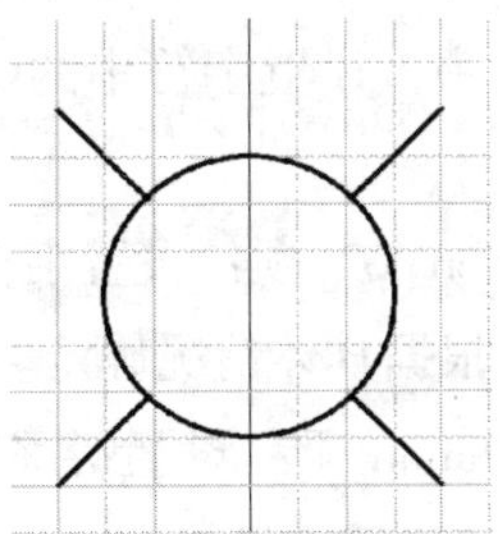

图 2-2-41 绘制完成其余三条斜线

（3）放置引脚

声表面波滤波器共有五只引脚。启用 Place Pin 命令，设置引脚长度为 10，在圆形左侧和右侧各放置两只引脚，在圆形下方放置一只引脚，如图 2-2-42 所示。

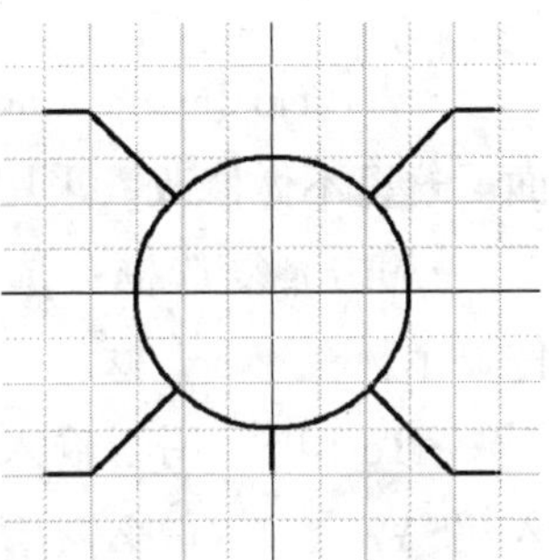

图 2-2-42 引脚放置完毕

（4）放置附加信息

声表面波滤波器的元件中除了图形外，还有文字信息“SAW”作为附加信息，应在制作元件时进行添加。

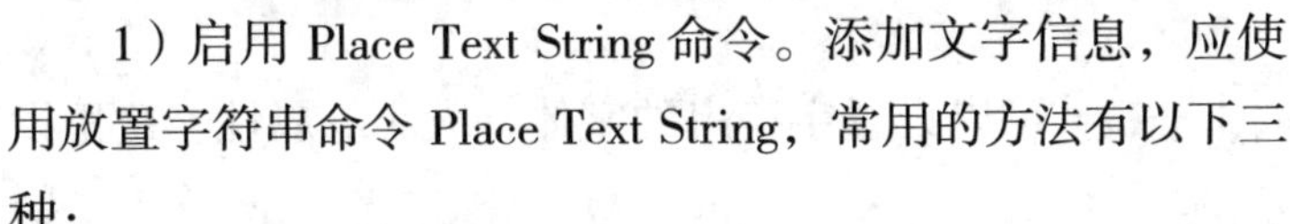

1）启用 Place Text String 命令。添加文字信息，应使用放置字符串命令 Place Text String，常用的方法有以下三种：

· 执行菜单命令 Place → Text String。

· 单击 Utilities 工具条中的 A 按钮，如图 2-2-43 所示。

· 按快捷键【P】→【T】。

执行上述任一操作后，在工作区将出现一个随十字光标移动的字符串，如图 2-2-44 所示。

2）设置字符串属性。当字符串处于放置或悬浮状态时，按【Tab】键，弹出如图 2-2-45 所示的 Annotation 对话框，在该对话框中可以进行字符串的属性设置。

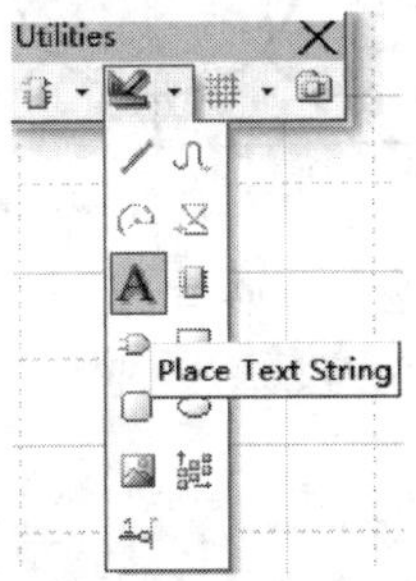

图 2-2-43 Utilities 工具条中的放置字符串按钮

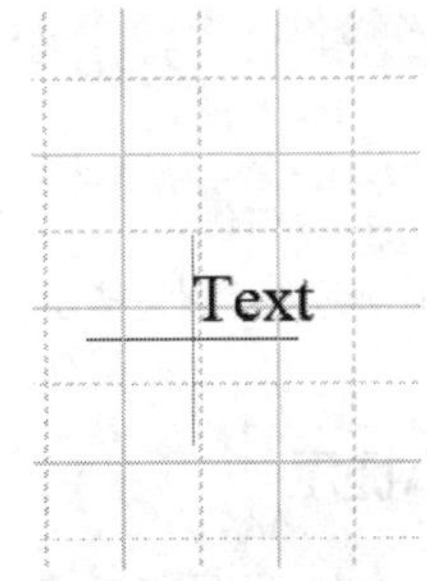

图 2-2-44 随十字光标移动的字符串

其中，主要对以下参数进行设置：

· Color 项：设置字符串的颜色。这里选择黑色。

· Location X/Y 项：设置字符串的坐标。这里不做修改，根据具体情况确定。

· Orientation 项：设置字符串的旋转角度，默认为 0°。这里不做修改。

· Horizontal Justification 项：设置字符串和十字光标的相对位置。这里选择 Center（居中）模式。

· Vertical Justification 项：设置字符串放置层面。这里不做修改，采用默认设置（Bottom）。

· Mirror 复选框：选中后，字符串作 X 轴镜像显示。

· Text 项：用于输入字符串的内容。这里输入“SAW”。

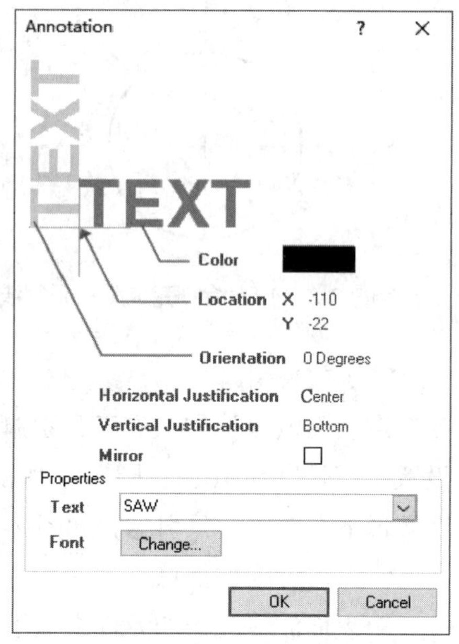

图 2-2-45　Annotation 对话框

· Font 项：单击 Change... 按钮，可以设置字符串的字体、大小等属性。这里设置大小为“小四”。

属性设置完毕的字符串如图 2-2-46 所示。

3）绘制元件图形。按【G】键，将网格捕捉切换到 5，然后移动字符串到合适的位置，单击鼠标左键确定，至此，声表面波滤波器制作完成，如图 2-2-47 所示。

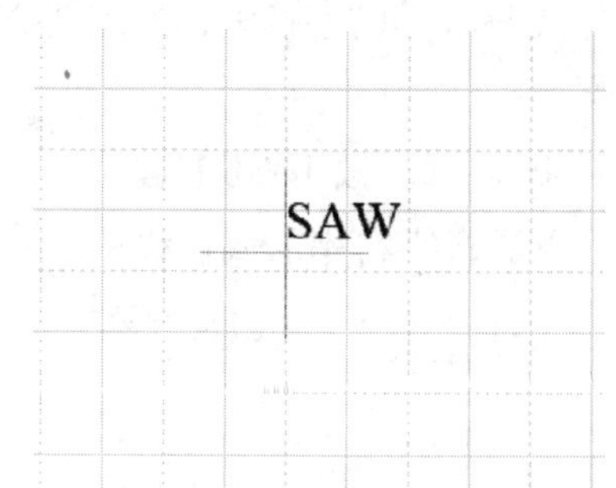

图 2-2-46　属性设置完毕的字符串

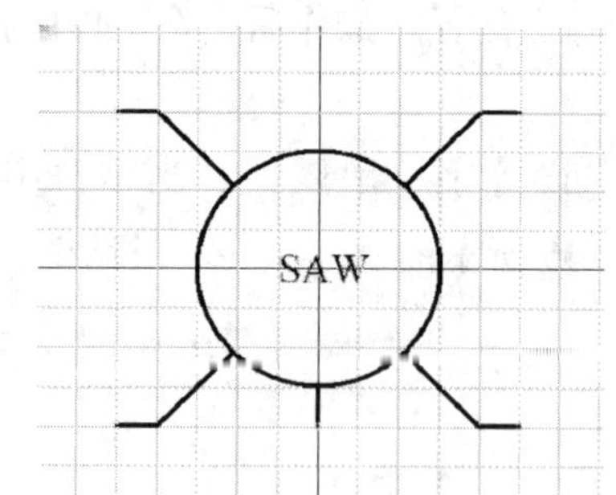

图 2-2-47　制作完成的声表面波滤波器

小提示

如果要修改已放置好的对象的属性，只需用鼠标左键双击该对象，即可弹出对应的属性设置对话框。

此外，部分元件的附加信息可能会出现其他呈现形式，如箭头等，可以通过多边形绘制工具进行绘制，方法如下：

首先，使用 Utilities 工具条启用 Place Polygon 命令。常用的方法有以下三种：

· 执行菜单命令 Place → Drawing Tools → Polygon。

· 单击 Utilities 工具条中的 按钮，如图 2-2-48 所示。

· 按快捷键【P】→【Y】。

执行上述任一操作后，在工作区将出现一个随十字光标移动的字符串，此时需根据所要绘制的多边形边的数量确定鼠标左键的单击次数，例如，绘制一个三角形，则单击鼠标左键三次，然后单击鼠标右键退出绘制，如图 2-2-49 所示。

图 2-2-48　Utilities 工具条中的放置多边形按钮

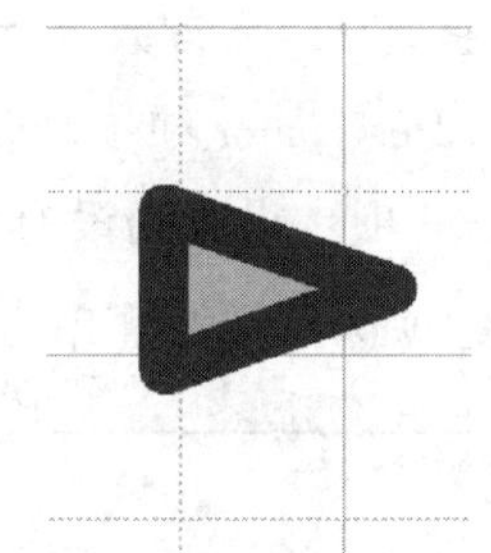

图 2-2-49　绘制完成的三角形

双击已经绘制完成的三角形，可修改其各边的宽度、边框颜色及内部填充色，此处分别修改为 Small、黑色和黑色，如图 2-2-50 所示。

在三角形的左侧绘制一条直线，即完成了一个箭头图形的绘制工作，如图 2-2-51 所示。

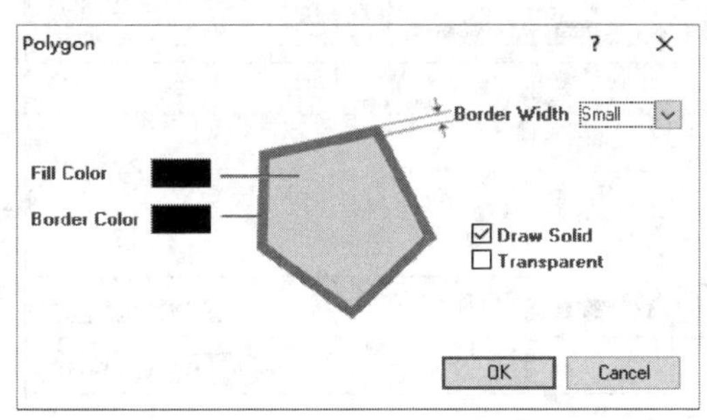

图 2-2-50　多边形属性设置

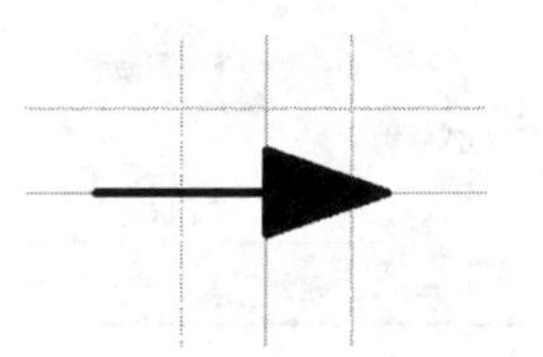

图 2-2-51　绘制完成的箭头图形

小提示

在绘制多边形时，不要刻意追求一次性完成图形的绘制，可以在绘制完成图形的基本轮廓后，再用鼠标左键单击选取图形的各个顶点并拖动，以改变图形的边长，通过微调使图形不断得到完善。

3. 变压器的制作

变压器的种类多样，因此其元件符号也存在多种形式，本课题中涉及的变压器具有两组二次绕组，变压器一次绕组和二次绕组之间设有屏蔽层（符号中用虚线表示），屏蔽层的一端接线路中的地线，起抗干扰作用。这种变压器主要用作电源变压器。

（1）创建元件

按快捷键【T】→【C】创建新元件并命名为“变压器”。

元件创建完成后，双击工作面板元件栏中的元件名称“变压器”，在弹出的 Library Component Properties 对话框中设置其属性，如图 2-2-52 所示。

其中，主要对以下参数进行设置：

· Default Designator 项：修改默认的元件序号为 T？。

· Comment 项：设置为没有注释。

其他设置项保持不变，单击 OK 按钮确认，完成元件的创建。

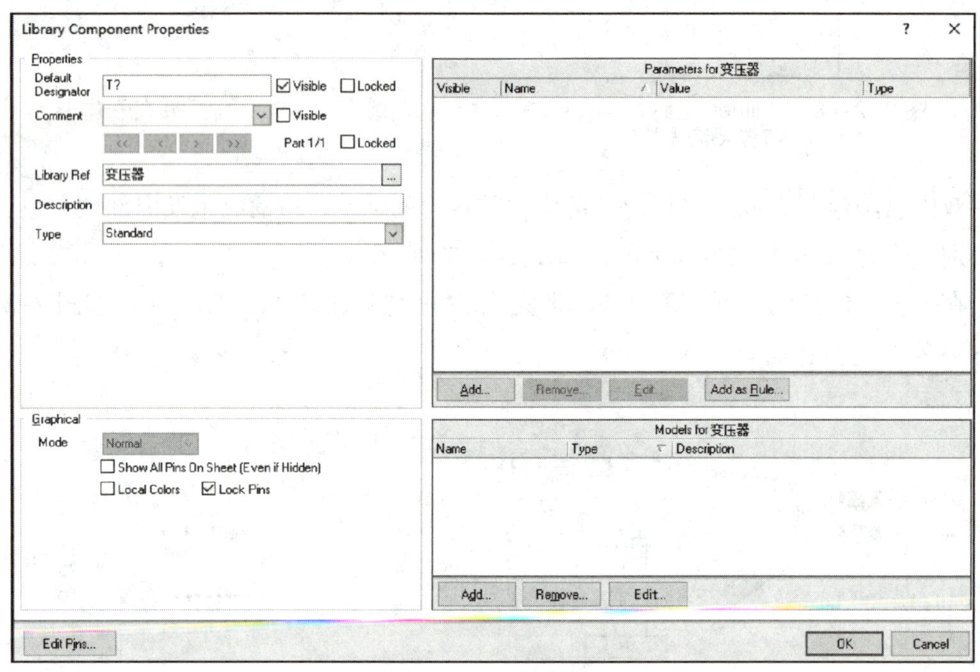

图 2-2-52　设置元件属性

（2）绘制元件图形

启用 Place Line 放置直线命令和 Place Pin 放置引脚命令绘制变压器的初步图形，其中，一次绕组的引脚长度设置为 30，二次绕组的引脚长度设置为 15。代表屏蔽的虚线可以先绘制一段直线，双击直线，在弹出的 PolyLine 对话框中 Line Style 项设置线型为 Dashed（宽虚线）。绘制完成的变压器的初步图形如图 2-2-53 所示。

1）启用 Place Bezier 命令。变压器符号中代表线圈的部分，可用 Place Elliptical Arc 命令或 Place Bezier 命令（放置贝塞尔曲线）进行绘制，这里选择后者。启用 Place Bezier 命令的常用方法有以下三种：

· 执行菜单命令 Place → Drawing Tools → Bezier。

· 单击 Utilities 工具条中的 按钮，如图 2-2-54 所示。

· 按快捷键【P】→【B】。

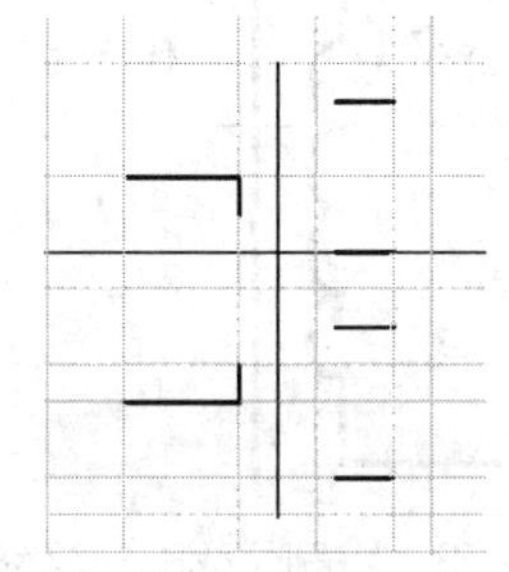

图 2-2-53　绘制完成的变压器的初步图形

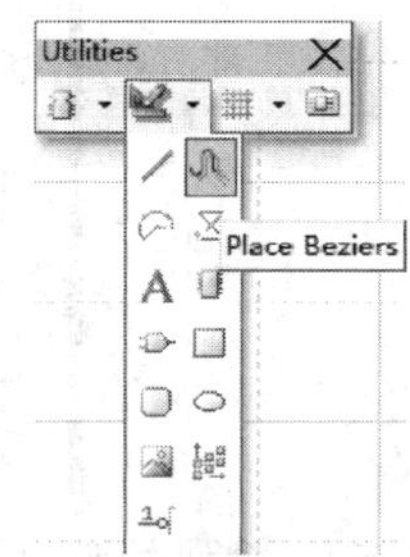

图 2-2-54　Utilities 工具条中的放置贝塞尔曲线按钮

执行上述任一操作后，在工作区将出现一个十字光标，进入放置贝塞尔曲线状态。

2）编辑贝塞尔曲线属性。当贝塞尔曲线处于放置或悬浮状态时，按【Tab】键，弹出如图 2-2-55 所示的 Bezier 对话框，在该对话框中可以进行贝塞尔曲线的属性设置。各设置项的含义如下：

· Curve Width 项：设置曲线的线宽。这里选择 Small。

· Color 项：设置曲线的颜色。这里选择黑色。

3）绘制贝塞尔曲线。贝塞尔曲线的绘制原则是四个点确定一条曲线，以该元件中的线圈圆弧曲线为例，绘制方法如下：

按【G】键，将网格捕捉切换到 5，然后将十字光标移到绘制曲线的起点处，单击鼠标左键确定。移动十字光标，可拉出一条预拉线，如图 2-2-56 所示，单击鼠标左

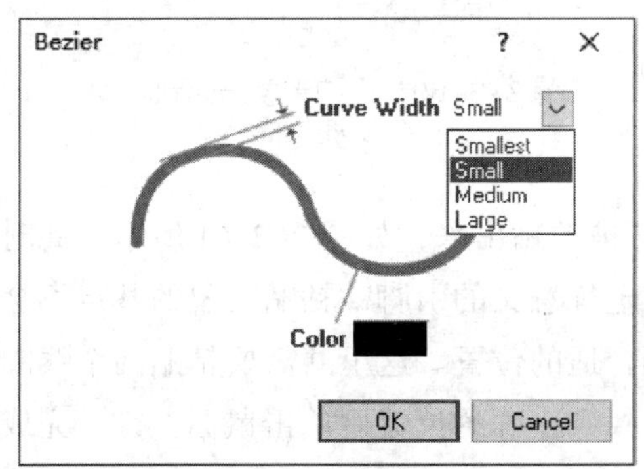

图 2-2-55　Bezier 对话框

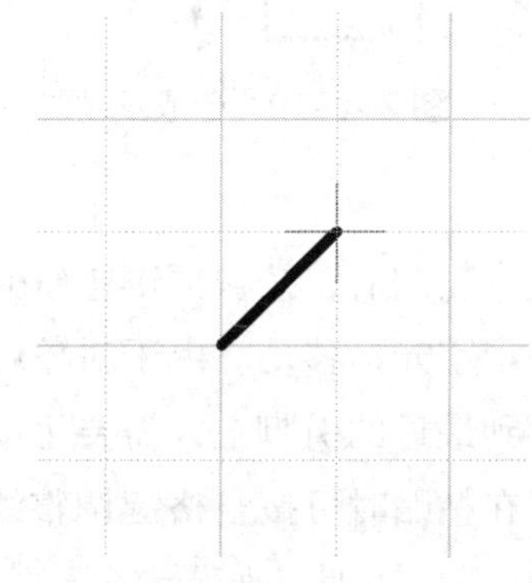

图 2-2-56　确定曲线第一点后的预拉线

键完成第二点的定义。再次移动十字光标，会发现此时生成了一条弧线，移动十字光标到合适的位置，单击鼠标左键确定第三点。继续移动十字光标，则可以改变曲线的走向，再次移动十字光标到该段曲线的终点，单击鼠标左键确定第四点，即可完成该段曲线的绘制，如图 2–2–57 所示。完成后单击鼠标右键退出绘制状态。按照上述方法可以继续向下绘制变压器一次侧剩余的三段曲线，如图 2–2–58 所示。

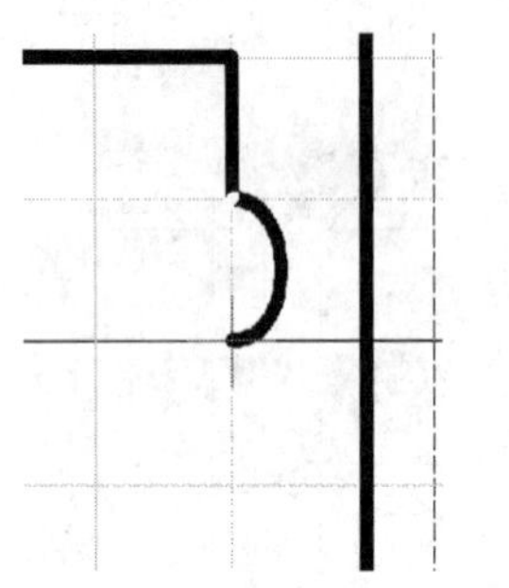

图 2–2–57　绘制完成一段曲线

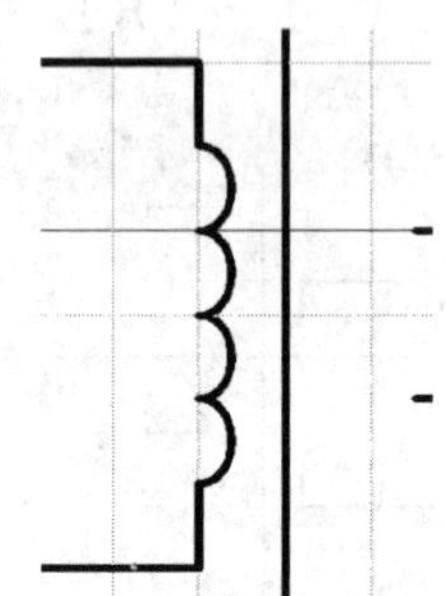

图 2–2–58　绘制完成的一次绕组

4）复制及粘贴。利用复制和粘贴完成二次绕组的绘制。

在 Protel DXP 2004 中，复制操作有带基点（即参考点）复制和不带基点复制两种，其设置方法在前面的课题中已经介绍过，一般常用带基点复制，方法如下：

首先，执行选取操作，使要复制的对象处于选定状态，如图 2–2–59 所示。然后按快捷键【Ctrl+C】，移动出现的十字光标到复制基点，如图 2–2–60 所示，单击鼠标左键，对象即被复制。

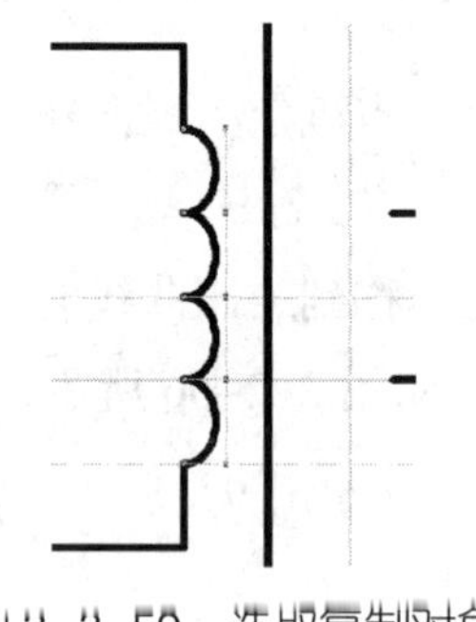

图 2–2–59　选取复制对象

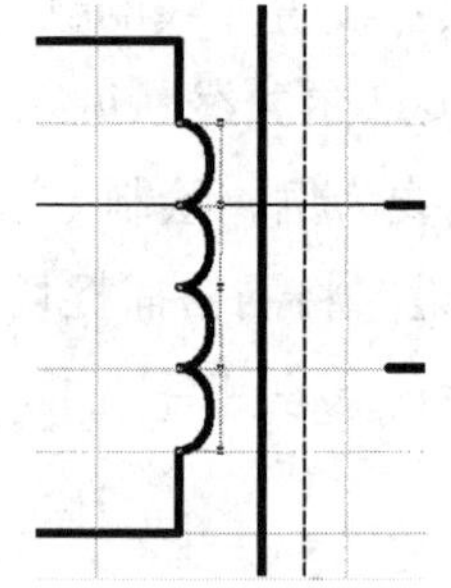

图 2–2–60　移动十字光标到复制基点

完成复制后，按快捷键【Ctrl+V】，对象即被粘贴出来，如图 2–2–61 所示。此时对象随十字光标移动。由于对象中不含有具有电气意义的引脚，粘贴对象的基点不会自动跳到最近的引脚上，需要手动移动对象到合适的位置。这里共需要粘贴两个线圈图形，在粘贴时可按空格键调整线圈的朝向，找到正确的位置后单击鼠标左键，完成对象的粘贴，至此，变压器创建完成，如图 2–2–62 所示。

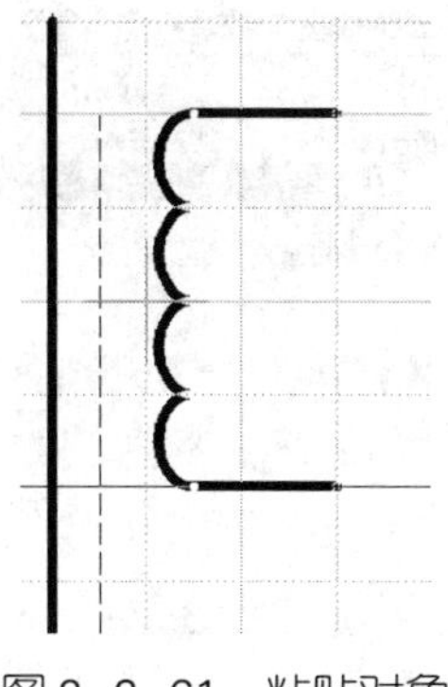

图 2-2-61 粘贴对象

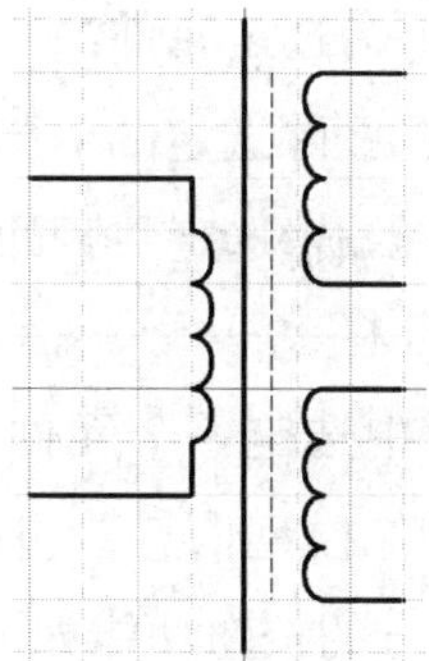

图 2-2-62 创建完成的变压器

小提示

基点是指复制的基准点，选择基点后，在进行粘贴时，若对象为非电气对象，仍以该点为基准将对象粘贴出来；若对象具有电气意义，则基点将自动跳到离基点最近的电气连接点上将对象粘贴出来。

4. SCH Library 工作面板的操作

在进入原理图库编辑器后，单击工作面板标签栏中的 SCH Library ，可以显示 SCH Library 面板，如图 2-2-63 所示。在元件创建过程中，可以通过 SCH Library 面板对元件库中的元件进行浏览和编辑。

其中，各部分的功能如下：

（1）Components 栏

在 Components 栏中列出了当前库文件中的所有元件，其下方的按钮功能如下：

- Place ：将选定的元件放置到当前的原理图中。
- Add ：在该元件库中创建一个新元件。
- Delete ：删除选定元件库中的元件。
- Edit ：编辑选定元件的属性。

（2）Aliases 栏

在元件栏中选定一个元件，在 Aliases 栏中将列出该元件的别名。其下方的按钮功能如下：

- Add ：为选定元件添加一个别名。
- Delete ：删除选定的别名。
- Edit ：编辑选定的别名。

（3）Pins 栏

在元件栏中选定一个元件，在 Pins 栏中将列出该元件的所有引脚信息，包括引脚编号、名称、类型等。其下方的按钮功能如下：

· Add ：为选定元件添加一只引脚。

· Delete ：删除选定的引脚。

· Edit ：编辑选定引脚的属性。

（4）Model 栏

在元件栏中选定一个元件，在 Model 栏中将列出该元件的其他模型信息，包括模型的类型、描述信息等，其下方的按钮功能如下：

· Add ：为选定元件添加其他模型。

· Delete ：删除选定的模型。

· Edit ：编辑选定模型的属性。

根据上述方法，可以完成简单原理图元件的创建，但是对于更加复杂的集成元件，考虑到其结构特征在电路原理图中的呈现方式更加复杂，需要采用不同的方法去创建，该部分内容将在后续的课题中进行介绍。

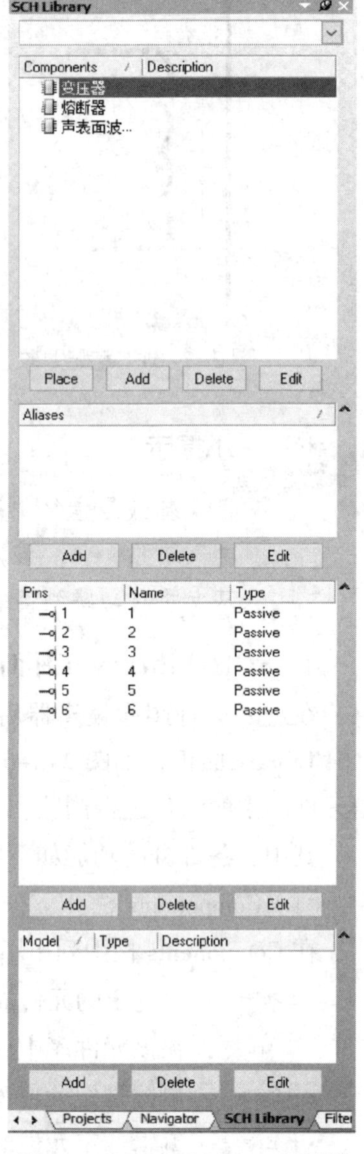

图 2-2-63　SCH Library 面板

三、自建元件的使用

1. 加载元件库

元件库创建完成后，打开建立课题 2 项目文件时预先创建的“新元件的使用 .SchDoc”原理图文件，回到原理图的编辑界面，加载元件库。

按快捷键【D】→【L】，在弹出的 Available Libraries 对话框中单击 Add Library... 按钮，在弹出的对话框中选择路径“D:\DXP 2004 制图\第二单元课题 2”，找到“新建的元件 .SchLib”文件，单击 打开(O) 按钮，返回 Available Libraries 对话框。此时，在 Available Libraries 对话框中显示了加载的元件库名称，再单击 Close 按钮即可。打开 Libraries 面板，加载后的“新建的元件”元件库如图 2-2-64 所示。

2. 放置元件

使用 Libraries 面板是放置元件比较简单的方法，只要打开 Libraries 面板，用鼠标左键双击元件列表中的元件名称即可放置元件。将已经创建好的元件使用该方法放置到图纸上，如图 2-2-65 所示。

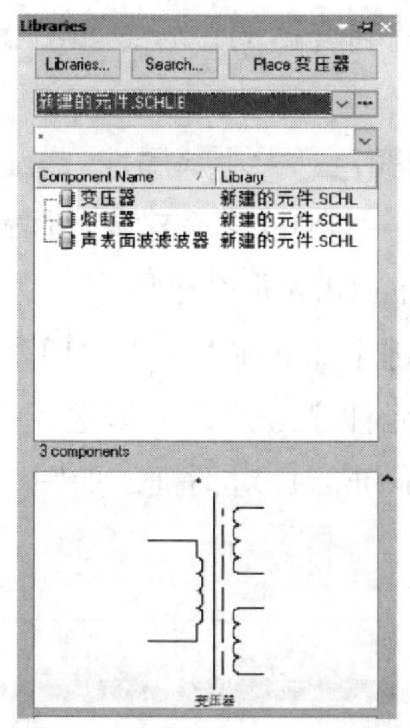

图 2-2-64　加载后的元件库

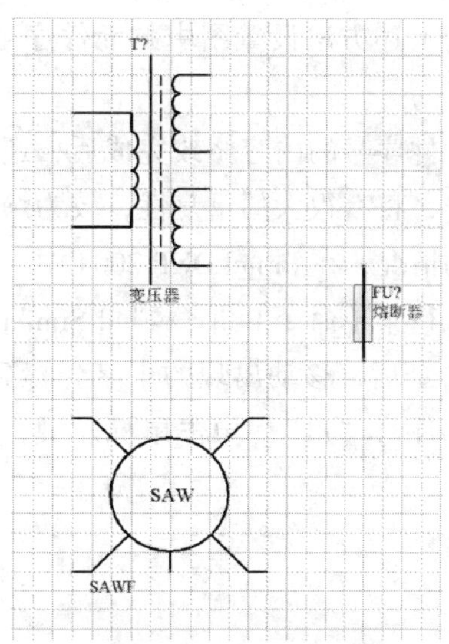

图 2-2-65　放置好的元件

3. 多个元件属性的修改

在课题 1 中已经学习了如何对元件的序号、注释等属性进行修改，这里以元件序号为例来介绍如何对多个元件的属性进行统一修改。

首先，将此处的三个元件的序号分别定义为 T1、FU1、SAW1，有以下三种方法：第一种是元件在悬浮状态（放置前）按【Tab】键，在弹出的元件属性对话框中可以修改元件序号；第二种是在元件放置后，双击元件序号，在弹出的对话框中对元件序号的属性进行设置；第三种是在原理图上对已经放置好的元件直接进行修改。对于按秩序修改元件序号内容的情况，可采用第三种方法，具体步骤如下：

（1）用鼠标左键单击元件序号，使之处于选取状态，如图 2-2-66 所示。

（2）再次用鼠标左键单击元件序号，此时元件序号处于可修改状态，如图 2-2-67 所示，输入相应的元件序号后，用鼠标左键单击空白处两下，退出修改状态。

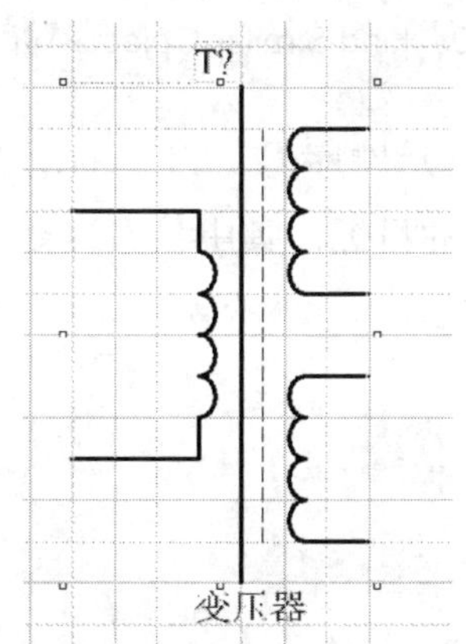

图 2-2-66　元件序号处于选取状态

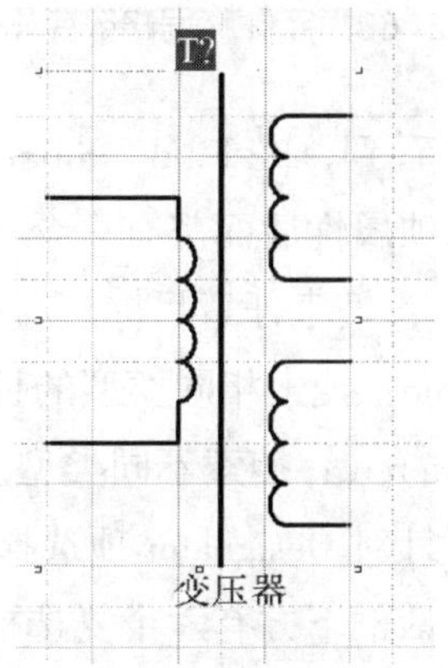

图 2-2-67　元件序号处于可修改状态

用上述方法设置图中的元件序号内容，并将其调整到合适的位置，如图 2–2–68 所示。

元件序号的内容修改完成后，还要修改元件序号的颜色、大小等属性，若逐个修改操作，将有很大的重复性，较为烦琐。对于这种对同一类型的多个对象的属性进行编辑的情况，在 Protel DXP 2004 中，可以采用 Find Similar Objects 命令。

执行菜单命令 Edit → Find Similar Objects 或按快捷键【Shift+F】可以启用该命令。启用命令后，移动出现的十字光标到图中的任意一个元件序号上，这里选择变压器元件的序号“T1”，单击鼠标左键，将弹出 Find Similar Objects 对话框，如图 2–2–69 所示。

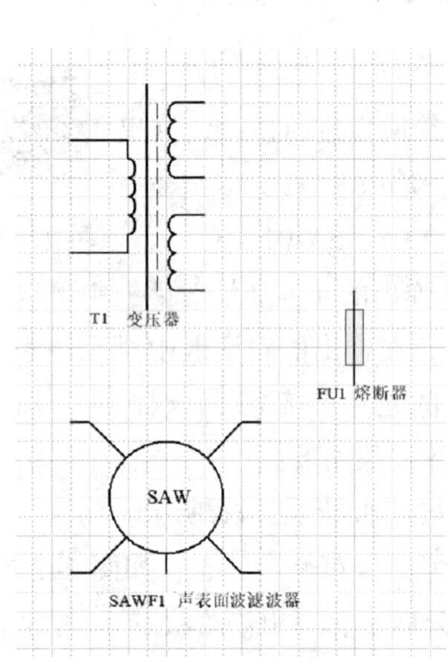

图 2–2–68　元件序号修改完毕

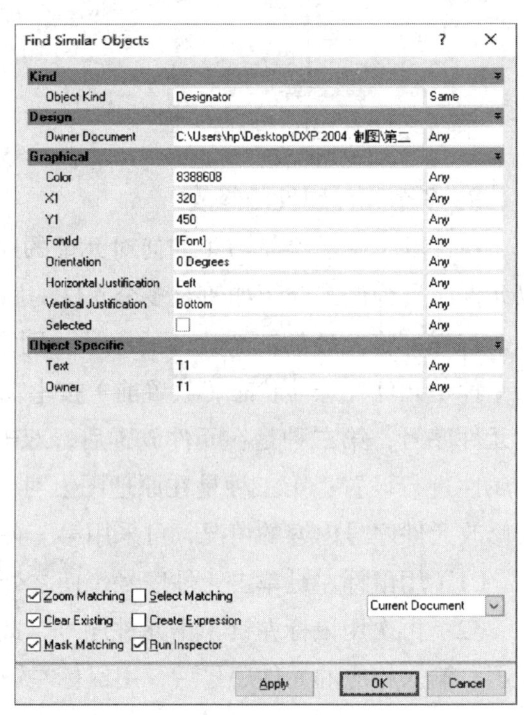

图 2–2–69　Find Similar Objects 对话框

可以看到，在 Find Similar Objects 对话框中列出了元件序号“T1”的所有属性，并且在每项属性后面都有一个下拉列表，用于设置搜索的目标，其中：

· Any：搜索任意目标。

· Same：搜索相同类型的目标。

· Different：搜索不同类型的目标。

这里针对 Designator 项选择 Same 选项。

在对话框下方有六个复选框，其含义如下：

· Zoom Matching：选中后，缩放窗口显示匹配对象。这里选中该复选框。

· Select Matching：选中后，选取所有匹配对象。这里选中该复选框。

· Clear Existing：选中后，清除前一次的搜索结果。这里选中该复选框。

· Create Expression：选中后，创建表达式。这里不选中该复选框。

· Mask Matching：选中后，过滤显示所有匹配对象。这里选中该复选框。

· Run Inspector：选中后，运行检查。这里选中该复选框。

设置完毕后，单击 OK 按钮，图中所有匹配的元件将被选取，并过滤显示。此时将弹出 Inspector 对话框，如图 2–2–70 所示。

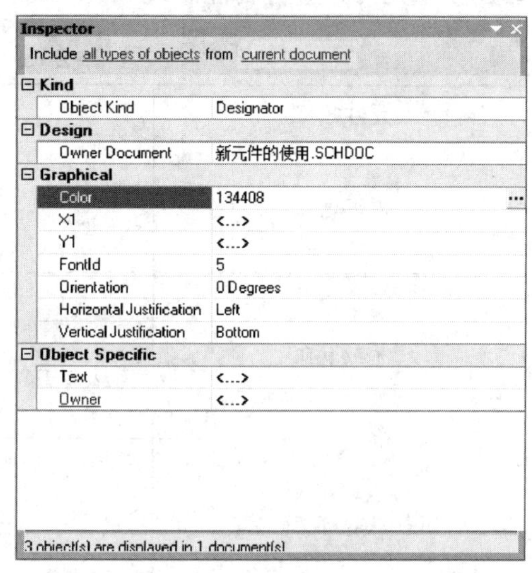

图 2–2–70 Inspector 对话框

将 Color 项中的颜色设置为黑色（显示为 134408），Fontld 项中的文字大小设置为四号（显示为 5）。在设置的同时，图中所有元件序号的相应属性都在进行同步响应。设置完成后，关闭对话框，此时图中所有的元件序号仍被过滤显示，如图 2–2–71 所示。

单击主工具栏中的 按钮，或按快捷键【Shift+C】，取消过滤显示，如图 2–2–72 所示，再次适当调整序号和注释的位置，完成元件序号属性的修改。

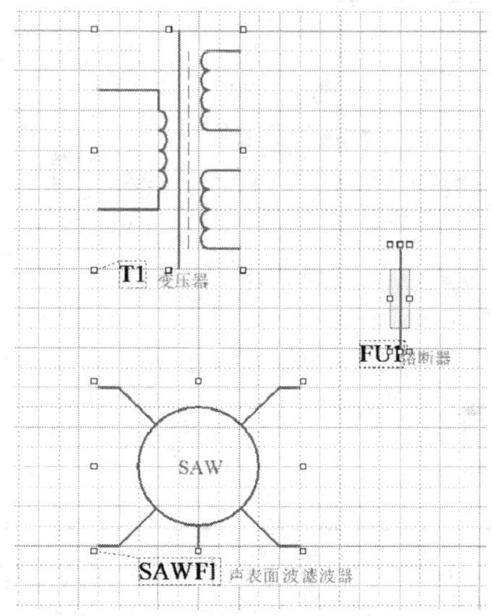

图 2–2–71 过滤显示元件序号

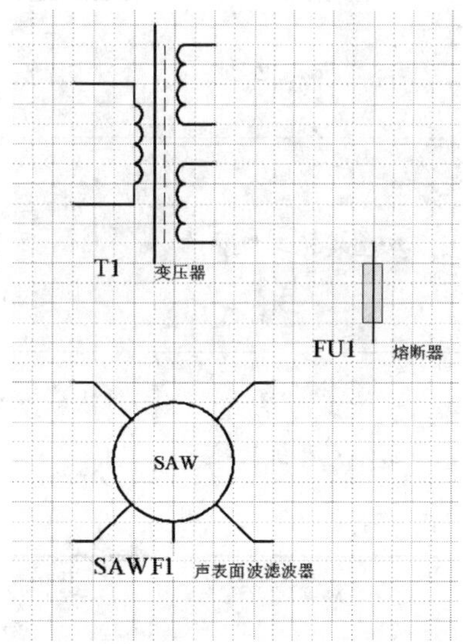

图 2–2–72 取消过滤显示

巩固练习

自制原理图库并创建表 2-2-3 中的元件，然后新建原理图文件，加载自建元件库，放置元件并进行属性修改。

表 2-2-3　自建元件信息表

元件名称	元件图例	元件库
微调电阻	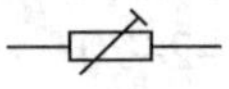	自建的元件 .SchLib
光敏电阻	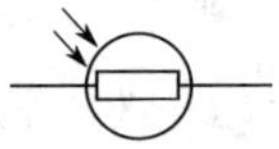	
同轴双联可变电容	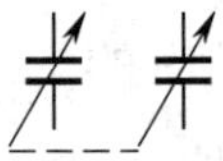	
石英晶体滤波器	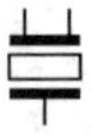	
永久磁铁电感		
双色发光二极管	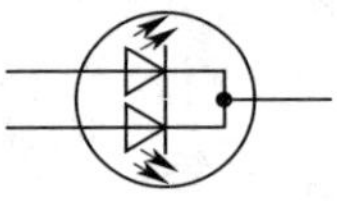	
立体声耳机插座	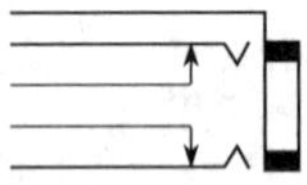	

课题 3 复杂电子线路原理图的绘制

学习目标

1. 了解复杂电子线路原理图的绘制原则。
2. 了解原理图中的总线、总线端口及网络标号等实体。
3. 能进行元件的查找和属性编辑。
4. 能创建新元件。
5. 能合理排列和放置元件。
6. 掌握总线、总线端口、网络标号及电源网络端口的放置方法。
7. 能进行元件序号的自动标注及参数设置。
8. 能正确进行原理图编译、网络表输出及元件清单报表输出。

基础知识

一、复杂电子线路原理图的绘制原则

在复杂电子线路原理图中，由于线路复杂、元件较多，在绘制时应遵循“化整为零”的原则，即将整个电路按功能划分为不同的电路模块，再进行分步连线。

图 2–3–1 所示的电路可分为以下电路模块：

· 电源部分电路。

· 发光二极管部分电路。

· 串口部分电路。

· 红外接口部分电路。

· 晶振部分电路。

· 声光部分电路。

· 继电器部分电路。

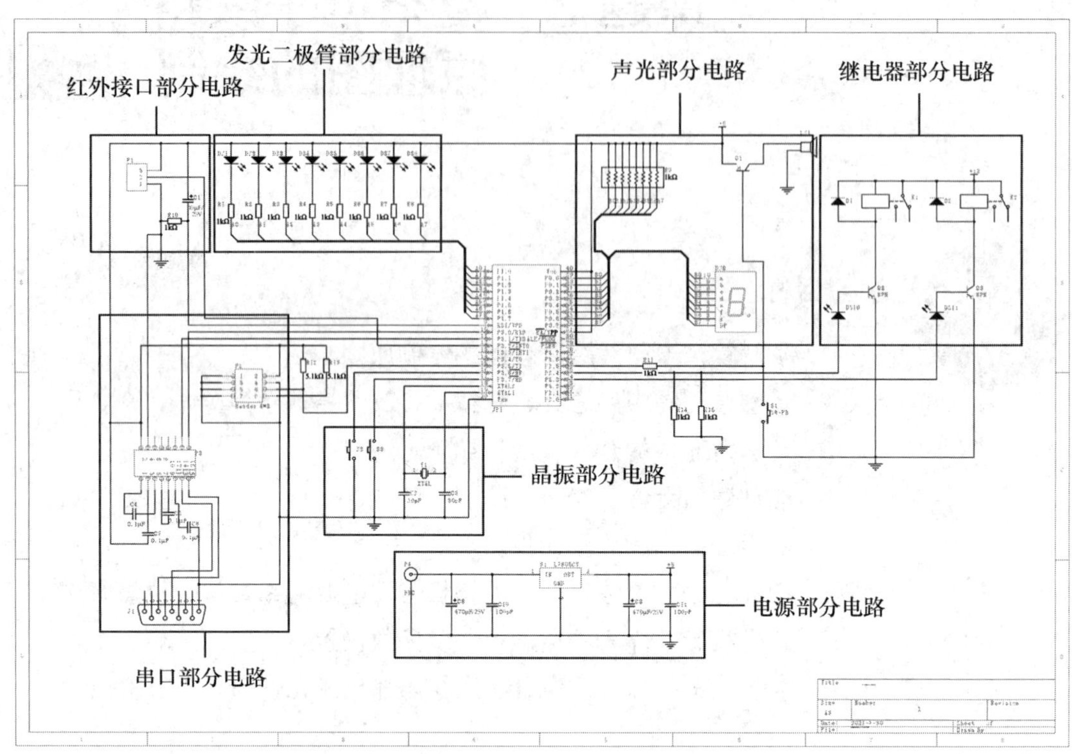

图 2-3-1　单片机电路

二、原理图中的其他实体

在原理图中除了前面接触到的元件、导线、电气节点和辅助说明信息外，还有总线、总线端口、网络标号等其他实体，如图 2-3-2 所示。

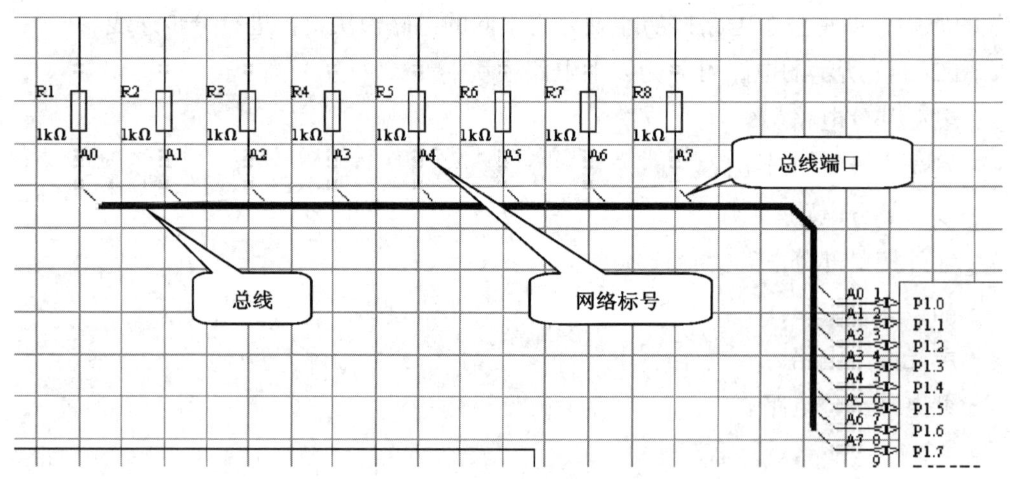

图 2-3-2　原理图中的其他实体

1．总线（Bus）和总线端口（BusEntry）

在原理图中，总线代表一组并行的导线，用比较粗的线表示。总线通过总线端口和其他电路进行连接。总线常用在数字电路的数据总线和地址总线中。需要注意的是，总线本身并没有任何电气意义，它只是用来更清晰地表示电路的连接关系。而实际上，定义电路连接关系的是网络标号。尽管如此，习惯上，为了读图方便，仍然要绘制总线。

2．网络标号（NetLabel）

当两个或多个元件的引脚连接在一起时，这些引脚之间就建立了一个网络，在网络表中，该网络具有唯一的识别标号，该标号是 Protel DXP 2004 根据实际情况自动生成的。在设计中，也可以人为添加网络标号，给网络命名，以便于理解这些网络的含义。具有相同网络标号的元件引脚无须再画导线，系统会将它们自动连接在同一个网络中。

实例讲解

下面以图 2–3–1 所示的电路为例，详细讲解复杂电子线路原理图的绘制过程。本例的设计要求见表 2–3–1，图中涉及元件的有关信息见表 2–3–2。

表 2–3–1　设计任务表

内　容	要　求
项目文件名称	单片机电路 .PrjPCB
原理图文件名称	单片机电路 .SchDoc
原理图库名称	单片机电路 .SchLib
存盘路径	D:\DXP 2004 制图 \ 第二单元课题 3
图纸设置	A4、横向
元件取用	见元件信息表
导线	宽度：Small，颜色：黑色

表 2–3–2　元件信息表

元件序号	元件名称	参数	元　件　库
C1	Cap Pol2	10 μF	Miscellaneous Devices.IntLib
C2、C3	Cap	30 pF	Miscellaneous Devices.IntLib
C4 ~ C7	Cap	0.1 μF	Miscellaneous Devices.IntLib

续表

元件序号	元件名称	参数	元　件　库
C8、C9	Cap Pol2	470 μF	Miscellaneous Devices.IntLib
C10、C11	Cap	100 pF	Miscellaneous Devices.IntLib
D1、D2	Diode	—	Miscellaneous Devices.IntLib
DS1 ~ DS8、DS10、DS11	LED3	—	Miscellaneous Devices.IntLib
DS9	Dpy Green-CC	—	Miscellaneous Devices.IntLib
J1	D Connector 9	—	Miscellaneous Connectors.IntLib
JP1	AT89C51	—	单片机电路 . SchLib
K1、K2	Relay-SPDT	—	Miscellaneous Devices.IntLib
LS1	Speaker	—	Miscellaneous Devices.IntLib
P1	Header 3	—	Miscellaneous Connectors.IntLib
P2	Header 4 × 2	—	Miscellaneous Connectors.IntLib
P3	Header 8 × 2	—	Miscellaneous Connectors.IntLib
P4	BNC	—	Miscellaneous Connectors.IntLib
Q1	PNP	—	Miscellaneous Devices.IntLib
Q2、Q3	NPN	—	Miscellaneous Devices.IntLib
R1 ~ R8、R10、R11、R14、R15	Res2	1 kΩ	Miscellaneous Devices.IntLib
R9	Res Pack3	1 kΩ	Miscellaneous Devices.IntLib
R12	Res2	5.1 kΩ	Miscellaneous Devices.IntLib
R13	Res2	5.1 kΩ	Miscellaneous Devices.IntLib
S1 ~ S3	SW-PB	—	Miscellaneous Devices.IntLib
U1	L7805CV	—	ST Power Mgt Voltage Regulator.IntLib
Y1	XTAL	—	Miscellaneous Devices.IntLib

首先，创建新的项目文件、原理图文件及原理图库文件。根据本例的要求，保存在“D:\DXP 2004 制图 \ 第二单元课题 3”路径下，并且项目文件命名为“单片机电路 .PrjPCB”，原理图文件命名为“单片机电路 .SchDoc”，原理图库文件命名为“单片机电路 .SchLib”。

打开原理图文件，按快捷键【D】→【O】，在弹出的 Document Options 对话框中进行图纸设置。其中设置图纸尺寸为 A4，图纸方向为横向。

一、查找元件的方法及其属性的修改

在原理图绘制过程中，电路中的很多元件都在 Protel DXP 2004 的自带元件库中，对于不熟悉元件库的用户来说，要找到相应的元件在哪个元件库中，及在元件库中的哪个位置，其操作非常烦琐。在这种情况下，就要用到 Protel DXP 2004 的元件查找功能。

1. 元件的查找

（1）打开元件查找对话框

在原理图编辑器中的 Libraries 工作面板，单击 Search... 按钮，即可打开 Libraries Search 对话框，如图 2–3–3 所示。

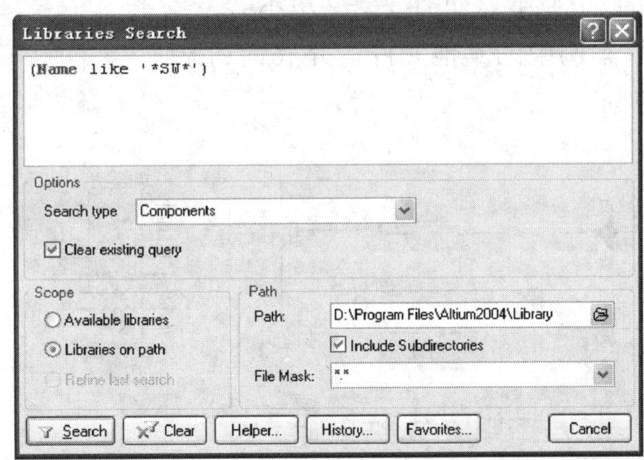

图 2–3–3 Libraries Search 对话框

（2）查找范围设置

1）选中 Scope 栏的 Libraries on path 单选框，激活 Path 设置栏。

2）在 Path 设置框中可以输入查找元件的路径，或单击其后的按钮选择查找元件所在的文件夹。Protel DXP 2004 自带的元件库均在 D:\Program Files\Altium2004\Library 路径中。

3）选中 Include Subdirectories 复选框，可使查找包括下级目录。

（3）查找元件信息设置

1）输入要查找元件的信息。在对话框上方的文本框中可以输入需要查找的元件信息，如直接输入元件名或元件描述信息。在不知道准确的元件名或元件描述信息的情况下，可以采用模糊查找法。这里以查找元件 SW–PB 为例，可以采用以下三种方式查找：

· 在文本框中输入 SW：系统的查找对象为查找路径中元件名或元件描述信息中包

括 SW 字符的所有元件。在输入的元件信息中，不能填入“-”符号，否则系统不作响应。

· 在文本框中输入（Name like‘*SW*’）：系统的查找对象为查找路径中元件名包括 SW 字符的所有元件。

· 在文本框中输入（Description like‘*SW*’）：系统的查找对象为查找路径中元件描述信息包括 SW 字符的所有元件。

2）设置查找元件类型。单击 Options 栏 Search type 项的 按钮，选择 Components，确定查找元件类型为原理图元件。

设置完毕后，单击 Search 按钮，系统即开始搜索，查找结果将在工作面板中显示，如图 2-3-4 所示。

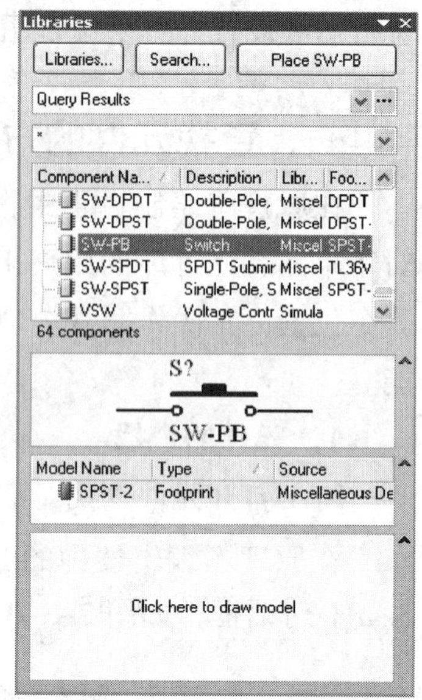

图 2-3-4　查找元件的结果

用上述方法查找本例中的其他元件，并放置到原理图中，如图 2-3-5 所示。

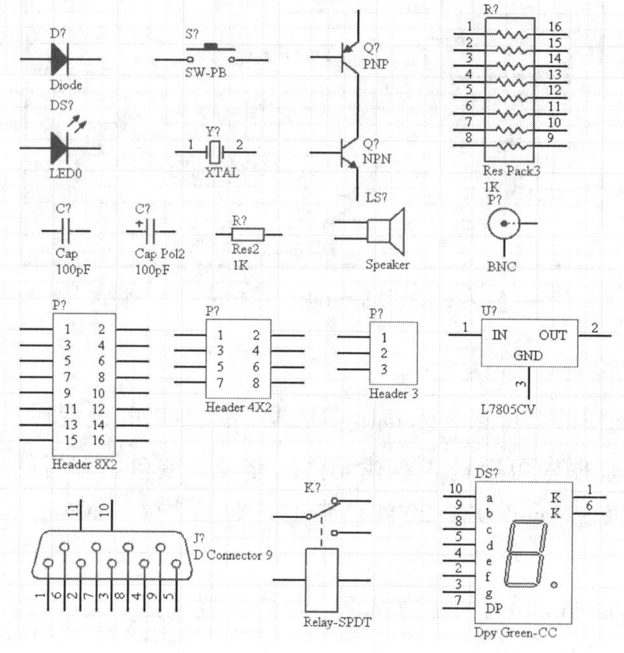

图 2-3-5　元件库中查找到的元件

2. 元件属性的修改

（1）串口接头（D Connector 9）的修改

查找出来的串口接头有 11 只引脚，但在本例中只需要 9 只引脚，所以要稍加修改，方法如下：

1）双击串口接头，打开如图 2-3-6 所示的 Component Properties 对话框。

Component Properties

Properties
Designator J? ☑Visible ☐Locked
Comment D Connector 9 ☑Visible
Part 1/1 ☐Locked
Library Ref D Connector 9
Library Miscellaneous Connectors.IntLib
Description Receptacle Assembly, 9 Position, Right Angle
Unique Id SCPQYPPQ Reset
Type Standard

Sub-Design Links
Sub-Project None
Configuration None

Graphical
Location X 180 Y 130
Orientation 0 Degrees ☐Mirrored
Mode Normal

Parameters for J? - D Connector 9

Visible	Name	Value	Type
☐	DatasheetDocument	1-Sep-1999	STRING
☐	Gender	Receptacle	STRING
☐	LatestRevisionDate	17-Jul-2002	STRING
☐	LatestRevisionNote	Re-released for DXP Platform.	STRING
☐	Orientation	Right Angle	STRING
☐	PackageDocument	0	STRING
☐	PackageReference	788750	STRING
☐	Positions	9	STRING
☐	Published	15-Jun-2001	STRING
☐	Publisher	Altium Limited	STRING

Add... Remove... Edit... Add as Rule...

Models for J? - D Connector 9

Name	Type	Description
DSUB1.385-2H9	Footprint	Connector; D Subminiature; 9 Position; Right Angle;

Add... Remove... Edit...

Edit Pins... OK Cancel

图 2-3-6 Component Properties 对话框

2）单击 Edit Pins... 按钮，打开 Component Pin Editor 对话框，如图 2-3-7 所示。

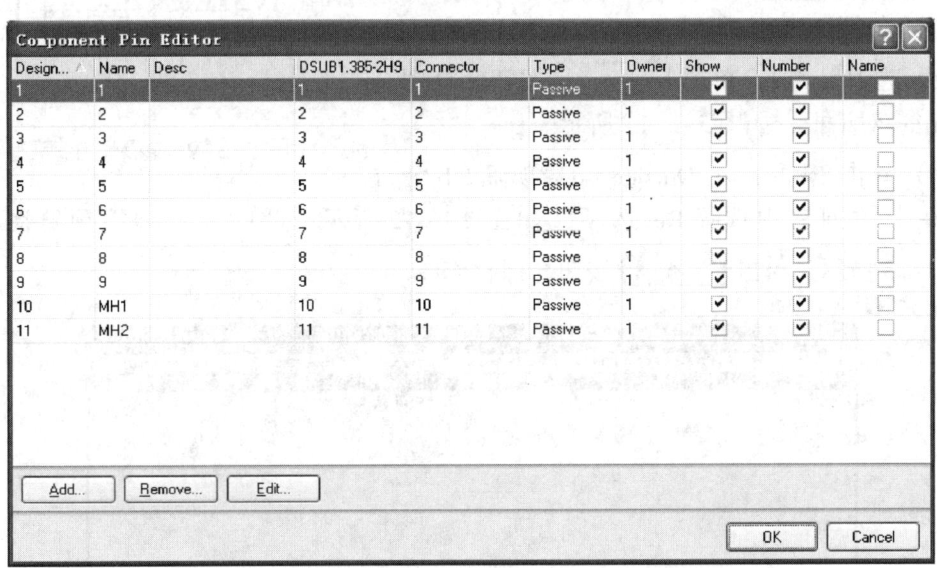

Component Pin Editor

Design...	Name	Desc	DSUB1.385-2H9	Connector	Type	Owner	Show	Number	Name
1	1		1	1	Passive	1	☑	☑	☐
2	2		2	2	Passive	1	☑	☑	☐
3	3		3	3	Passive	1	☑	☑	☐
4	4		4	4	Passive	1	☑	☑	☐
5	5		5	5	Passive	1	☑	☑	☐
6	6		6	6	Passive	1	☑	☑	☐
7	7		7	7	Passive	1	☑	☑	☐
8	8		8	8	Passive	1	☑	☑	☐
9	9		9	9	Passive	1	☑	☑	☐
10	MH1		10	10	Passive	1	☑	☑	☐
11	MH2		11	11	Passive	1	☑	☑	☐

Add... Remove... Edit... OK Cancel

图 2-3-7 Component Pin Editor 对话框

3）单击第 10 只和第 11 只引脚的 Show 属性复选框，取消引脚显示，如图 2-3-8 所示。单击 OK 按钮，元件即被修改好，如图 2-3-9 所示。

用上述方法设置 7 段数码管（Dpy Green-CC）的引脚 1 和 6 不作显示。

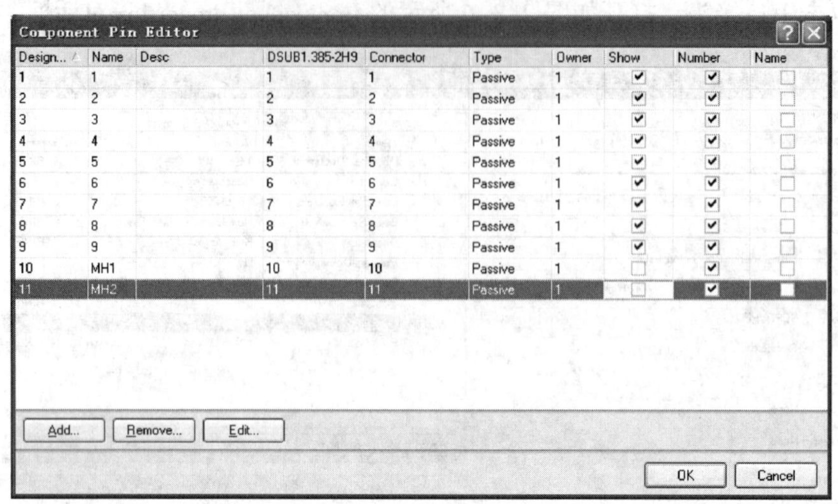

图 2-3-8　取消引脚显示

（2）双列插座（Header 4 × 2）的修改

双列插座同样需要修改引脚，方法如下：

1）双击元件，打开 Component Properties 对话框，单击 Edit Pins... 按钮，打开 Component Pin Editor 对话框，如图 2-3-10 所示。

2）选中引脚 1，单击 Edit... 按钮，打开 Pin Properties 对话框，如图 2-3-11 所示。

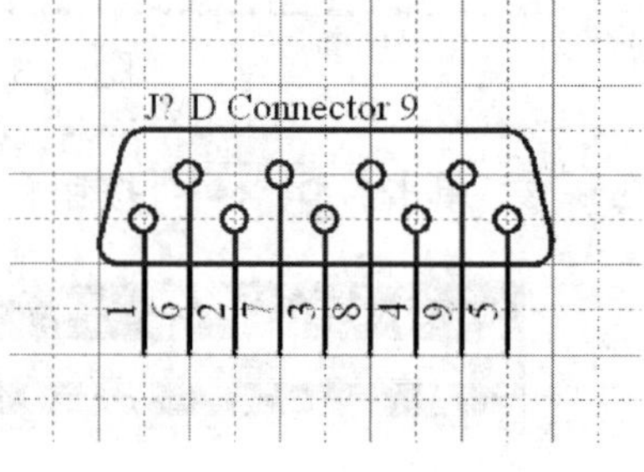

图 2-3-9　修改后的串口接头

3）单击 Symbols 栏 Outside Edge 项后的 按钮，在下拉列表中选择 Dot 选项，如图 2-3-12 所示。此时，引脚的预览图形如图 2-3-13 所示。单击 OK 按钮，保存修改。

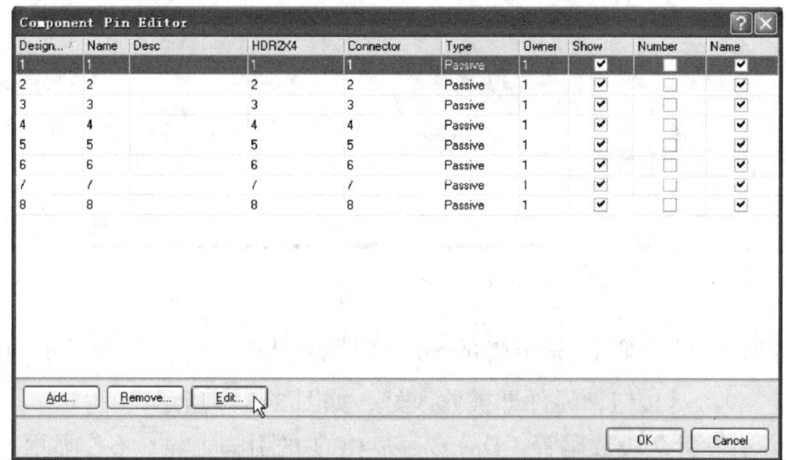

图 2-3-10　Component Pin Editor 对话框

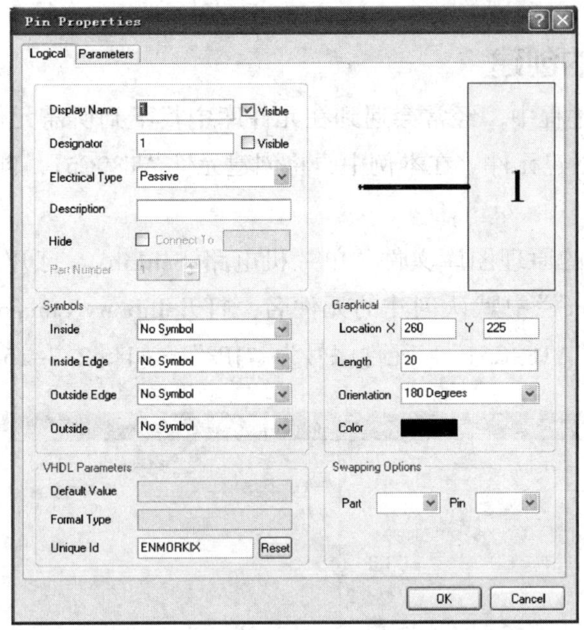

图 2-3-11 Pin Properties 对话框

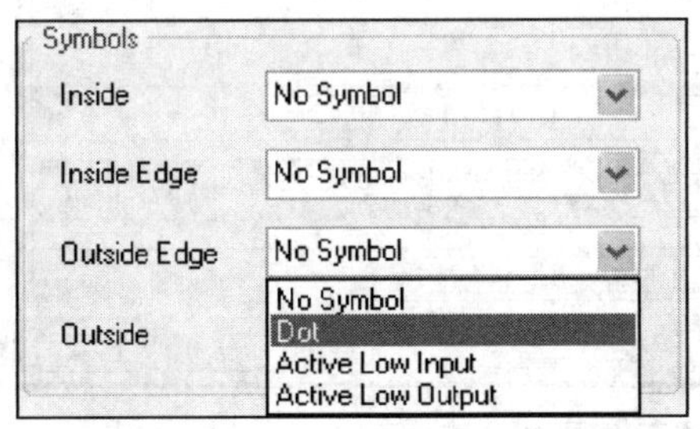

图 2-3-12 Outside Edge 下拉列表

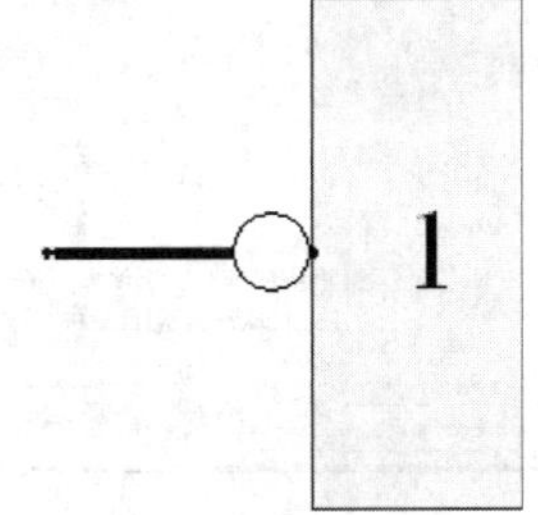

图 2-3-13 引脚的预览图形

4）用上述方法修改其他引脚的属性。修改后的双列插座（Header 4 × 2）如图 2-3-14 所示。

用上述方法修改双列插座（Header 8 × 2）。

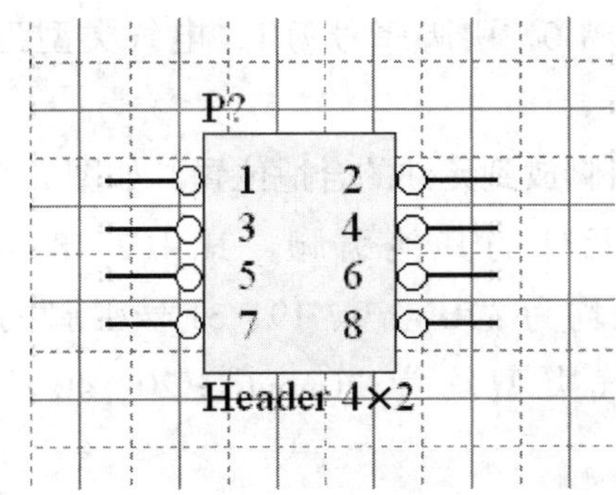

图 2-3-14 修改后的双列插座（Header 4 × 2）

二、新元件的创建

在原理图绘制过程中，经常会遇到在元件库中找不到所需元件的情况，这就需要自己动手创建元件。在本例中，将创建元件 AT89C51，创建过程如下：

1. 打开已创建的原理图库文件“单片机电路 .SchLib”。打开 SCH Library 工作面板，双击 Components 栏中默认创建的元件名，打开 Library Component Properties 对话框，设置元件名为“AT89C51”，元件序号为“JP?”，如图 2–3–15 所示。

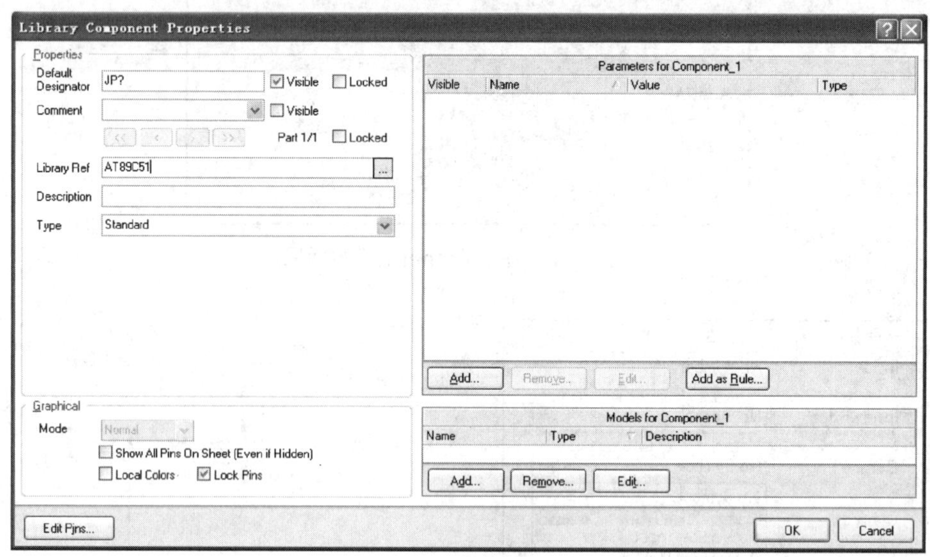

图 2–3–15　设置元件属性

2. 按快捷键【P】→【R】，启用 Place Rectangle 命令，在工作区坐标原点放置矩形框，如图 2–3–16 所示。

3. 放置引脚并设置属性。

按快捷键【P】→【P】，启用 Place Pin 命令。按【Tab】键，打开 Pin Properties 对话框，设置引脚名称为 P1.0，引脚序号为 1，电气类型为 IO，引脚长度为 20，如图 2–3–17 所示。

属性设置完毕后，将引脚放到元件的合适位置，如图 2–3–18 所示。

用相同的方法放置元件的其他引脚。其中 2 ~ 8 号、10 ~ 17 号、21 ~ 28 号、32 ~ 39 号引脚的电气类型均为“IO”；9、19、31 号引脚的电气类型均为“Input”；18、29、30 号引脚的电气类型均为“Ouput”；20、40 号引脚的电气类型均为“Power”。

这样，元件 AT89C51 就创建完毕了，如图 2–3–19 所示。

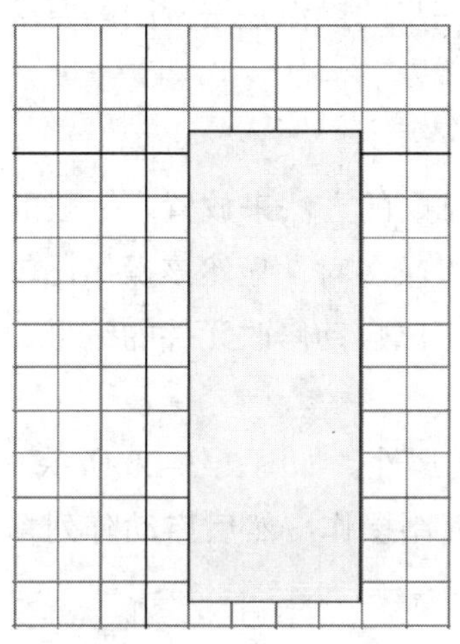

图 2-3-16　放置矩形框

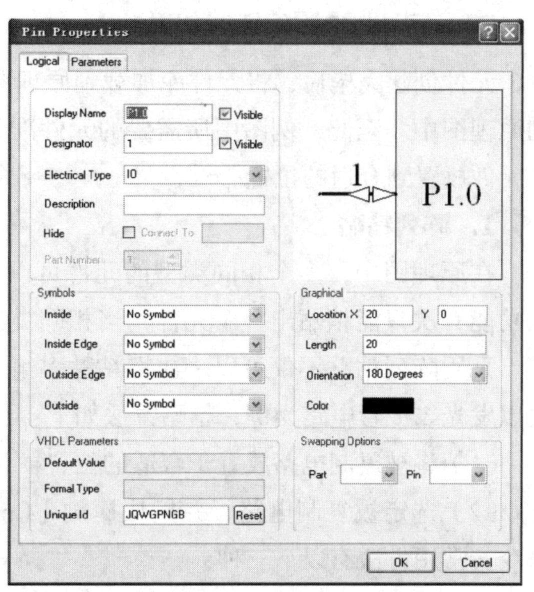

图 2-3-17　设置引脚属性

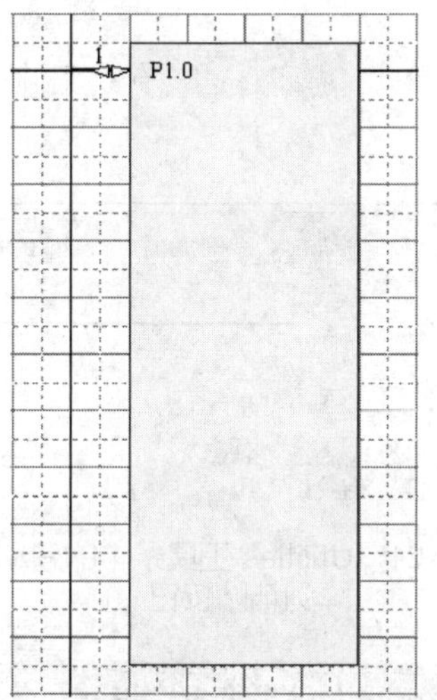

图 2-3-18　放置完毕 1 号引脚

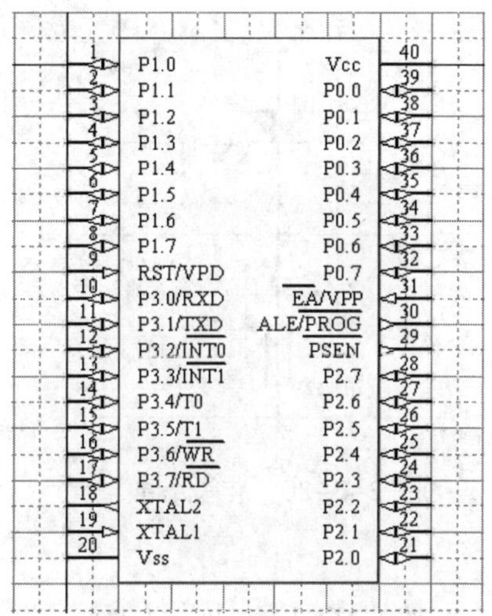

图 2-3-19　放置的结果

小提示

在 12、13、16 和 17 号引脚的元件名称外均有低电平符号，在输入时应在名称的每个字母后加“\”字符。如元件名称 $\overline{\mathrm{INT}}0$，在输入时应为“I\N\T\0”。

三、元件的排列和放置

元件创建完毕后，将元件库加载到原理图编辑界面中，放置“AT89C51”到原理图中。至此，例图中所需要的元件准备完成。下一步的操作是按例图的要求将各元件放置到合适的位置。

1. 阵列粘贴

在原理图中，多个相同类型的元件可以采用复制/粘贴的方法来放置。一般的粘贴功能一次只能粘贴出一个元件，当相同类型的元件数量较多时，显然该操作比较烦琐。采用阵列粘贴不仅可以一次性粘贴多组对象，而且可以自动修改元件的编号。这里以发光二极管电路为例，粘贴方法如下：

（1）将被复制电路放置于合适的位置，并修改元件的属性，如图 2-3-20 所示。

（2）选定被复制电路，并按快捷键【Ctrl+C】执行复制操作。然后启动阵列粘贴命令，常用方法有以下三种：

· 执行菜单命令 Edit → Paste Array。

· 单击 Utilities 工具条中的 按钮，如图 2-3-21 所示。

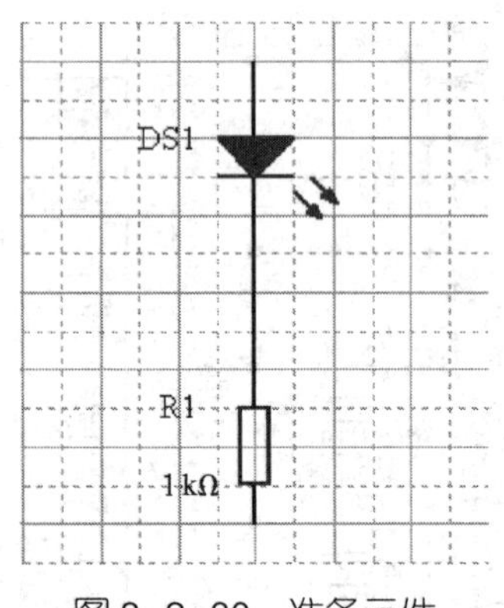

图 2-3-20　准备元件

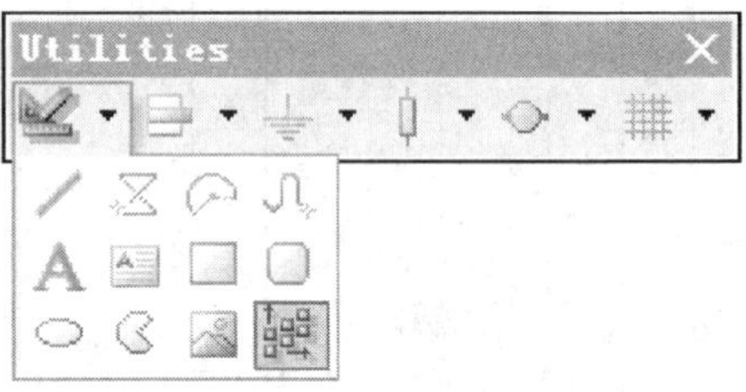

图 2-3-21　Utilities 工具条中的启动阵列粘贴按钮

· 按快捷键【E】→【Y】。

执行阵列粘贴命令后，将弹出 Setup Paste Array 对话框，在该对话框中可以设置阵列粘贴参数，如图 2-3-22 所示。

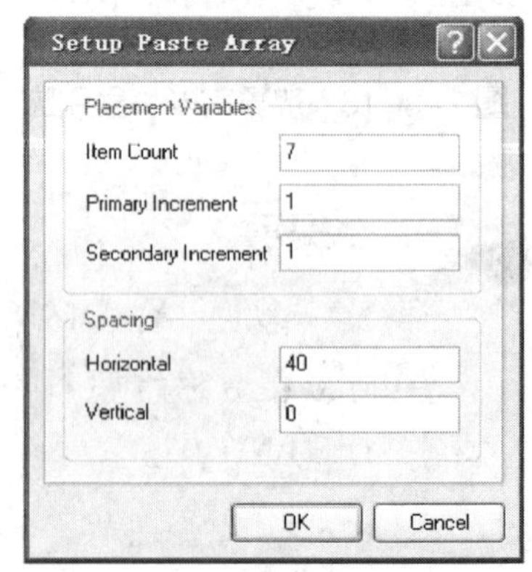

图 2-3-22　设置阵列粘贴参数

各参数设置如下：

· Item Count：设置粘贴数量。本例中设置为 7。

· Primary Increment：设置主增量。当元件序号的结尾为数字时，填写的数字将作为元件序号增量。

· Secondary Increment：设置次增量。本例中设置为 1。

· Horizontal：设置粘贴对象的水平方向间隔距离。本例中设置为 40。

· Vertical：设置粘贴对象的垂直方向间隔距离。本例中设置为 0。

设置完毕后，单击 OK 按钮，光标将变成十字形，移动十字光标到合适的位置，单击鼠标左键，对象将从单击光标处开始粘贴，如图 2-3-23 所示。

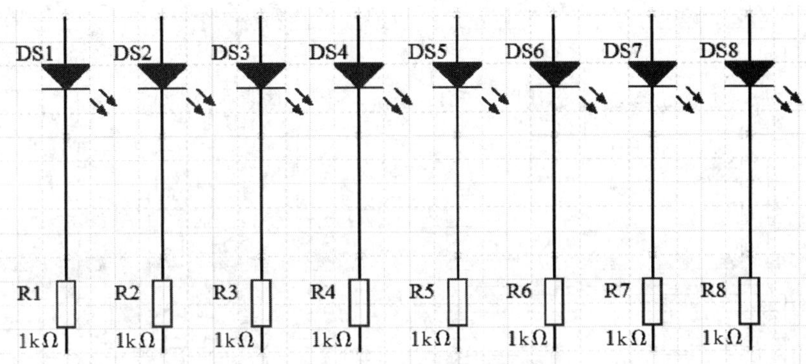

图 2-3-23 阵列粘贴后的效果

2. 元件排列

将元件按例图的要求放置到合适的位置。由于图中元件较多，在放置过程中应分块放置，各电路块应以电路中的主要元件为基准，本例中整个电路应以 AT89C51 为基准，如图 2-3-24 所示。

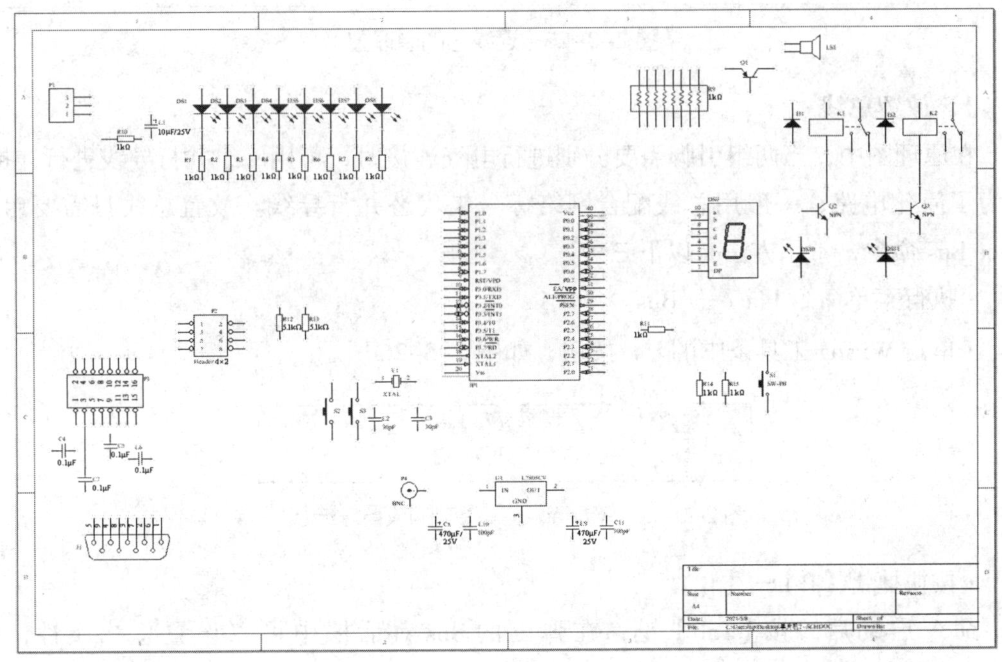

图 2-3-24 元件布局图

四、导线的连接及电源端口的放置

在原理图中，元件之间的电气关系除了可以用导线进行连接，还可以用网络标号进行描述。首先按快捷键【P】→【W】，启用 Place Wire 命令对原理图中的单根导线进行连线，如图 2-3-25 所示。

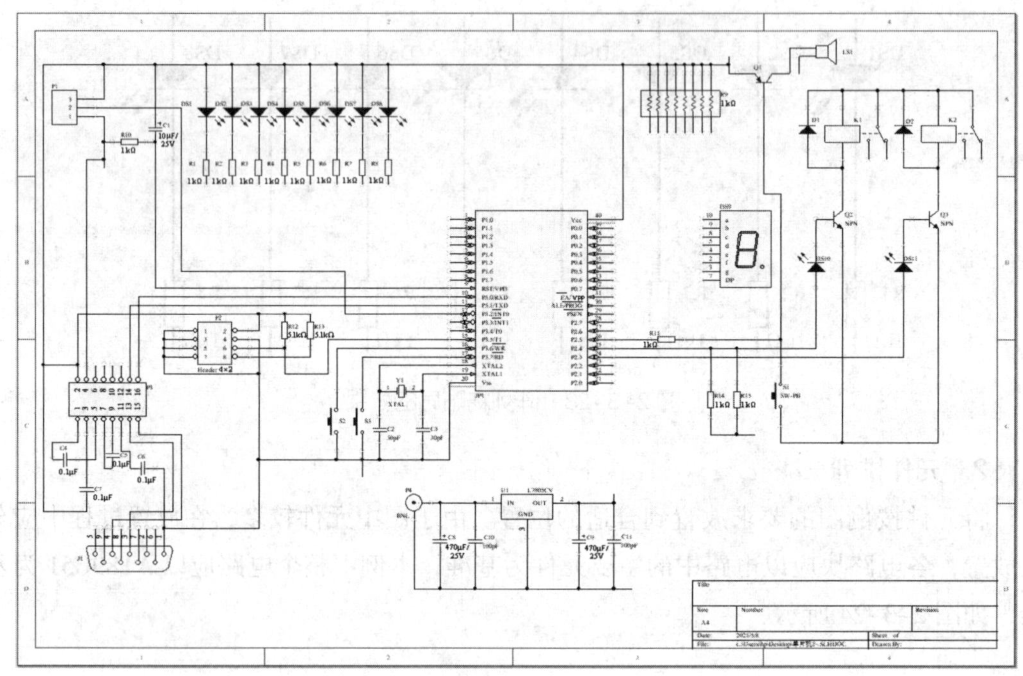

图 2-3-25　连线后的原理图

1. 放置总线

在原理图中，当两组引脚需要分别进行电气连接时，可用一组并行导线进行连接。但为了简化电路，一般用总线配合网络标号来代替并行导线。放置总线只需要启用 Place Bus 命令，常用方法有以下三种：

· 执行菜单命令 Place → Bus。

· 单击 Wiring 工具条中的 按钮，如图 2-3-26 所示。

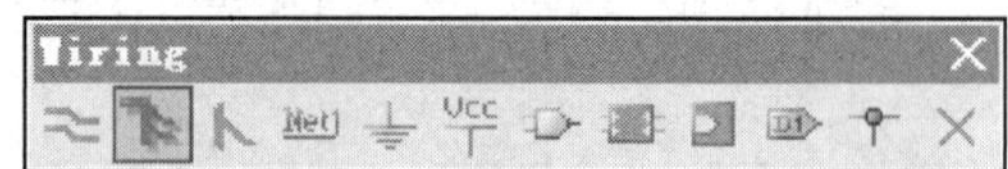

图 2-3-26　Wiring 工具条中的放置总线按钮

· 按快捷键【P】→【B】。

命令启动后，按【Tab】键，在弹出的 Bus 对话框中可以设置总线属性，如图 2-3-27 所示。其主要设置项含义如下：

· Bus Width 栏：设置线宽。共有 Smallest、Small、Medium、Large 四个选项。这里选择 Small。

· Color 栏：设置线的颜色。这里设置为黑色。

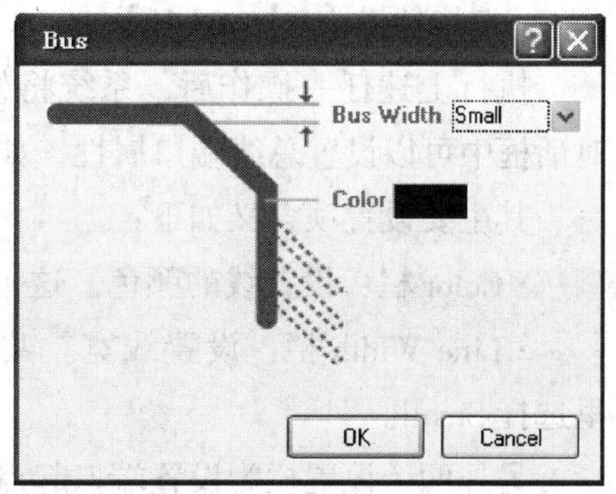

图 2–3–27 总线属性设置

总线设置完毕后，回到放置状态，放置的方法和放置导线基本相同。在放置时总线不是和引脚直接相连，而应和一组引脚的连接点保持平行并隔开一段距离，而且总线在转折处应有 45° 直线倒角，本例中的总线如图 2–3–28 所示。

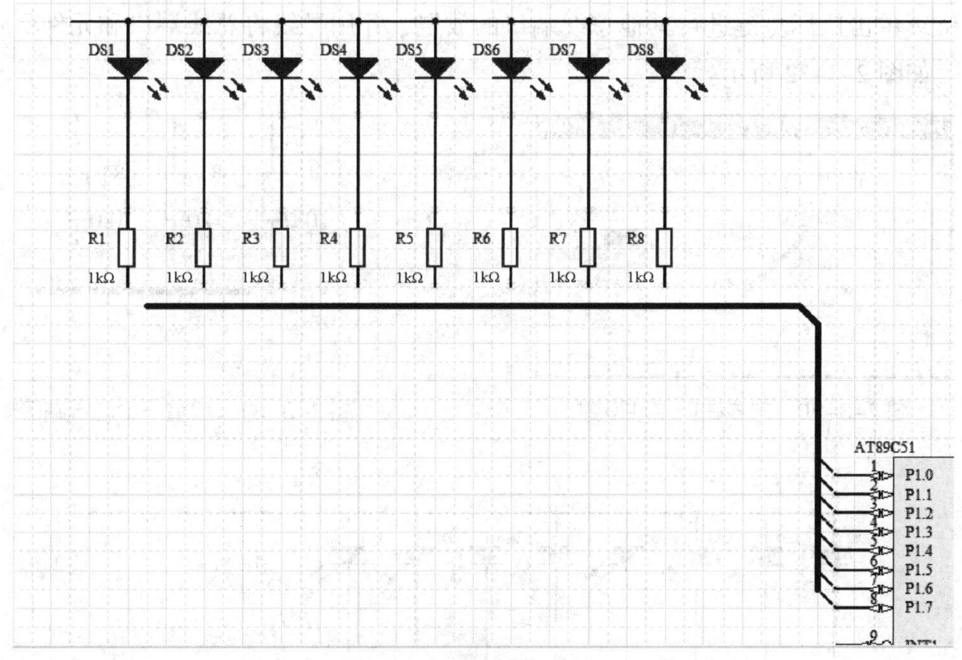

图 2–3–28 放置总线

2. 放置总线端口

总线和元件引脚的连接需要通过总线端口来完成。放置总线端口需要启用 Place Bus Entry 命令，常用方法有以下三种：

· 执行菜单命令 Place → Bus Entry。

· 单击 Wiring 工具条中的 按钮，如图 2–3–29 所示。

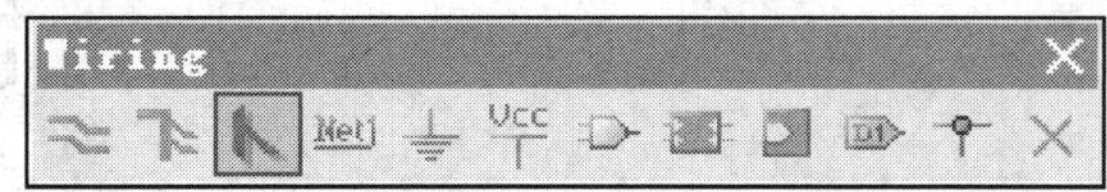

图 2–3–29 Wiring 工具条中的放置总线端口按钮

· 按快捷键【P】→【U】。

执行上述任一操作后，系统将处于放置状态。按【Tab】键，在弹出的 Bus Entry 对话框中可以设置总线端口属性，如图 2-3-30 所示。

其主要设置项含义如下：

· Color 栏：设置线的颜色。这里设置为黑色。

· Line Width 栏：设置线宽。共有 Smallest、Small、Medium、Large 四个选项。这里选择 Small。

另外两个设置栏为设置端口起点和终点的坐标。

总线端口设置完毕后，回到放置状态，在工作区将出现呈 45° 的斜线，将其移到合适的位置，单击鼠标左键即可放置一个总线端口，如图 2-3-31 所示。

继续单击鼠标左键进行其他总线端口的放置，并用导线将总线端口和元件引脚相连接，如图 2-3-32 所示。

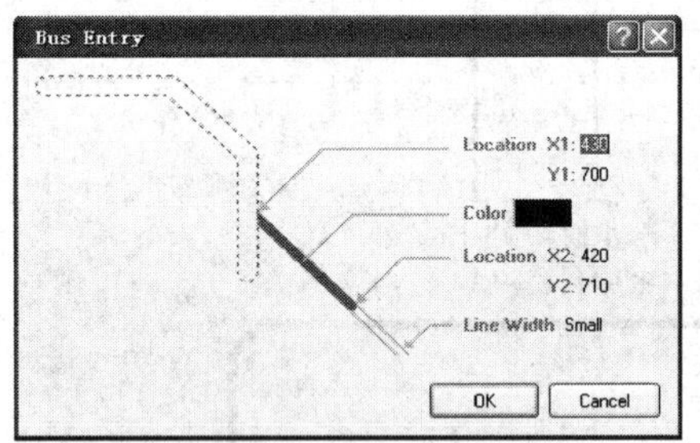

图 2-3-30 总线端口属性设置

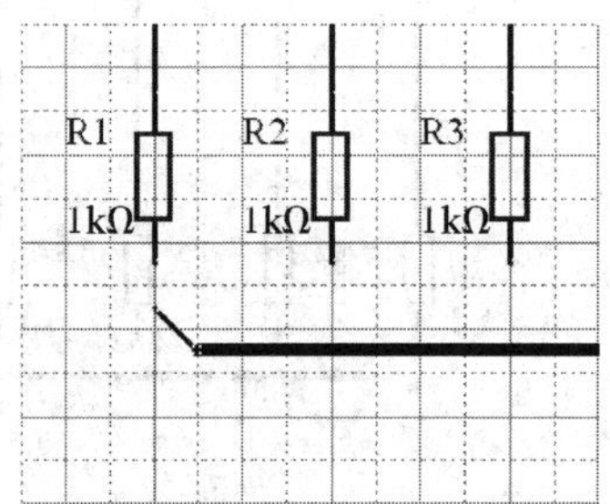

图 2-3-31 放置一个总线端口

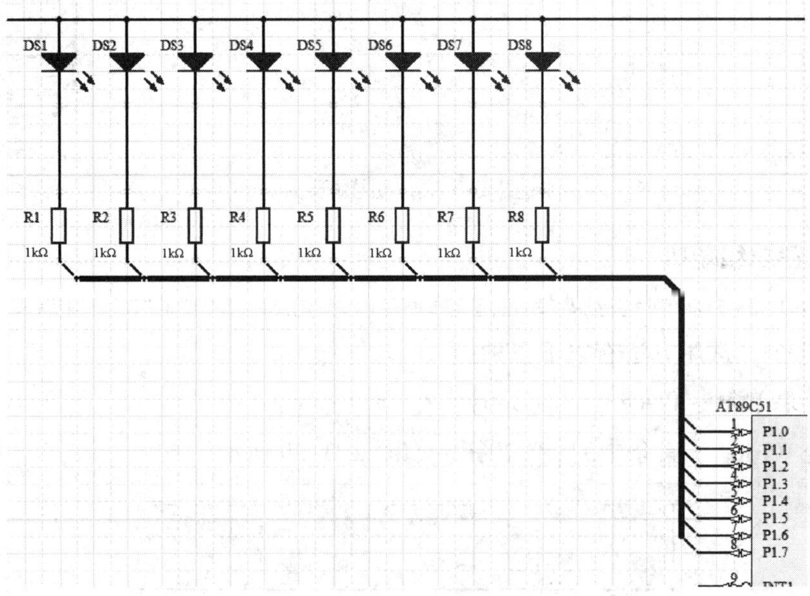

图 2-3-32 放置其他总线端口并和元件引脚相连接

小提示

其他的总线端口也可以用阵列粘贴的功能进行放置。

3. 放置网络标号

在原理图中，总线是没有任何电气意义的，定义其中电气关系的是网络标号。网络标号是在原理图中建立电气连接的一种方式，具有相同网络标号的元件引脚、导线、电源和接地符号将被认为在电气上是连接的。它和导线的作用一样，只是形式不同。另外，总线配合网络标号不仅可以增加原理图的可读性，还能简化电路的连接。

在本例中，将利用网络标号给总线连接的相应引脚建立电气连接。放置网络标号需启用 Place Net Label 命令，常用方法有以下三种：

· 执行菜单命令 Place → Net Label。

· 单击 Wiring 工具条中的 Net 按钮，如图 2-3-33 所示。

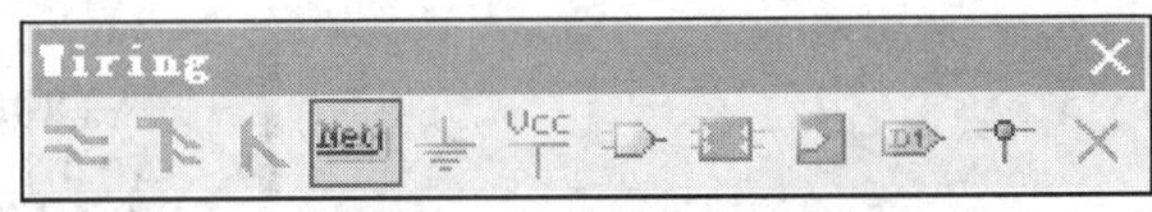

图 2-3-33　Wiring 工具条中的放置网络标号按钮

· 按快捷键【P】→【N】。

执行上述任一操作后，系统将处于放置状态。按【Tab】键，在弹出的 Net Label 对话框中可以设置网络标号的属性，如图 2-3-34 所示。其主要设置项含义如下：

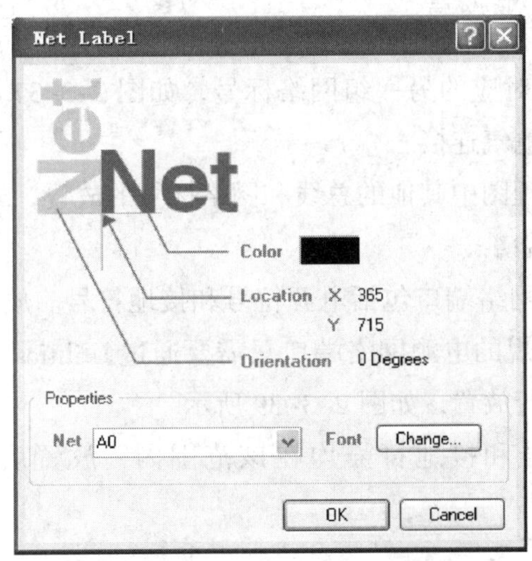

图 2-3-34　网络标号属性设置

· Color 栏：设置线的颜色。这里设置为黑色。

· Net 栏：设置网络标号内容。单击其后的 Change... 按钮，可以设置网络标号的字体。这里直接输入 A0 即可。

小提示

网络标号是区分大小写的，A0 和 a0 代表不同的网络。

属性设置完毕后，回到放置状态，可见原来默认的网络标号“Net Label1”已经变成“A0”，移动“A0”到要连接的导线附近，这时在光标上将出现热点，表示已经找到电气节点，单击鼠标左键，即可将该网络标号放置到导线上，如图 2–3–35 所示。

可以发现当放置完“A0”后，系统仍处于放置状态，且原来的“A0”变成了“A1”。这是因为当网络标号的末位是数字时，在每次放置后系统将会给该数字自动加 1。利用该功能可以连续放置其他的网络标号，如图 2–3–36 所示。

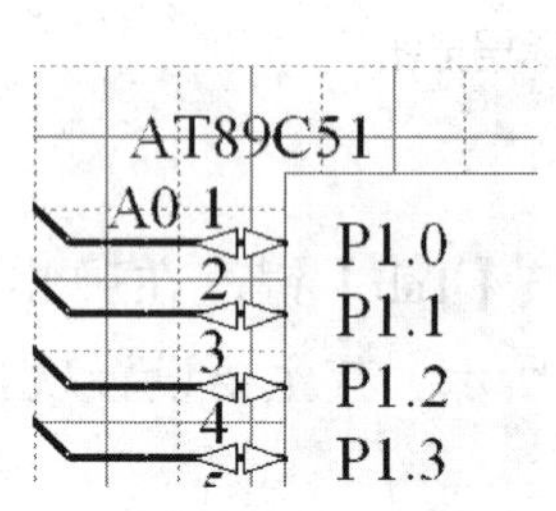

图 2–3–35　放置一个网络标号

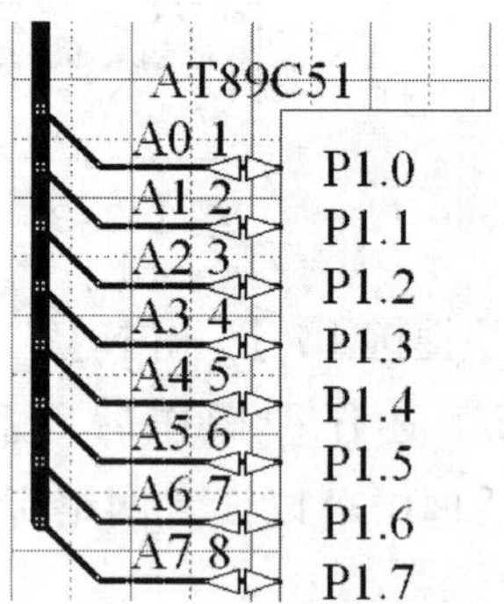

图 2–3–36　连续放置其他网络标号

用相同的方法放置对应的另一组网络标号，如图 2–3–37 所示，这样两组对应网络标号的对象就完成了电气连接。

用上述方法完成原理图中其他的总线和网络标号的放置，如图 2–3–38 所示。

4．放置电源网络端口

在原理图中，电源网络端口包括电源符号和接地符号。放置电源网络端口的方法在前面已经介绍过。常规的电源网络端口只需要通过 Utilities 工具条 Power Sources 中的各项命令即可直接进行放置，如图 2–3–39 所示。

本例中的电源符号和接地符号均在该范围内，放置后的原理图如图 2–3–40 所示。

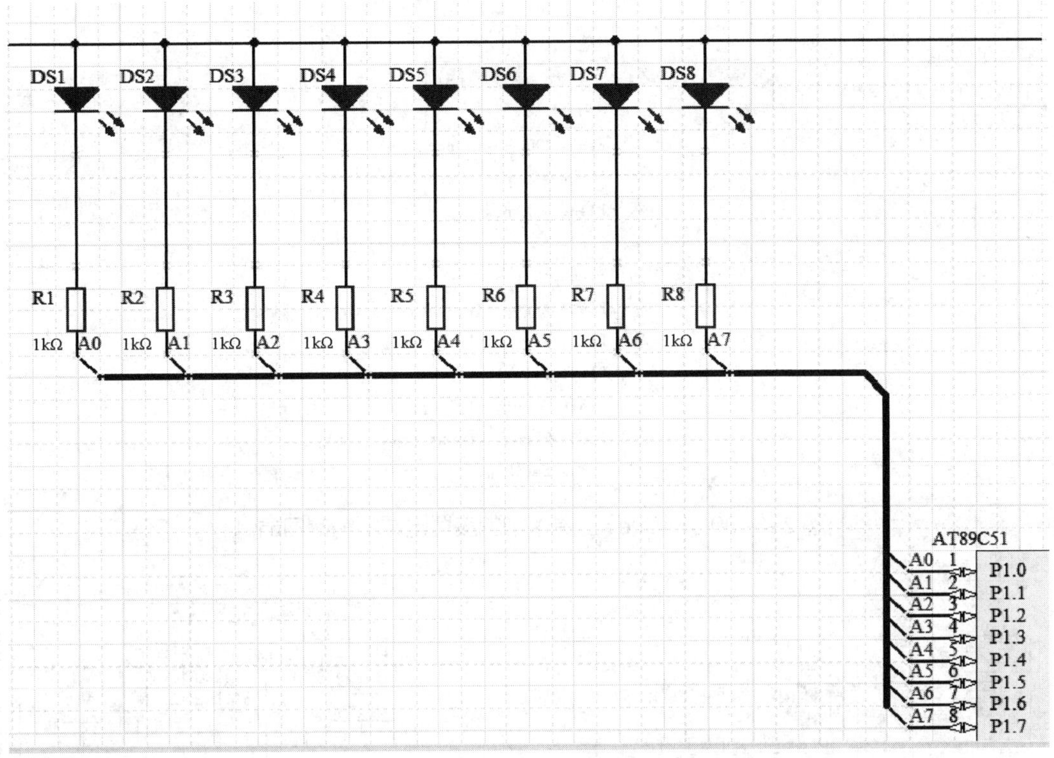

图 2-3-37　放置对应的另一组网络标号

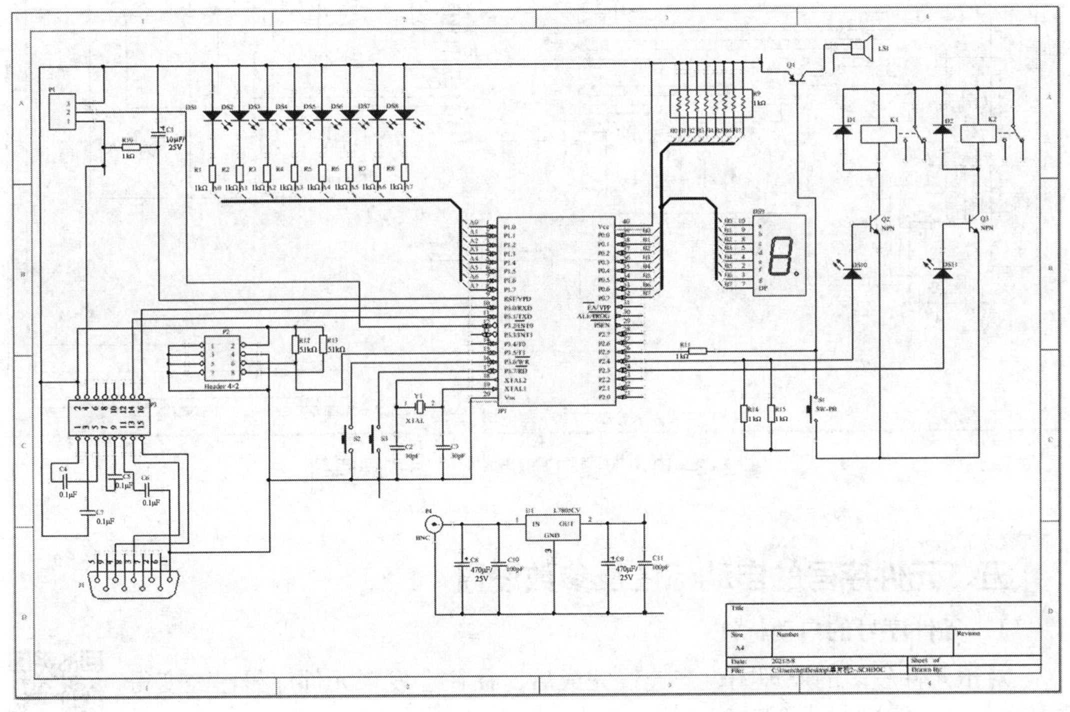

图 2-3-38　放置总线和网络标号后的原理图

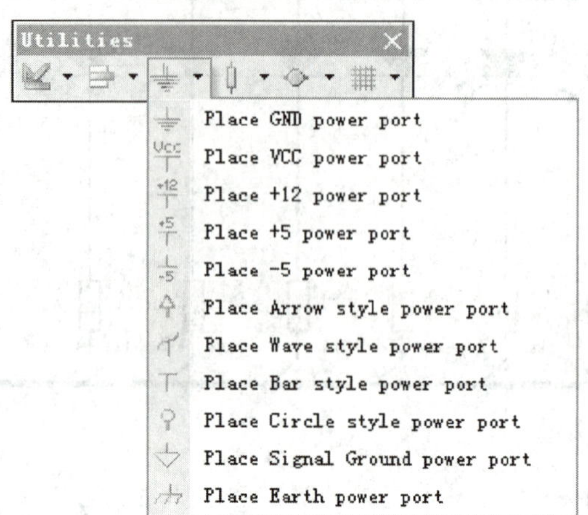

图 2–3–39 Utilities 工具条中的放置电源网络端口命令

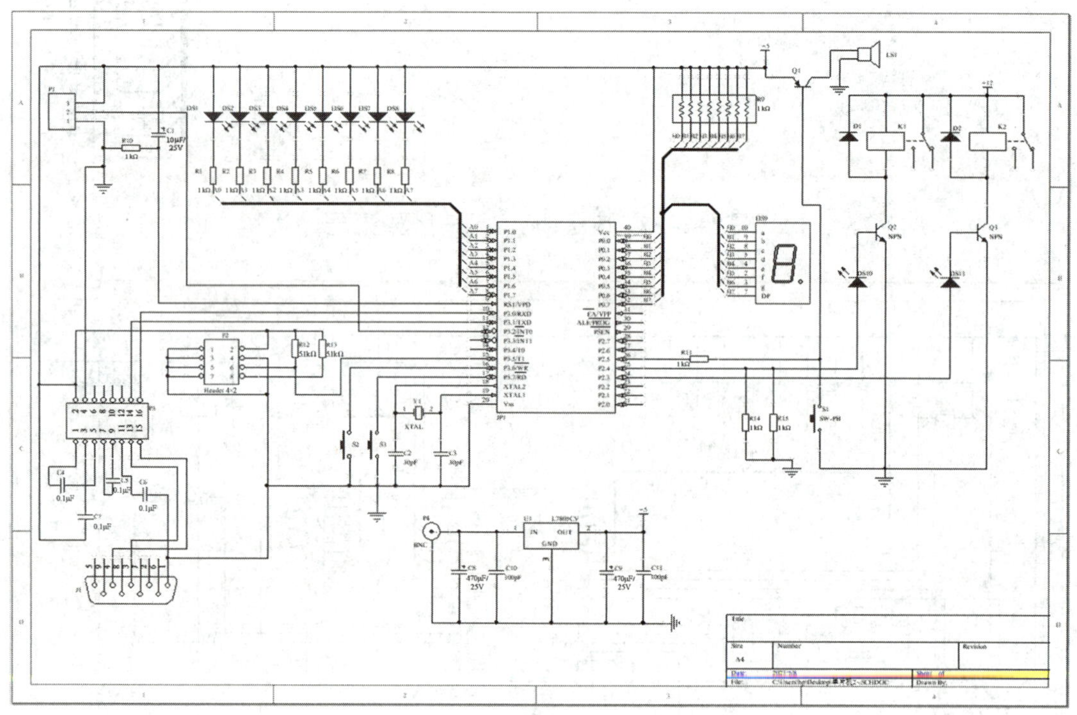

图 2–3–40 放置电源网络端口后的原理图

五、元件序号的自动标注及参数设置

1. 元件序号的自动标注

对于元件较多的原理图，当连线完成后，往往会发现元件序号已经变得非常混乱或者有些元件还没有序号。设计者可以用前面介绍的方法逐个手动

更改这些编号，但这样操作比较烦琐而且容易出现错误。Protel DXP 2004 提供了为元件自动标注序号的功能。

（1）打开 Annotate（自动标注）对话框

常用方法有以下两种：

· 执行菜单命令 Tools → Annotate。

· 按快捷键【T】→【A】。

执行上述任一操作后，将弹出 Annotate 对话框，如图 2-3-41 所示。

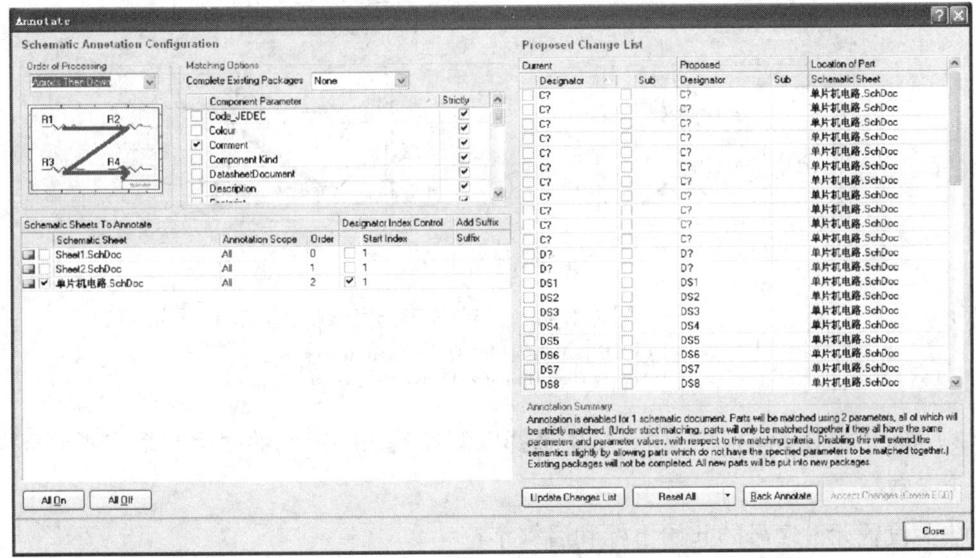

图 2-3-41 Annotate 对话框

（2）设置自动排序方案

在 Schematic Annotation Configuration 栏可设置元件序号的自动排序方案，其主要设置项功能如下：

1）Order of Processing 项：用于设置自动排序方案，其中包括四个选项。

· Up Then Across：根据元件在原理图上的排列位置，先按由下而上，再按由左至右的顺序自动编号，如图 2-3-42a 所示。

· Down Then Across：根据元件在原理图上的排列位置，先按由上而下，再按由左至右的顺序自动编号，如图 2-3-42b 所示。

· Across Then Up：根据元件在原理图上的排列位置，先按由左至右，再按由下而上的顺序自动编号，如图 2-3-42c 所示。

· Across Then Down：根据元件在原理图上的排列位置，先按由左至右，再按由上而下的顺序自动编号，如图 2-3-42d 所示。

这里选择 Across Then Down 选项。

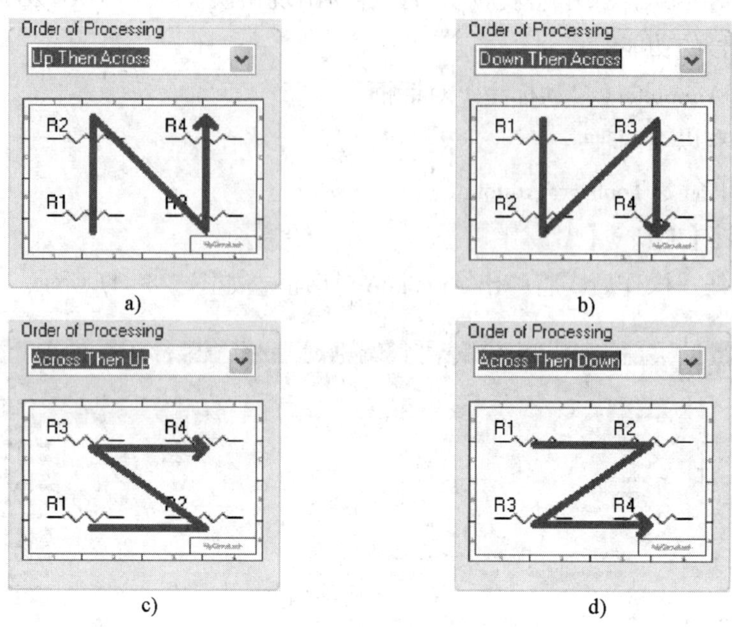

图 2–3–42　自动排序方案

a）Up Then Across　b）Down Then Across
c）Across Then Up　d）Across Then Down

2）Maching Options 项：用于从中选择匹配参数来决定元件序号。系统要求至少选择一个参数。

（3）设置元件序号的起始下标和后缀字符

在如图 2–3–43 所示的 Schematic Sheets To Annotate 栏可以设置元件序号的起始下标和后缀字符。

Schematic Sheets To Annotate				Designator Index Control		Add Suffix
	Schematic Sheet	Annotation Scope	Order		Start Index	Suffix
☐	Sheet1.SchDoc	All	0	☐	1	
☐	Sheet2.SchDoc	All	1	☐	1	
☑	单片机电路.SchDoc	All	2	☑	1	

All On　All Off

图 2–3–43　设置元件序号的起始下标和后缀字符

其主要设置项功能如下：

· Schematic Sheet：用于从项目中选择需要重新标注元件序号的原理图文件。可以直接单击 All On 按钮选中所有原理图文件，或单击 All Off 按钮不选中所有文件，然后单击文件名前的复选框选择单个文件。这里选择“单片机电路.SchDoc”文件。

· Annotation Scope：用于选择自动标注序号的元件范围。这里选择 All。

· Start Index：选中复选框后，可以在其后输入栏内输入元件序号的起始下标。这里选择起始下标为 1。

· Suffix：用于输入元件序号的后缀字符。

（4）元件序号自动标注

在 Proposed Change List 栏列出了选中原理图文件中所有元件的序号。单击 Update Changes List 按钮即可按设定的方案对元件序号进行自动标注；单击 Reset All 按钮则撤销返回，如图 2-3-44 所示。

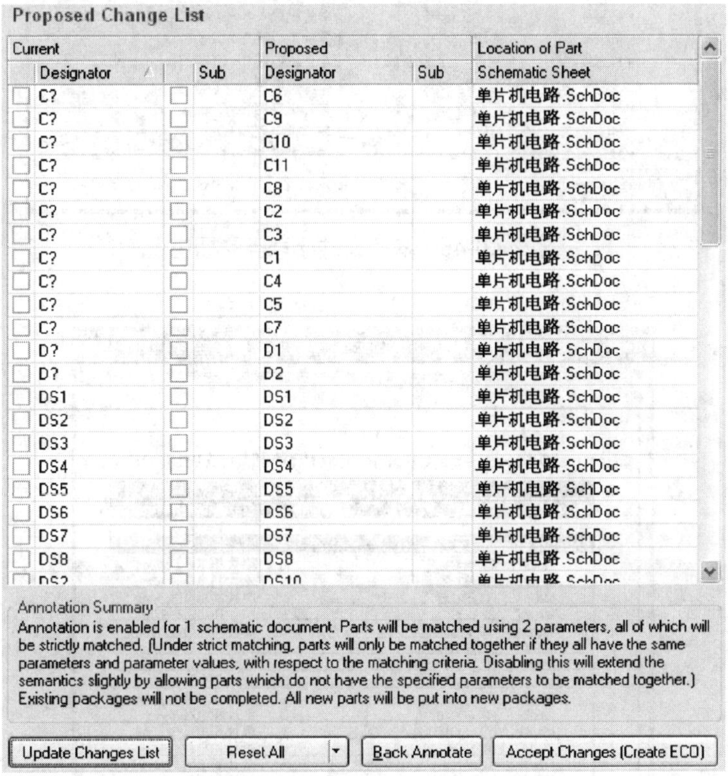

Proposed Change List

Current		Proposed		Location of Part
Designator	Sub	Designator	Sub	Schematic Sheet
C?		C6		单片机电路.SchDoc
C?		C9		单片机电路.SchDoc
C?		C10		单片机电路.SchDoc
C?		C11		单片机电路.SchDoc
C?		C8		单片机电路.SchDoc
C?		C2		单片机电路.SchDoc
C?		C3		单片机电路.SchDoc
C?		C1		单片机电路.SchDoc
C?		C4		单片机电路.SchDoc
C?		C5		单片机电路.SchDoc
C?		C7		单片机电路.SchDoc
D?		D1		单片机电路.SchDoc
D?		D2		单片机电路.SchDoc
DS1		DS1		单片机电路.SchDoc
DS2		DS2		单片机电路.SchDoc
DS3		DS3		单片机电路.SchDoc
DS4		DS4		单片机电路.SchDoc
DS5		DS5		单片机电路.SchDoc
DS6		DS6		单片机电路.SchDoc
DS7		DS7		单片机电路.SchDoc
DS8		DS8		单片机电路.SchDoc
DS?		DS10		单片机电路.SchDoc

Annotation Summary

Annotation is enabled for 1 schematic document. Parts will be matched using 2 parameters, all of which will be strictly matched. (Under strict matching, parts will only be matched together if they all have the same parameters and parameter values, with respect to the matching criteria. Disabling this will extend the semantics slightly by allowing parts which do not have the specified parameters to be matched together.) Existing packages will not be completed. All new parts will be put into new packages.

Update Changes List | Reset All | Back Annotate | Accept Changes (Create ECO)

图 2-3-44 元件序号自动标注列表

单击 Accept Changes (Create ECO) 按钮，打开 Engineering Change Order 对话框。单击 Validate Changes 按钮使改变的元件序号生效，单击 Execute Changes 按钮执行自动标注，执行后在每个元件序号后将显示成功标记，如图 2-3-45 所示。

单击 Report Changes... 按钮，可打开如图 2-3-46 所示的 Report Preview 对话框，单击 Close 按钮即完成自动标注。

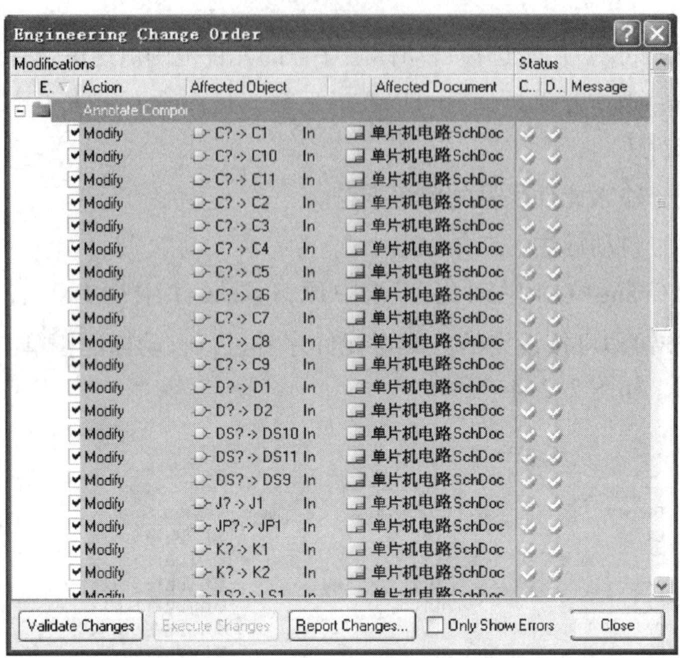

图 2-3-45　执行元件序号自动标注

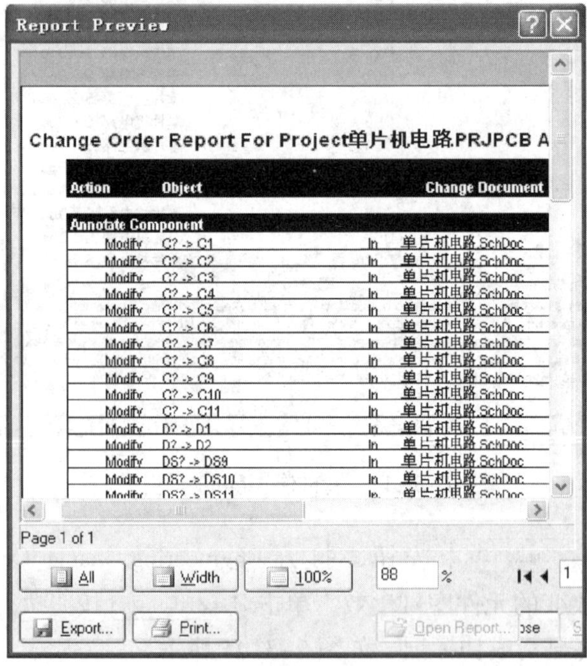

图 2-3-46　元件序号自动标注报告

2. 元件参数的设置

在原理图中，同类型元件的参数有的是不相同的，尤其是电阻和电容等元件。在前面已经介绍过改变参数的多种方法，最简单的方法是用鼠标左键两次单击该参数，即可在输入栏改变参数内容，如图 2–3–47 所示。

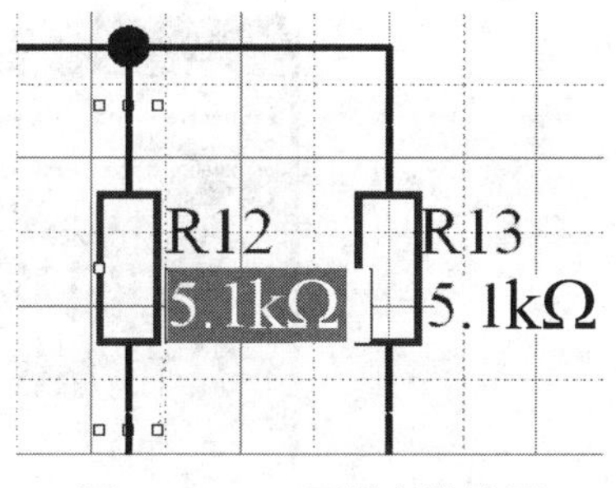

图 2–3–47 元件参数设置

六、原理图输出

原理图绘制好后，并不能直接在 PCB 编辑器中进行制版，还应该对整个电路原理图进行检测，排除所有错误，并且生成各种报表，统计原理图的信息，以便对原理图设计进行校对、比较和修改。

1. 原理图编译

在原理图设计过程中，对项目进行编译是非常重要的一环。原理图中的连线、元件的引脚都具有实际的电气意义，在使用时必须遵守一定的规则，这个规则就是电气规则。在原理图绘制结束后，必须对原理图进行编译，即电气规则检查（Electrical Rule Checker，ERC）。

（1）编译项目设置

在编译项目之前，用户应根据自己的需要对项目选项进行设置，以确定编译的原则。

打开编译设置窗口的方法如下：

· 执行菜单命令 Project → Project Options。

· 按快捷键【C】→【O】。

执行上述任一操作后，打开 Options for PCB Project 单片机电路 .PRJPCB 对话框，在该对话框中可以对错误报告类型（Error Reporting）、电气连接矩阵（Connection Matrix）等进行设置，如图 2–3–48 所示。

1）错误报告类型设置。在 Error Reporting 选项卡中，可以设置所有可能出现错误的报告类型。错误报告类型共分为六大类：

· Violations Associated with Buses：总线的违规检查。

· Violations Associated with Components：元件的违规检查。

· Violations Associated with Documents：文件的违规检查。

· Violations Associated with Nets：网络的违规检查。

· Violations Associated with Others：其他的违规检查。

· Violations Associated with Parameters：参数的违规检查。

在错误报告类型中每个选项后的 Report Mode 栏，都有四个选项可供选择，如图 2–3–49 所示。

图 2–3–48　设置编译项目

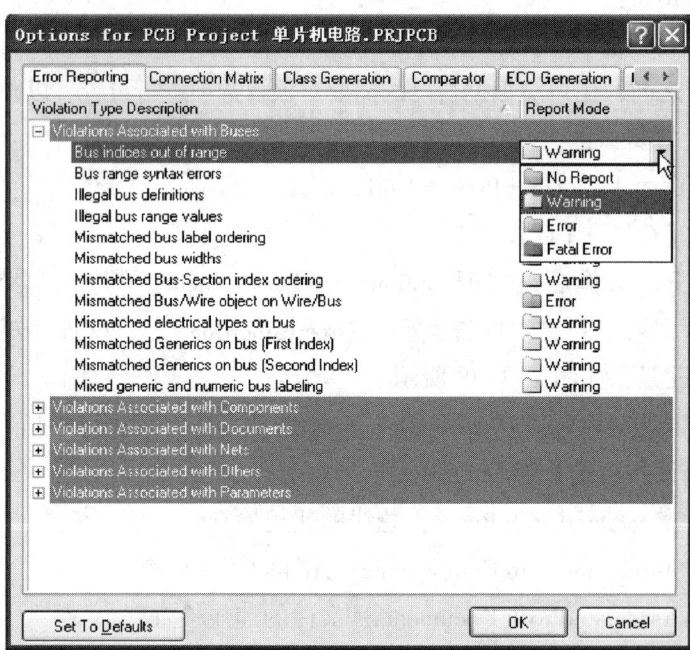

图 2–3–49　错误报告类型设置

· Warning：警告。

· Error：错误。

· Fatal Error：严重错误。

· No Report：不做报告。

2）电气连接矩阵设置。在 Connection Matrix 选项卡中，可以进行电气连接矩阵的设置，如图 2-3-50 所示。

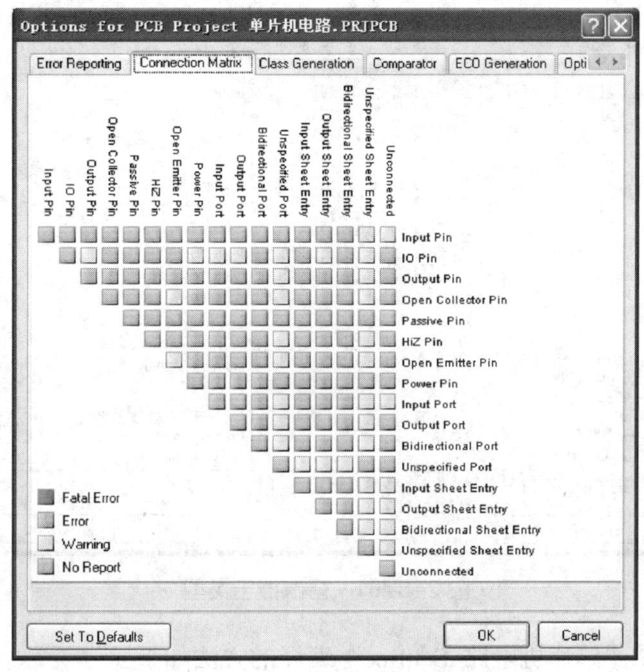

图 2-3-50　电气连接矩阵设置

在电气连接矩阵中，横坐标和纵坐标都是各种引脚和输入/输出端口，矩阵中的单元格代表横坐标和纵坐标相连时系统给出的错误报告类型。单元格中的四种颜色表示四种不同的错误报告类型：红色代表严重错误（Fatal Error），橙色代表错误（Error），黄色代表警告（Warning），绿色代表不报告（No Report）。

要修改错误报告类型时，只需要将光标移动到该单元格上，待光标变成小手形状，单击鼠标左键，即可在四种错误报告中进行切换。

例如，设置当输入引脚未连接时产生错误报告。先在横坐标中找到输入引脚（Input Pin），然后在纵坐标中找到未连接（Unconnected），将光标移动到横纵坐标决定的单元格上，此时在对话框下方会出现“Unconnected to Input Pin generates Warning”的提示信息，单击鼠标左键，即可改变单元格的颜色，如图 2-3-51 所示。

单击 Set To Defaults 按钮可将当前设置恢复到默认状态。设置完毕后单击 OK 按钮确认。

（2）原理图编译

在对原理图进行编译时，系统将按照上述设定的规则对原理图进行 ERC 检查，并给出原理图的元件信息、网络信息及错误信息。

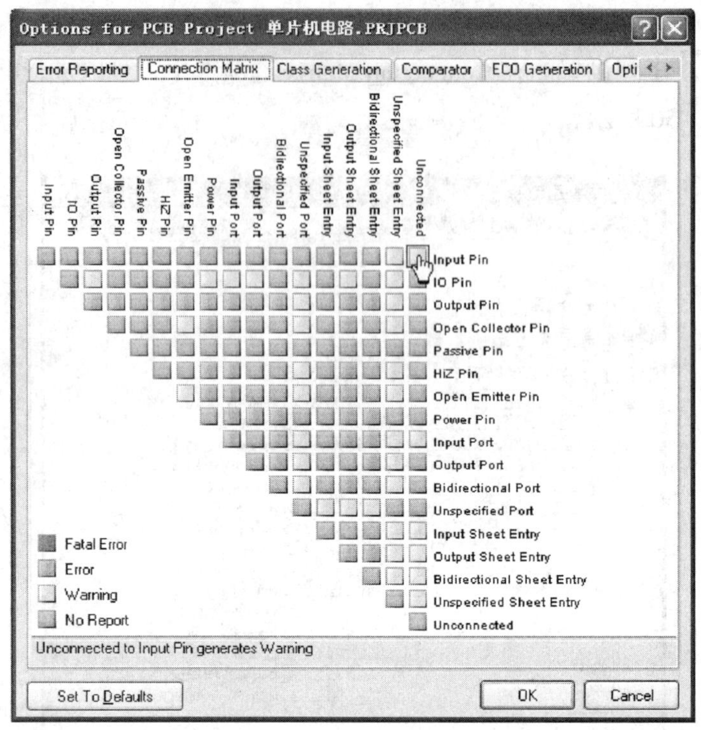

图 2-3-51　修改报告类型

对当前原理图“单片机电路 .SchDoc”编译的方法如下：

· 执行菜单命令 Project → Compile Document →单片机电路 . SchDoc。

· 按快捷键【C】→【D】。

执行上述任一操作后，系统开始对原理图进行编译。编译完成后，将生成信息报告，如图 2-3-52 所示。如果没有生成信息报告，则单击位于工作区右下角 System 标签中的 Messages 选项即可。

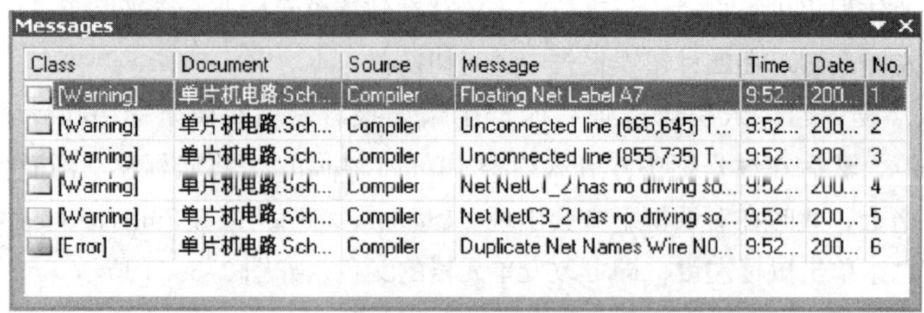
Messages

Class	Document	Source	Message	Time	Date	No.
[Warning]	单片机电路.Sch...	Compiler	Floating Net Label A7	9:52...	200...	1
[Warning]	单片机电路.Sch...	Compiler	Unconnected line (665,645) T...	9:52...	200...	2
[Warning]	单片机电路.Sch...	Compiler	Unconnected line (855,735) T...	9:52...	200...	3
[Warning]	单片机电路.Sch...	Compiler	Net NetC1_2 has no driving so...	9:52...	200...	4
[Warning]	单片机电路.Sch...	Compiler	Net NetC3_2 has no driving so...	9:52...	200...	5
[Error]	单片机电路.Sch...	Compiler	Duplicate Net Names Wire N0...	9:52...	200...	6

图 2-3-52　信息报告

在 Messages 对话框中，列出了原理图中的违规信息，当原理图中没有违规现象时，对话框中是空的。

双击其中的违规信息，将弹出和该信息对应的 Compile Errors 对话框，如图 2-3-53

所示。在该对话框中，列出了该违规信息的原因和相关的导线、网络、元件引脚等。单击其中的对象，可以在原理图中定位该对象，并过滤显示，如图 2-3-54 所示，用户可以根据该信息修改原理图。

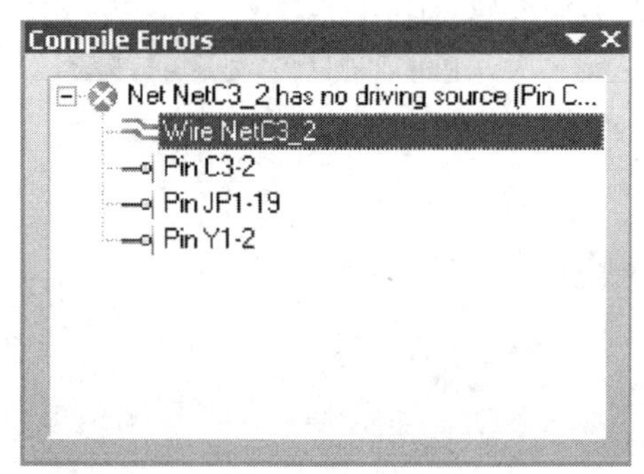

图 2-3-53 Compile Errors 对话框

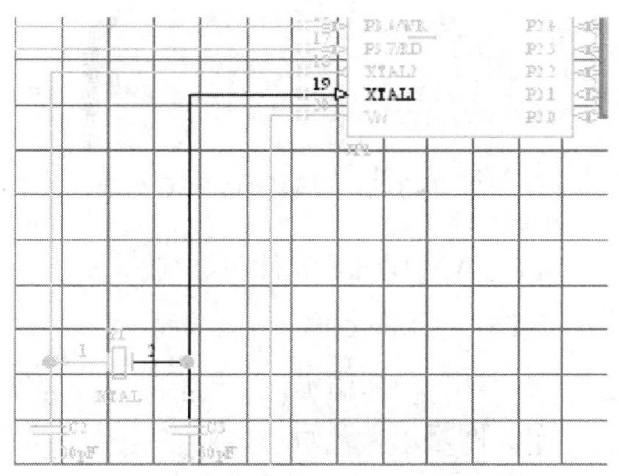

图 2-3-54 违规对象过滤显示

小提示

在原理图编译中，Protel DXP 2004 给出的编译信息并不都是正确的，用户应根据自己的设计思想和原理判断该违规信息是否合理。

（3）放置 No ERC 标志

在原理图进行 ERC 检查后，系统会给出一些警告或错误信息，有时这些违规信息是可以忽略的。为了使 ERC 检查不对这些地方做出错误报告，可以放置 No ERC 标志。

单击 Wiring 工具条中的 × 按钮，移动光标到合适的位置，单击鼠标左键即可放置 No ERC 标志，如图 2-3-55 所示。再次编译，可以发现该处将不做错误报告。

2. 原理图网络表输出

网络表是原理图与 PCB 之间的一座桥梁，它记录和描述了电路中各个元件的数据以及连接网络的信息。在低版本的 Protel 软件中，往往需要生成网络表以进行下一步的 PCB 设计或进行仿真。在 Protel DXP 2004 中，不用生成网络表就可以直接生成 PCB 或进行仿真，但有时为了交流方便，仍要生成网络表。

执行 Design → Netlist For Document → Protel 命令，系统将生成网络表文件，文件后缀名为 NET，如图 2-3-56 所示。

双击网络表文件，其部分内容如下：

[：元件描述开始。

Y1：元件序号。

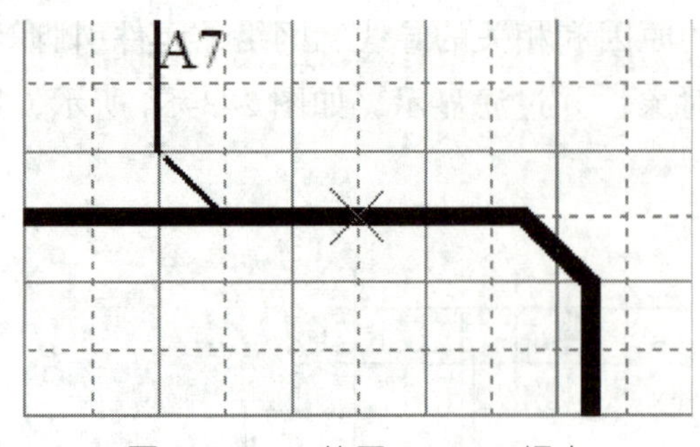

图 2-3-55　放置 No ERC 标志

图 2-3-56　网络表文件

BCY-W2/D3.1：元件封装代号。

XTAL：元件名称。

］：元件描述结束。

（：网络定义开始。

A1：网络标号名称。

JP1-2：元件序号和引脚号。

R2-1：元件序号和引脚号。

）：网络定义结束。

通过网络表可以看出元件重命名、缺少封装信息等问题，而且可以通过网络表查看其与原理图电气连接的对应关系。

3. 原理图元件清单报表输出

元件清单报表相当于一份采购元件的清单。但当原理图中元件较多时，人工统计元件比较烦琐且难免会出错。利用 Protel DXP 2004 的自动生成元件清单报表能带来很大的方便。

（1）执行 Bill of Materials 命令生成元件清单报表

1）执行菜单命令 Reports → Bill of Materials，生成如图 2-3-57 所示的元件清单报表。

在对话框的左边有两个列表框，其中 Grouped Columns 为分组列表框，Other Columns 列出了元件的各属性。选中 Other Columns 列表框中元件属性后的复选框，在元件清单报表中将显示出所有元件的该属性信息。将 Other Columns 列表框中的元件属性拖动到 Grouped Columns 列表框中，则元件清单报表将以此属性来显示元件信息。将 Description 属性拖动到 Grouped Columns 列表框中，则元件清单以元件描述为组分类显示，如图 2-3-58 所示。

2）单击元件清单列表中的表头标签，如 Designator，此时元件清单报表将以 Designator 进行排序。在标签旁将出现标记，且每单击一次，标记的方向将做上下翻转，其中 ▽ 标记为降序排列，△ 标记为升序排列，如图 2-3-59 所示。

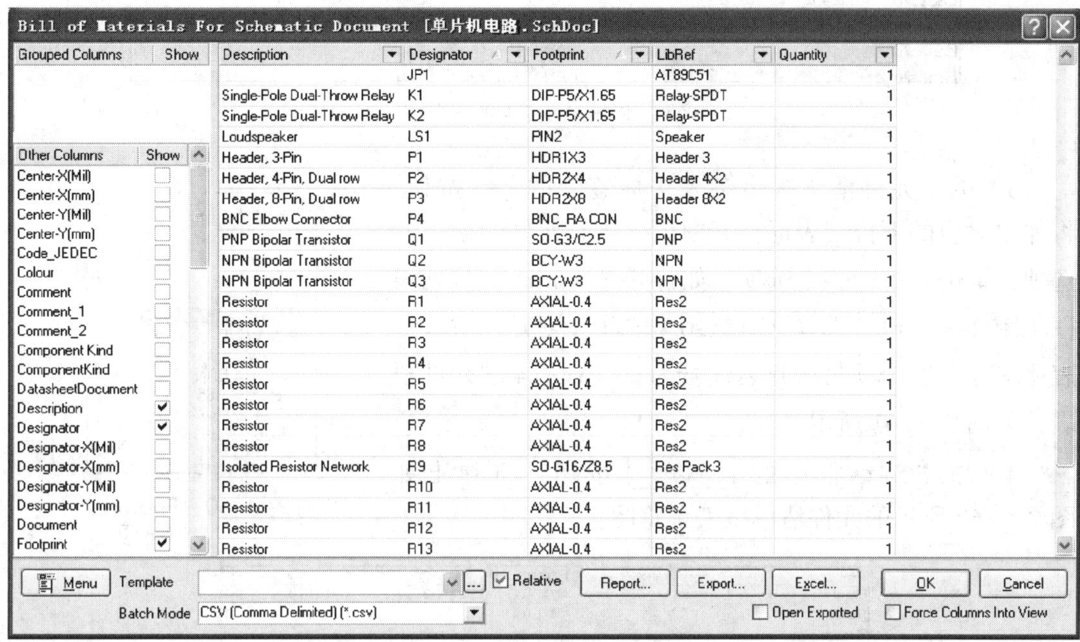

图 2-3-57 执行 Bill of Materials 命令生成的元件清单报表

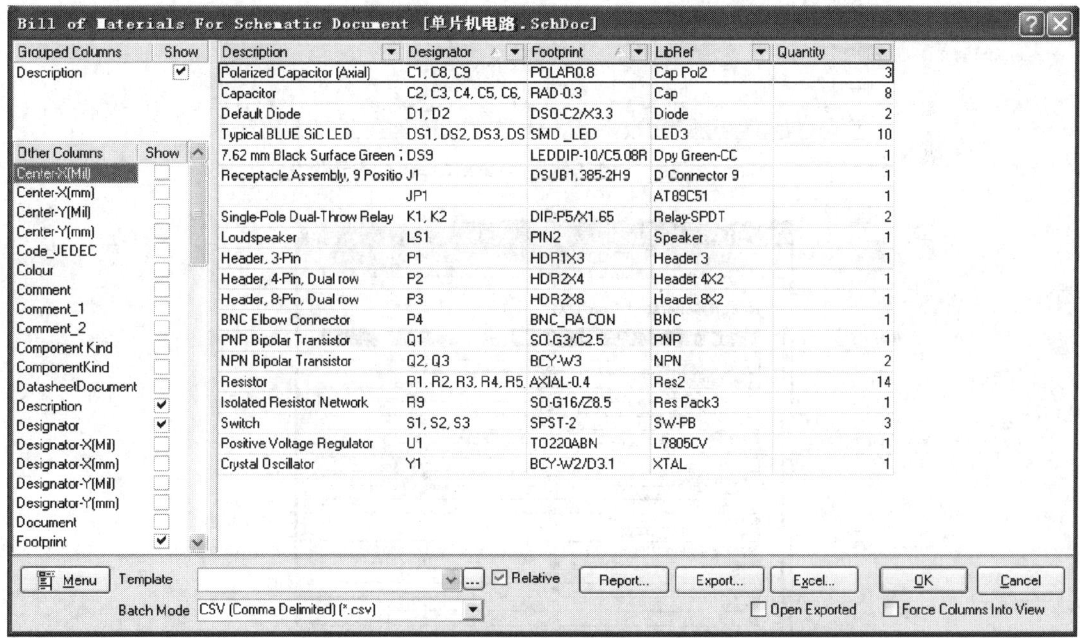

图 2-3-58 按元件描述为组分类显示

Description	Designator	Footprint	LibRef	Quantity
Polarized Capacitor (Axial)	C1	POLAR0.8	Cap Pol2	1
Capacitor	C2	RAD-0.3	Cap	1
Capacitor	C3	RAD-0.3	Cap	1
Capacitor	C4	RAD-0.3	Cap	1
Capacitor	C5	RAD-0.3	Cap	1

图 2-3-59　改变排序方式

3）单击元件清单报表各表头标签旁的 ▼ 按钮，将弹出对应的下拉列表框，其中包含所有元件的该属性选项，单击其中的一个选项，如打开 Footprint 下拉列表框（图 2-3-60），选择 AXIAL-0.4 选项，则元件清单报表将只显示整个项目中封装代号为 AXIAL-0.4 的元件报表，如图 2-3-61 所示。

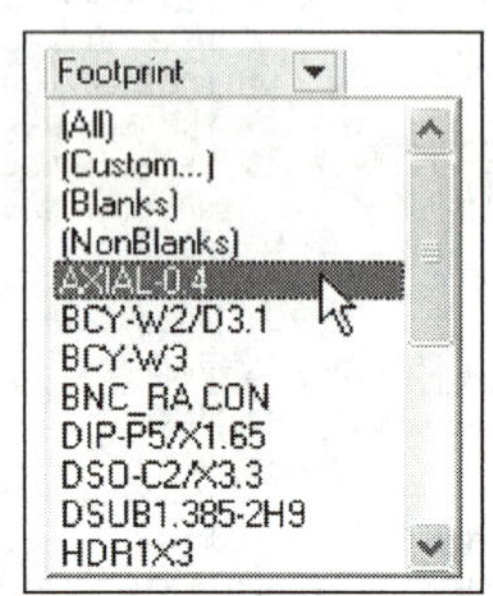

图 2-3-60　Footprint 下拉列表框

4）单击对话框中的 Report... 按钮，将弹出如图 2-3-62 所示的元件清单报表预览图。

Description	Designator	Footprint	LibRef	Quantity
Resistor	R1	AXIAL-0.4	Res2	1
Resistor	R2	AXIAL-0.4	Res2	1
Resistor	R3	AXIAL-0.4	Res2	1
Resistor	R4	AXIAL-0.4	Res2	1
Resistor	R5	AXIAL-0.4	Res2	1
Resistor	R6	AXIAL-0.4	Res2	1
Resistor	R7	AXIAL-0.4	Res2	1
Resistor	R8	AXIAL-0.4	Res2	1
Resistor	R10	AXIAL-0.4	Res2	1
Resistor	R11	AXIAL-0.4	Res2	1
Resistor	R12	AXIAL-0.4	Res2	1
Resistor	R13	AXIAL-0.4	Res2	1
Resistor	R14	AXIAL-0.4	Res2	1
Resistor	R15	AXIAL-0.4	Res2	1

(Footprint = AXIAL-0.4)

图 2-3-61　只显示封装代号为 AXIAL-0.4 的元件报表

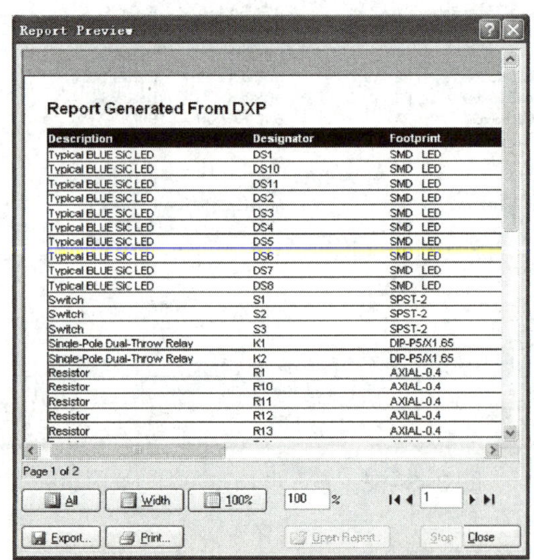

Description	Designator	Footprint
Typical BLUE SiC LED	DS1	SMD LED
Typical BLUE SiC LED	DS10	SMD LED
Typical BLUE SiC LED	DS11	SMD LED
Typical BLUE SiC LED	DS2	SMD LED
Typical BLUE SiC LED	DS3	SMD LED
Typical BLUE SiC LED	DS4	SMD LED
Typical BLUE SiC LED	DS5	SMD LED
Typical BLUE SiC LED	DS6	SMD LED
Typical BLUE SiC LED	DS7	SMD LED
Typical BLUE SiC LED	DS8	SMD LED
Switch	S1	SPST-2
Switch	S2	SPST-2
Switch	S3	SPST-2
Single-Pole Dual-Throw Relay	K1	DIP-P5/X1.65
Single-Pole Dual-Throw Relay	K2	DIP-P5/X1.65
Resistor	R1	AXIAL-0.4
Resistor	R10	AXIAL-0.4
Resistor	R11	AXIAL-0.4
Resistor	R12	AXIAL-0.4
Resistor	R13	AXIAL-0.4

图 2-3-62　元件清单报表预览图

5）单击对话框中的 Export... 按钮，在弹出的对话框中输入文件名，选择存盘路径及存储格式，这里选择 Excel 格式，如图 2-3-63 所示，元件清单报表即以 Excel 格式存储在计算机中。

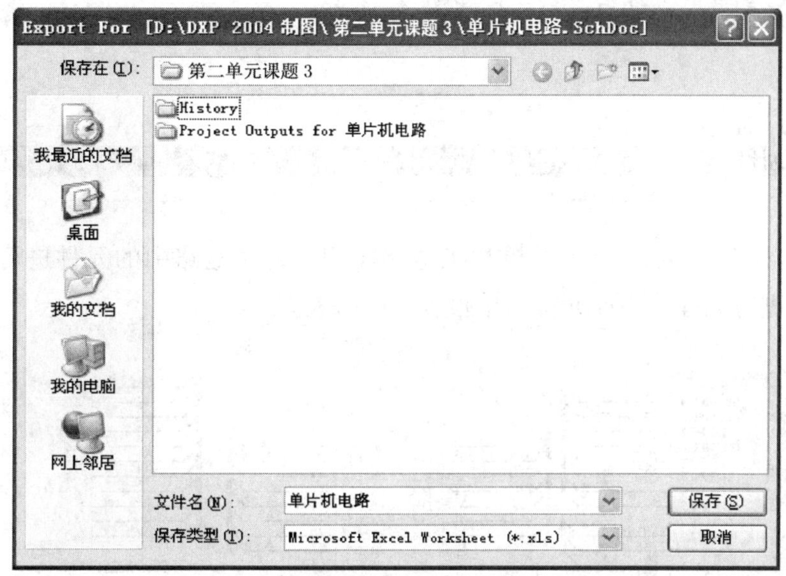

图 2-3-63　元件清单报表输出对话框

（2）执行 Component Cross Reference 命令生成元件清单报表

执行菜单命令 Reports → Component Cross Reference，生成如图 2-3-64 所示的元件清单报表。用该命令生成的元件清单报表只显示当前的原理图文件。

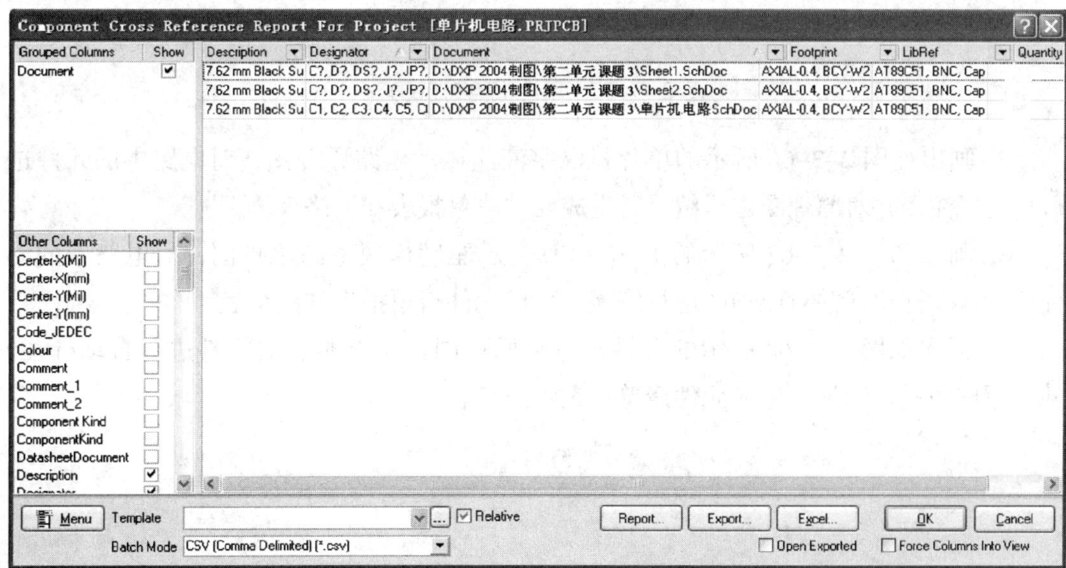

图 2-3-64　执行 Component Cross Reference 命令生成的元件清单报表

小提示

执行 Bill of Materials 命令生成的元件清单报表对象为当前项目文件中的所有原理图文件，执行 Component Cross Reference 命令生成的元件清单报表对象为当前的原理图文件。

巩固练习

1. 画出如图 2-3-65 所示的单片机电路原理图，对电路中的元件进行自动标注，并对原理图进行编译，生成元件清单报表和网络表。

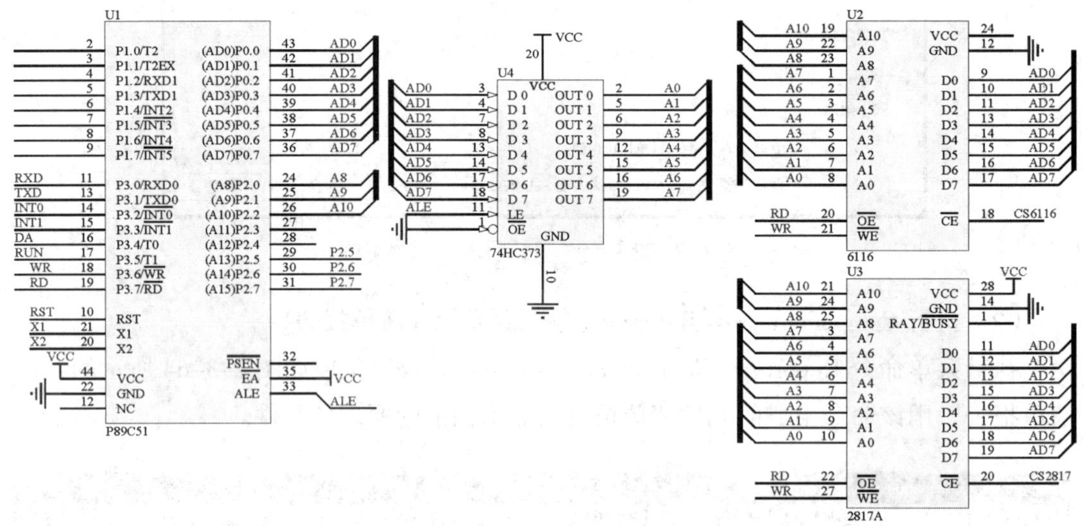

图 2-3-65　单片机电路原理图

2. 画出如图 2-3-66 所示的单片机汉字液晶显示电路原理图，对电路中的元件进行自动标注，并对原理图进行编译，生成元件清单报表和网络表。

3. 画出如图 2-3-67 所示的 16 位 LED 显示驱动模块电路原理图，对电路中的元件进行自动标注，并对原理图进行编译，生成元件清单报表和网络表。

4. 画出如图 2-3-68 所示的考勤机电路原理图，对电路中的元件进行自动标注，并对原理图进行编译，生成元件清单报表和网络表。

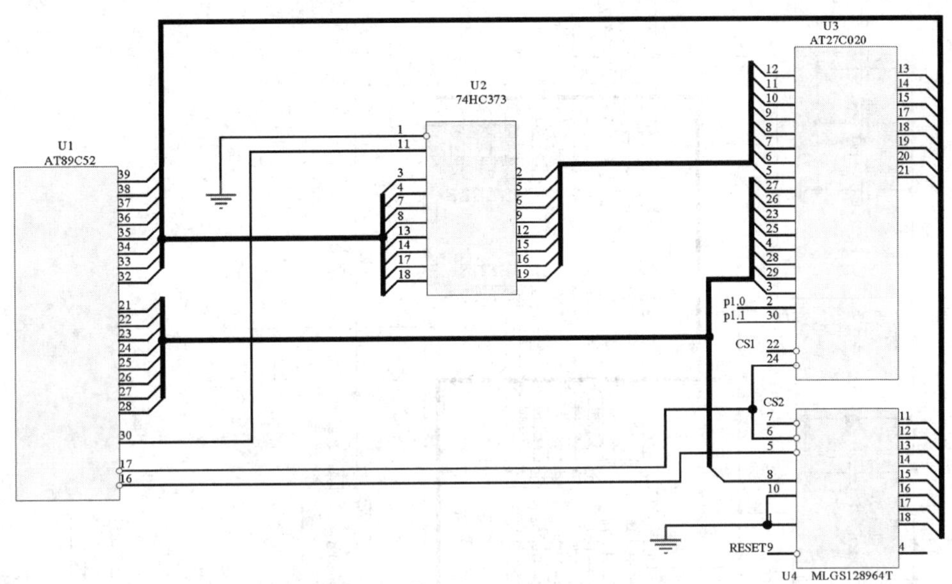

图 2-3-66 单片机汉字液晶显示电路原理图

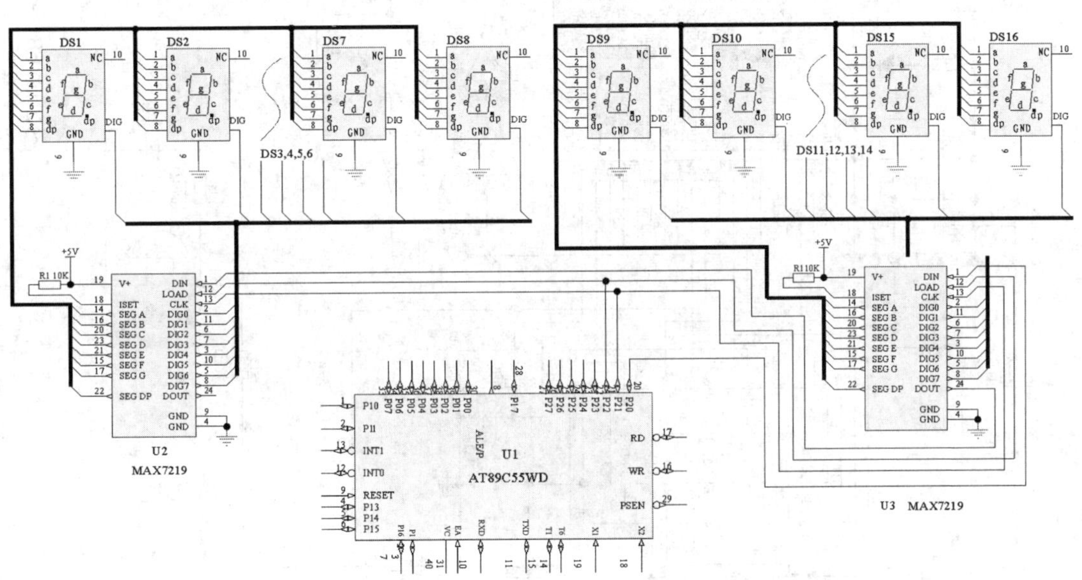

图 2-3-67 16 位 LED 显示驱动模块电路原理图

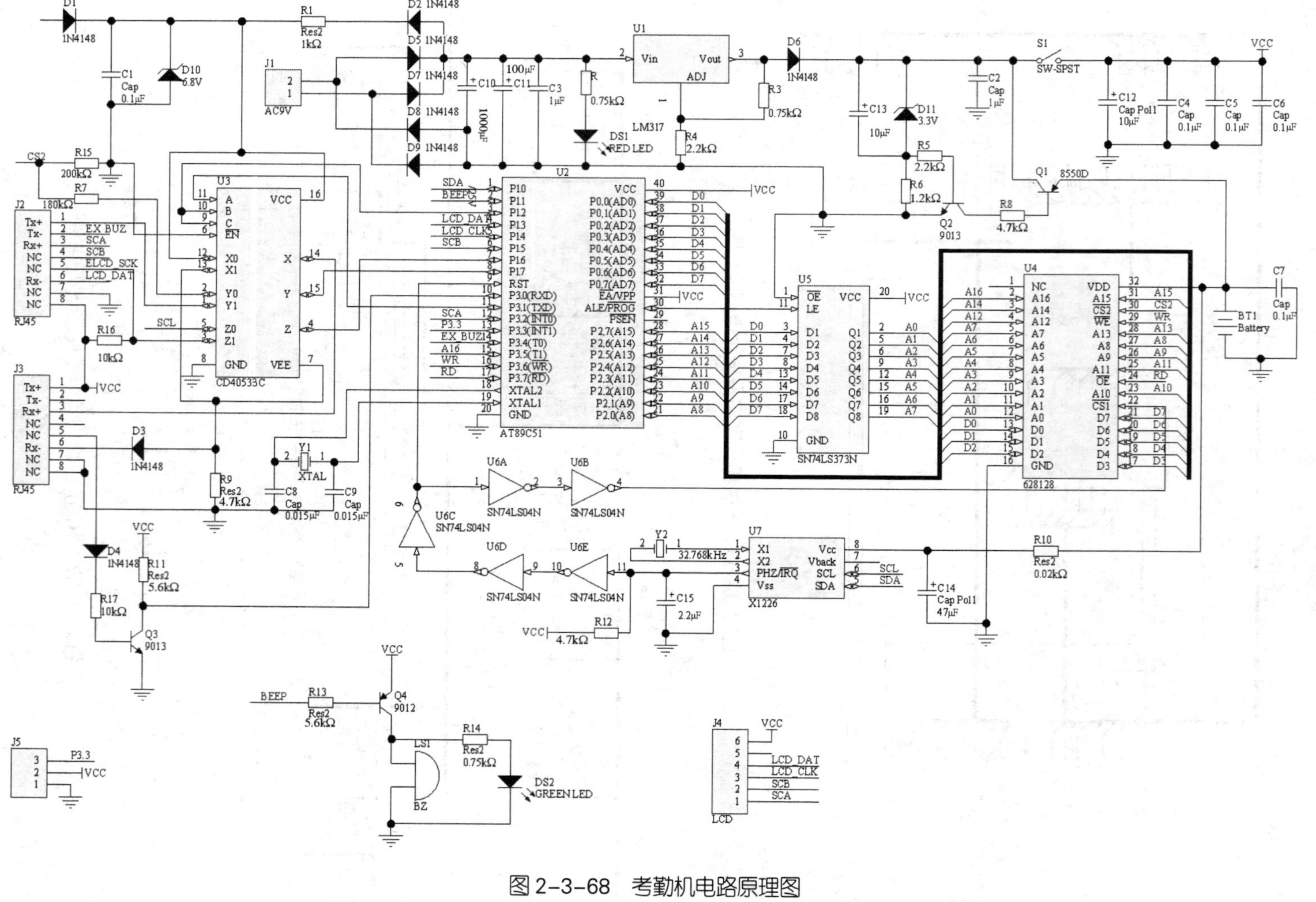

图 2-3-68　考勤机电路原理图

课题 4　层次原理图的绘制

学习目标

1. 熟悉层次原理图的概念。
2. 了解层次原理图的设计方法。
3. 能进行层次原理图的设计和切换。

基础知识

一、层次原理图的概念

层次原理图设计实际上是一种化整为零、聚零为整的模块化设计方法。

用户可以将整个电路系统根据功能不同划分为若干个子系统，每个子系统对应着相应功能的原理图模块，并分别绘制在多张图样上（子图），然后定义模块之间的连接关系（母图），这样就可以达到聚零为整的目的，即使多张子原理图组合起来构成一个完整的特定电气功能系统。Protel DXP 2004 支持无限分层的原理图，即在子系统下还可以再分出子系统。

1．子图

在层次原理图中，最底层的子图为描述特定电气功能的普通原理图，在子图中设有电路输入 / 输出端口来和其他的子图进行连接，它隶属于母图。但对于多层次的原理图，处于中间层的子图一方面是上级母图分离出来的子图，另一方面也是描述下级子图连接关系的母图。

2．母图

在层次原理图中，母图的主要作用是用于表达各子图之间的连接关系。在母图中的每一个方块电路代表一个子图，其连接关系是通过放置在方块电路中的输入 / 输出端口来实现的。

二、层次原理图的设计方法

一般来说，层次原理图的设计方法有两种：自上而下的设计方法和自下而上的设计方法。

1. 自上而下的设计方法

这种方法是将整个系统分成若干个模块，在层次原理图母图中绘制这些功能模块对应的方块电路，再由这些方块电路生成层次原理图的子图，并分别完成子图的绘制。这样由上而下，层层细化，逐步完成整个系统的设计，如图 2-4-1 所示。

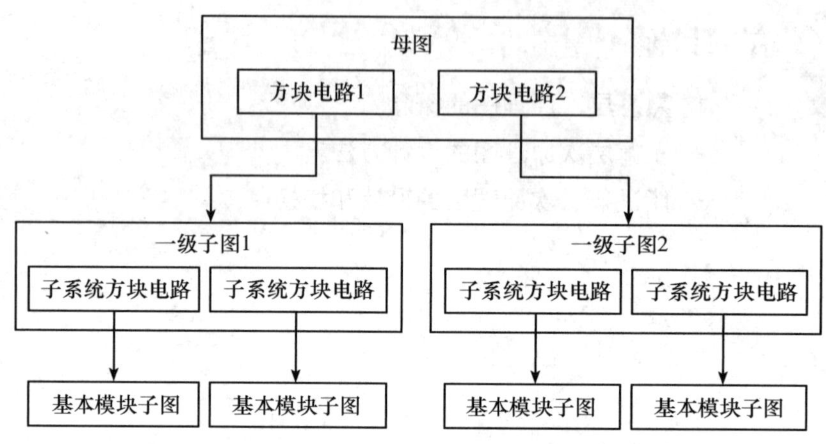

图 2-4-1　自上而下的层次原理图设计流程

2. 自下而上的设计方法

自下而上的设计方法和自上而下的设计方法相反，其先绘制好层次原理图的各子图，再由子图生成母图中的方块电路。这样由下而上，层层集中，直到最后完成母图的绘制，如图 2-4-2 所示。

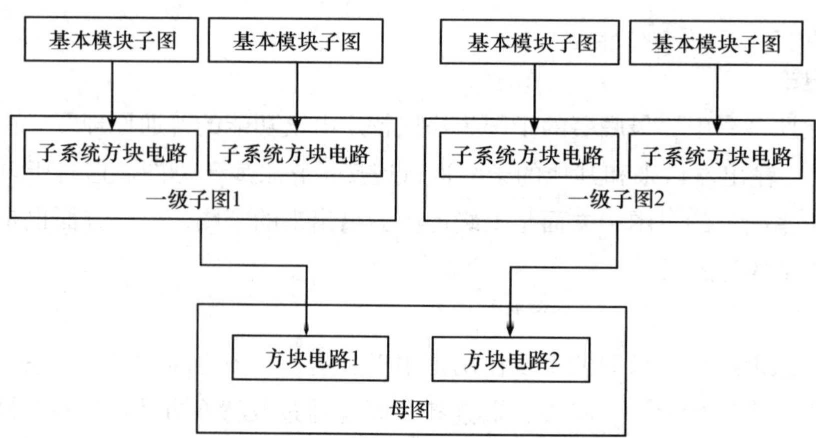

图 2-4-2　自下而上的层次原理图设计流程

实例讲解

一、自上而下的层次原理图设计

下面以图 2-4-3 为例，详细介绍自上而下的层次原理图设计方法。

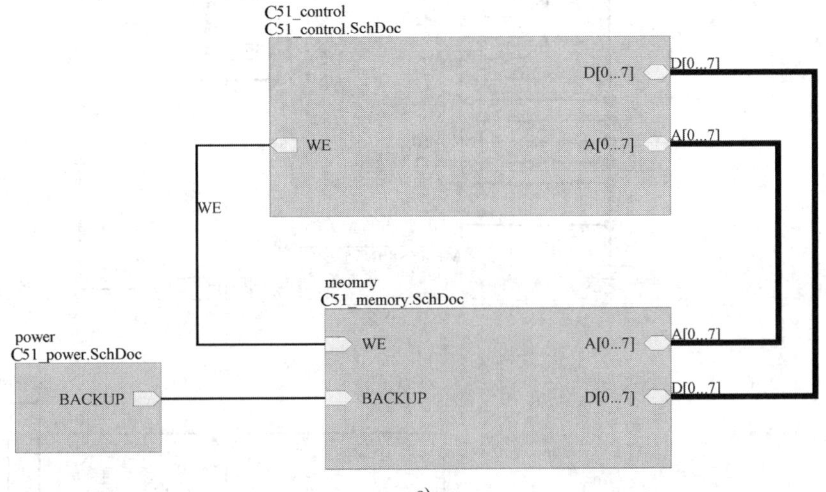

a)

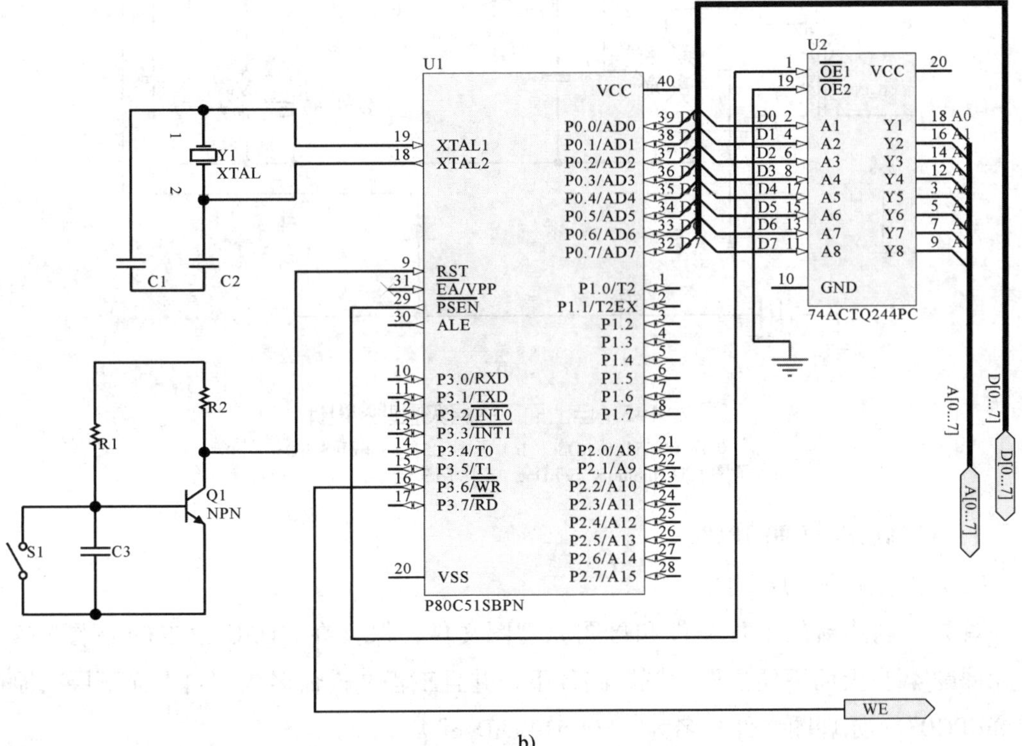

b)

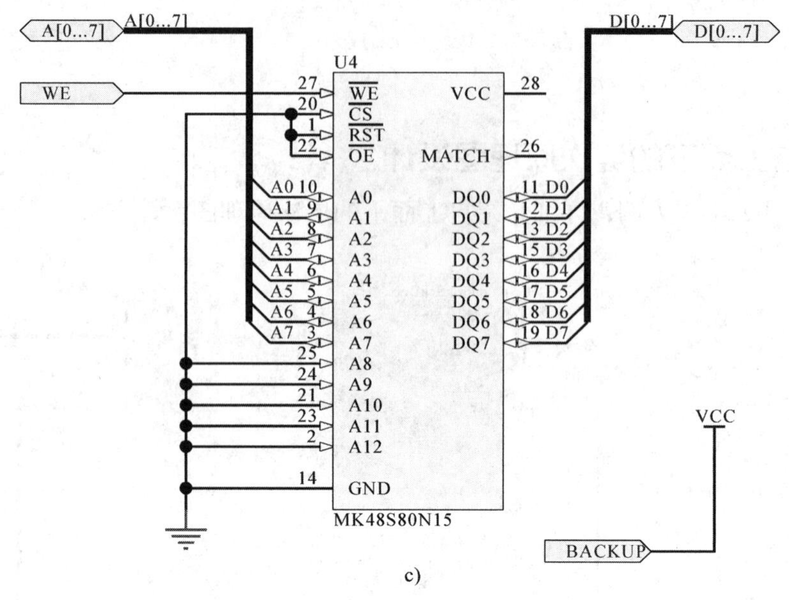

c)

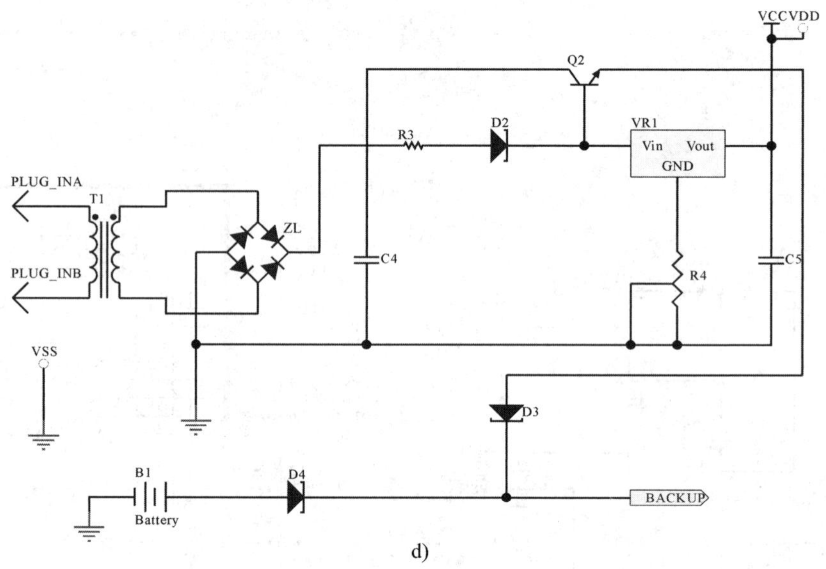

d)

图 2-4-3　自上而下的层次原理图设计

a）母图 80C51. SchDoc　b）子图 C51_control. SchDoc
c）子图 C51_memory. SchDoc　d）子图 C51_power. SchDoc

1．绘制层次原理图母图

（1）新建工程和原理图

首先，创建新的工程文件和母图原理图文件，保存在“D:\DXP 2004 制图 \ 第二单元课题 4\ 自上而下层次原理图”路径下，并且工程文件命名为“自上而下层次原理图 .PrjPCB”，原理图文件命名为“80C51.SchDoc”。

（2）绘制方块电路

1）启动放置方块电路命令。打开母图原理图文件“80C51. SchDoc”，首先放置方块电路。放置方块电路只需启动 Place Sheet Symbol 命令，常用方法有以下三种：

· 执行菜单命令 Place → Sheet Symbol。

· 单击 Wiring 工具条中的 按钮，如图 2–4–4 所示。

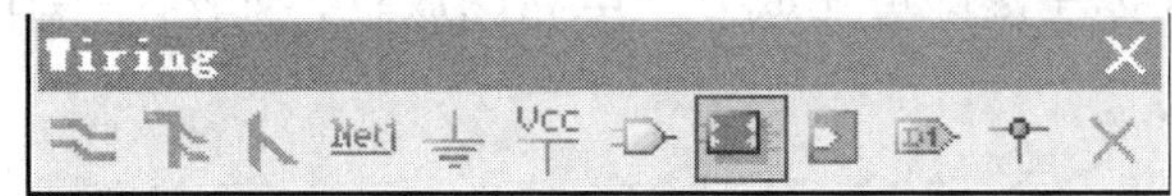

图 2–4–4　Wiring 工具条中的放置方块电路按钮

· 按快捷键【P】→【S】。

执行上述任一操作后，系统将处于放置状态。

2）设置方块电路的属性。按【Tab】键，在弹出的 Sheet Symbol 对话框中可以设置方块电路的属性，如图 2–4–5 所示。

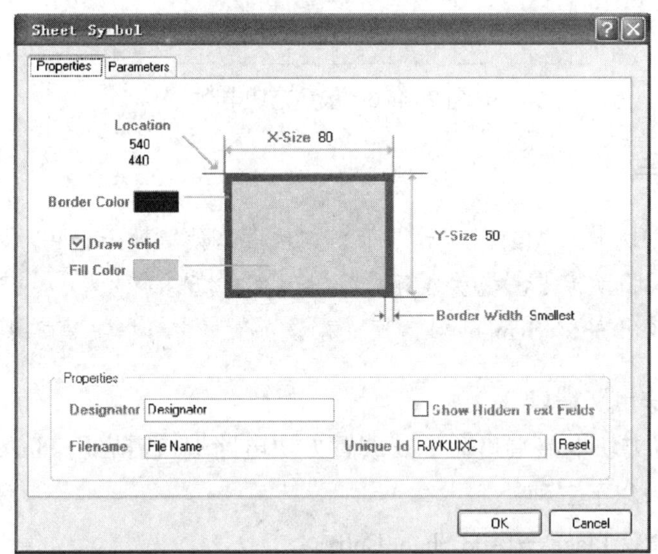

图 2–4–5　设置方块电路的属性

Properties 选项卡中的主要设置项如下：

· Designator 栏：设置方块电路的编号，其作用和原理图中的元件序号类似。这里设置为 C51_control。

· Filename 栏：设置该方块电路所对应子图的文件名。这里设置为 C51_control. SchDoc。

· Border Color 栏：设置方块电路边框线的颜色。这里设置为蓝色。

· Border Width 栏：设置边框线的线宽。共有四个选项：Smallest、Small、Medium、Large。这里选择 Small。

· Draw Solid 复选框：选中该复选框，将使用方块电路填充。

· Fill Color 栏：设置方块电路内的填充颜色，这里设置为绿色。

属性设置完毕后，单击 OK 按钮，回到放置状态。

3）放置方块电路。单击鼠标左键确定方块电路的放置位置，拖动光标确定方块电路的区域，再单击鼠标左键即可完成方块电路的放置，如图 2-4-6 所示，单击鼠标右键可退出放置状态。

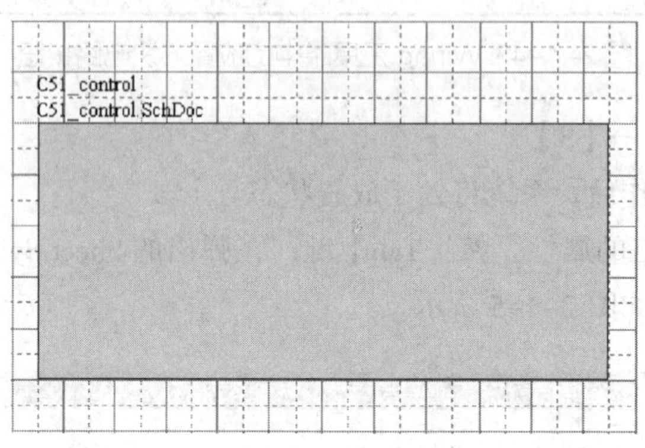

图 2-4-6　放置方块电路

小提示

方块电路放置完毕后，单击方块电路使其处于选中状态，在其四周会出现拖动标志，拖动各标志可以改变方块电路的大小。双击方块电路，也会弹出 Sheet Symbol 对话框，在该对话框中可以更改方块电路的属性。

（3）放置方块电路端口

1）启动放置方块电路端口命令。放置方块电路端口需启用 Place Add Sheet Entry 命令，常用方法有以下三种：

· 执行菜单命令 Place → Add Sheet Entry。

· 单击 Wiring 工具条中的按钮，如图 2-4-7 所示。

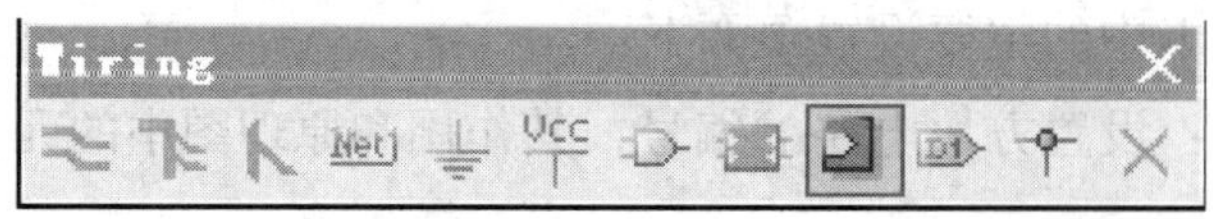

图 2-4-7　Wiring 工具条中的放置方块电路端口按钮

· 按快捷键【P】→【A】。

执行上述任一操作后，在工作区将出现十字光标，系统处于放置状态。

2）设置方块电路端口属性。将十字光标移到方块电路内，单击鼠标左键，在方块电路的边框线内侧将出现随光标移动的方块电路端口，如图 2-4-8 所示。

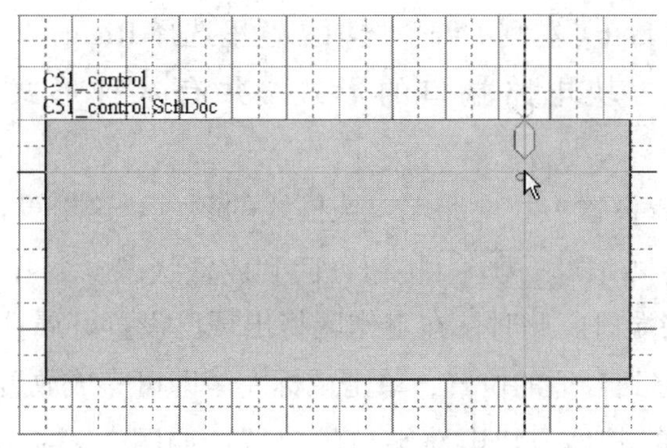

图 2-4-8　待放置的方块电路端口

此时，按【Tab】键，在弹出的 Sheet Entry 对话框中可设置其属性，如图 2-4-9 所示。

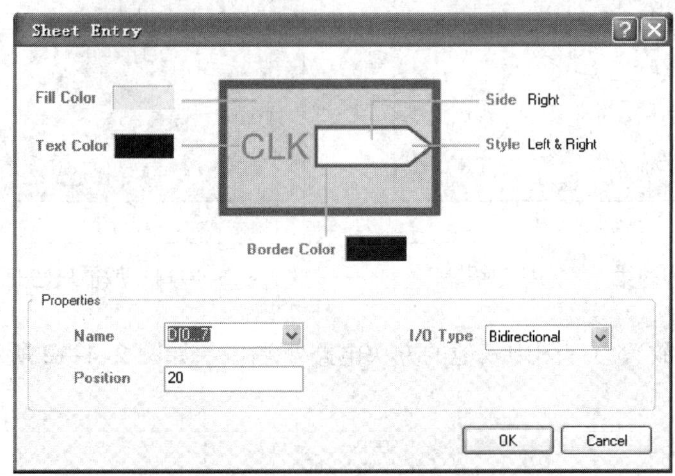

图 2-4-9　设置方块电路端口的属性

其主要设置项如下：

· Name 栏：设置方块电路端口的名称。这里设置为 D［0...7］。

· Position 栏：设置方块电路端口的位置，即端口离参考边的距离。若端口放置在左、右侧，参考边为方块电路的上边框；若端口放置在上、下侧，参考边为方块电路的左边框。这里设置为 20。

· I/O Type 栏：设置方块电路端口的输入 / 输出类型。共有 Unspecified（未指定）、Input（输入类型）、Output（输出类型）、Bidirectional（双向类型）四个选项。这里设置为 Bidirectional。

· Fill Color 栏：设置方块电路端口内的填充颜色。这里设置为淡黄色。

· Text Color 栏：设置方块电路端口名称的文字颜色。这里设置为褐色。

· Side 栏：设置方块电路端口在方块电路中的位置。共有 Top（顶部）、Bottom（底部）、Right（右侧）、Left（左侧）四个选项。这里选择 Right。

· Style 栏：设置方块电路端口的形式。共有八种形式供选择。这里选择 Left&Right。

· Border Color 栏：设置方块电路端口边框线的颜色。这里设置为褐色。

属性设置完毕后，单击 OK 按钮，回到放置状态。

3）放置方块电路端口。此时，在工作区将出现已设置好属性的方块电路端口并随十字光标移动，将其移到合适的位置，单击鼠标左键即可完成放置，如图 2-4-10 所示。

单击鼠标左键进行其他方块电路端口的放置，如图 2-4-11 所示。单击鼠标右键退出放置状态。

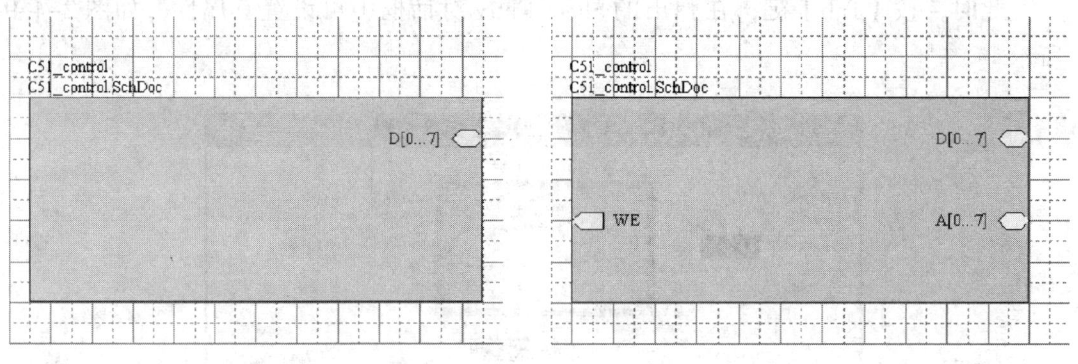

图 2-4-10　放置第一个方块电路端口　　图 2-4-11　放置其他的方块电路端口

用上述方法放置原理图中其他的方块电路及端口，如图 2-4-12 所示。

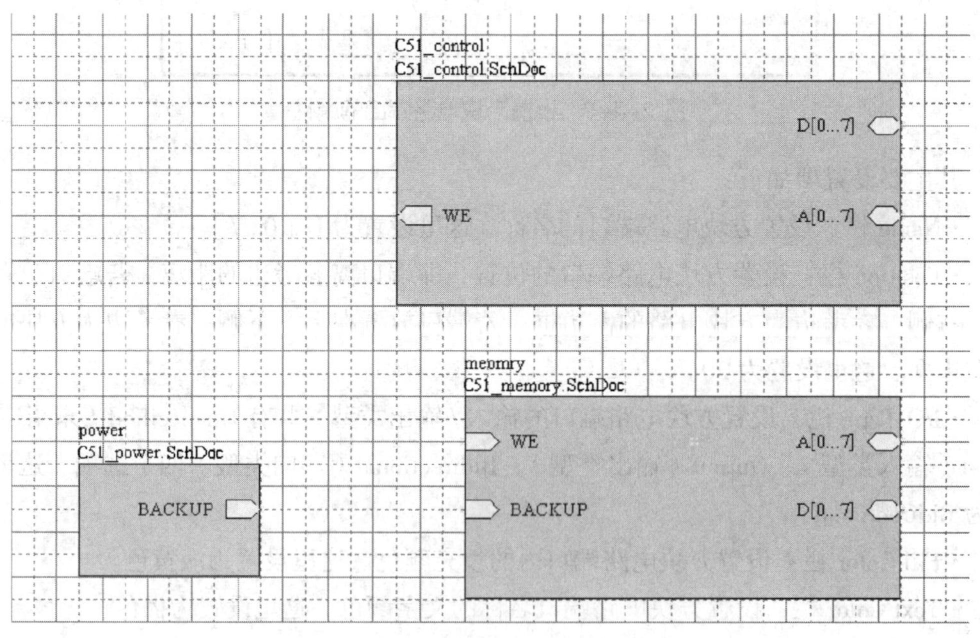

图 2-4-12　放置其他方块电路及端口

（4）电气连接

将对应的方块电路端口用导线或总线进行连接，并添加相应的网络标号，至此，层次原理图的母图便绘制完成了，如图 2-4-13 所示。

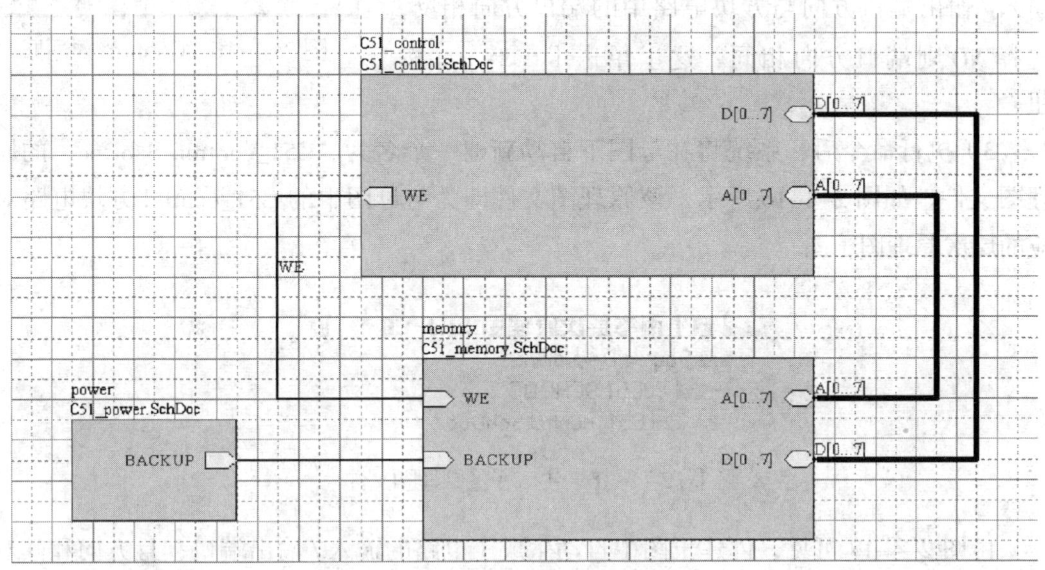

图 2-4-13　绘制完成的母图

2. 绘制层次原理图子图

层次原理图的母图绘制完成后，下面应该绘制层次原理图的子图。这里以母图中 C51_control 方块电路对应的“C51_control. SchDoc”为例进行介绍。

（1）子图的生成

1）打开母图“80C51. SchDoc”，执行菜单命令 Design → Create Sheet From Symbol，在工作区将出现十字光标，将十字光标移动到 C51_control 方块电路上，如图 2-4-14 所示。

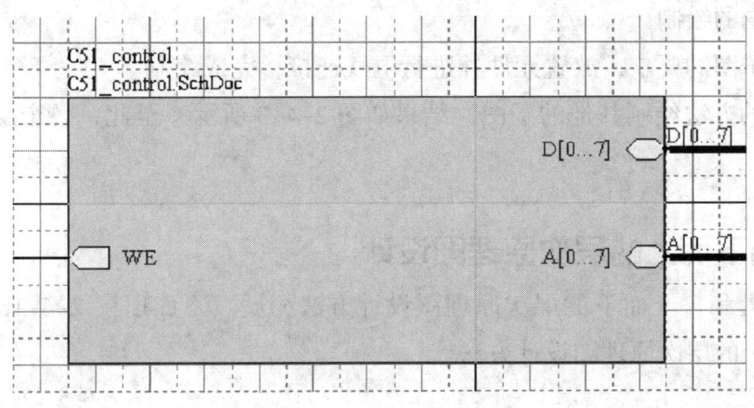

图 2-4-14　启用子图生成命令

2）单击鼠标左键，将弹出如图 2–4–15 所示的 Confirm 对话框。该对话框提示用户是否要将生成的输入 / 输出端口反向。选择 YES，使生成的子图中的输入 / 输出端口方向与方块电路中的端口方向相反，选择 NO 则端口方向相同。这里单击 No 按钮。

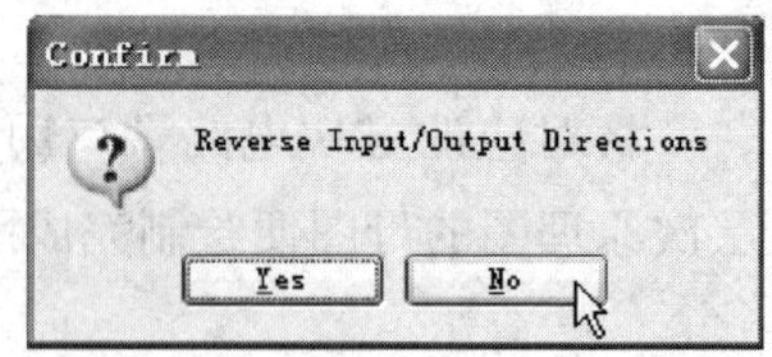

图 2–4–15 Confirm 对话框

3）执行命令后，系统将在母图下自动新建一个名为“C51_control. SchDoc”的原理图文件，如图 2–4–16 所示，该原理图文件即为与母图中的 C51_control 方块电路对应的层次原理图子图。

图 2–4–16 生成子图原理图文件

由图 2–4–17 可见，创建子图中自动生成了电路的输入 / 输出端口，且方向和其对应母图中的方块电路端口相同。

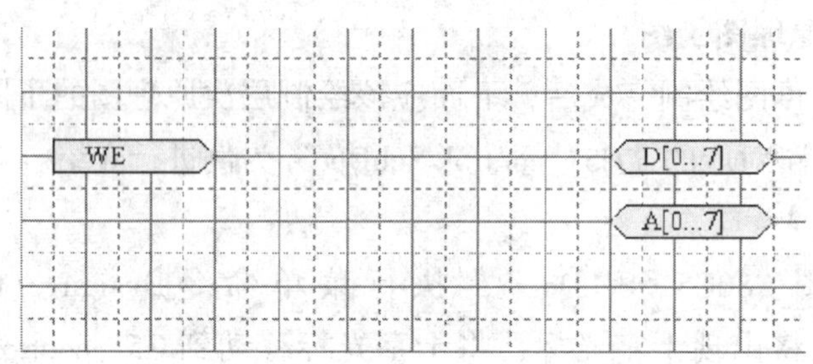

图 2–4–17 子图中的输入 / 输出端口

（2）子图的绘制

根据该子图的要求，放置元件并进行电气连接，完成绘制。

用相同的方法绘制其他的子图，结果如图 2–4–3 所示，至此，整个层次原理图就绘制完成了。

二、自下而上的层次原理图设计

自下而上和自上而下的层次原理图设计方法相反。下面以图 2–4–18 为例，详细介绍自下而上的层次原理图设计方法。

1．新建项目和原理图

创建新的项目文件并在其中添加原理图文件，保存在“D:\DXP 2004 制图 \ 第二单元课题 4\ 自下而上层次原理图”路径下。项目文件命名为“自下而上层次原理图 .PrjPCB”，原理图文件包括层次原理图中的母图和所有子图文件，按如图 2-4-18 所示的文件名命名各原理图，创建后的文件如图 2-4-19 所示。

2．绘制层次原理图子图

首先绘制层次原理图底层的子图，以“Serial Baud Clock. SchDoc”为例。

（1）打开该原理图文件，放置元件并用导线进行元件间的电气连接，如图 2-4-20 所示。

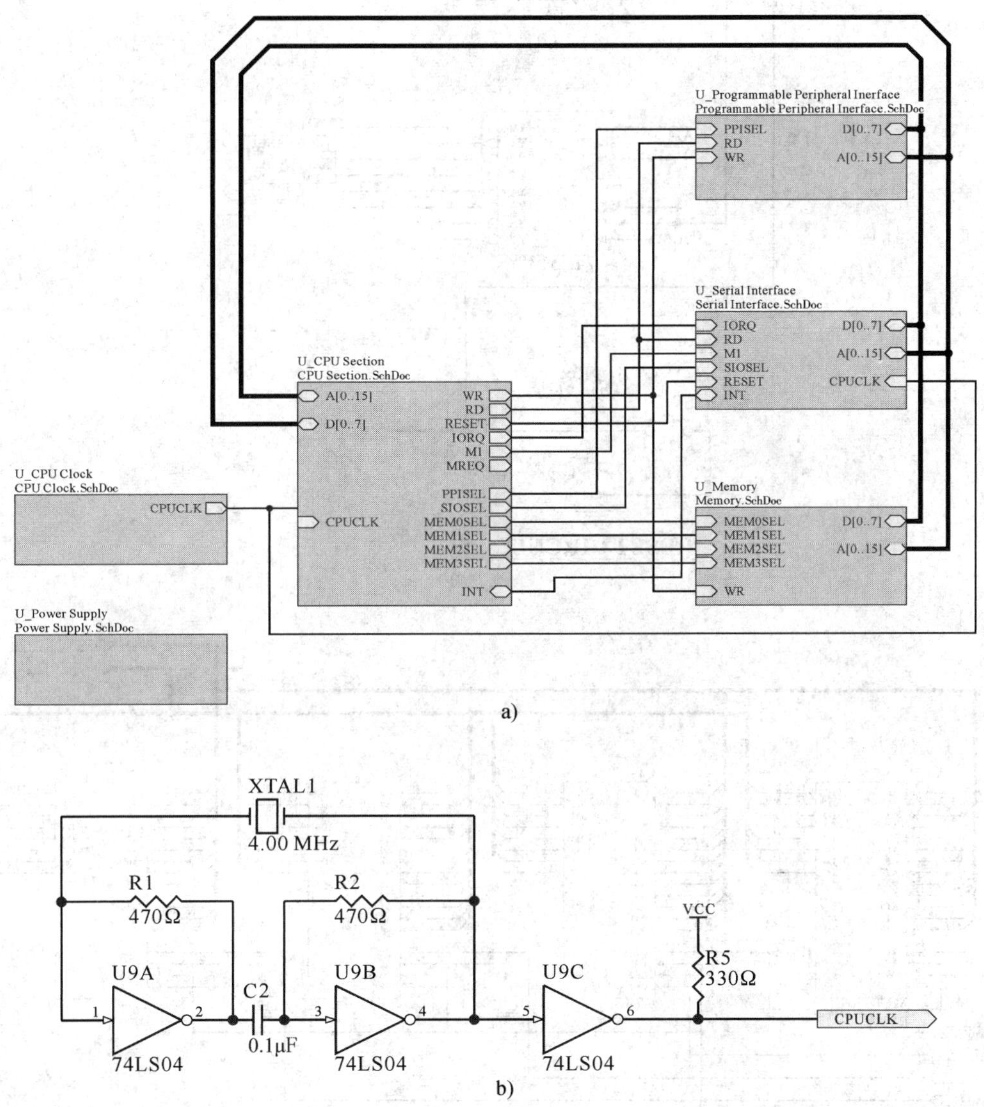

a)

b)

c)

A[0..15]
D[0..7]
U3
U4
U1
U2
6264
6264
2764
2764
MEM2SEL
MEM3SEL
MEM0SEL
MEM1SEL
WR
VCC

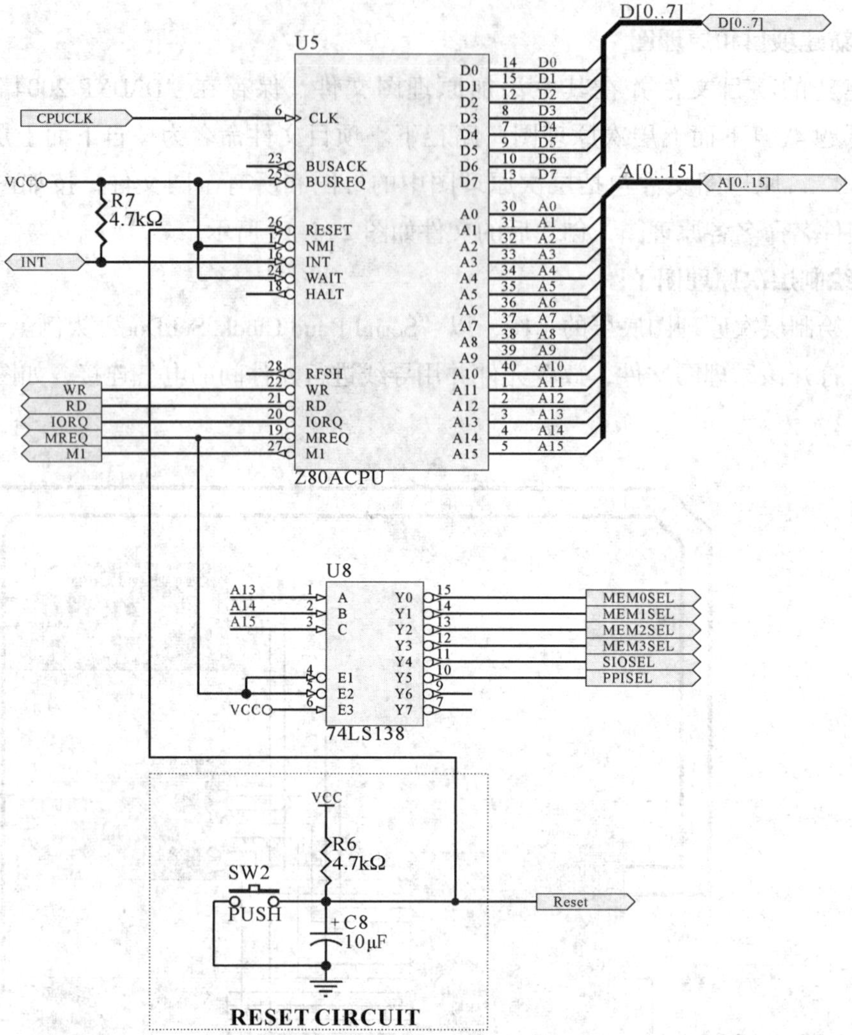

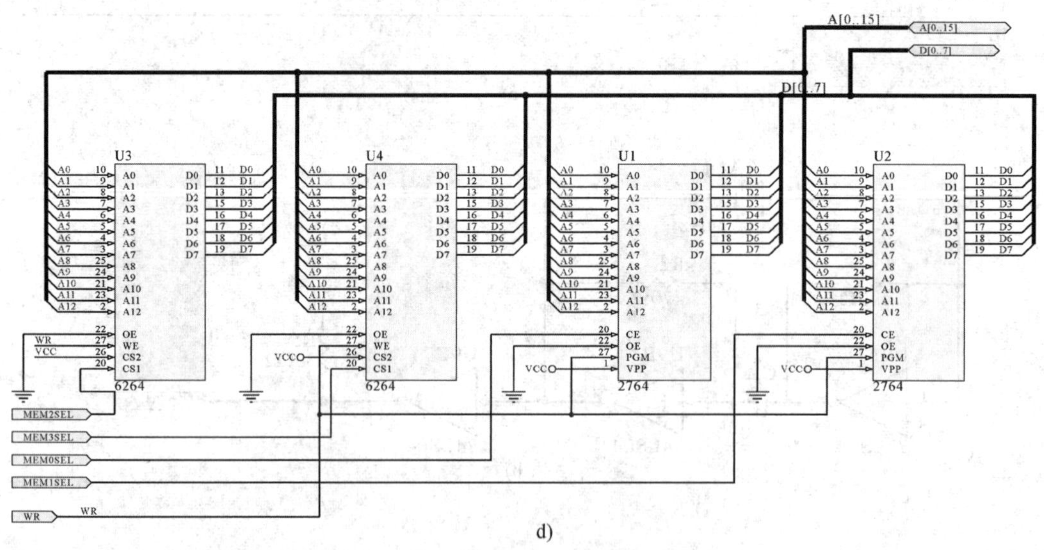

d)

VCC
C1
0.1μF
C3
0.1μF
C4
0.1μF
C5
0.1μF
C6
0.1μF
C7
100μF
VCC
-12
+12
J1
4PIN
D[0..7]
U7
D0
D1
D2
D3
D4
D5
D6
D7
RD
WR
A0
A1
RESET
CS
A[0..15]
PPISEL
PA0
PA1
PA2
PA3
PA4
PA5
PA6
PA7
PB0
PB1
PB2
PB3
PB4
PB5
PB6
PB7
PC0
PC1
PC2
PC3
PC4
PC5
PC6
PC7
8255
J4
40 PIN
U_Serial Baud Clock
Serial Baud Clock.SchDoc
BAUDCLK
U6
CPUCLK
INT
VCC
CLK
IEO
IEI
B/A
C/D
IORQ
M1
CE
SIOSEL
DCDB
DTRB
CTSB
RTSB
W/RDYB
SYNCB
TXDB
RXTXCB
RXDB
DCDA
DTRA
CTSA
RTSA
W/RDYA
SYNCA
TXCA
TXDA
RXCA
RXDA
Z80ASIO0
U11B
UA1488
U10B
1489
U11A
UA1488
U10A
1489
J3
DB9
J2
DB9

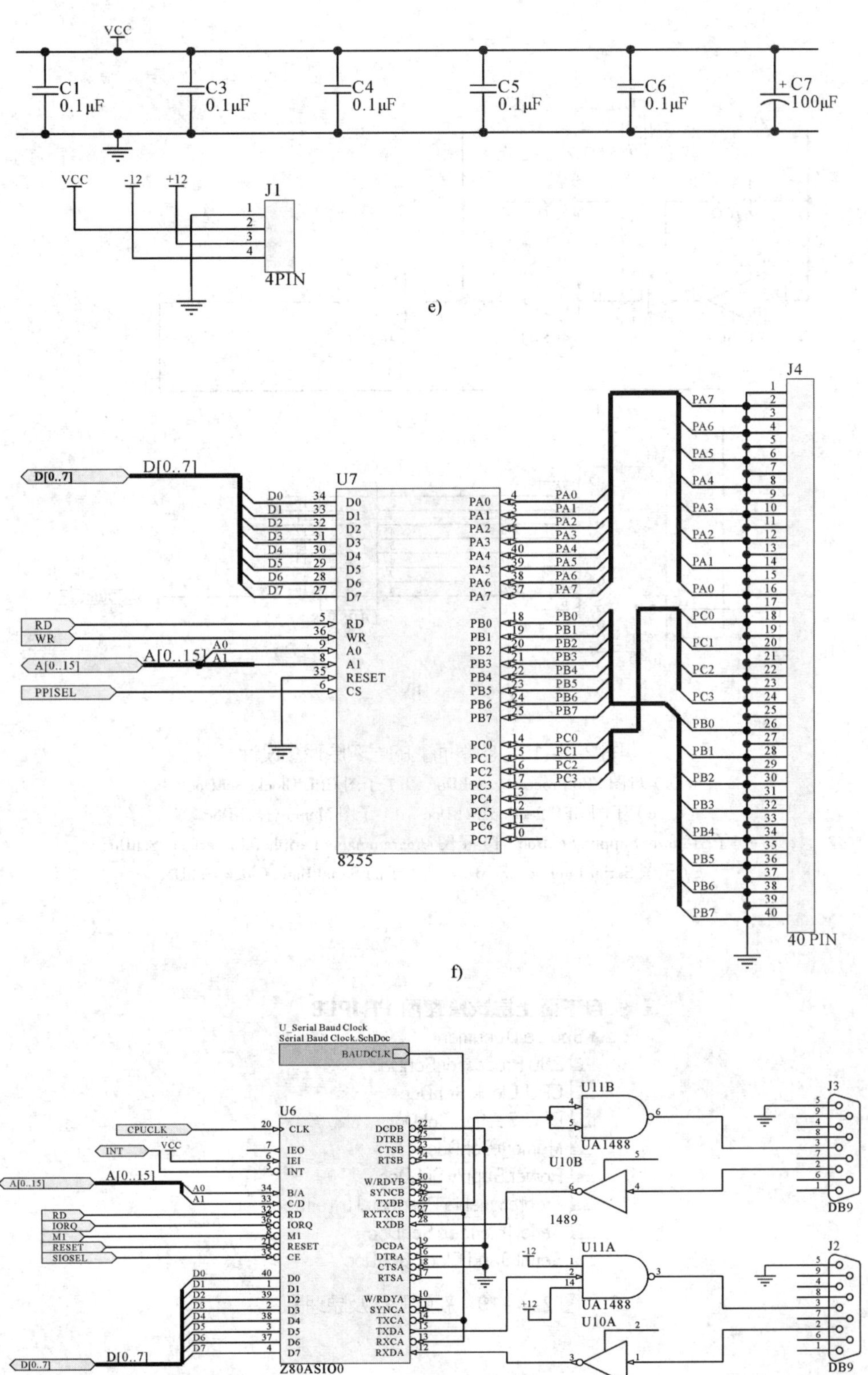

e)

f)

g)

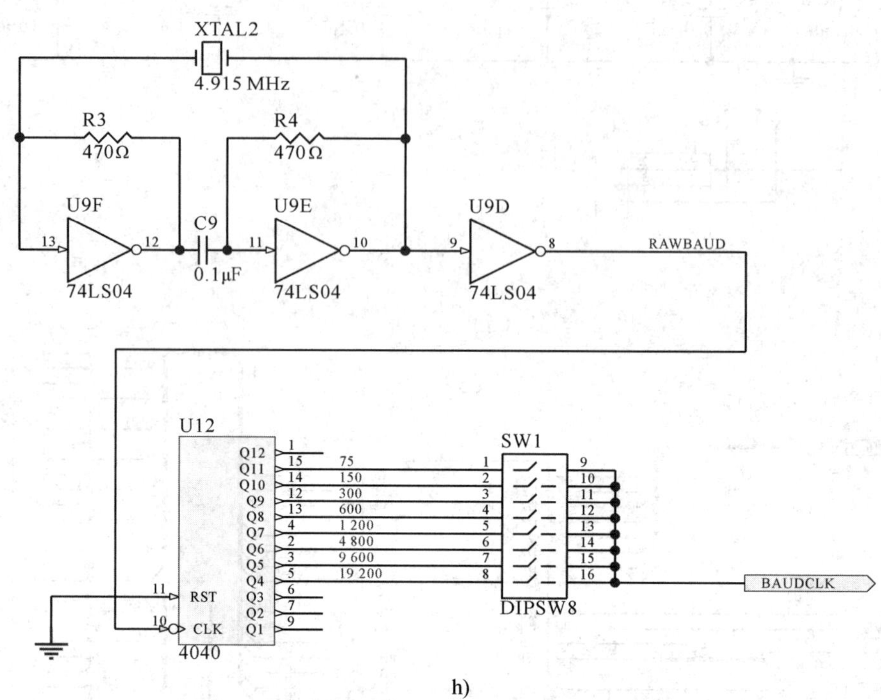

h)

图 2-4-18　自下而上的层次原理图设计

a）母图 Z80 Processor. SchDoc　b）子图 CPU Clock. SchDoc

c）子图 CPU Section. SchDoc　d）子图 Memory. SchDoc

e）子图 Power Supply. SchDoc　f）子图 Programmable Peripheral Interface. SchDoc

g）子图 Serial Interface. SchDoc　h）子图 Serial Baud Clock. SchDoc

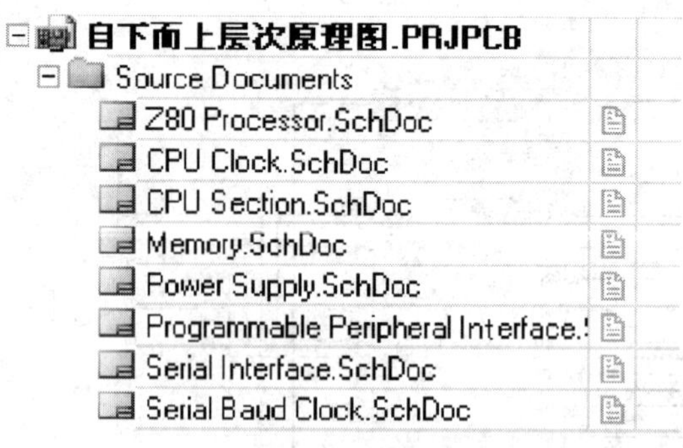

图 2-4-19　新建工程及原理图

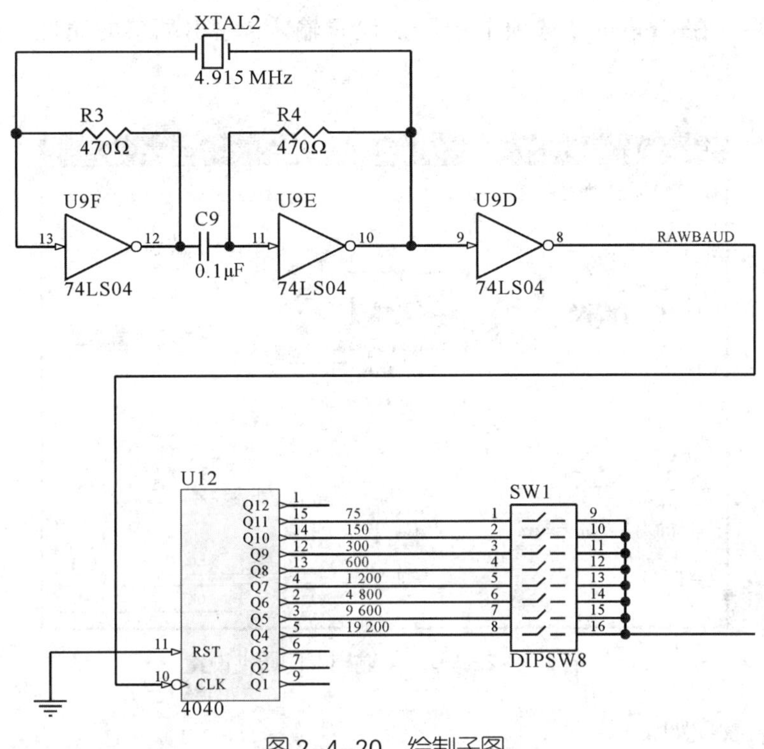

图 2-4-20 绘制子图

（2）放置电路的输入 / 输出端口。

在原理图中，除了可以用导线和网络标号进行电气连接外，还可以用电路的输入 / 输出端口进行电气连接。

将电路的输入 / 输出端口放置到原理图中后，具有相同名称的输入 / 输出端口将被视为同一个网络。通过这种方法可以将没有导线直接连接的电路连接在一起。输入 / 输出端口常用于层次原理图中。

1）启用放置电路输入 / 输出端口命令。放置电路输入 / 输出端口需启用 Place Port 命令，常用方法有以下三种：

· 执行菜单命令 Place → Port。

· 单击 Wiring 工具条中的 按钮，如图 2-4-21 所示。

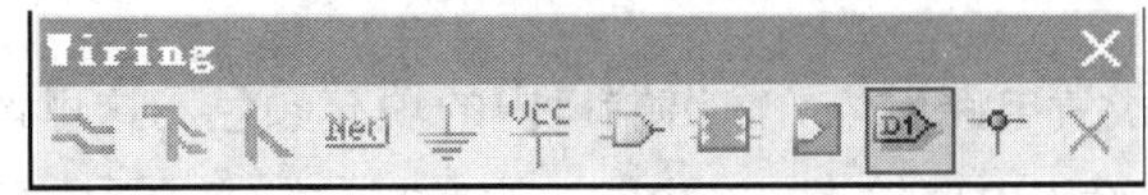

图 2-4-21 Wiring 工具条中的放置电路输入 / 输出端口按钮

· 按快捷键【P】→【r】。

执行上述任一操作后，在工作区将出现十字光标，系统处于放置状态。

2）设置电路输入 / 输出端口属性。按【Tab】键，单击 Port Properties 对话框中的

Graphical 标签，在 Graphical 选项卡中可以设置输入 / 输出端口的属性，如图 2-4-22 所示。

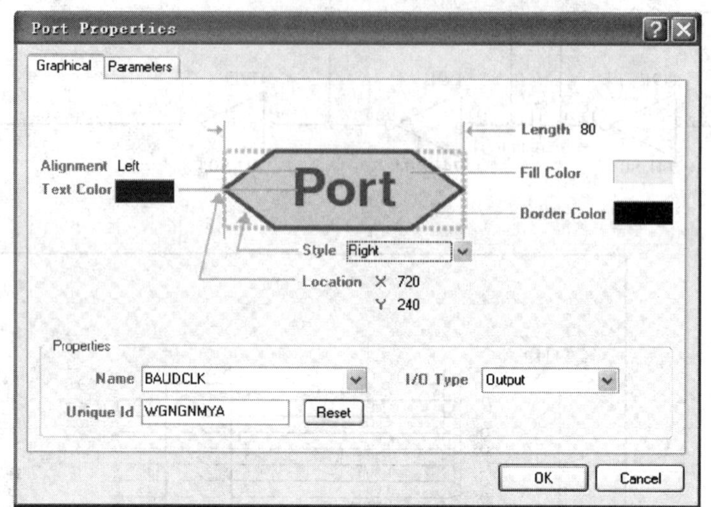

图 2-4-22 输入 / 输出端口属性设置

其主要设置项如下：

· Name 栏：设置电路输入 / 输出端口的名称（注意区分大小写）。这里设置为 BAUDCLK。

· I/O Type 栏：设置电路输入 / 输出端口的类型。共有 Unspecified（未指定）、Input（输入类型）、Output（输出类型）、Bidirectional（双向类型）四个选项。这里设置为 Output。

· Style 栏：设置电路输入 / 输出端口的形式。共有八个选项，这里设置为 Right。

· Alignment 栏：设置电路输入 / 输出端口的布置形式。共有 Left、Right、Center 三种类型。

Left：左对齐 Port

Right：右对齐 Port

Center：居中 Port

这里设置为 Left。

· Fill Color 栏：设置电路输入 / 输出端口内的填充颜色。这里设置为淡黄色。

· Text Color 栏：设置电路输入 / 输出端口名称的文字颜色。这里设置为褐色。

· Border Color 栏：设置电路输入 / 输出端口边框线的颜色。这里设置为褐色。

· Length 栏：设置电路输入 / 输出端口的长度。这里设置为 80。

属性设置完毕后，单击 Parameters 标签，在 Parameters 选项卡中可以添加、修改、删除端口的参数，如图 2-4-23 所示。

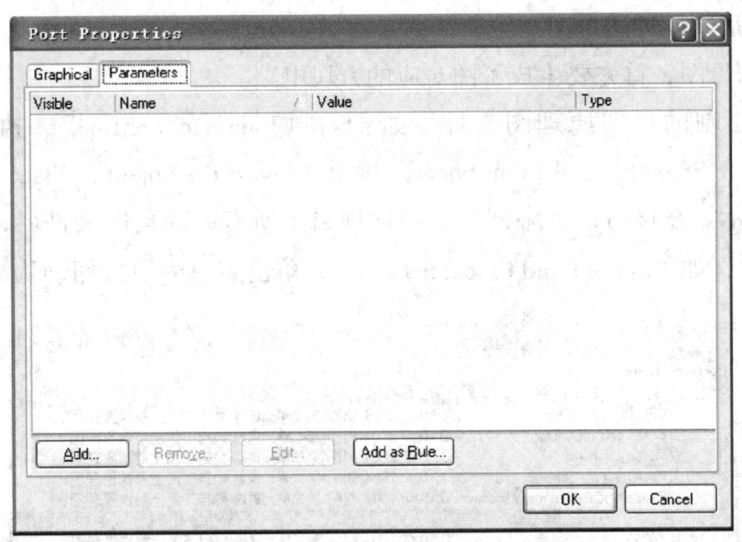

图 2-4-23　Parameters 选项卡

单击 OK 按钮，回到放置状态。

3）放置电路输入 / 输出端口。设置完毕后，在工作区将出现已经设置好属性的电路输入 / 输出端口并随十字光标移动，即其处于放置状态，如图 2-4-24 所示。

将其移到导线或总线的附近，在端口相应的一端会出现热点，表示端口找到了电气节点。单击鼠标左键可确定端口的一端，如图 2-4-25 所示。

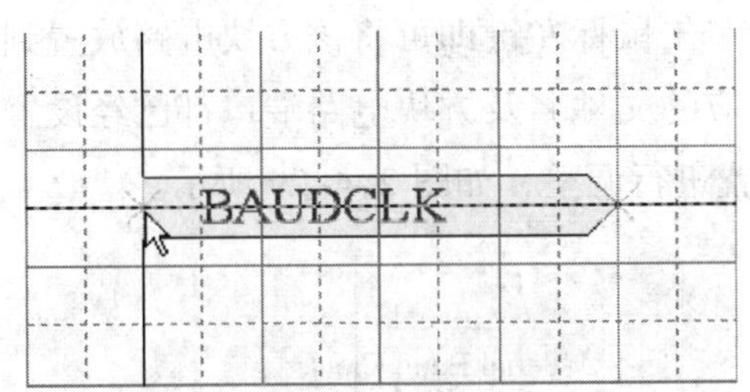

图 2-4-24　处于放置状态的电路输入 / 输出端口

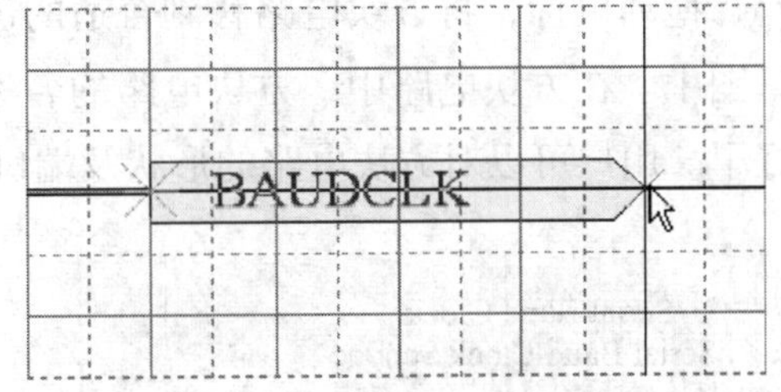

图 2-4-25　放置电路输入 / 输出端口的一端

拖动鼠标可以调节端口的长度，单击鼠标左键确定端口另一端，这样便完成了一个电路输入 / 输出端口的放置，如图 2-4-26 所示。此时，系统还处于放置状态，单击鼠标左键可以继续放置，单击鼠标右键可以退出放置状态。

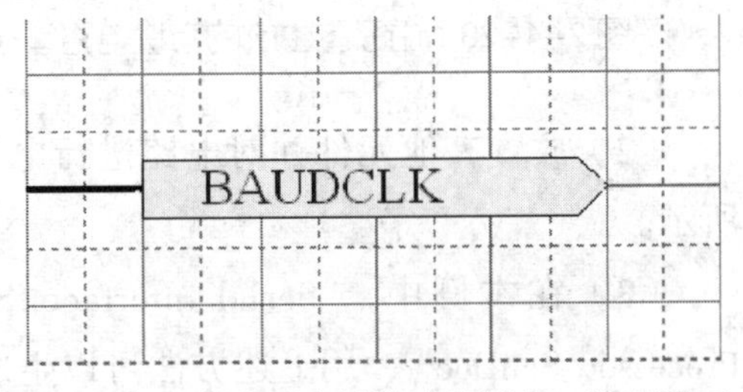

图 2-4-26　放置完毕的电路输入 / 输出端口

至此，层次原理图的子图便绘制完成了。用相同的方法绘制其他子图，结果如图 2-4-18 所示。

3. 绘制层次原理图母图

（1）绘制母图，首先要生成子图对应的方块电路。

打开要绘制的母图原理图文件，如“Serial Interface. SchDoc”，执行菜单命令 Design → Create Sheet Symbol From Sheet，弹出 Choose Document to Place 对话框，如图 2–4–27 所示。在该对话框中列出了当前项目下所有的原理图文件名，选中母图对应的子图文件，如“Serial Baud Clock. SchDoc”，单击 OK 按钮确认。

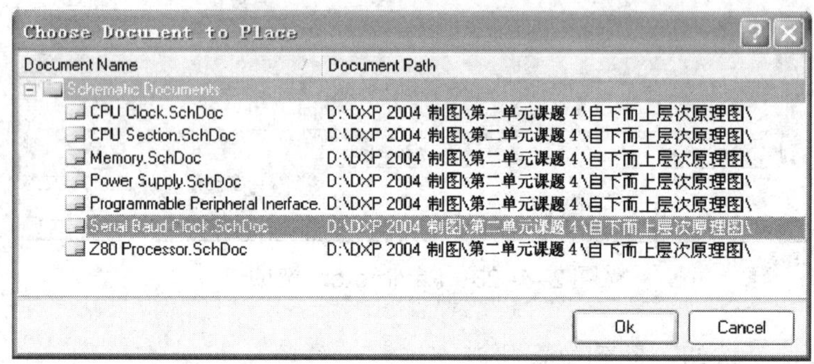

图 2–4–27　Choose Document to Place 对话框

随后，将弹出 Confirm 对话框，单击 No 按钮，使新生成的方块电路端口与对应子图中的电路输入 / 输出端口方向一致。这时，在母图中将自动生成一个方块电路，如图 2–4–28 所示。

拖动鼠标，将方块电路移到合适的位置，单击鼠标左键即可将该方块电路放置到母图中。在方块电路中，方块电路的名称、对应的文件名及方块电路端口都已经设置好了。用户可以对方块电路的形状及端口的位置进行调整，如图 2–4–29 所示。

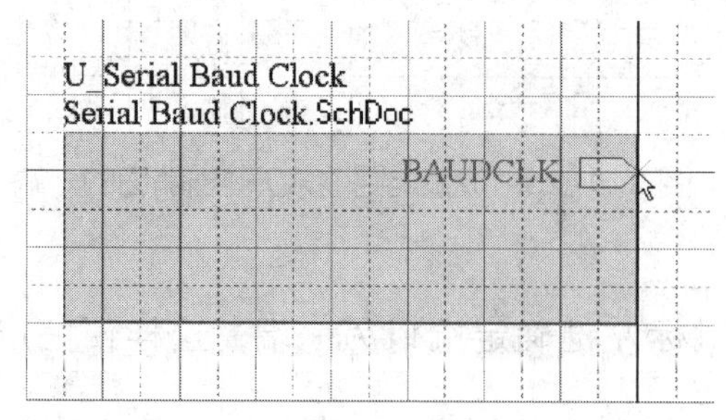

图 2–4–28　由子图生成的方块电路

图 2–4–29　调整完成的方块电路

（2）放置其他元件并对电路进行电气连接，至此，母图绘制完毕，如图 2–4–18g 所示。

（3）在本例中，“Serial Interface. SchDoc”原理图的上级还有项目母图“Z80 Processor. SchDoc”，用上述方法可以生成母图中的方块电路，然后进行电气连接，即可完成母图的绘制，至此，整张层次原理图绘制完成。

三、层次原理图的切换

在设计的层次原理图规模较大时，其中子原理图的张数较多，电路的层次结构也相对比较复杂，用户在设计和使用时常需要在这些图中进行切换，以查看电路的结构及参数。Protel DXP 2004 提供了相关命令，可以方便地在复杂的层次原理图中进行切换。

1. 使用 Navigator 面板切换

通过前文介绍的层次原理图设计，知道可以单击 Projects 面板中各个原理图的文件名，或单击工作区上方的文件标签来进行原理图之间的切换，但用这种方法进行切换时不能表述各个原理图之间的结构和关系，在切换时经常找不到头绪。而使用 Navigator 面板则方便得多。单击工作区右下方的 Design Compiler 标签，选择其中的 Navigator 选项，如图 2-4-30 所示，即可打开该工作面板，如图 2-4-31 所示。

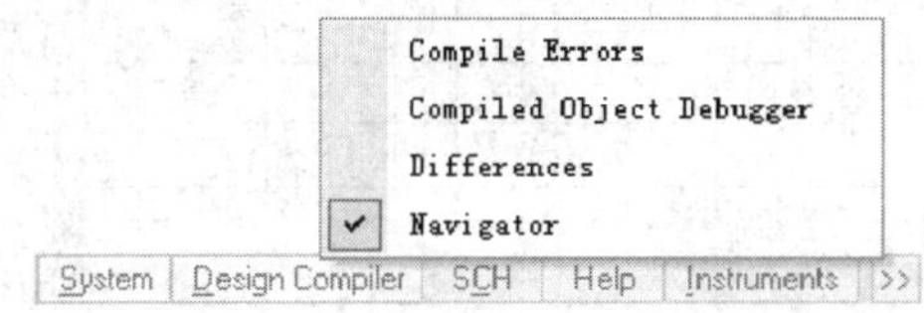

图 2-4-30 打开 Navigator 工作面板的方法

在 Navigator 工作面板的上面一栏列出了该层次原理图的母图和所有子图，并以树状结构表示了整个层次原理图的结构。用鼠标单击其中的项目，即可打开相应的原理图，并在下面的栏目中列出了当前原理图中包含的元件、网络、总线、输入/输出端口等信息。单击这些信息，能在原理图中对它们进行快速定位，并进行过滤显示。图 2-4-32 中切换到的是子图“Serial Baud Clock. SchDoc”，并过滤显示元件 SW1。

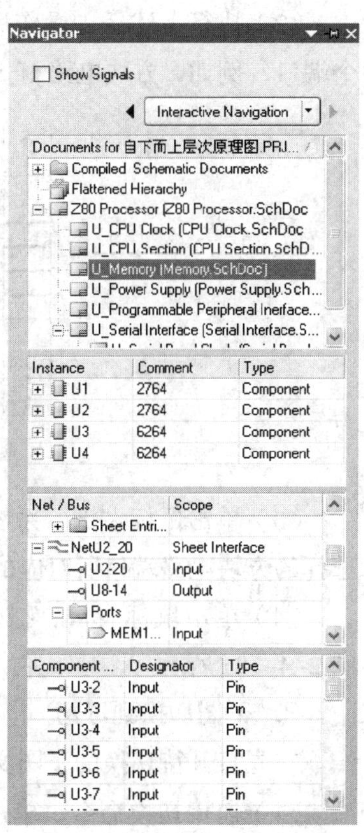

图 2-4-31 Navigator 工作面板

2. 母图切换到子图

首先打开工程中的母图文件，例如，打开“Z80 Processor. SchDoc”。

（1）启用切换命令。要从母图切换到子图，需执行 Tools → Up/Down Hierarchy 命令，常用方法有以下三种：

· 执行菜单命令 Tools → Up/Down Hierarchy。

· 单击主工具条中的 按钮。

· 按快捷键【T】→【H】。

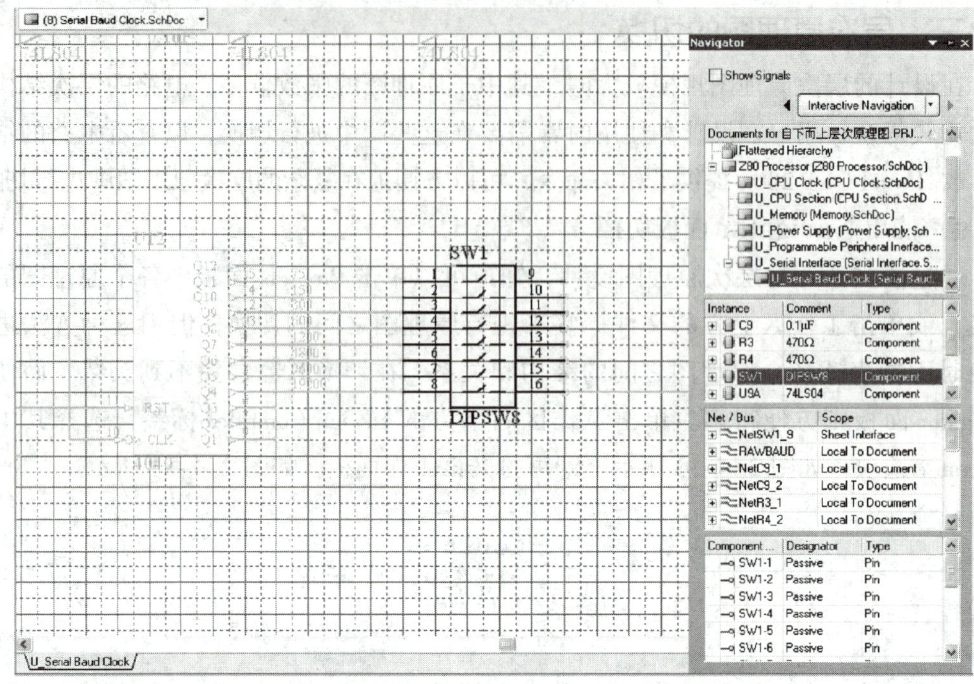

图 2-4-32　Navigator 工作面板切换显示层次原理图

（2）执行上述任一操作后，光标变为十字形，在待转换的方块电路上任意选择一个端口，例如，方块电路 U_Serial Interface 中的端口 CPUCLK，如图 2-4-33 所示。

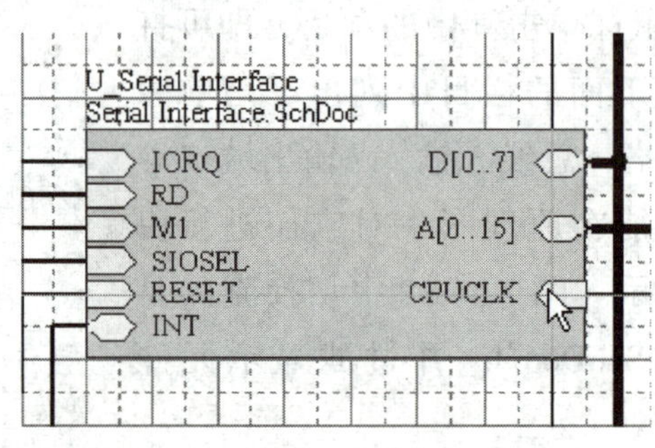

图 2-4-33　选择待切换的方块电路

（3）单击鼠标左键，系统即切换到该方块电路所对应的子原理图，并过滤显示刚选择的方块电路端口所对应的电路输入 / 输出端口，如图 2-4-34 所示。

（4）单击鼠标右键，撤销切换命令，单击鼠标左键，即恢复显示子原理图，如图 2-4-18g 所示。

3. 子图切换到母图

首先打开待切换的子图文件，例如，打开子图“CPU Clock. SchDoc”。

（1）启用切换命令。单击主工具条中的 按钮启用切换命令，此时光标变为十字形，将其移到任意一个电路的输入 / 输出端口上，如图 2-4-35 所示。

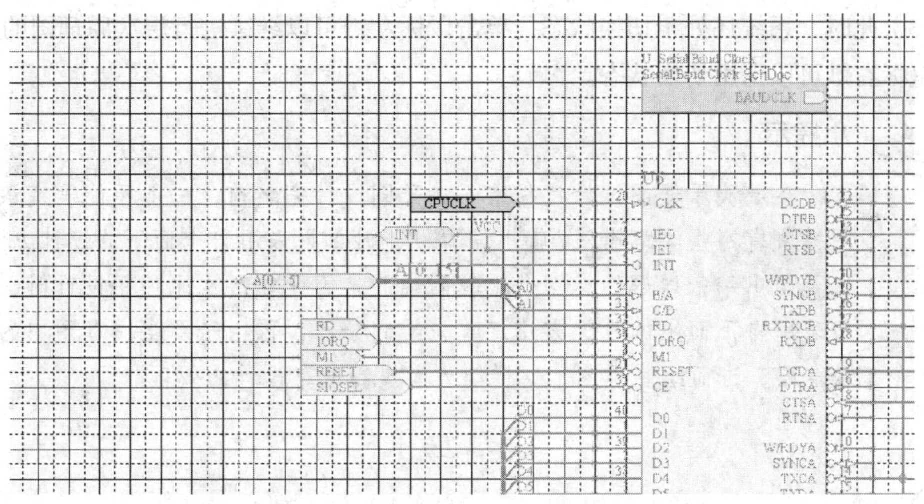

图 2-4-34　切换到子图并过滤显示选中的端口

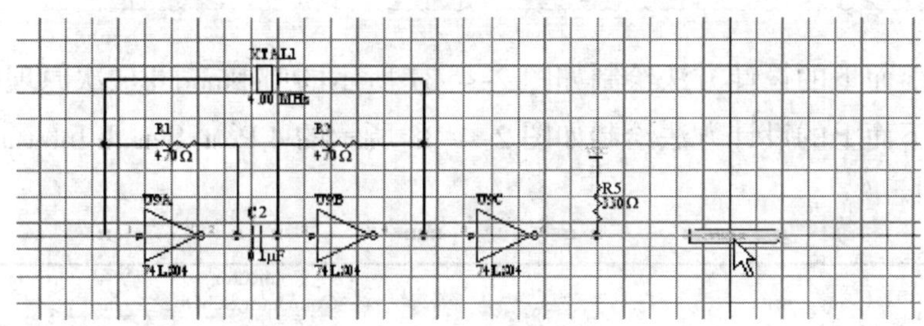

图 2-4-35　启用切换命令

（2）单击鼠标左键，系统将自动切换到该子原理图对应的上一层母图中，且在子原理图中被选中的那个输入 / 输出端口所对应的方块电路端口将处于过滤显示状态，如图 2-4-36 所示。

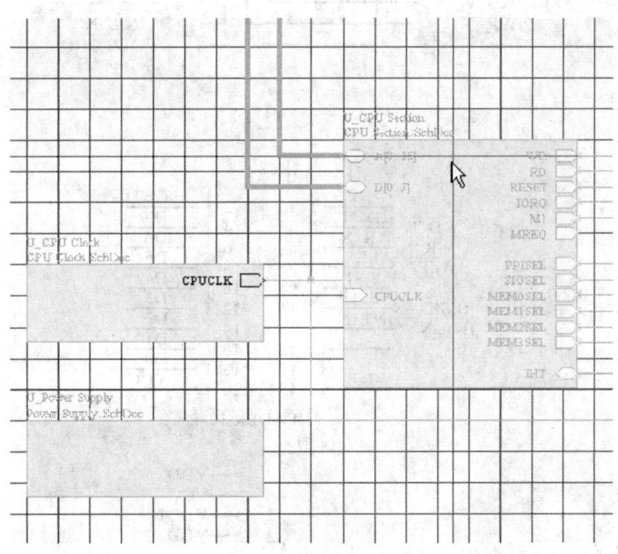

图 2-4-36　切换到母图并过滤显示选中的端口

（3）此时，系统还处于切换状态，单击鼠标左键可以继续进行层次原理图的切换，单击鼠标右键可以退出切换状态。

小提示

在层次原理图设计过程中，在子图设计完之前，一般不能确定该子图模块有哪些电路输入/输出端口，此时如果采用自上而下的设计方法，想要画出一张详尽的母图是比较困难的。因此在层次原理图设计时，一般采用自下而上的设计方法，首先绘制子图，再由子图生成母图中的方块电路，进而绘制母图，这样能大大提高电路设计的效率。

巩固练习

1. 用自上而下的设计方法绘制如图 2-4-37 所示的 Usbmodel 层次原理图。

2. 用自下而上的设计方法绘制如图 2-4-38 所示的 4 Port Serial Interface 层次原理图。

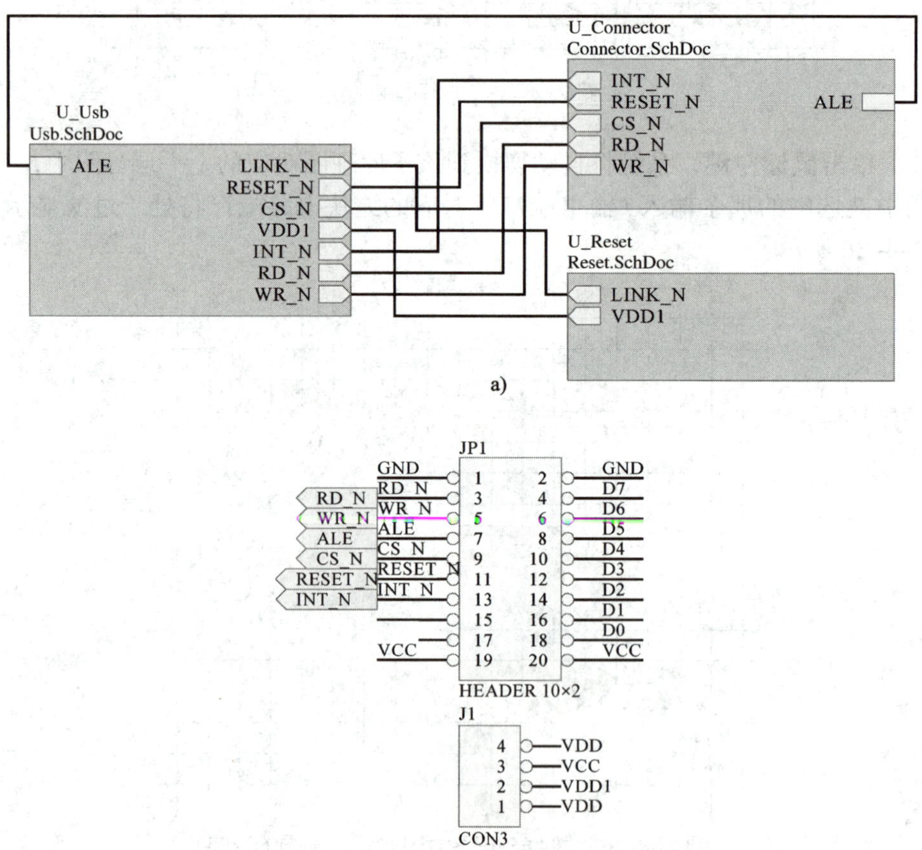

a)

b)

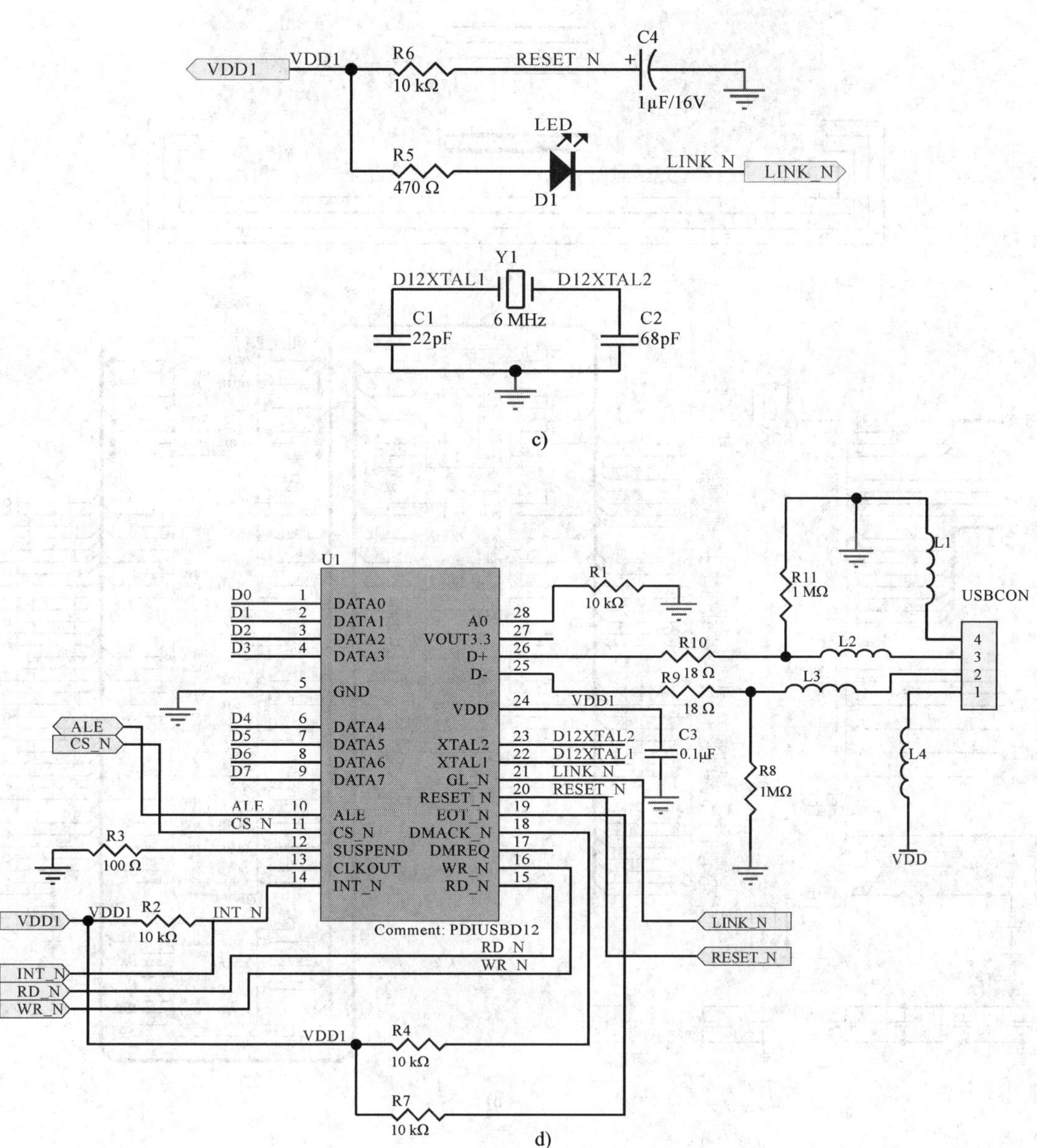

图 2-4-37　Usbmodel 层次原理图

a）母图 Usbmodel. SchDoc　b）子图 Connector. SchDoc
c）子图 Reset. SchDoc　d）子图 Usb. SchDoc

Description: ISA Bus and Address Decoding
ISA Bus and Address Decoding
ISA Bus and Address Decoding.SchDoc
Description: 4 Port UART and Line Drivers
4 Port UART and Line Drivers
4 Port UART and Line Drivers.SchDoc
-WR
-RD
RESET
-CSA
-CSB
-CSC
-CSD
CARD_ENABLE
INTA
INTB
INTC
INTD
D[0..7]
A[0..2]
TL16C554
1488
1489
DB37
C13 20pF
R1 1MΩ
X1 1.8432MHz
R2 1.5 kΩ
C14 50pF
PCB Rule
C1 0.1μF
C2 0.1μF
C3 0.1μF
C4 0.1μF
C5 0.1μF
C10 0.1μF
C8 0.1μF
C9 0.1μF
VCC
+12V
-12V

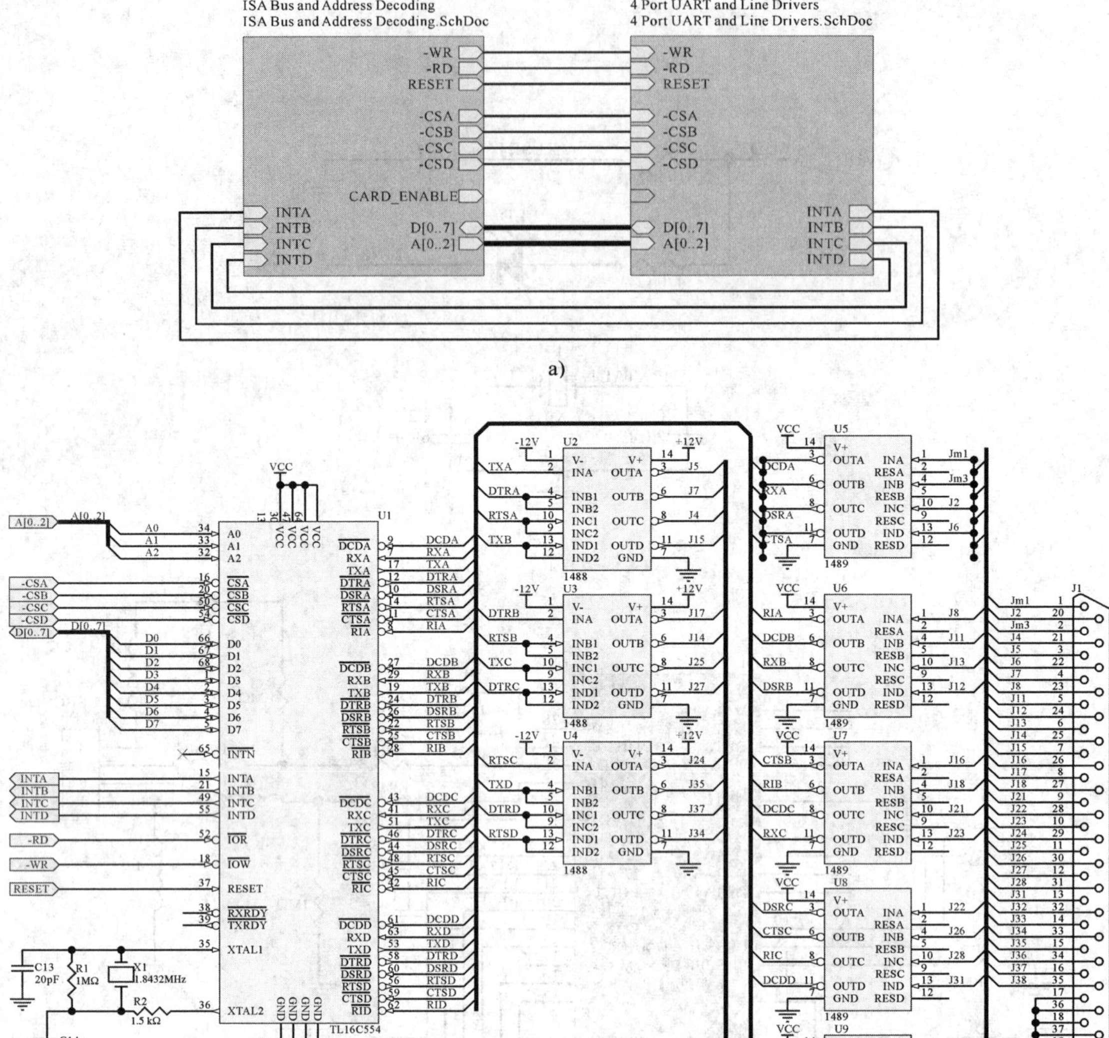

a)

b)

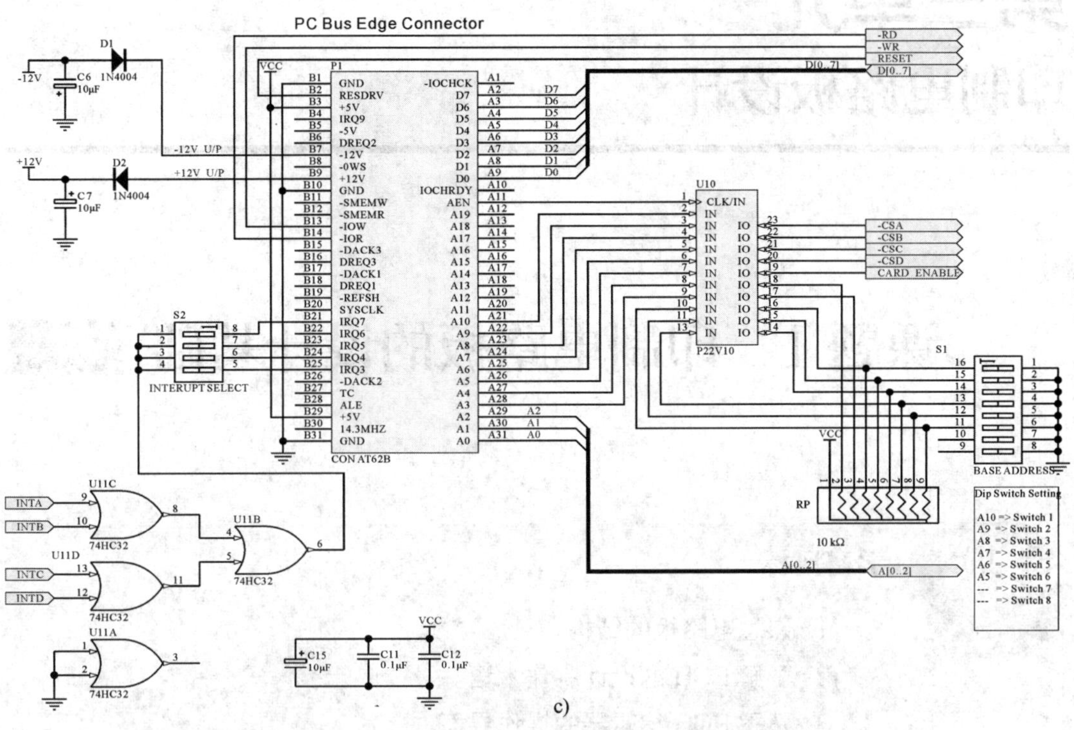

c)

图 2-4-38 4 Port Serial Interface 层次原理图

a）母图 4 Port Serial Interface. SchDoc b）子图 4 Port UART and Line Drivers. SchDoc
c）子图 ISA Bus and Address Decoding. SchDoc

第三单元
印制电路板设计

课题 1　印制电路板的设计基础

学习目标

1. 熟悉电路板的结构。
2. 了解 PCB 的设计制作术语。
3. 熟悉 PCB 编辑器的操作界面。
4. 能独立完成 PCB 环境参数的设置。

基础知识

一、电路板的结构

印制电路板（PCB）是覆盖着导电铜层的绝缘板。早期的电路板绝缘材料是胶木板，而现在广泛应用的是环氧树脂板，其厚度越来越薄，韧性越来越强，层数也越来越多。板层可以分为敷铜层和非敷铜层两种，敷铜层的层数就是一般所说的板层数。若将一片铜膜贴在一片环氧树脂板上，就是单面板；若上下各有一层铜膜，就是双面板；若将多片环氧树脂板和多片铜膜按照一层铜膜加一层环氧树脂板不断地叠下去，就形成了多层板。

1．单面板

单面板也就是只有一面敷铜的电路板。元器件放置在没有敷铜的一面，敷铜的一面用于布线和元件焊接。单面板的特点是价格便宜，但是，当进行比较复杂的电路设计时，其布线比较困难，经常需要用跳线连接不能布通的铜膜线。图 3–1–1 所示为单面板。

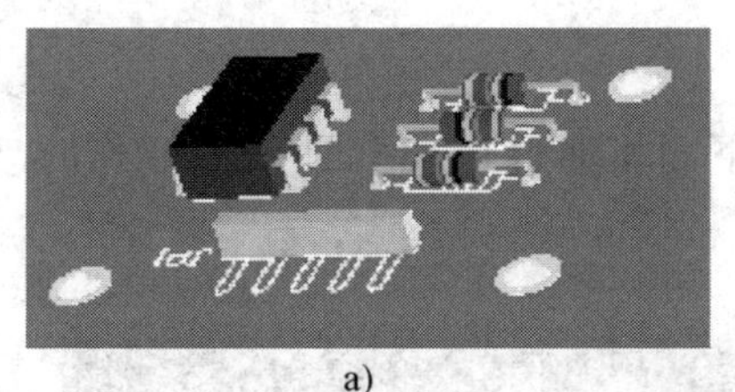
a)

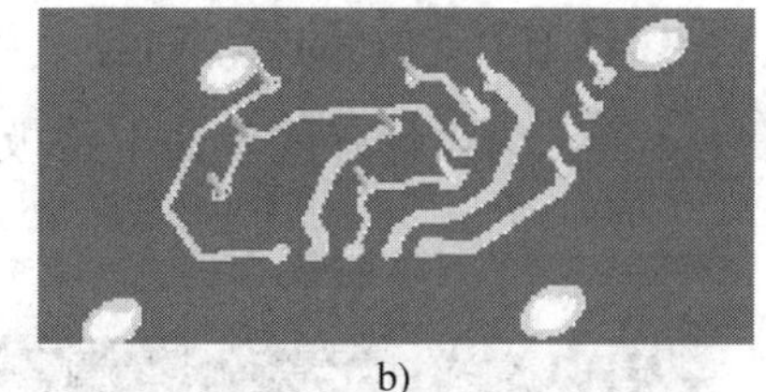
b)

图 3-1-1 单面板

a）元件面 b）焊接面

2. 双面板

双面板就是双面敷铜的电路板。两个敷铜层通常分别称为顶层和底层，一般顶层为元件面，底层为焊接面。顶层和底层均可以布线。双面板的特点是价格适中、布线容易，是常用的比较理想的板型，如图 3-1-2 所示。

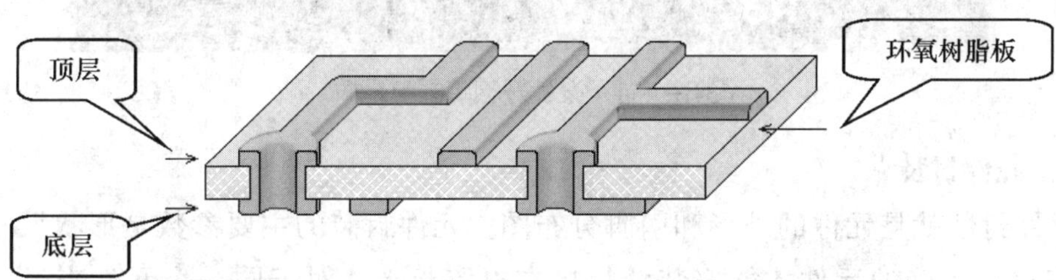

图 3-1-2 双面板

3. 多层板

多层板就是有多个工作层面的电路板。除了有顶层和底层以外，还增加了中间层，中间层可以是电源层、地线层、信号层等，层与层之间互相绝缘。最简单的多层板有四层，结构如图 3-1-3 所示。通过这样的处理，可以在极大程度上解决电磁干扰问题，提高系统的可靠性，同时也可以提高布通率，缩小 PCB 的面积。

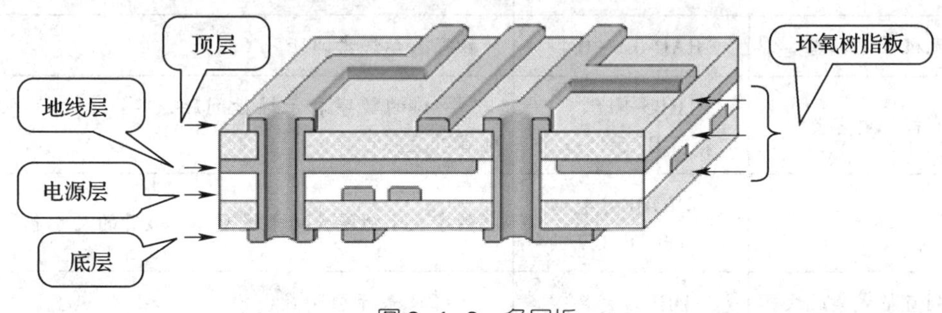

图 3-1-3 多层板

二、PCB 的设计制作术语

图 3–1–4 所示为设计好的单面电路板，下面将通过它来学习 PCB 制作时涉及的常用术语。

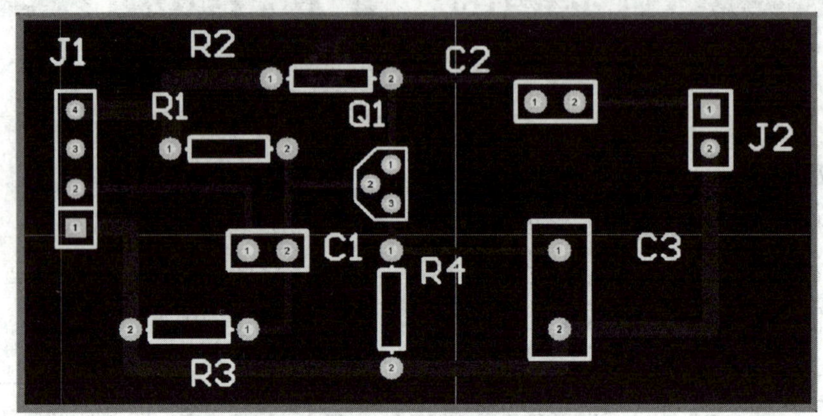

图 3–1–4　设计好的单面电路板

1．元件封装

元件封装就是元件的外形和引脚分布图。元件封装的主要参数是形状尺寸，因为只有尺寸正确的元件才能安装并焊接在电路板上。对于同一个元件来说，经常会有不同的封装形式，不同的元件也可以有相同的封装。所以在取用焊接元件时，不仅要知道元件的名称，还要知道元件的封装。常用的部分元件封装及说明见表 3–1–1。

表 3–1–1　常用的部分元件封装及说明

封装类型	封装名称	说明
电阻器	AXIAL-0.3～1.0	数字表示焊盘间距，单位为 in
无极性电容器	RAD-0.1～0.4	数字表示焊盘间距
有极性电容器	RB5-10.5、RB7.6-15	“-”前的数字表示焊盘间距，“-”后的数字表示电容外直径
二极管	DIODE-0.4、DIODE-0.7	数字表示功率，功率越大，二极管的尺寸也越大
双列直插式集成块	DIP-×××	××× 表示引脚数
电位器	VR3～5	数字表示焊盘间距
串并口	DB×××	××× 表示针数

部分元件封装外形如图 3-1-5 所示。

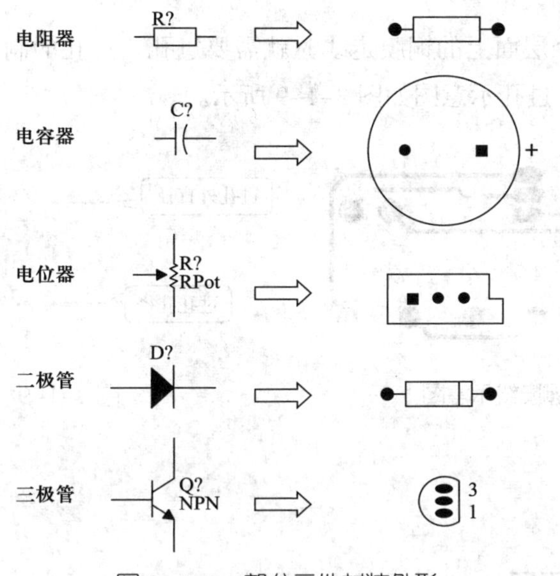

图 3-1-5　部分元件封装外形

2. 焊盘

电路板与元件之间是通过焊盘联系起来的。Protel DXP 2004 在封装库中给出了一系列不同大小和形状的焊盘，如圆形、方形、八角形焊盘等，如图 3-1-6 所示。

图 3-1-6　焊盘形状

3. 飞线与铜膜线

制作电路板时，系统会自动生成预拉线，常称为“飞线”，用来指引布线，飞线不具有电气功能，如图 3-1-7 所示。

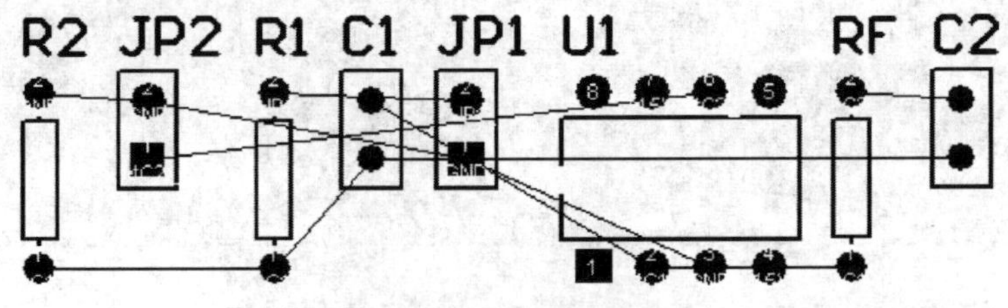

图 3-1-7　飞线示意图

铜膜线就是连接两个焊盘的导线，在电路板中实际就是把原理图中元件引脚与引脚之间的导线连接转换成焊盘与焊盘之间的铜膜线连接，从而实现电路的电气功能，如图 3-1-8 所示。

4. 过孔

需要在连接两个层面上的铜膜走线时就需要过孔。过孔的制作工艺复杂，所以过孔的数量越少越好。过孔示意图如图 3-1-9 所示。

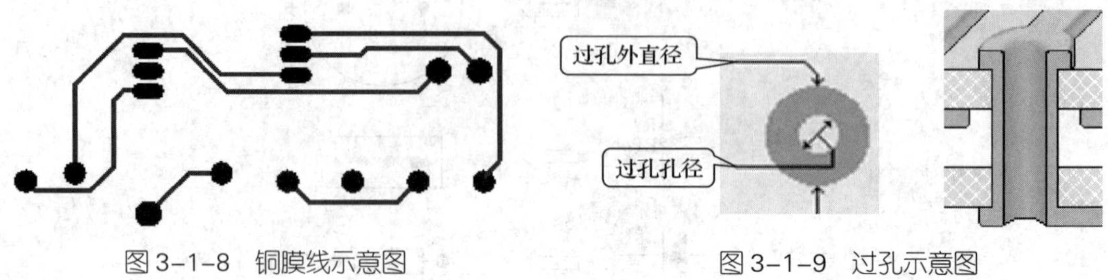

图 3-1-8　铜膜线示意图

图 3-1-9　过孔示意图

实例讲解

一、创建新项目

打开 Protel DXP 2004，弹出如图 3-1-10 所示的工作界面，由于还没有开启任何项目，所以编辑区是空白的。

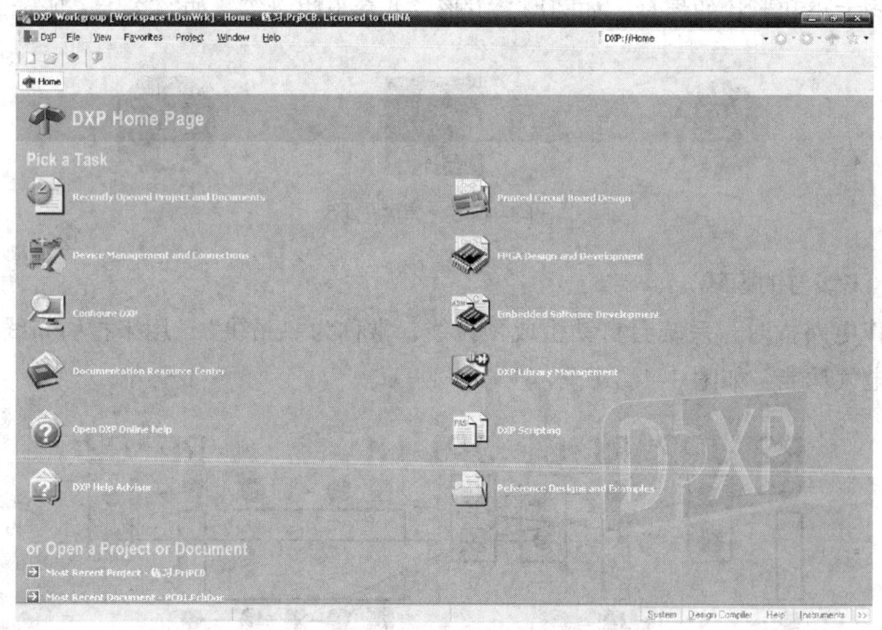

图 3-1-10　Protel DXP 2004 工作界面

1. 执行菜单命令 File → New → Project → PCB Project，就可以创建一个新项目，如图 3-1-11 所示，可将新建的项目选择好路径并保存为“PCB_Project1.PrjPCB”。

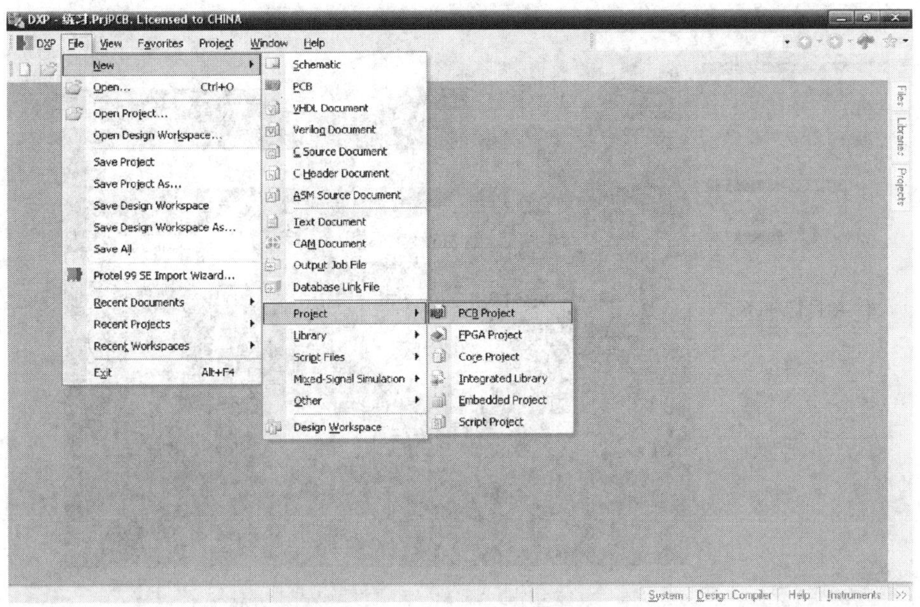

图 3–1–11 创建 PCB 项目文件

2. 执行菜单命令 File → New → PCB，创建一个新的 PCB 设计文件，如图 3–1–12 所示。将其保存为“PCB1.PcbDoc”，此时就进入了如图 3–1–13 所示的 PCB 编辑环境。

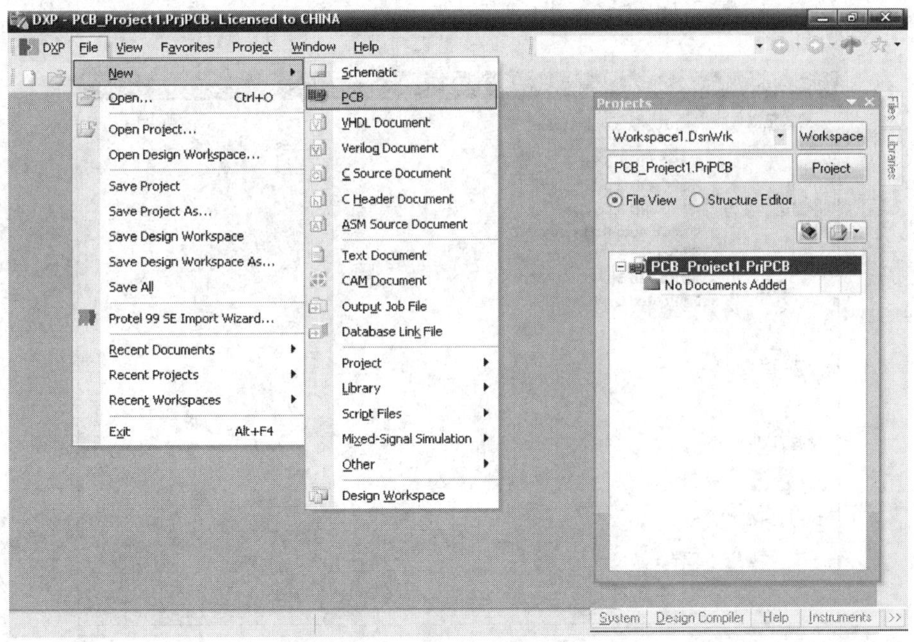

图 3–1–12 创建 PCB 设计文件

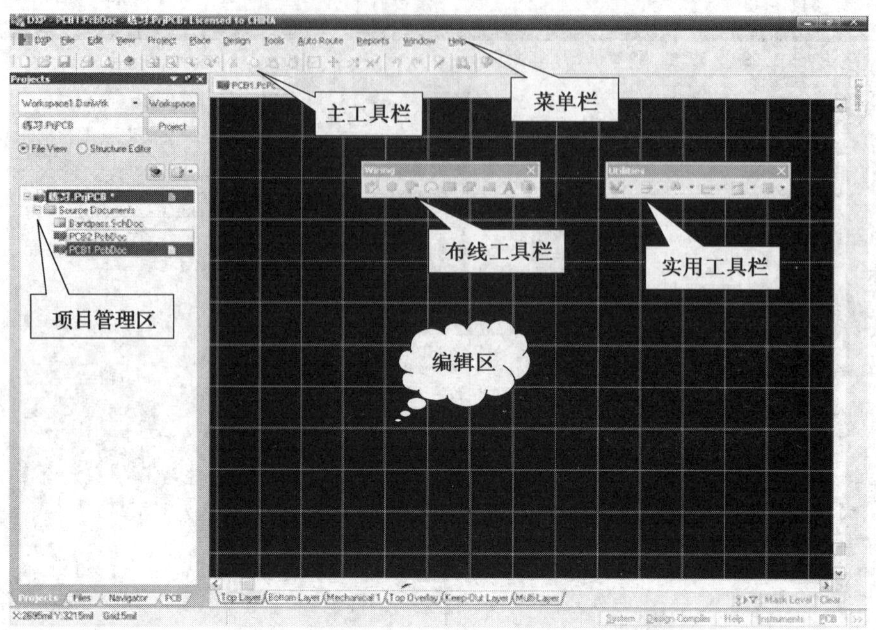

图 3–1–13　PCB 编辑环境

二、打开 PCB 文件

如果想要打开一个已经存在的 PCB 文件，可以执行菜单命令 File → Open，选择 PCB Document 图标，如图 3–1–14 所示。

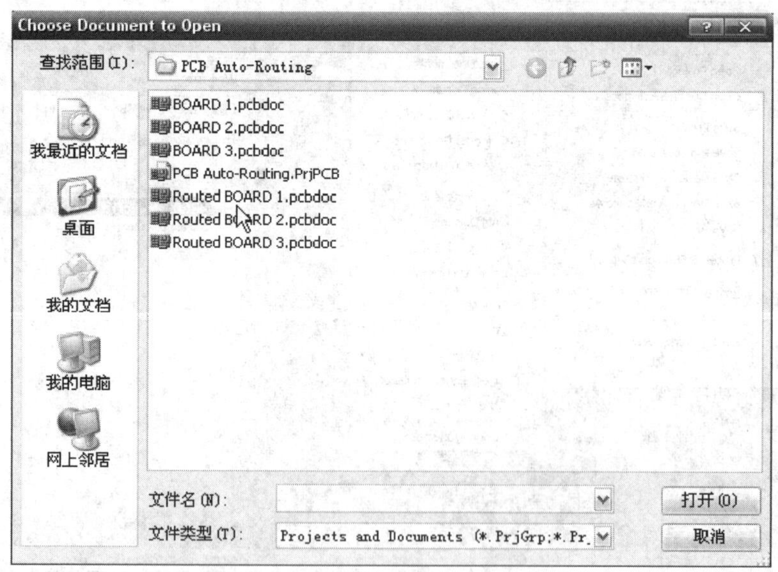

图 3–1–14　选择打开 PCB 文件

打开一个 PCB 文件之后，工作界面如图 3-1-15 所示。

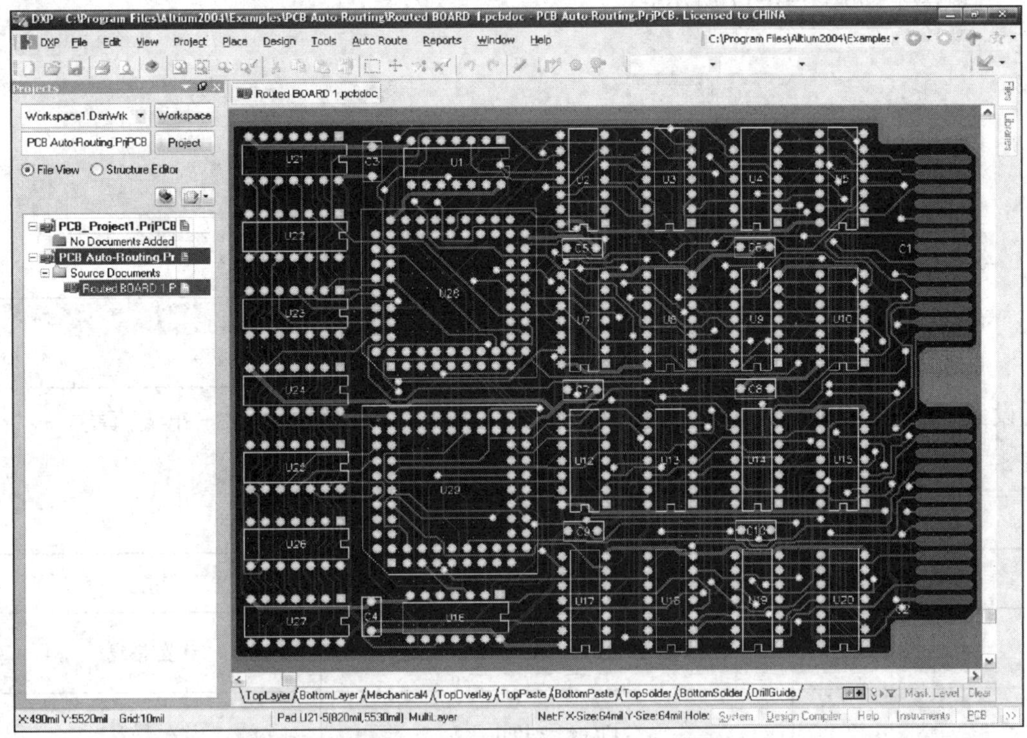

图 3-1-15　打开 PCB 文件后的工作界面

三、PCB 编辑器介绍

1. 菜单栏

编辑不同类型的文件有不同的编辑器，不同的编辑器也有不同的菜单栏。PCB 编辑环境下的菜单栏如图 3-1-16 所示。

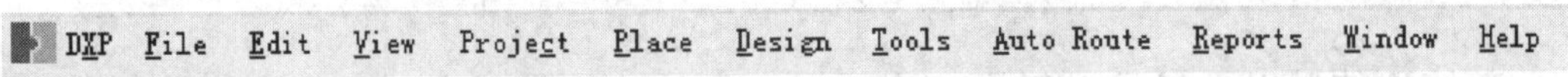

DXP File Edit View Project Place Design Tools Auto Route Reports Window Help

图 3-1-16　PCB 编辑环境下的菜单栏

其内容和原理图编辑环境下菜单栏的内容相似，例如，提供文件操作及打印的 File 菜单、提供编辑命令的 Edit 菜单、改变窗口显示的 View 菜单等，单击鼠标左键，即可下拉该菜单。这里只简要介绍一下几个菜单的大致功能。

· Design：设计菜单，主要包括一些布局、布线的预处理设置和操作。

· Tools：工具菜单，主要包括设计完 PCB 图以后的一些后处理操作，如设计规则检查、取消自动布线、泪滴化、测试点设置和自动布局等操作。

· Auto Route：自动布线菜单，主要包括自动布线设置和各种自动布线操作。

2. 主工具栏

主工具栏如图 3-1-17 所示。

图 3-1-17　主工具栏

主工具栏主要是为一些常见的菜单操作提供快捷操作方式。

3. 布线工具栏

布线工具栏如图 3-1-18 所示。

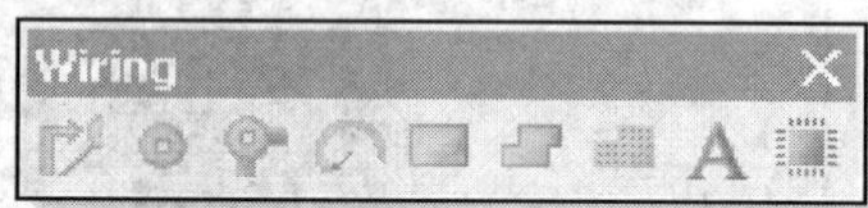

图 3-1-18　布线工具栏

布线工具栏主要是为放置各种器件和符号而设置，这里只介绍几个常用的工具图标，见表 3-1-2。

表 3-1-2　布线工具栏按钮功能列表

按钮	对应命令	功能
	Place → Interactive Routing	放置导线
	Place → Pad	放置焊盘
	Place → Via	放置导孔
	Place → Arc（Edge）	从边缘放置圆弧
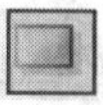	Place → Fill	放置填充区域
 A	Place → String	放置字符

熟练地使用以上工具对于提高绘制 PCB 图的速度是很有帮助的。如果不小心关闭了布线工具栏，则可执行菜单命令 View → Toolbars → Wiring，重新显示布线工具栏。

4. 实用工具栏

实用工具栏包括绘图工具栏和元件布局工具栏，如图 3-1-19 和图 3-1-20 所示。

绘图工具栏中，有常用的画直线、放置坐标和设置原点的工具。

5. 编辑区

编辑区是用来绘制 PCB 图的工作区域，在编辑区的下方有工作层切换选项栏，如图 3-1-21 所示。

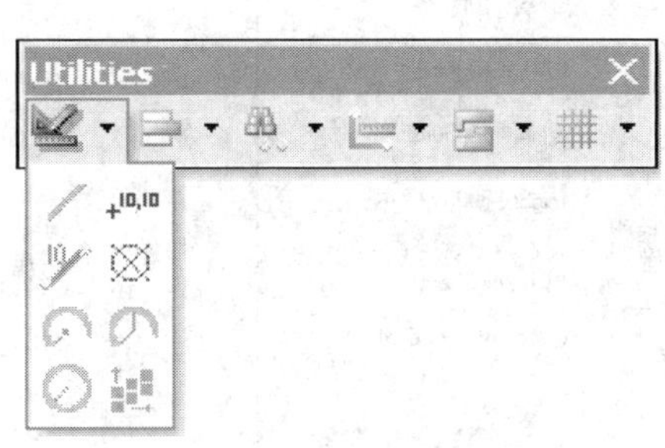

Utilities

图 3–1–19 绘图工具栏

Utilities

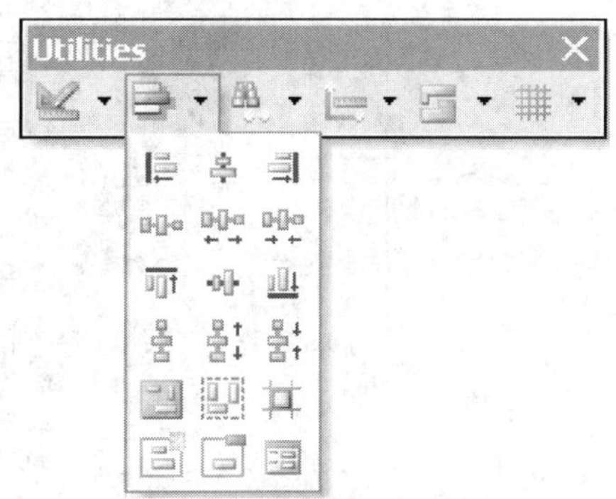

图 3–1–20 元件布局工具栏

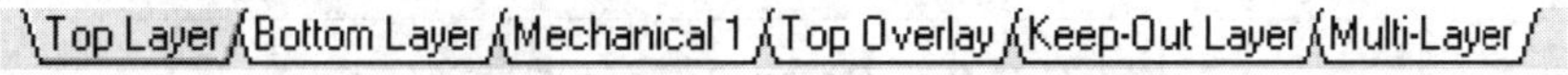

Top Layer
Bottom Layer
Mechanical 1
Top Overlay
Keep-Out Layer
Multi-Layer

图 3–1–21 工作层切换选项栏

只要用光标指向所要使用的板层，单击鼠标左键，则该层就变成了当前层。几乎所有的放置操作都是相对于当前层而言的，因此，在绘图过程中一定要注意当前工作层是哪一层。

6．项目管理区

项目管理区中包含有多个面板，可以单击工作窗口左下角的面板按钮 Files Projects Navigator PCB ，单击标签，选中某一项，即可打开相应的面板。各面板介绍如下：

· Files 面板：主要用于新建或打开项目和文件等操作。

· Projects 面板：用于对文件的管理。

· Navigator 面板：通过观察 Navigator 面板的内容，可以了解到大量的当前 PCB 信息。

· PCB 面板：用于浏览当前 PCB 图的一些信息。利用它可以快速定位到要编辑的网络、元件、设计规则等，以查看编辑对象。

四、PCB 环境参数的设置

环境参数的设置对设计工作十分重要，它直接影响到用户的工作效率和效果。

1．图纸的设定

图纸的设定包括图纸的尺寸、图纸位置、栅格尺寸、栅格的显示方式和度量单位等。

执行菜单命令 Design → Board Options，在弹出的 Board Options 对话框中即可进行图纸环境参数设置，如图 3–1–22 所示。

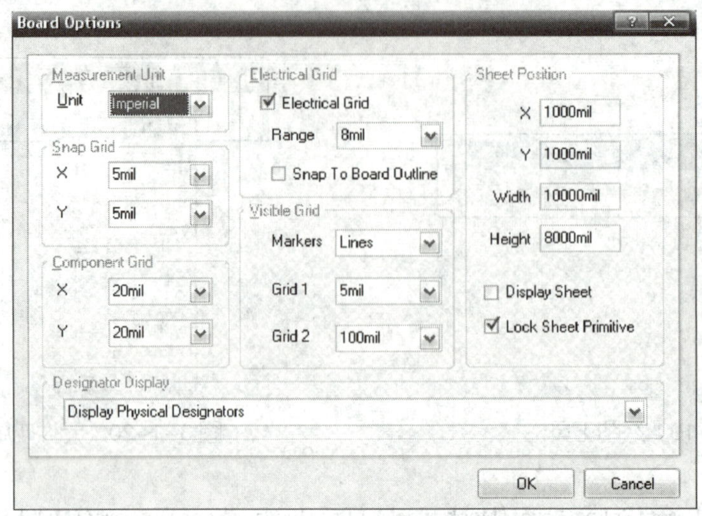

图 3–1–22 Board Options 对话框

各主要设置项的说明如下：

· Measurement Unit 栏：设定度量单位。Protel DXP 2004 印制电路板系统为用户提供了公制和英制两种度量方式，单击 Unit 选项的下拉按钮，在弹出的下拉列表中有 Metric 和 Imperial 两种单位可供选择（图 3–1–23），其中，选择 Imperial（英制），系统尺寸单位为 “mil”；选择 Metric（公制），系统尺寸单位为 “mm”。

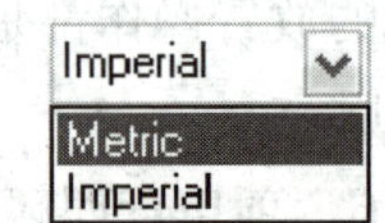

图 3–1–23 度量单位选择

如果需要在公制和英制之间切换，可以执行菜单命令 View → Toggle Units。

· Snap Grid 栏：捕获栅格，指光标移动的最小间隔。

· Component Grid 栏：元件放置捕获栅格，指放置元件时，元件移动的最小间隔。

· Electrical Grid 栏：电气栅格。电气栅格的作用是在移动或放置元件时，当元件与周围电气实体的距离在电气栅格的设置范围内时，元件和电气实体会互相吸住。

· Visible Grid 栏：可视栅格。在该选项里可以选择栅格的线型（Lines/Dots），可以设定第一可视栅格和第二可视栅格的尺寸，在编辑过程中看到的栅格就是可视栅格。

· Sheet Position 栏：图纸位置。在该选项中可以设定图纸的大小和位置。除此之外，还可以选中锁定图纸和显示图纸复选框。

小提示

电气栅格和捕获栅格不能大于元件封装的引脚间距；电气栅格和捕获栅格的大小相差过大时，在连线时光标会很难捕获到电气连接点，因此，将捕获栅格和电气栅格设置成相近值，在人工布线时光标捕捉会比较方便；第一可视栅格和第二可视栅格建议设为相同的栅距。

2. 板层的设置

尽管 Protel DXP 2004 提供了多达 72 层的工作层面，但在设计过程中，经常用到的工作层只有顶层、底层、丝印层和禁止布线层等少数几种板层，因此，应当对这些工作层面进行管理，使设计过程变得更加快捷、有效。在 Protel DXP 2004 中，图层的设置和管理是在图层堆栈管理器中进行的，下面首先介绍图层堆栈管理器。

（1）图层堆栈管理器

1）执行菜单命令 Design → Layer Stack Manager，打开 Layer Stack Manager 对话框（即图层堆栈管理器），如图 3-1-24 所示。在图层堆栈管理器中可以选择和设定工作层面。

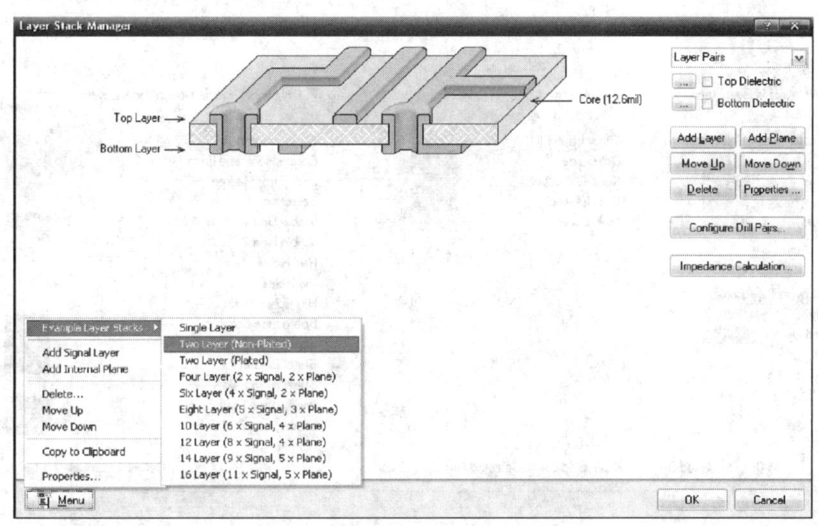

图 3-1-24 图层堆栈管理器

2）将光标移到图层堆栈管理器的左下角，单击 Menu 按钮，可以弹出图层设置与管理菜单（图 3-1-24）。其中，各选项含义如下：

· Example Layer Stacks：提供不同类型的电路模板。

· Add Signal Layer：添加信号层。

· Add Internal Plane：添加中间层。

· Delete：删除当前选中的工作层面。

· Move Up：将当前选中的工作层面向上移动一层。

· Move Down：将当前选中的工作层面向下移动一层。

· Copy to Clipboard：复制到剪贴板。

· Properties：属性设置。选中某一工作层后，单击该选项，可以在弹出的对话框中进行绝缘层属性设置，如图 3-1-25 所示。在该对话框中可以设

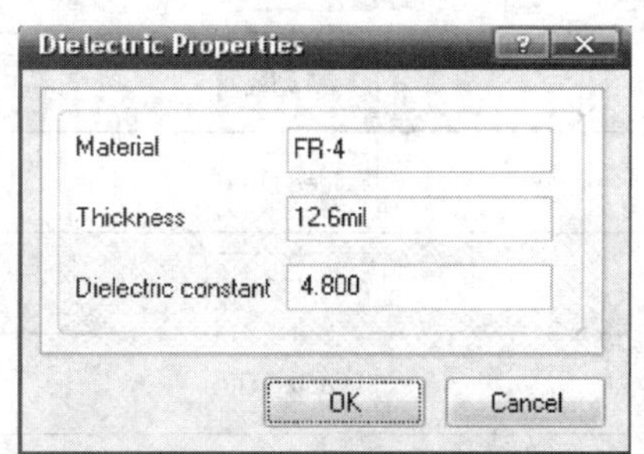

图 3-1-25 绝缘层属性设置

置绝缘层的材料（Material）、厚度（Thickness）等参数。

（2）设置工作层面

1）设置工作层面的个数。执行菜单命令 Design → Board Layers & Colors，可以在弹出的对话框中进行工作层面设置，如图 3-1-26 所示。

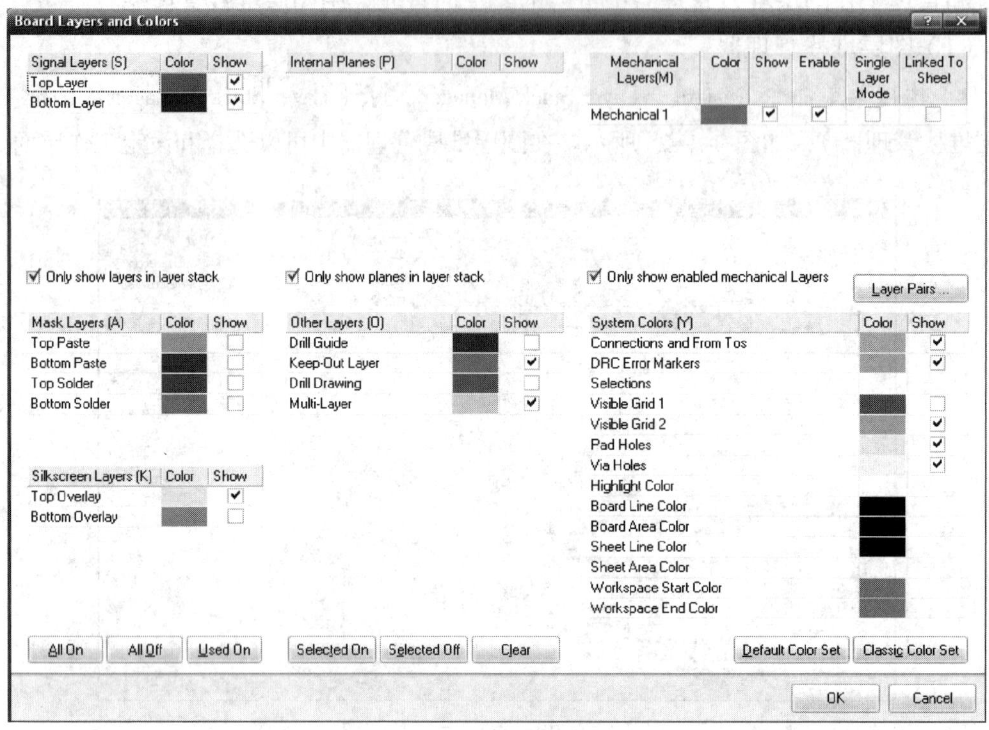

图 3-1-26　工作层面设置

单击该对话框中工作层面后面的复选框，使其呈选中状态，即可打开该工作层面，否则该工作层面处于关闭状态。工作层面设置部分按钮的功能见表 3-1-3。

表 3-1-3　工作层面设置部分按钮的功能

按　钮	功　能
All On	使所有的工作层面处于打开状态
All Off	使所有的工作层面处于关闭状态
Used On	使经常使用的工作层面处于打开状态
Selected On	使当前选中的工作层面处于打开状态
Selected Off	使当前选中的工作层面处于关闭状态
Clear	清除图层选择状态

小提示

在进行工作层面设置时，选中 Only show planes in layer stack 前的复选框，可以只显示图层堆栈管理器中设定的工作层面，这大大方便了用户对工作层面的管理。

在一般情况下，电路板设为双面板，所包含的工作层面通常有顶层（Top Layer）、底层（Bottom Layer）、禁止布线层（Keep-out Layer）、多层（Multi-Layer）、顶层丝印层（Top Overlay）和机械层（Mechanical 1）。其中各工作层面的作用如下：

· 顶层：元件面信号层，可用来放置元件和布线。

· 底层：焊接面信号层，可用来放置元件和布线。

· 禁止布线层：该层用于定义电路板框，即有效放置元件和布线的区域。

· 多层：该层代表所有的信号层，在它上面放置的元件会自动地放到所有的信号层上，所以用户可以通过多层将焊盘或穿透式过孔快速地放置到所有的信号层上。

· 顶层丝印层：该层主要用于绘制元器件的外形轮廓、字符串标注等文字说明和图形说明。在丝印层作的所有标记都是用绝缘材料印制在电路板上的，不具有导电特性，不会影响电路的连接。

· 机械层：该层主要用于放置电路板的边框和标注尺寸，通常只需要一个机械层。

2）设置工作层面的颜色。单击工作层面后面的颜色框，即可弹出 Choose Color 对话框，如图 3-1-27 所示。选择适当的颜色，单击 OK 按钮即可。

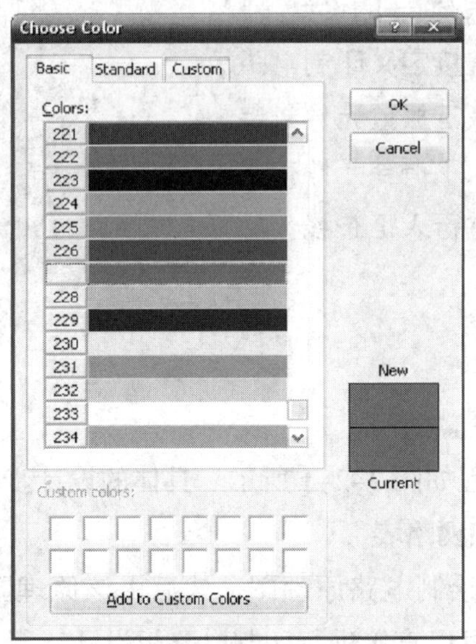

图 3-1-27　Choose Color 对话框

小提示

Protel DXP 2004 为用户提供了两种快捷的工作层面颜色设定方式，在 Board Layers and Colors 对话框中单击 Default Color Set 按钮，可以将系统颜色设置为默认颜色，单击 Classic Color Set 按钮，可以将系统颜色设置为经典颜色。

巩固练习

创建一个新项目，并建立一个新的 PCB 设计文件，电路板设为双面板，观察各工作层面，并观察 Default Color 和 Classic Color 的区别。

课题 2　人工布线单面板的制作

学习目标

1. 熟悉 PCB 的设计步骤。
2. 能直接定义印制电路板。
3. 能人工放置元件封装。
4. 能人工调整元件布局。
5. 能进行人工布线。

基础知识

印制电路板的设计流程如图 3-2-1 所示。具体的设计步骤如下：

1．准备电路原理图和网络表

根据设计要求设计并绘制电路原理图，然后由该原理图文件生成相应的网络表。对于较简单的原理图，也可以直接进行印制电路板设计。

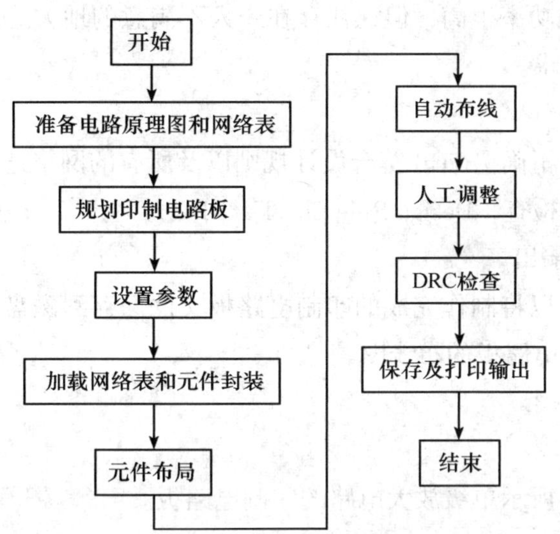

图 3-2-1 印制电路板的设计流程图

2. 规划印制电路板

在设计印制电路板之前，要对印制电路板有初步的规划，主要包括印制电路板的选择、采用几层印制电路板、板材的物理尺寸、各元件的封装形式等，这是一项非常重要的工作，是印制电路板设计的框架。

3. 设置参数

设置参数包括设置元件的布置参数、板层参数和布线参数等。在大多数情况下，可以直接使用系统的默认值，设置参数是一次性完成的，在后续的设计工作中很少需要修改。

4. 加载网络表和元件封装

网络表是自动布线的基础，是连接原理图和印制电路板的纽带。只有加载了网络表和进行了元件封装，印制电路板的自动布线才能完成。

5. 元件布局

规划印制电路板并导入网络表后，通过执行命令，系统将自动载入元件并将元件布置在印制电路板边框内。元件布局可以由系统自动完成，然后进行人工调整，布局合理后才能进行下一步的布线工作。元件布局是印制电路板设计中比较耗费精力的一个步骤，需要设计者有足够的耐心。

6. 自动布线

Protel DXP 2004 中自动布线的功能相当强大，只要把有关参数设置得适当、元件布局合理，系统就会根据设置的规则选择最佳的布线策略进行自动布线，成功率几乎为 100%。

7．人工调整

自动布线虽然成功率很高，但往往存在令人不满意的地方，这时就需要进行人工调整，以满足设计要求。

8．DRC 检查

布线完成后，为了确保 PCB 符合设计规则以及所有的网络连接正确，必须对印制电路板进行设计规则检查（Design Rule Check，DRC）。

9．保存及打印输出

完成布线后，可以将制作完成的印制电路板文件保存到磁盘，利用输出设备（如打印机等）输出印制电路板的布线图。

实例讲解

设计如图 3-2-2 所示单级放大电路的印制电路板。

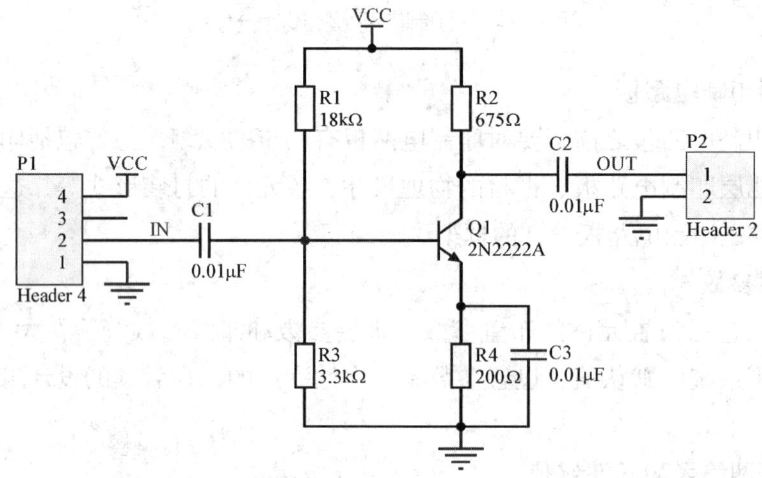

图 3-2-2　单级放大电路

设计要求：

1. 人工放置元件封装，元件信息见表 3-2-1。

表 3-2-1　元件信息表

元件序号	封装形式	元件名称	元件库
C1	RAD-0.3	Cap	Miscellaneous Devices.IntLib
C2	RAD-0.3	Cap	Miscellaneous Devices.IntLib
C3	RAD-0.3	Cap	Miscellaneous Devices.IntLib
P1	HDR1 × 4	Header 4	Miscellaneous Connectors.IntLib

续表

元件序号	封装形式	元件名称	元件库
P2	HDR1×2	Header 2	Miscellaneous Connectors.IntLib
Q1	TO-18	2N2222A	ST Discrete BJT.IntLib
R1	AXIAL-0.4	Res2	Miscellaneous Devices.IntLib
R2	AXIAL-0.4	Res2	Miscellaneous Devices.IntLib
R3	AXIAL-0.4	Res2	Miscellaneous Devices.IntLib
R4	AXIAL-0.4	Res2	Miscellaneous Devices.IntLib

2. 使用单面电路板。

3. 电源、地线的铜膜线宽度为 20 mil。

4. 一般布线的宽度为 10 mil。

5. 人工连接铜膜线。

新建一个名为“单级放大电路.PrjPCB”的项目文件，再在此项目下建立原理图文件“单级放大电路.SchDoc”，设计如图 3-2-2 所示的原理图。然后再为该项目建立一个名为“单级放大电路.PcbDoc”的 PCB 文件，此时的 Projcets 面板如图 3-2-3 所示。

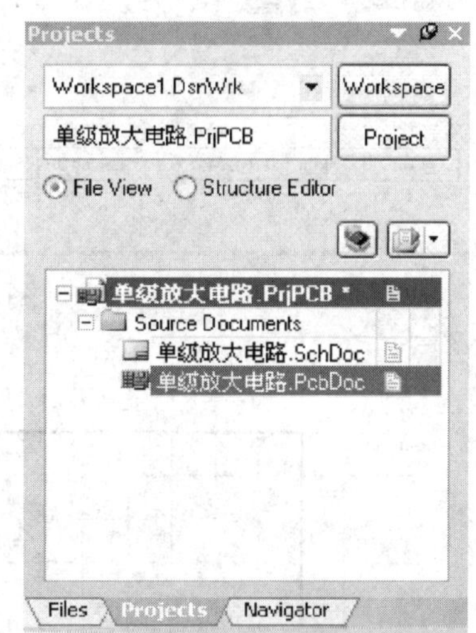

图 3-2-3 Projects 面板

一、直接定义印制电路板

实际设计印制电路板的过程中，经常要直接定义印制电路板。定义印制电路板主要是定义使用的板层和印制电路板的尺寸。

1. 定义印制电路板层

首先创建 PCB 项目文件，再执行菜单命令 File → New → PCB，这样建立的印制电路板是系统默认的双面板。设计单面板时，Top Layer 是元件层，不能布线，因而取消对该层的勾选。此时只有焊接层 Bottom Layer 是唯一可以布线的工作层，因此，信号层只选择 Bottom Layer，如图 3-2-4 所示。

2. 定义印制电路板边缘尺寸

将板层切换到 Keep-Out Layer，执行菜单命令 Place → Keepout → Track，绘制一个框，该框的尺寸即为印制电路板的尺寸，如图 3-2-5 所示。

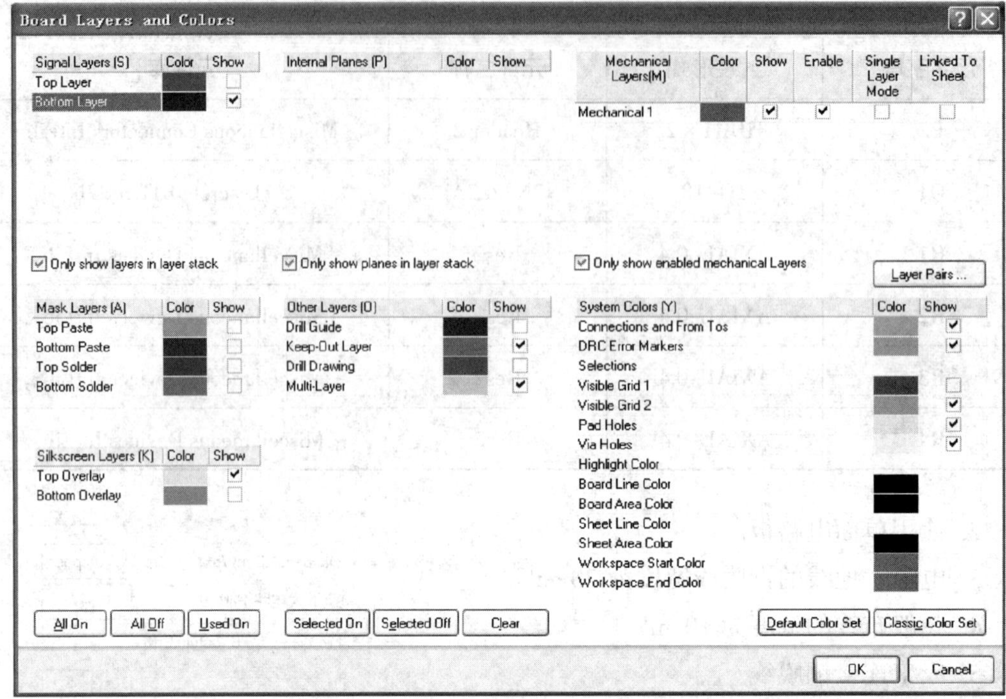

图 3-2-4　单面板的设置

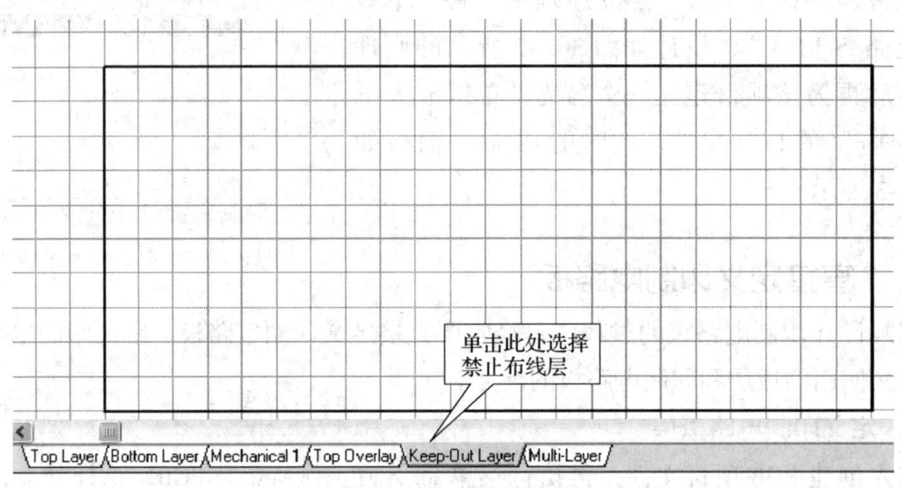

图 3-2-5　定义印制电路板的尺寸

小提示

印制电路板的电气外形尺寸一定要在 Keep-Out Layer 层中定义，而机械外形尺寸应在 Mechanical 1 层中定义。人工布线制作 PCB，可在布线完成后，按照实际大小，绘制印制电路板边框。

操作小技巧

绘制规定大小的边框时，应注意以下操作技巧：

· 设置光标移动间距：在 PCB 编辑区的空白处单击鼠标右键，弹出如图 3–2–6 所示的菜单，执行 Snap Grid 命令，选择合适的光标移动间距，可适当大些，这样容易定位。

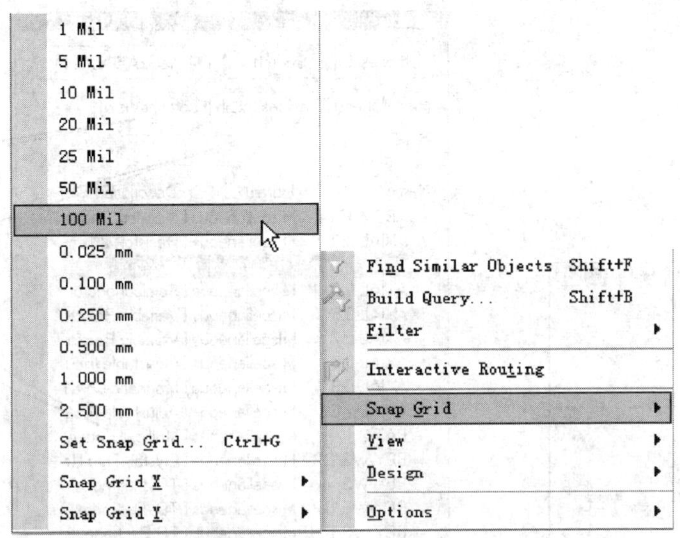

图 3–2–6 右键菜单

· 设置坐标原点：单击绘图工具栏中的原点设置按钮，如图 3–2–7 所示，设置坐标原点。为了显示原点，可以执行菜单命令 Tools → Preferences，在弹出的 Preferences 对话框 Protel PCB–Display 界面，选中 Origin Marker 前的复选框。

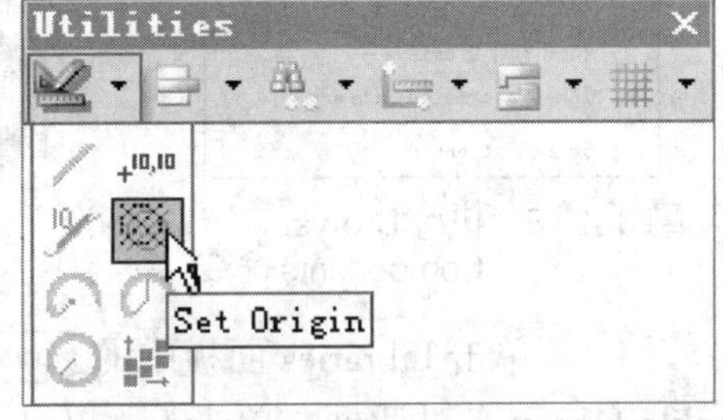

图 3–2–7 原点设置按钮

· 绘制矩形边框：在 Keep-Out Layer 层中，执行菜单命令 Place → Keepout → Track，从原点出发绘制矩形，在绘制过程中根据状态栏中的坐标确定边框的长度和宽度。

二、元件封装的放置

对于十分简单的电路，可以人工直接放置元件封装，然后根据原理图中导线的连接把焊盘用铜膜线连接起来，制成简单的印制电路板。

1. 元件库的管理

在放置元件封装之前，必须将电路所需元件封装所在的元件库加载到管理器中。通常的做法是装载必要且常用的元件库，其他不常用的元件库在需要时才载入内存，待封装放置完毕后再卸载这些特殊的元件库，因为如果一次加载过多的元件库，将会占用较多的系统资源，同时也会降低应用程序的执行效率。

（1）进入 Protel DXP 2004 PCB 工作界面后，执行 Design → Browse Components 命令或单击主工具条中的 按钮，打开 Libraries 面板，如图 3-2-8 所示。

（2）执行上述命令后，系统将弹出如图 3-2-9 所示的 Libraries 面板。

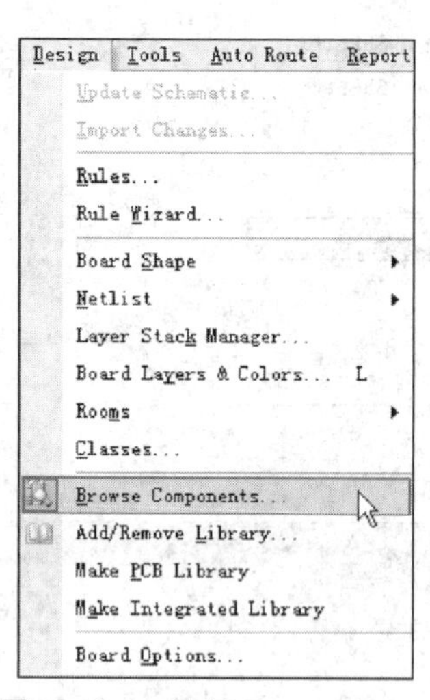

图 3-2-8　执行 Browse Components 命令

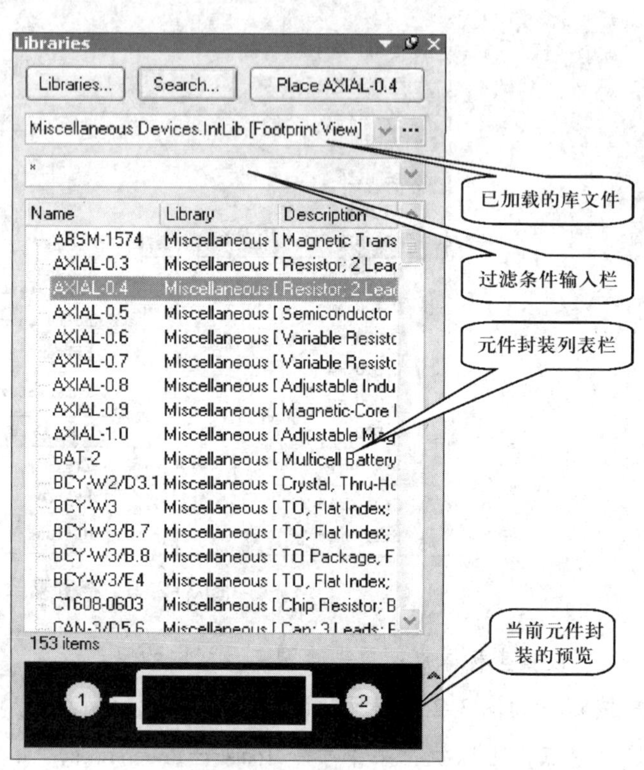

图 3-2-9　Libraries 面板

（3）单击 Libraries 面板中的 Libraries... 按钮，系统将弹出如图 3-2-10 所示的 Available Libraries 对话框。单击 Installed 选项卡，在该选项卡中显示已经载入内存的所有元件库列表及其文件目录。图中有两个元件库，是系统默认加载的。

小提示

在 Installed 选项卡的列表中选中一个元件库后，单击 Remove 按钮，系统将在内存中卸载该元件库，则该元件库将在列表中消失。

（4）在明确知道元件所在的元件库时，单击 Install... 按钮，系统将弹出加载元件库的对话框，从表 3-2-1 中可知，本例中 Q1 的封装所在元件库为"ST Discrete BJT.IntLib"，选择元件库的存盘路径和要加载的元件库文件"System\Program Files\Altium\Library\ST Microelectronics\ST Discrete BJT.IntLib"，单击 打开(O) 按钮，将该元件库加载到内存中，如图 3-2-11 所示。

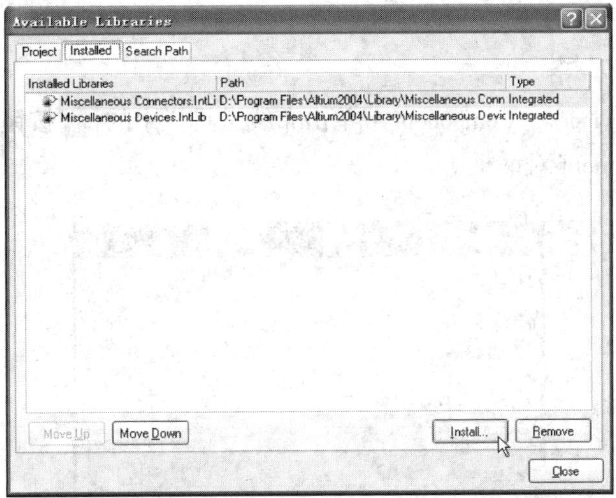

图 3-2-10 Available Libraries 对话框

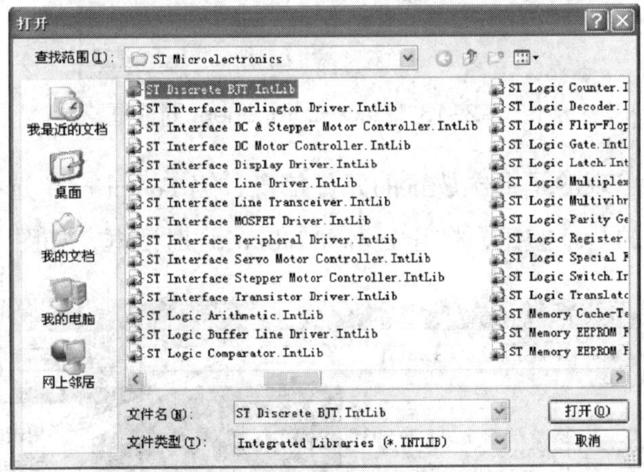

图 3-2-11 加载元件库

此时，在 Available Libraries 对话框中显示了加载的元件库名称，再单击 Close 按钮即可，如图 3-2-12 所示。

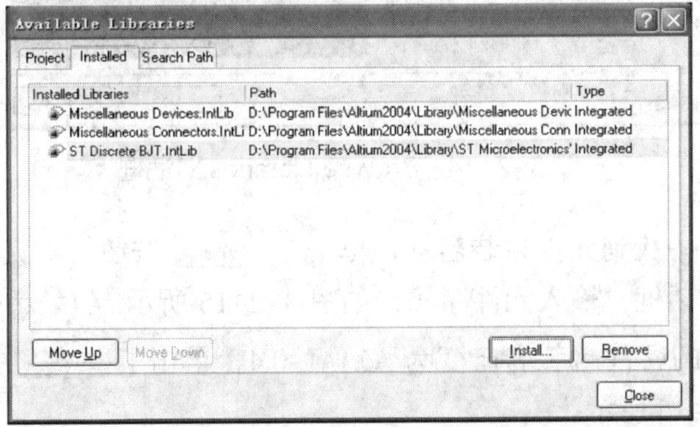

图 3-2-12 加载了所需元件库的 Available Libraries 对话框

2. 人工放置元件封装

（1）放置 R1 的封装

执行菜单命令 Place → Component 或单击布线工具栏中的按钮，弹出如图 3–2–13 所示的 Place Component 对话框。

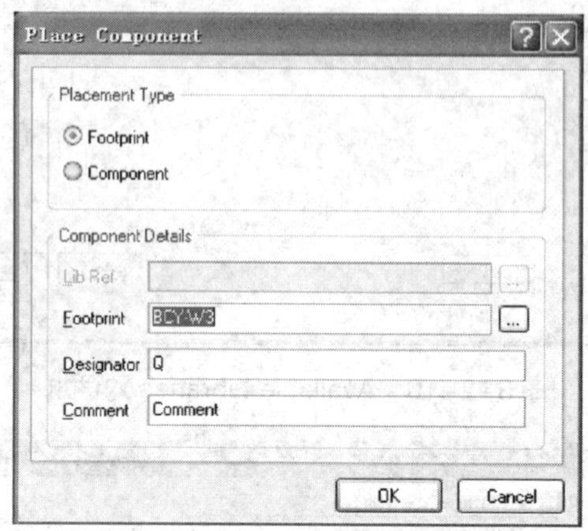

图 3–2–13　Place Component 对话框

在该对话框中出现的是上次放置的元件信息，当 Footprint 单选框被选中时，可以单击 Footprint 后面的 ... 按钮，打开 Browse Libraries 对话框，如图 3–2–14 所示。

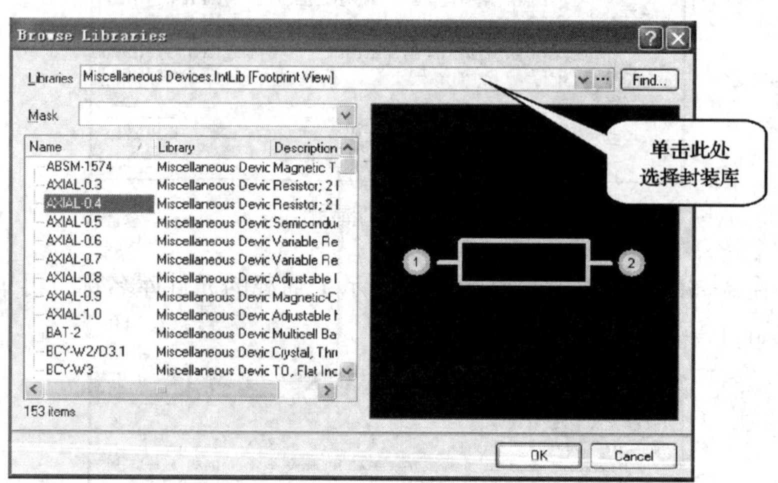

图 3–2–14　Browse Libraries 对话框

在元件名列表中找到元件封装名称，单击 OK 按钮，则完成元件选择，返回 Place Component 对话框，输入元件序号，如图 3–2–15 所示。

Footprint 栏中的元件封装名已变为 AXIAL-0.4，单击 OK 按钮，即可放置元件封装，如图 3–2–16 所示。

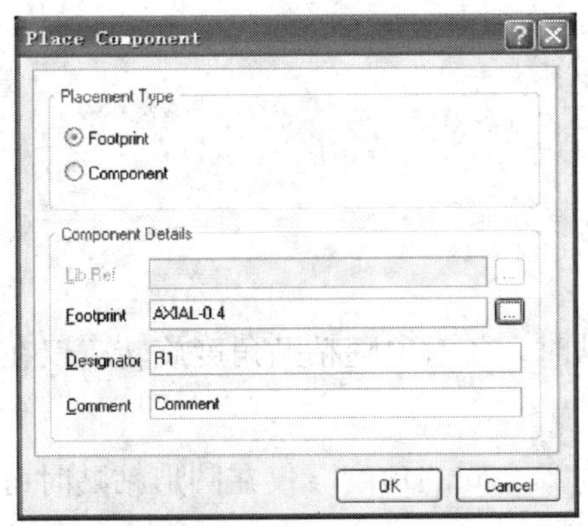

图 3-2-15　输入元件序号

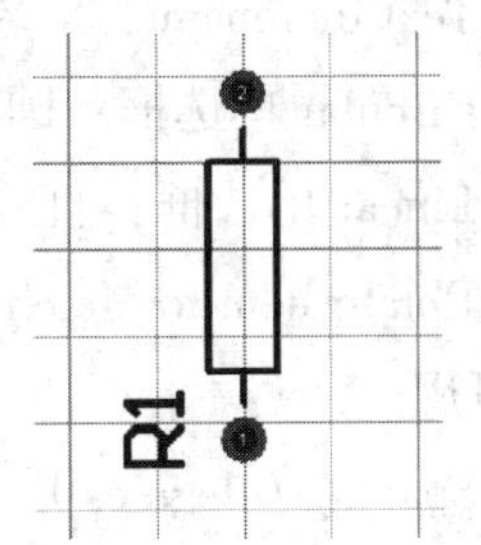

图 3-2-16　放置 R1 封装

（2）放置 R2、R3 和 R4 的封装

R2、R3 和 R4 的封装可以连续放置。对于较多的相同元件也可以用特殊粘贴（Paste Special）方法放置，下面进行详细介绍。

首先，选中 R1，执行菜单命令 Edit → Copy，此时光标变为十字形，移动光标至 R1 上单击鼠标左键，选取参考点，然后执行菜单命令 Edit → Paste Special，弹出如图 3-2-17 所示的 Paste Special 对话框。

其中，各设置项的含义如下：

· Paste on current layer：粘贴在当前层。

· Keep net name：保留网络标号。

· Duplicate designator：复制元件序号。

· Add to component class：加入元件类。

可以根据粘贴的需要，选择相应的粘贴选项，单击 Paste 按钮即可进行粘贴操作，完成一个元件的复制。

这里选择阵列粘贴，复制三个电阻封装。单击 Paste Array... 按钮，弹出如图 3-2-18 所示的 Setup Paste Array 对话框。

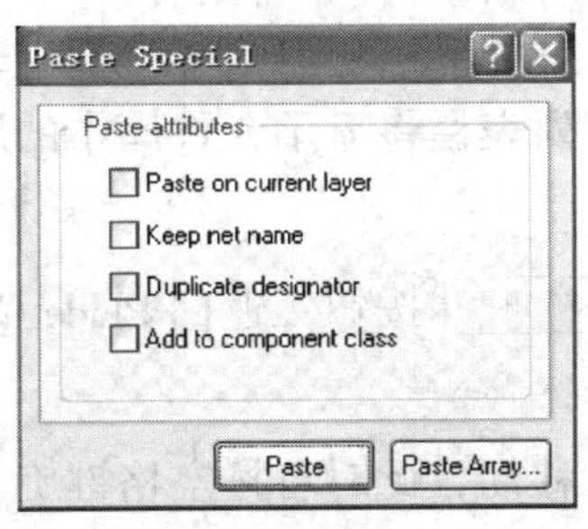

图 3-2-17　Paste Special 对话框

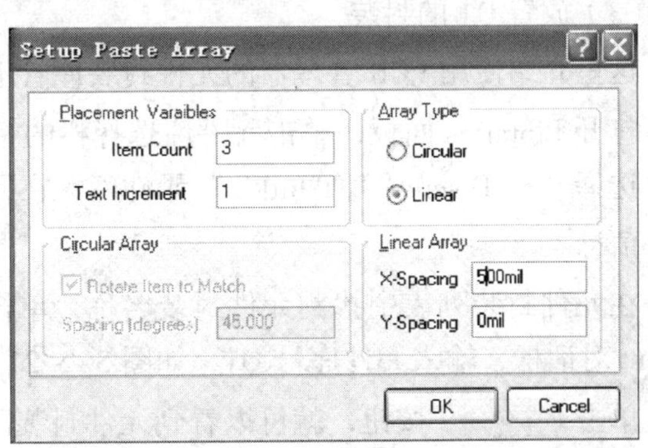

图 3-2-18　Setup Paste Array 对话框

其中，各设置项的含义如下：

· Item Count：要粘贴对象的个数。

· Text Increment：对象序号增量。

· Circular 单选框：圆形粘贴布局。

· Linear 单选框：直线粘贴布局。

· Rotate Item to Match 复选框：圆形粘贴时，各对象随粘贴角度旋转。仅在圆形粘贴时可用。

· Spacing（degrees）：圆形粘贴时，各对象之间的角度。仅在圆形粘贴时可用。

· X-Spacing：直线粘贴时对象水平间隔距离，正数表示从左向右，负数表示从右向左。仅在直线粘贴时可用。

· Y-Spacing：直线粘贴时对象垂直间隔距离，正数表示从下向上，负数表示从上向下。仅在直线粘贴时可用。

进行圆形粘贴操作时，需要在设置好参数后，单击 OK 按钮，然后移动光标到圆形粘贴的圆心，单击鼠标左键，再移动光标到圆形粘贴的圆周并再次单击鼠标左键，即可完成圆形粘贴。

这里选择直线粘贴，参数设置如图 3-2-18 所示，单击 OK 按钮，然后移动光标到需要粘贴的第一个位置，单击鼠标左键即可。粘贴效果如图 3-2-19 所示。

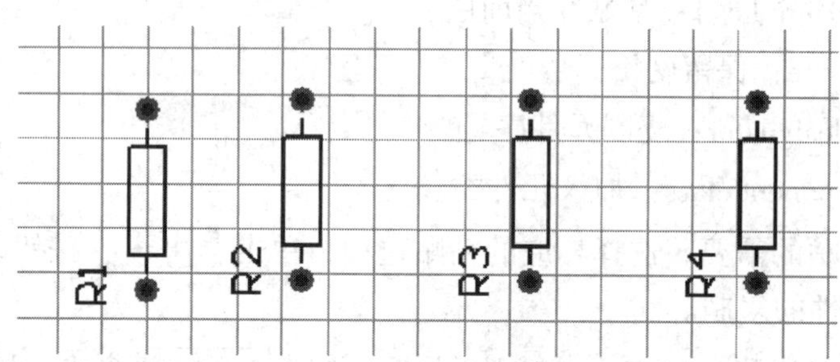

图 3-2-19　利用阵列粘贴放置元件的效果

（3）放置 Q1 的封装

这里介绍使用 PCB 管理器的元件封装库管理功能放置元件封装的方法。

打开 Libraries 面板，单击元件库选择栏的 按钮，如图 3-2-20 所示，在下拉列表中选择“ST Discrete BJT.IntLib”元件库，在元件封装列表栏将显示元件库中的所有元件信息。

在元件封装列表中找到元件封装名称，单击 Place TO-18 按钮，返回 Place Component 对话框，输入元件序号 Q1，如图 3-2-21 所示。

单击 OK 按钮，就可以看到元件封装跟随光标移动，此时可按空格键旋转元件，单击鼠标左键，放置 Q1 封装，如图 3-2-22 所示。

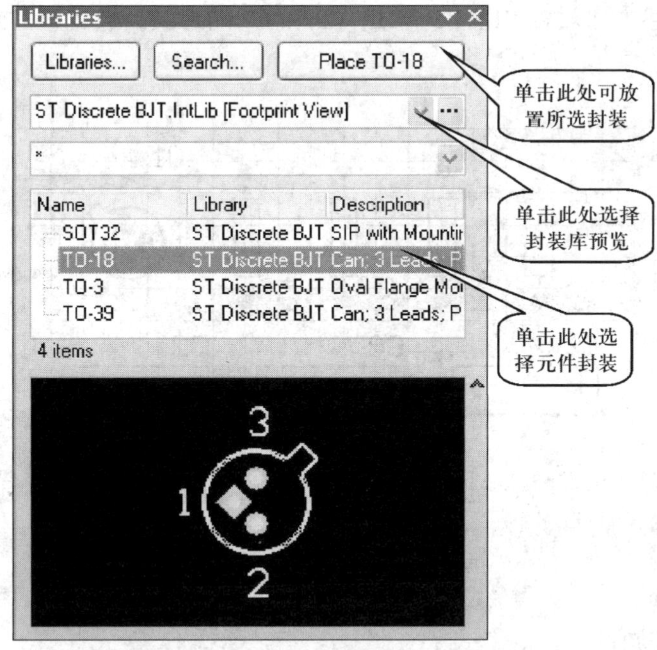

图 3-2-20 选择元件库及元件封装

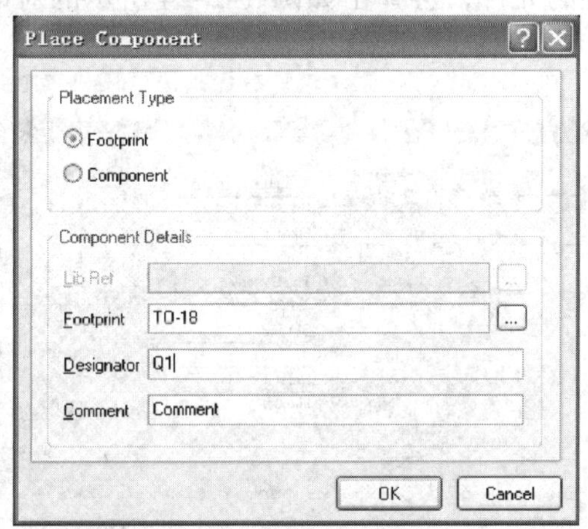

图 3-2-21 取用 Q1 封装

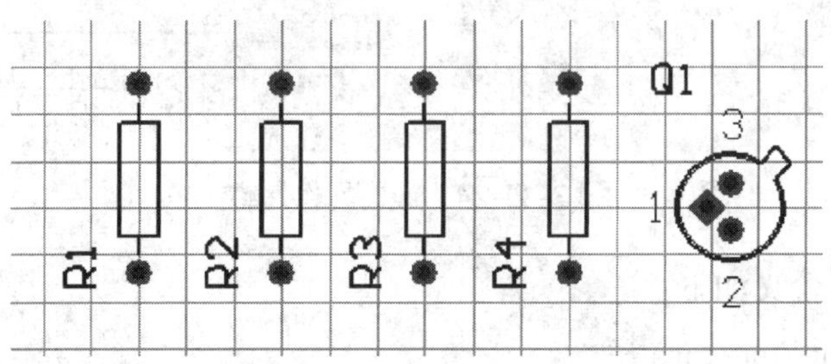

图 3-2-22 放置 Q1 封装

（4）利用上述方法放置 P1、P2、C1、C2 和 C3 的封装，放置好的封装如图 3-2-23 所示。

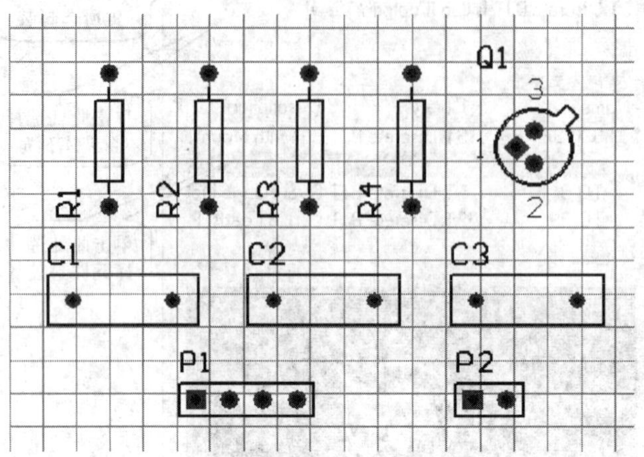

图 3-2-23　完成封装放置

3．设置元件属性

在放置元件封装的过程中（元件处于悬浮状态）按【Tab】键，或放置好元件后用鼠标双击需要调整属性的元件，会弹出如图 3-2-24 所示的对话框，在该对话框中可以设置元件的属性。

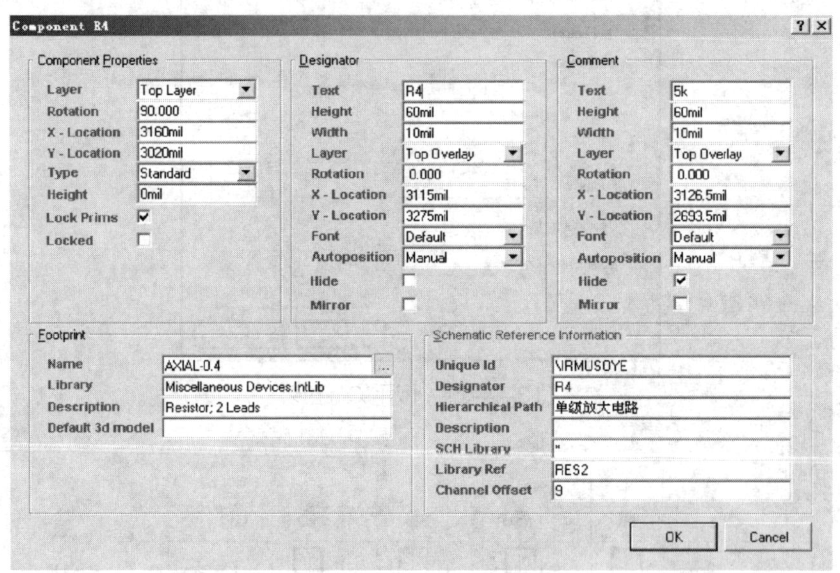

图 3-2-24　设置元件属性

其主要设置项含义如下：

（1）Component Properties 栏

· Layer 项：元件所在板层，元件一般放在顶层或底层。

· Rotation 项：元件旋转角度。

· X-Location 项：元件位置的 X 轴坐标。

· Y-Location 项：元件位置的 Y 轴坐标。

· Lock Prims 项：设定元件为整体图形，否则元件就是分散图形对象的集合。

· Locked 项：锁定元件，当选定时元件不能移动。

（2）Designator 栏

· Text 项：设置元件序号。

· Height 项：设置文字高度。

· Width 项：设置文字笔画宽度。

· Layer 项：设置元件序号所在的层面。

· Font 项：设置字体。

· Hide 项：隐藏元件序号。

· Mirror 项：设置元件序号是否镜像。

（3）Comment 栏

· Text 项：元件的注释，一般标示元件的参数。例如，元件是电阻，那么就是电阻的阻值。

· Hide 项：隐藏元件的注释。一般应选中，这样就不会在电路板上出现 Component 的内容。

· Comment 栏中其他的选项和 Designator 栏中的选项功能相同。

（4）Footprint 栏

Footprint 表示该元件的封装，一般不推荐在这里修改。如果需要修改封装，推荐到原理图中修改元件的封装，然后在原理图中更新印制电路板图。

三、元件布局

1. 元件布局的原则

元件布局是 PCB 设计项目中最重要的工作。布局是否合理会影响到 PCB 的安装、电磁干扰、系统稳定性以及 PCB 的布通率等。元件布局应该按照如下的顺序进行：先布置与机械尺寸有关的器件并锁定这些器件，然后布置大的、核心的元件，最后布置外围的小元件。好的布局应该考虑到以下几个方面：

（1）接插件的安装位置。插头、插座、显示器等接插件的位置应符合设计要求。

（2）元件在 PCB 上布置的位置平衡、疏密有致，不能出现头重脚轻的情况。

（3）散热要求。发热元件的放置位置要合理，散热要通畅，一般放置在边角、机箱内通风位置。发热元件一般都要用散热片，所以要考虑留出合适的空间安装散热片，此外，发热元件的发热部位与印制电路板的距离一般不小于 2 mm。电解电容、晶振、储管等热敏元件要与发热元件保持一定距离。

（4）尽量做到按模块布局。电路的输入端放在印制电路板左侧，输出端放在印制电路板右侧。

（5）尽量使连线的距离最短、交叉最少。

（6）抗干扰要求。这一要求的很多方面都是依靠经验来进行的，如输入和输出元件要尽量彼此远离；数字器件和模拟器件要分开，尽量远离；对于信号线来说，高频信号线应尽可能远离敏感的模拟器件；应尽可能缩短高频器件之间的连线，设法减少它们的分布参数和相互间的电磁干扰。

2．元件布局的实现

（1）移动元件

移动光标至元件 P1 上，按住鼠标左键不放，移动光标，拖拽 P1 至电路板的左边，移动过程中，也就是元件在悬浮状态下，按空格键（逆时针旋转 90°）调整元件的放置方向，松开鼠标左键，完成 P1 的移动。

小提示

尽量不要按【X】键或【Y】键翻转元件，因为在印制电路板中翻转元件具有特别的意义，这样有可能改变元件的封装。

根据元件布局的原则，按照同样的方法，移动其余的元件，如图 3-2-25 所示。

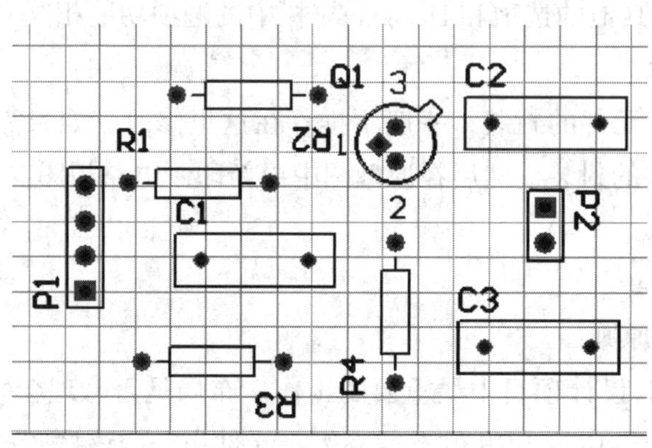

图 3-2-25　调整元件布局

（2）元件的排列

下面介绍将 R1、R2、R3 和 C1 对齐的操作方法。

1）选择 R1、R2、R3 和 C1。Protel DXP 2004 为用户提供了多种选择图件的方式，可以执行菜单命令 Edit → Select，弹出如图 3-2-26 所示的对话框。

各主要选择方式的具体功能介绍如下：

· Inside Area：选择指定区域内的所有图件。

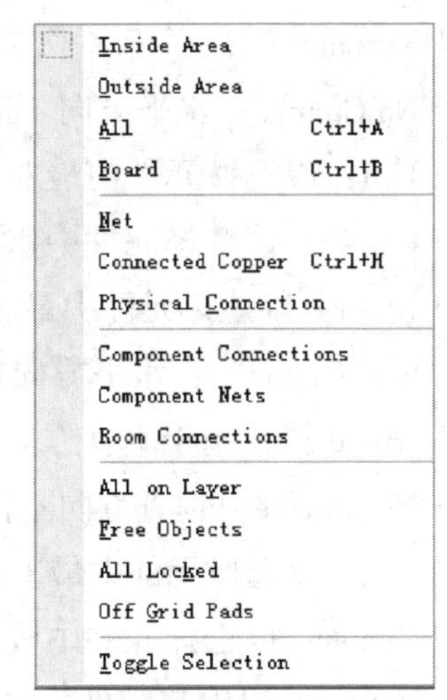

图 3–2–26　Protel DXP 2004 为用户提供的选择图件方式

· Outside Area：选择指定区域外的所有图件。

· All：选择所有的图件。

· Board：选中整板。

· Net：选择指定的网络。

· Connected Copper：选择铜膜线。

· Physical Connection：选择含有网络的铜膜线。

· All on Layer：选择当前板层上的所有图件。

· Free Objects：选择除元件以外的所有图件。

· All Locked：选择所有锁定的对象，即移动对象时需要确定的对象。

· Off Grid Pads：选择不在栅格上的焊盘。

· Toggle Selection：选择状态切换。当选择该菜单命令后，用鼠标可以选择未被选择的对象使其进入选择状态，还可以将已选择的对象去掉选择状态。

这里执行 Edit → Select → Inside Area 命令或单击主工具栏中的 ⬚ 按钮，光标变为十字形，移动光标到待选区域的适当位置，拖动鼠标拉出一个虚线框到对角，使 R1、R2、R3 和 C1 处于该虚线框中，最后单击鼠标左键确定。

2）对齐元件。执行菜单命令 Edit → Align 即弹出如图 3–2–27 所示的菜单。此菜单用于元件的排列与对齐。

①Align：执行该命令后，弹出如图 3–2–28 所示的 Align Objects 对话框。

对话框中各设置项含义如下：

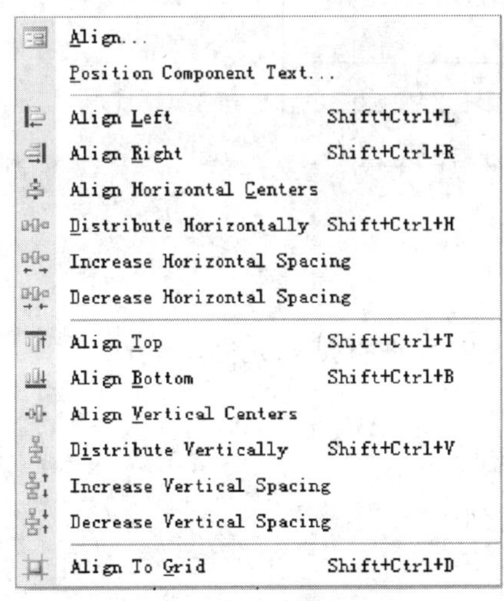

图 3–2–27　元件排列与对齐菜单

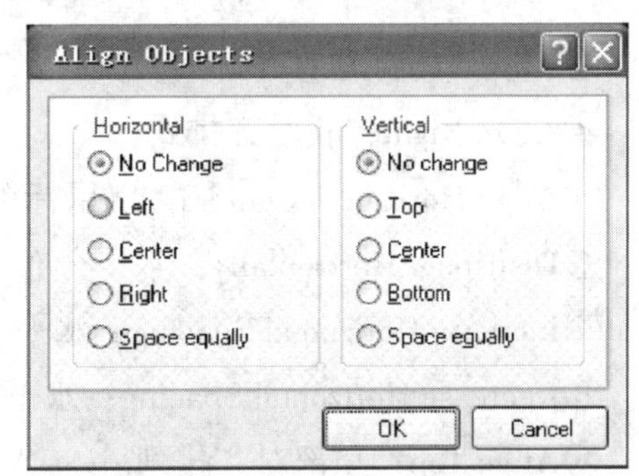

图 3–2–28　Align Objects 对话框

Horizontal 栏：用于水平方向对齐。

· No Change：水平方向不需要对齐。

· Left：以选择元件中最左边的元件对齐元件。

· Center：以选择元件中水平方向的中间位置对齐元件。

· Right：以选择元件中最右边的元件对齐元件。

· Space equally：水平方向均匀分布。

Vertical 栏：用于垂直方向对齐。

· No Change：垂直方向不需要对齐。

· Top：以选择元件中最上面的元件对齐元件。

· Center：以选择元件中垂直方向的中间位置对齐元件。

· Bottom：以选择元件中最下面的元件对齐元件。

· Space equally：垂直方向均匀分布。

②Position Component Text：该命令用于设置元件编号、注释的位置。当执行该命令后，在弹出的对话框中可以设置元件编号、注释的位置，如图 3-2-29 所示。其中 Designator 是元件编号，Comment 是元件注释。需要更改它们的位置时，只要用鼠标在需要位置的单选框中单击即可。

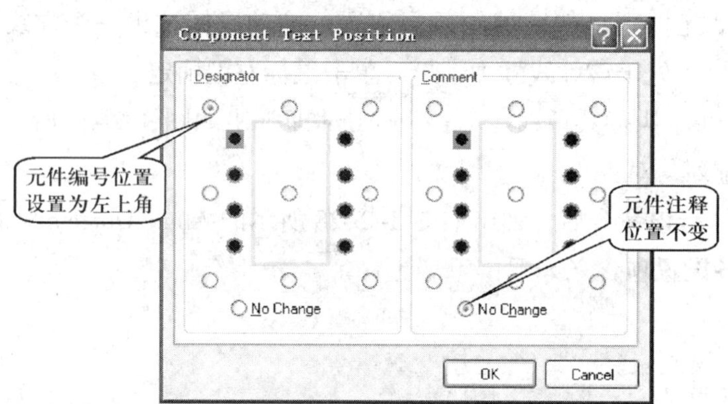

图 3-2-29　设置元件编号、注释的位置

③Align Left：左对齐排列。

④Align Right：右对齐排列。

⑤Align Horizontal Centers：以鼠标单击的元件为中心垂直排列元件。

⑥Distribute Horizontally：水平分布。

⑦Increase Horizontal Spacing：水平间距递增排列。

⑧Decrease Horizontal Spacing：水平间距递减排列。

⑨Align Top：顶部对齐排列。

⑩Align Bottom：底部对齐排列。

⑪Align Vertical Centers：以鼠标单击的元件为中心水平排列元件。

⑫Distribute Vertically：垂直分布。

⑬Increase Vertical Spacing：垂直间距递增排列。

⑭Decrease Vertical Spacing：垂直间距递减排列。

⑮Align To Grid：将元件移动到栅格上，栅格间距可以在输入框中输入。

这里先执行 Edit → Align → Distribute Vertically 命令，先使元件垂直分布，再执行 Edit → Align → Align Right 命令，右对齐排列，对齐后的效果如图 3-2-30 所示。

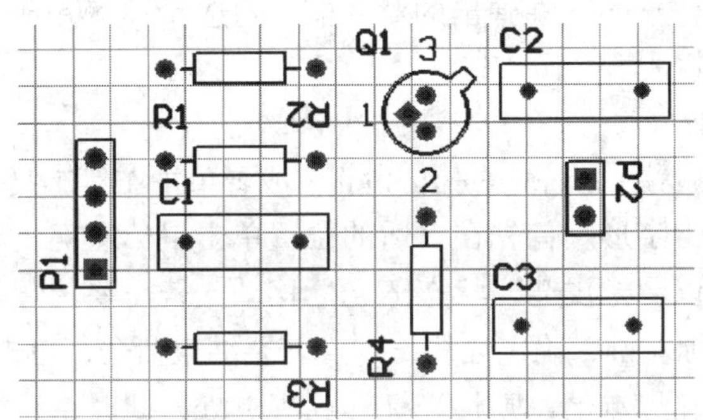

图 3-2-30　对齐 R1、R2、R3 和 C1

3）调整元件的编号、注释的方向及位置。元件布局完成后，经常会发现元件的标注过于杂乱，尽管元件的标注不会影响电路的正确性，但在一定程度上影响了电路的美观，而且会给电路板焊接时查找元件带来很大的麻烦，因此，有必要对元件标注进行调整。调整的标准是元件标注排列尽量美观、易于查找且大小适中。对元件标注的调整操作主要有移动、旋转和编辑，方法与元件操作方法相似。

①移动光标至文字 R2，按住鼠标左键，同时按空格键调整好文字方向，然后松开鼠标左键。按照同样的方法调整 R3、R4、P1 和 P2 的文字方向。

②框选全部实体，执行菜单命令 Edit → Align → Position Component Text，按照图 3-2-29 设置选项（本例中的元件注释已设置隐藏），然后单击 OK 按钮，效果如图 3-2-31 所示。

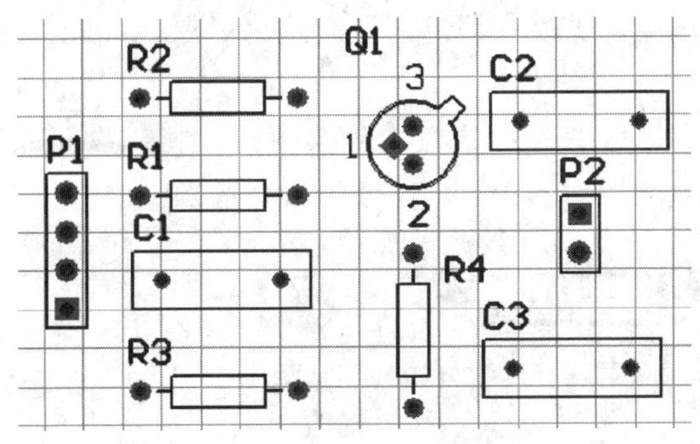

图 3-2-31　调整元件的编号方向及位置

小提示

尽量不要将元件的编号和注释放在元件的中间，因为将元件装上PCB 后，元件会遮盖住元件的编号和注释，给调试和维护带来很多不便。

四、人工布线

在元件布局完成后，即可根据原理图进行布线。本设计中尤其要注意 Q1 的引脚不能接错，在原理图中可双击 Q1，在弹出的对话框中勾选 ☑ Show All Pins On Sheet (Even if Hidden) ，就会显示 Q1 的引脚号。

1．铜膜线的放置

执行菜单命令 Place → Interactive Routing，或者单击布线工具栏上的 按钮启用命令，此时光标变成十字形。首先在合适的位置单击鼠标左键，确定导线的起点，然后拖动鼠标，导线将以“橡皮筋”状态随光标移动，若需要转弯就单击鼠标左键，到合适的位置再单击鼠标左键，确定导线终点。若要结束命令，单击鼠标右键即可。

如果导线要布置在焊点上，则将光标移到焊点处，此时系统会自动捕捉焊点，在焊点上会出现如图 3–2–32 所示的八边形，表示光标和焊点的中心重合。

放置导线过程中的一些实用方法如下：

（1）转角模式的切换

在布线过程中（导线尚未定位），随时在键盘上按【Shift】+ 空格键，可以在 90° 转角、90° 圆弧转角、任意模式转角、45° 转角和 45° 圆弧转角五种模式中来回切换。

（2）导线方向的切换

在布线过程中，按空格键即可实现导线方向的切换。

（3）板层的切换

1）如果在非命令状态要切换当前板层，可以单击 PCB 绘图区下方的板层标签，也可以通过按小键盘上的【*】键来实现顶层和底层的切换。

2）如果在布线命令状态下，需要在不同板层中布线，光标不能移开绘图区，此时需要采用快捷键方式，通过按小键盘上的【*】键来实现顶层和底层的切换，切换后会自动添加一个过孔，并且导线改变颜色，过渡到另一层，如图 3–2–33 所示。

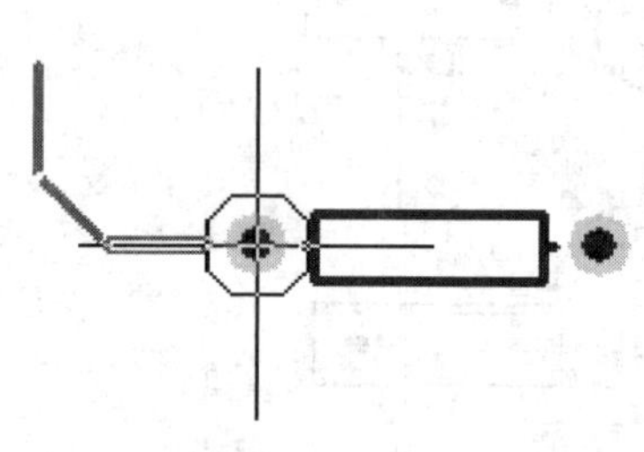

图 3–2–32　光标和焊点的中心重合

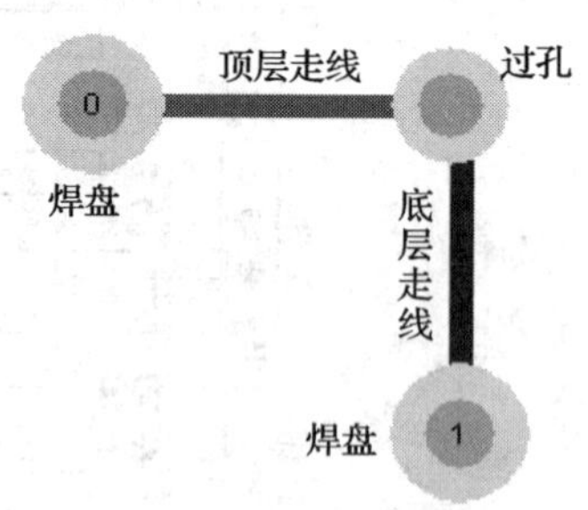

图 3–2–33　用【*】键实现板层切换

（4）取消前一段导线放置

在导线放置状态下，如果要取消前一段已放置好的导线，在键盘上按【Backspace】键即可。

本课题要求人工放置元件封装，因此，在放置铜膜线前需要进行操作设置。执行 Tools → Preferences 命令，在弹出的对话框中取消选中 Online DRC，Mode 项选取 Push Obstacle，勾选 Restrict To 90/45 选项，如图 3-2-34 所示。

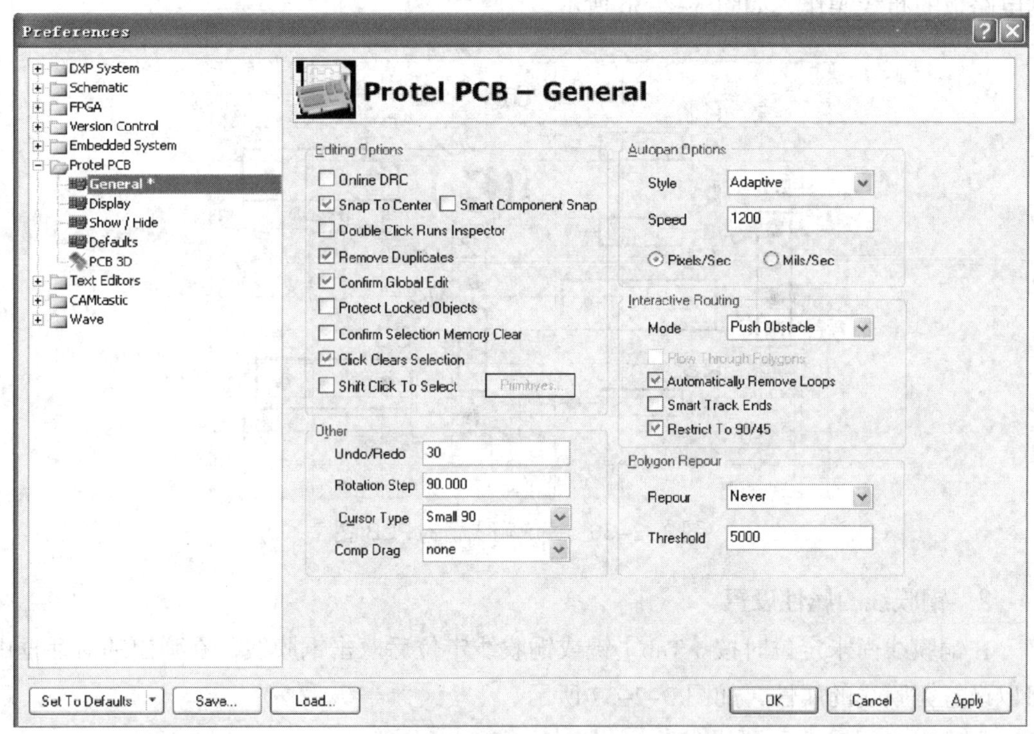

图 3-2-34 操作选项

小提示

Online DRC 选项的功能是设置实时设计规则检查以防止错误发生，程序默认本选项的功能，自动装载元件封装时都需选取该项。

Mode 项选取 Push Obstacle，为推线式走线，若遇到障碍物时，会将该障碍物推开，让目前的走线顺利通过。

Restrict To 90/45 选项的功能是进行交互式走线时，只能垂直走线或 45° 走线。

本设计要求为单面板，因此，单击工作区下方的 Bottom Layer 标签，将布线层设置为底层。用鼠标单击布线工具栏中的 按钮，此时光标显示成一个小十字形，当光标移至 P1 的 1 号引脚处出现一个八边形边框时，单击鼠标左键确定导线的起点。按空格键切换导线方向，移动光标至 R3 的 1 号引脚处，此时该引脚位置出现一个八边形边框，单击鼠标左键确定导线的方向，再单击鼠标左键确定导线的终点，然后单击鼠标右键退出放置导线命令状态，即完成一条铜膜线的放置，如图 3-2-35 所示。

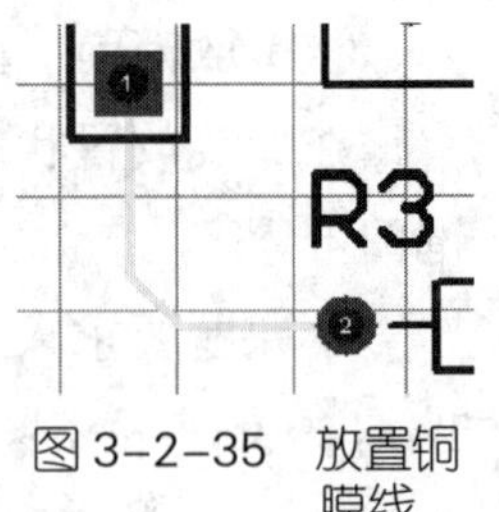

图 3-2-35　放置铜膜线

用同样的方法按照原理图的接线绘制其余的铜膜线，完成印制电路板的布线操作，如图 3-2-36 所示。

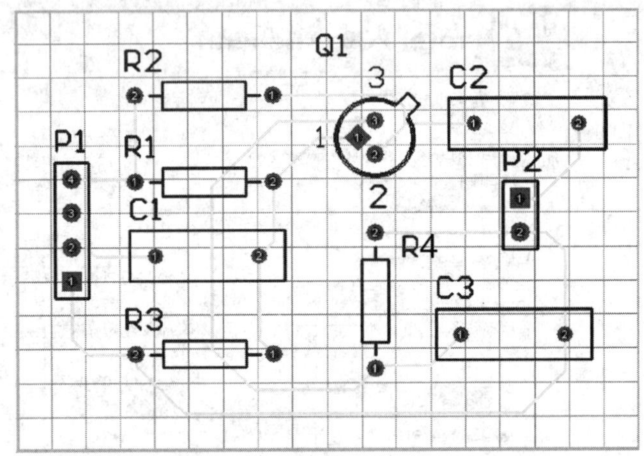

图 3-2-36　完成布线后的 PCB 图

2. 铜膜线的属性设置

在铜膜线尚未定位时按【Tab】键或铜膜线定位后双击铜膜线，在弹出的对话框中可以设置铜膜线的属性，如图 3-2-37 所示。

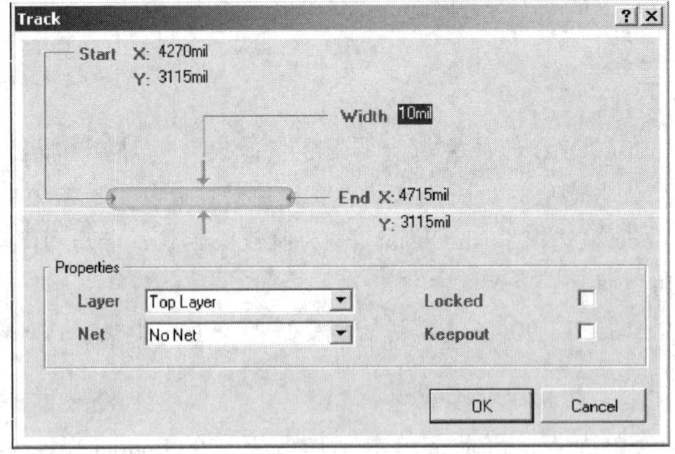

图 3-2-37　设置铜膜线的属性

对话框中各设置项的含义如下：

· Start X：铜膜线的 X 轴起始坐标。

· Start Y：铜膜线的 Y 轴起始坐标。

· Width：铜膜线的宽度。

· End X：铜膜线的 X 轴终止坐标。

· End Y：铜膜线的 Y 轴终止坐标。

· Layer：铜膜线所在的板层。

· Net：铜膜线所连接的网络。

· Locked：如果选中，则可在图纸中将铜膜线锁定。

· Keepout：禁止布线区，如果选中，则会在铜膜线周围出现一个 Keepout 属性的区域，以禁止进行自动布线。

本例中需要加宽电源线和地线，可以逐个调整电源线和地线的宽度，调整完电源线和地线宽度后的 PCB 如图 3-2-38 所示。

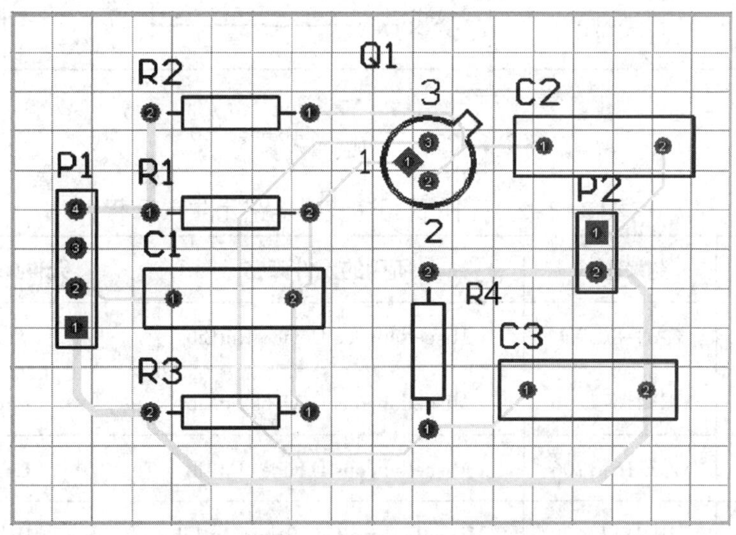

图 3-2-38 调整完电源线和地线宽度后的 PCB

至此，单面 PCB 的人工布线就制作完成了，最后将文件保存到指定路径中即可。

巩固练习

试设计下列各图所示电路的印制电路板。设计要求：

（1）使用单面电路板。

（2）电源、地线的铜膜线宽度为 25 mil。

（3）一般布线的宽度为 12 mil。

（4）人工放置元件封装。

（5）人工连接铜膜线。

1. 二阶低通滤波器电路（图 3-2-39），元件信息见表 3-2-2。

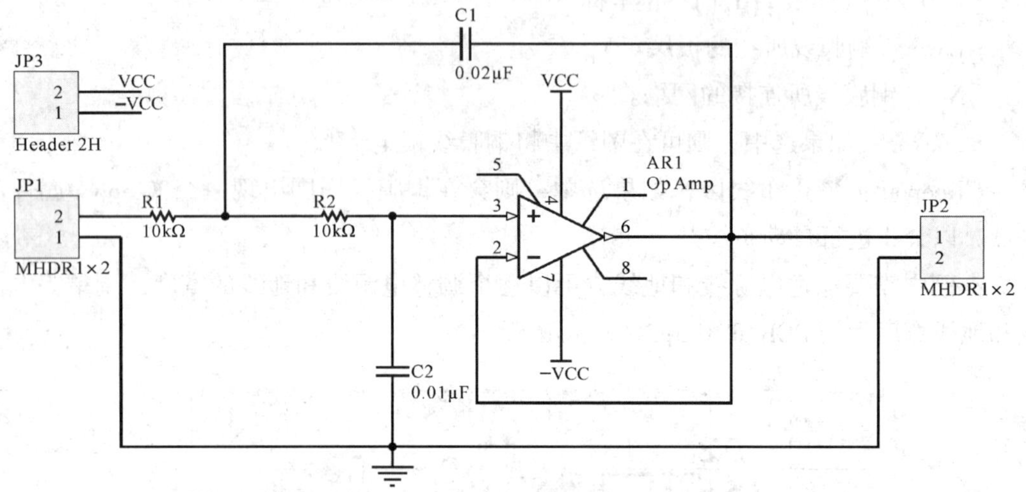

图 3-2-39　二阶低通滤波器电路

表 3-2-2　二阶低通滤波器电路元件信息表

元件序号	封装形式	所用的元件库名	元件库中的型号
AR1	CAN-8/D9.4	Miscellaneous Devices.IntLib	Op Amp
C1	CC3216-1206	Miscellaneous Devices.IntLib	Cap Semi
C2	CC3216-1206	Miscellaneous Devices.IntLib	Cap Semi
JP1	MHDR1 × 2	Miscellaneous Connectors.IntLib	MHDR1 × 2
JP2	MHDR1 × 2	Miscellaneous Connectors.IntLib	MHDR1 × 2
JP3	HDR1 × 2H	Miscellaneous Connectors.IntLib	Header 2H
R1	AXIAL-0.3	Miscellaneous Devices.IntLib	Res1
R2	AXIAL-0.3	Miscellaneous Devices.IntLib	Res1

2. 555 时基电路（图 3–2–40），元件信息见表 3–2–3。

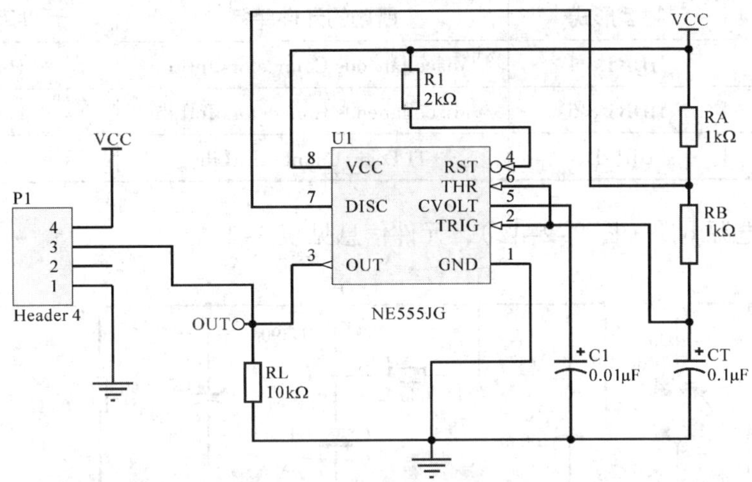

图 3–2–40 555 时基电路

表 3–2–3 555 时基电路元件信息表

元件序号	封装形式	所用的元件库名	元件库中的型号
C1	RAD–0.1	Miscellaneous Devices.IntLib	Cap Pol1
CT	RAD–0.1	Miscellaneous Devices.IntLib	Cap Pol1
P1	HDR1 × 4	Miscellaneous Connectors.IntLib	Header 4
R1	AXIAL–0.3	Miscellaneous Devices.IntLib	Res2
RA	AXIAL–0.3	Miscellaneous Devices.IntLib	Res2
RB	AXIAL0.3	Miscellaneous Devices.IntLib	Res2
RL	AXIAL–0.3	Miscellaneous Devices.IntLib	Res2
U1	DIP–8	TI Analog Timer Circuit.IntLib	NE555JG

3. 计数器电路（图 3–2–41），元件信息见表 3–2–4。

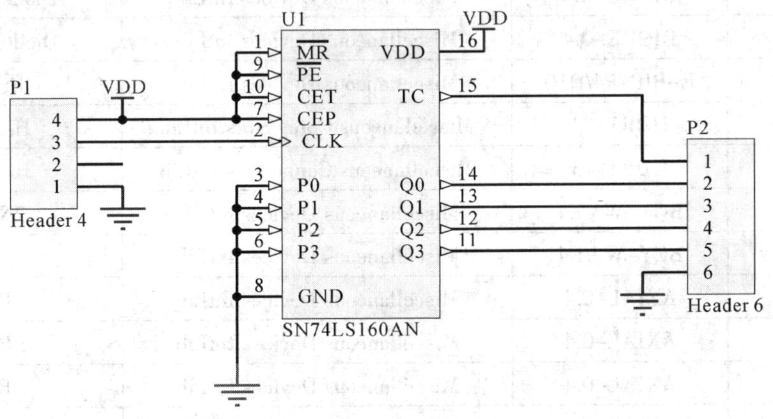

图 3–2–41 计数器电路

表 3–2–4　计数器电路元件信息表

元件序号	封装形式	所用的元件库名	元件库中的型号
P1	HDR1 × 4	Miscellaneous Connectors.IntLib	Header 4
P2	HDR1 × 6	Miscellaneous Connectors.IntLib	Header 6
U1	DIP–16	TI Logic Counter.IntLib	SN74LS160AN

4. 正负电源电路（图 3–2–42），元件信息见表 3–2–5。

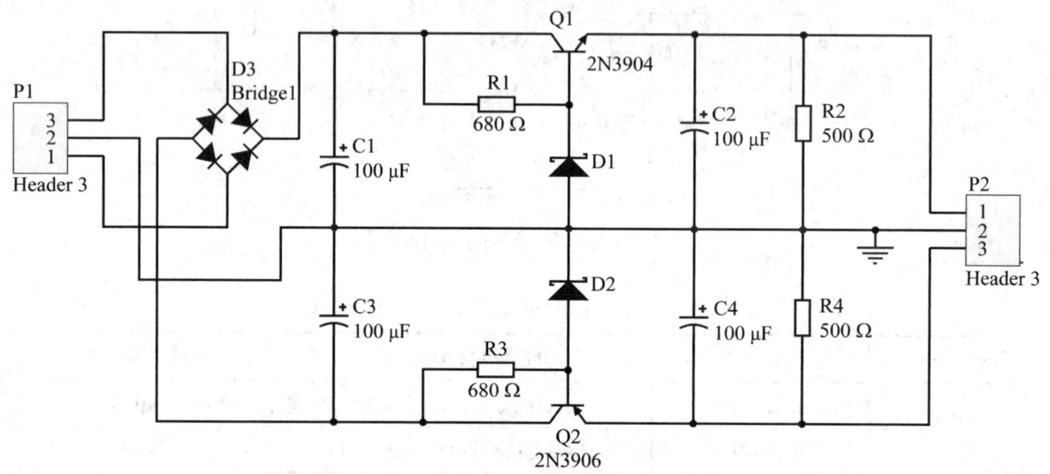

图 3–2–42　正负电源电路

表 3–2–5　正负电源电路元件信息表

元件序号	封装形式	所用的元件库名	元件库中的型号
C1	RB7.6–15	Miscellaneous Devices.IntLib	Cap Pol1
C2	RB7.6–15	Miscellaneous Devices.IntLib	Cap Pol1
C3	RB7.6–15	Miscellaneous Devices.IntLib	Cap Pol1
C4	RB7.6–15	Miscellaneous Devices.IntLib	Cap Pol1
D1	DIODE–0.4	Miscellaneous Devices.IntLib	Diode 11DQ03
D2	DIODE–0.4	Miscellaneous Devices.IntLib	Diode 11DQ03
D3	E–BIP–P4/D10	Miscellaneous Devices.IntLib	Bridge1
P1	HDR1 × 3	Miscellaneous Connectors.IntLib	Header 3
P2	HDR1 × 3	Miscellaneous Connectors.IntLib	Header 3
Q1	BCY–W3/E4	Miscellaneous Devices.IntLib	2N3904
Q2	BCY–W3/E4	Miscellaneous Devices.IntLib	2N3906
R1	AXIAL–0.4	Miscellaneous Devices.IntLib	Res2
R2	AXIAL–0.4	Miscellaneous Devices.IntLib	Res2
R3	AXIAL–0.4	Miscellaneous Devices.IntLib	Res2
R4	AXIAL–0.4	Miscellaneous Devices.IntLib	Res2

5. 方波发生器电路（图 3–2–43），元件信息见表 3–2–6。

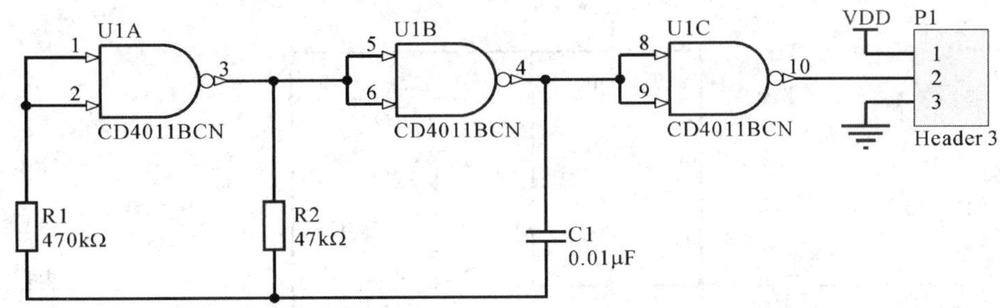

图 3–2–43 方波发生器电路

表 3–2–6 方波发生器电路元件信息表

元件序号	封装形式	所用的元件库名	元件库中的型号
C1	RAD–0.3	Miscellaneous Devices.IntLib	Cap
P1	HDR1 × 3	Miscellaneous Connectors.IntLib	Header 3
R1	AXIAL–0.4	Miscellaneous Devices.IntLib	Res2
R2	AXIAL–0.4	Miscellaneous Devices.IntLib	Res2
U1A~U1C	N14A	FSC Logic Gate.IntLib	CD4011BCN

6. 与非门组成的振荡器电路（图 3–2–44），元件信息见表 3–2–7。

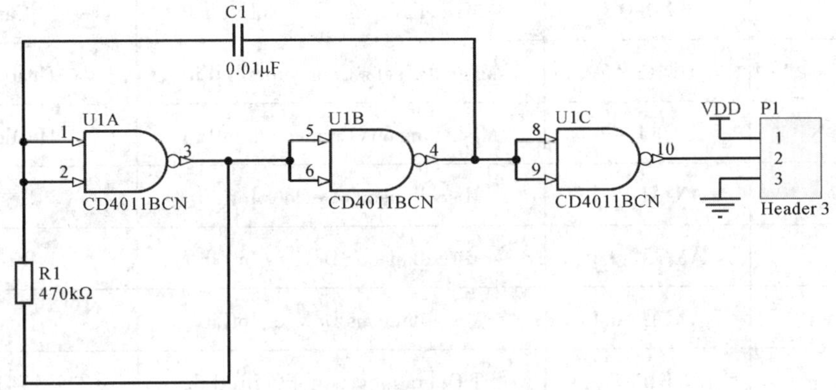

图 3–2–44 与非门组成的振荡器电路

表 3–2–7 与非门组成的振荡器电路元件信息表

元件序号	封装形式	所用的元件库名	元件库中的型号
C1	RAD–0.3	Miscellaneous Devices.IntLib	Cap
P1	HDR1 × 3	Miscellaneous Connectors.IntLib	Header 3
R1	AXIAL–0.4	Miscellaneous Devices.IntLib	Res2
U1A~U1C	N14A	FSC Logic Gate.IntLib	CD4011BCN

7. 二阶带通滤波器电路（图 3-2-45），元件信息见表 3-2-8。

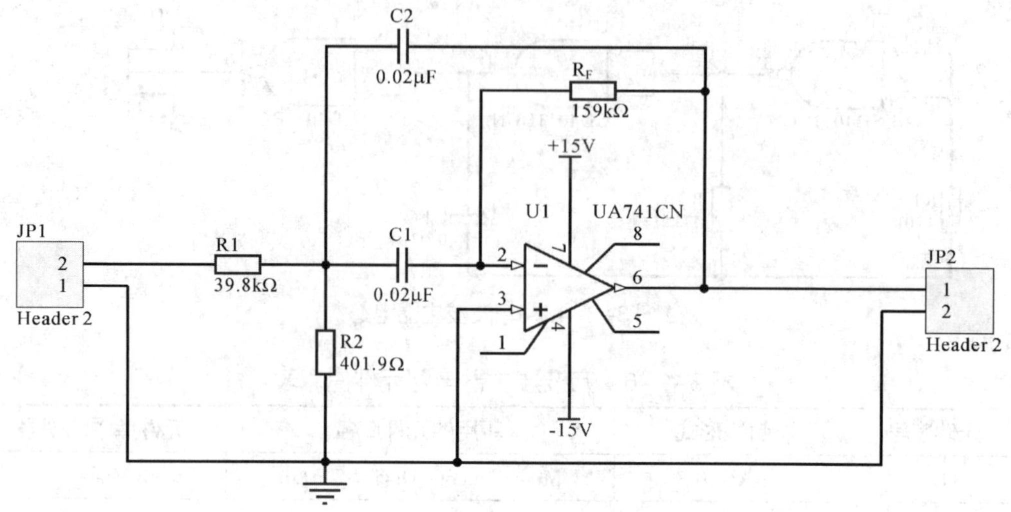

图 3-2-45　二阶带通滤波器电路

表 3-2-8　二阶带通滤波器电路元件信息表

元件序号	封装形式	所用的元件库名	元件库中的型号
C1	RAD-0.3	Miscellaneous Devices.IntLib	Cap
C2	RAD-0.3	Miscellaneous Devices.IntLib	Cap
JP1	HDR1×2	Miscellaneous Connectors.IntLib	Header 2
JP2	HDR1×2	Miscellaneous Connectors.IntLib	Header 2
R1	AXIAL-0.4	Miscellaneous Devices.IntLib	Res2
R2	AXIAL-0.4	Miscellaneous Devices.IntLib	Res2
R_F	AXIAL-0.4	Miscellaneous Devices.IntLib	Res2
U1	DIP8	ST Operational Amplifier.IntLib	UA741CN

课题 3 人工布线双面板的制作

学习目标

1. 能使用菜单命令定义电路板。
2. 能利用同步器载入网络表和元件封装。
3. 能进行元件的人工布局和双面板的人工布线。
4. 能进行尺寸标注的放置与属性编辑。
5. 能正确打印 PCB 图。

实例讲解

对于较复杂的电路，采用单面板布线很困难且布通率不高，因此，通常采用双面板。本例要求设计如图 3–3–1 所示的自激多谐振荡器电路的电路板。

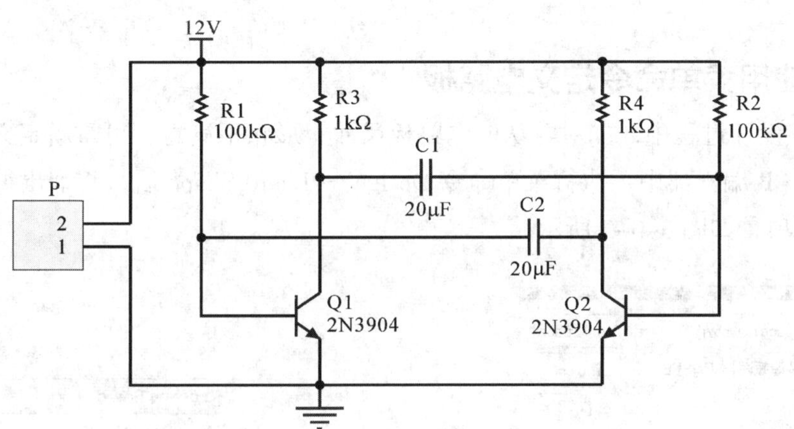

图 3–3–1 自激多谐振荡器电路原理图

设计要求：

1. 使用双面电路板。
2. 自动载入元件封装（元件信息见表 3–3–1）。
3. 电源、地线的铜膜线宽度为 25 mil。
4. 一般布线的宽度为 12 mil。
5. 人工连接铜膜线。

表 3–3–1　自激多谐振荡器电路元件信息表

元件序号	封装形式	元件名称	元件库
C1	RAD–0.3	Cap	Miscellaneous Devices.IntLib
C2	RAD–0.3	Cap	Miscellaneous Devices.IntLib
P	HDR1 × 2	Header 2	Miscellaneous Connectors.IntLib
Q1	BCY–W3/E4	2N3904	Miscellaneous Devices.IntLib
Q2	BCY–W3/E4	2N3904	Miscellaneous Devices.IntLib
R1	AXIAL–0.3	Res1	Miscellaneous Devices.IntLib
R2	AXIAL–0.3	Res1	Miscellaneous Devices.IntLib
R3	AXIAL–0.3	Res1	Miscellaneous Devices.IntLib
R4	AXIAL–0.3	Res1	Miscellaneous Devices.IntLib

新建一个名为“自激多谐振荡器 .PrjPCB”的 PCB 项目，再在此项目下建立原理图文件“自激多谐振荡器 .SchDoc”，设计如图 3–3–1 所示的电路原理图。然后为该项目建立一个名为“自激多谐振荡器 .PcbDoc”的 PCB 文件。此时 Projects 工作面板的内容如图 3–3–2 所示。

一、使用菜单命令定义电路板

在 PCB 设计过程中，如对默认的电路板尺寸、形状不满意，可重新定义电路板。

1. 在 PCB 编辑器中，执行菜单命令 Design → Board Shape 后，将弹出编辑 PCB 外形的菜单选项，如图 3–3–3 所示。

图 3–3–2　Projects 工作面板的内容

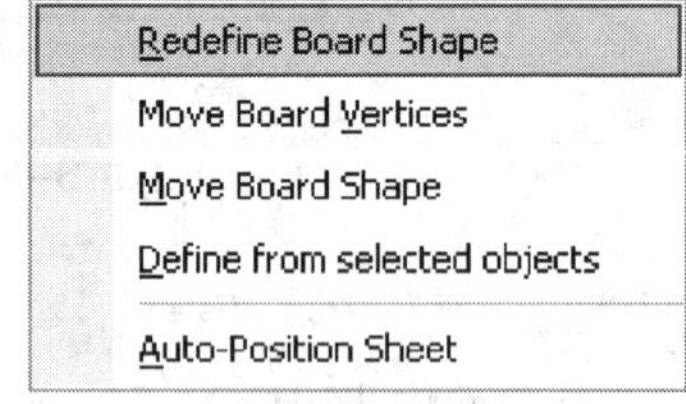

图 3–3–3　编辑 PCB 外形的菜单选项

各选项含义如下：

· Redefine Board Shape：重新定义 PCB 形状。

· Move Board Vertices：移动 PCB 边框顶点。

· Move Board Shape：移动 PCB 边框。

· Define from selected objects：根据选定的元件定义板形。

· Auto-Position Sheet：自动定位图纸。

2. 执行上述菜单中的 Redefine Board Shape 命令，光标变成十字形，工作窗口变成绿色，系统进入编辑 PCB 外形的命令状态。将光标移至适当的位置单击鼠标左键，确定板边的起点，移动光标依次确定各板边，如图 3-3-4 所示，然后单击鼠标右键，从而形成一定形状的电路板。

3. 单击工作窗口下方的 Mechanical 1 标签，将当前的工作层面设定为【Mechani cal1】，在该层面上确定电路板的物理边界。

选择绘图工具栏中的绘制直线工具 ，光标变成十字形，画出所需的线框，如图 3-3-5 所示。

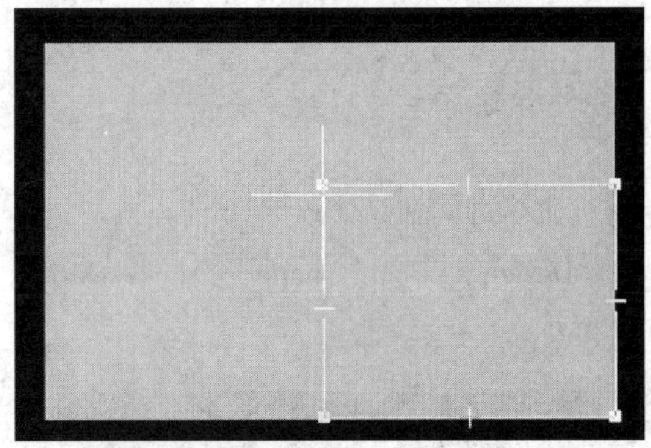

图 3-3-4　定义 PCB 的形状

图 3-3-5　定义电路板的物理边界

在绘制好的线段上双击鼠标左键，即可弹出如图 3-3-6 所示的 Track 对话框。

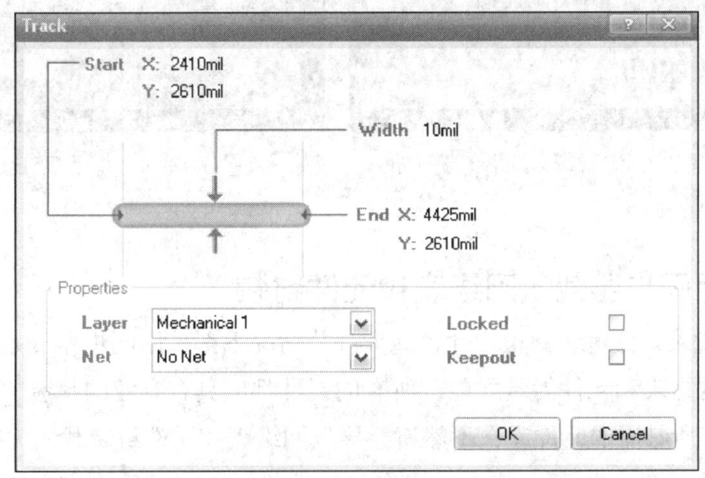

图 3-3-6　Track 对话框

在该对话框中，可以对 Track 的线宽、层面、网络、起点 *X* 轴坐标和 *Y* 轴坐标、终点 *X* 轴坐标和 *Y* 轴坐标等属性进行设定，从而精确定位导线的长度并设置所在工作层面和线宽。

4. 单击工作窗口下方的 Keep-Out Layer 标签，将当前的工作层面设定为 Keep-Out Layer，执行菜单命令 Place → Keepout → Track，光标变成十字形，在该层面上确定电路板的电气边界。方法与规划物理边界的方法完全相同，这里不再赘述。通常将电气边界的范围与物理边界的范围规定成相同大小。所有信号的目标对象（如焊盘、过孔等）和走线都将被限定在电气边界内，电气边界也可以在元件布局后调整。

小提示

PCB 边框绘制完毕后，如果对边框的外形不满意，可以进行调整。

· 修改 PCB 边框外形：执行菜单命令 Design → Board Shape → Move Board Vertices，光标变成十字形，PCB 区域内变成绿色的选中状态。将光标移至边框上的小十字光标处，按住鼠标左键不放，拖动光标，如图 3–3–7 所示。

· 移动 PCB 边框：在绘制电路板边界时，如果发现 PCB 的外形不适合电路板边界，可以执行菜单命令 Design → Board Shape → Move Board Shape 移动 PCB 边框，如图 3–3–8 所示。

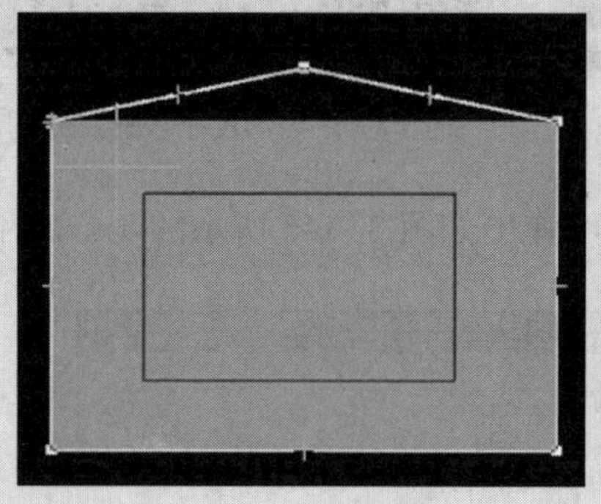

图 3–3–7　修改 PCB 边框外形

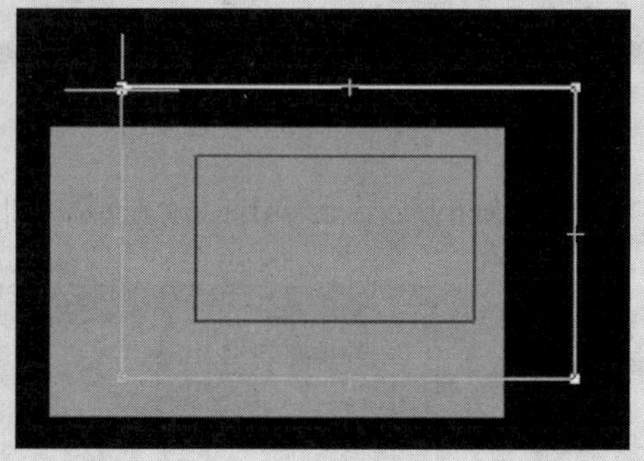

图 3–3–8　移动 PCB 边框

二、利用同步器载入网络表和元件封装

为了确保载入元件封装的正确性，绝大部分情况下都采用同步器载入元件封装。在载入网络表和元件封装之前，所有的元件都应具有有效的封装，而且要先导入该电路所必需的元件库，不然将会导致网络表和元件封装载入失败。

加载元件库以后，就可以载入网络表和元件封装了。网络表和元件封装的载入过程实际上是原理图设计数据载入印制电路板设计系统的过程。

小提示

利用同步器载入网络表和元件封装，必须在同一个设计数据库中创建一个 PCB 文件和一个原理图文件。

1. 由于 Protel DXP 2004 中实现了真正的双向同步设计，在 PCB 的设计过程中，用户可以不生成网络文件，即在原理图编辑器中，直接执行菜单命令 Design → Update PCB Document，实现网络表与元件封装的载入，如图 3–3–9 所示。

Protel DXP 2004 也可以在 PCB 编辑器中利用从原理图导入变化按钮来实现网络表和元件封装的载入，如图 3–3–10 所示。

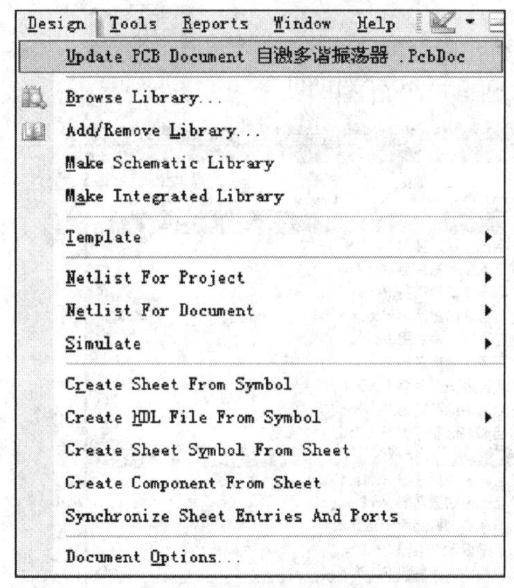

图 3–3–9　利用原理图设计同步器载入网络表和元件封装

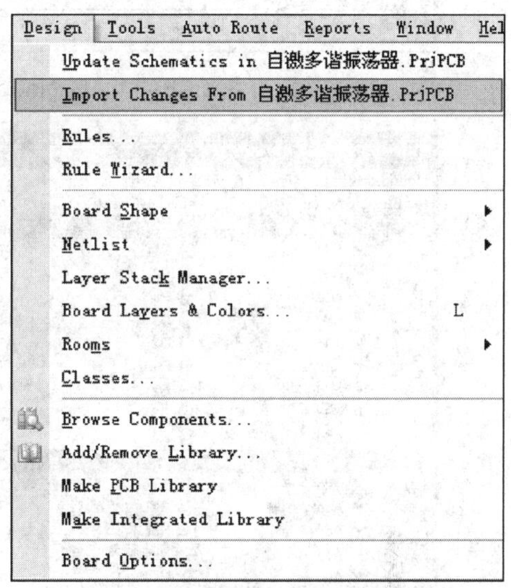

图 3–3–10　利用 PCB 编辑器载入网络表和元件封装

利用以上两种方法都可以弹出如图 3–3–11 所示的 Engineering Change Order 对话框。

2. 单击 Validate Changes 按钮，检查所有改变操作是否有效。此时在 Status 栏的 Check 项中，用户可以查看载入元件是否正确，正确标志为 ✔，错误标志为 ✖。对于有错误标志的元件，可以返回到原理图编辑器，检查元件的属性或所在网络连接，或检查元件封装所在的元件库是否加载，将错误改正。修正后的 Engineering Change Order 对话框如图 3–3–12 所示。

3. 单击 Execute Changes 按钮，在此 PCB 文件中执行所有改变。此时对话框中的内容将由上而下逐步执行改变，完成改变的选项将变为灰度状态，且 Done 栏将显示所有改变都正确的提示信息，并在 PCB 编辑工作环境中显示执行改变后的结果，如图 3–3–13 所示。

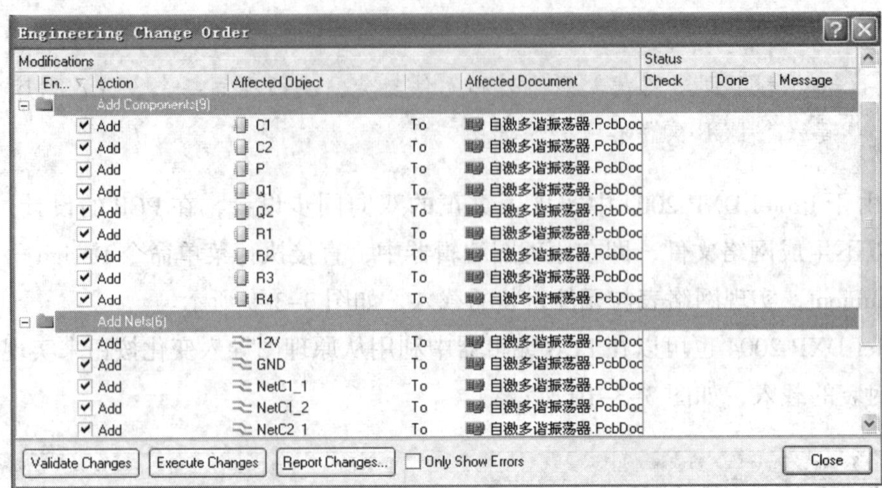

图 3-3-11　Engineering Change Order 对话框

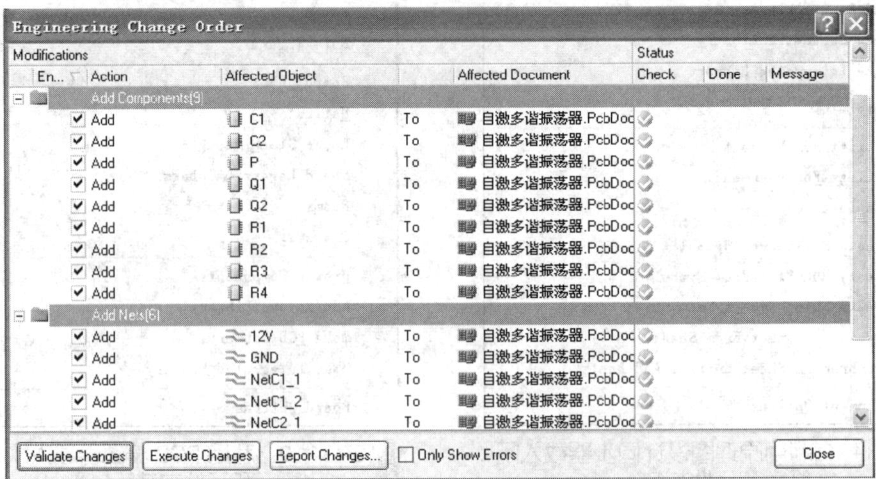

图 3-3-12　修正后的 Engineering Change Order 对话框

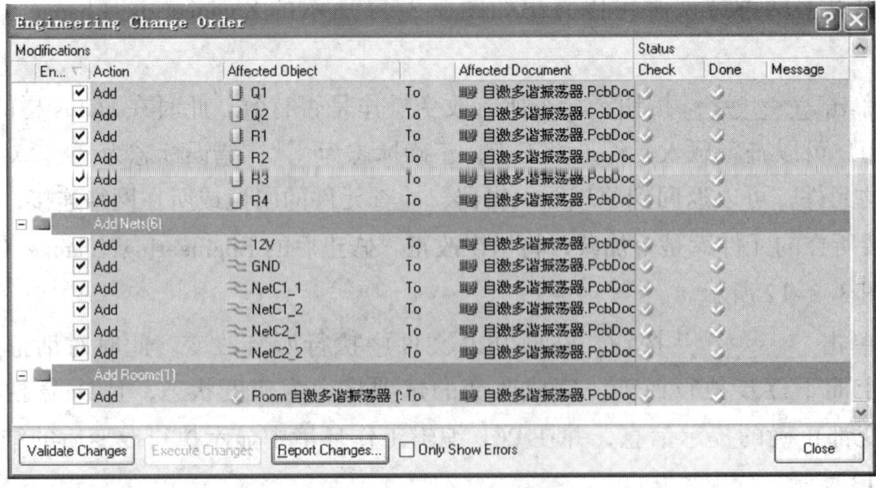

图 3-3-13　执行改变信息显示

4. 单击 Close 按钮，返回 PCB 编辑环境。执行菜单命令 View → Fit Document，查看工作区内所有的电气对象。此时工作区的内容如图 3–3–14 所示。

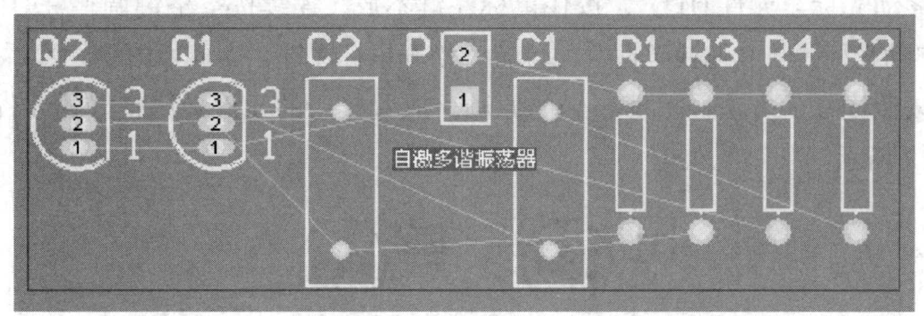

图 3–3–14 工作区的内容

小提示

导入的所有元件将以元件盒的形式存在，通过元件盒可以实现对象的整体移动。

5. 放置光标到导入元件的中央位置，连续按【Page Down】键扩大可见工作区范围，直到工作区显示出如图 3–3–15 所示的内容。

图 3–3–15 扩大工作区内显示内容

6. 移动光标到元件盒上（非元件位置），此时光标变为十字形，按住鼠标左键将元件拖到工作区内，松开鼠标左键，实现元件的移动。再单击元件盒上非元件位置，此时元件盒变为灰色，可按【Delete】键移去元件盒，则在电路板中显示根据网络表生成的带有预拉线的元件封装，如图 3–3–16 所示。

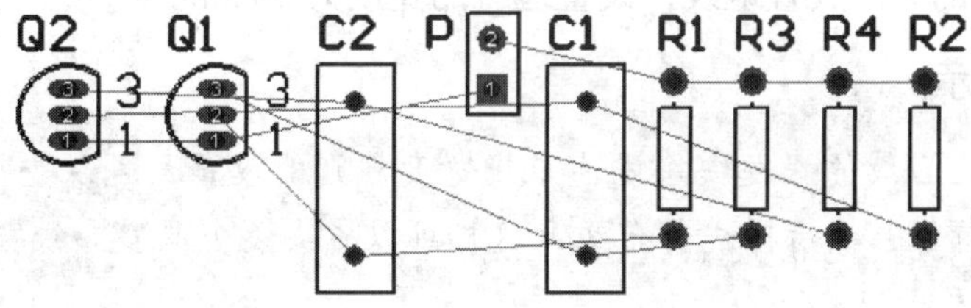

图 3–3–16 带有预拉线的元件封装

三、元件的人工布局

1. 移动光标至元件 Q1 上，按住鼠标左键不放，连续按空格键调整好 Q1 放置的方向，移动光标，将其拖拽至适合的位置，松开鼠标左键，完成 Q1 的放置。

2. 按照同样的方法，根据布局的原则，放置其余的元件。调整好的元件布局如图 3–3–17 所示。

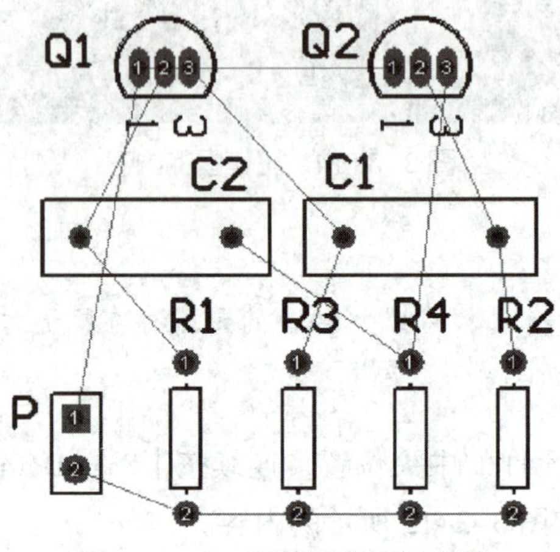

图 3–3–17　调整好的元件布局

四、双面板的人工布线

1. 在元件布局完成后，即可开始布线。首先进行底层的布线，单击工作区下方的 Bottom Layer 标签，将布线层设置为底层。用鼠标单击布线工具栏中的 按钮，此时光标显示成一个小十字形，当光标移至 P 的 1 号引脚处出现一个八边形边框时，单击鼠标左键确定导线的起点。

2. 按空格键切换导线方向，移动光标至 Q1 的 1 号引脚处，此时该管脚位置出现一个八边形边框，单击鼠标左键，再单击鼠标左键，移动光标至 Q2 的 1 号引脚，确定导线的终点，然后单击鼠标右键退出放置导线状态，完成电源线的放置。

3. 双击电源线（也可在导线尚未定位时，按【Tab】键），设置电源线的宽度为 25 mil。

4. 按照同样的方法放置地线，设置地线的宽度为 25 mil。

小提示

在后续的课题中将讲述布线宽度规则的设置，可以先把布线宽度规则设置好，然后再进行布线，这样可以省去逐个调整导线宽度的麻烦。

5. 继续在底层放置与电源线和地线不交叉的导线，设置导线的宽度为 12 mil，如

图 3-3-18 所示。

6. 层间布线方向应互相垂直，如顶层选取水平方向，则底层应选取垂直方向，这样可以减小信号间的干扰。单击工作区下方的 Top Layer 标签，将布线层设置为顶层，在顶层放置余下的导线，导线宽度为 12 mil，如图 3-3-19 所示。

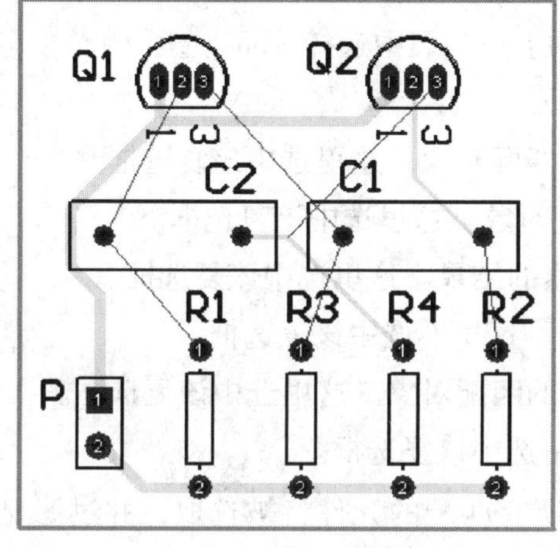

图 3-3-18 放置底层导线

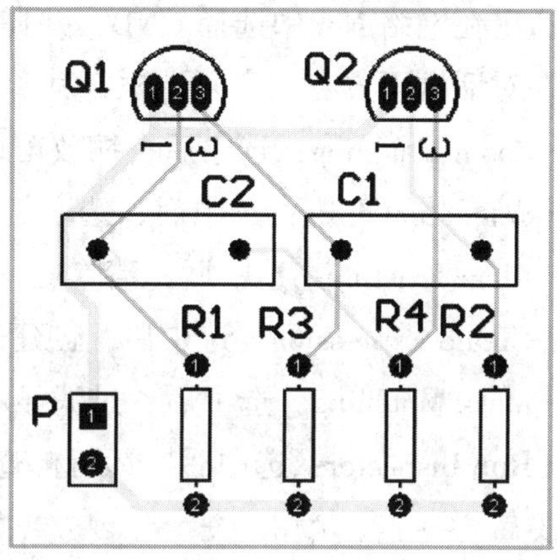

图 3-3-19 放置顶层导线

对于相同类型的多个对象的属性进行编辑的情况，在 Protel DXP 2004 中，可以采用 Find Similar Objects 命令。如将图 3-3-20 中的地线线宽修改为 25 mil。

执行菜单命令 Edit → Find Similar Objects，或按快捷键【Shift+F】可启用该命令。执行上述任一操作后，移动出现的十字光标到图中的地线上并单击鼠标左键，将弹出 Find Similar Objects 对话框，如图 3-3-21 所示。

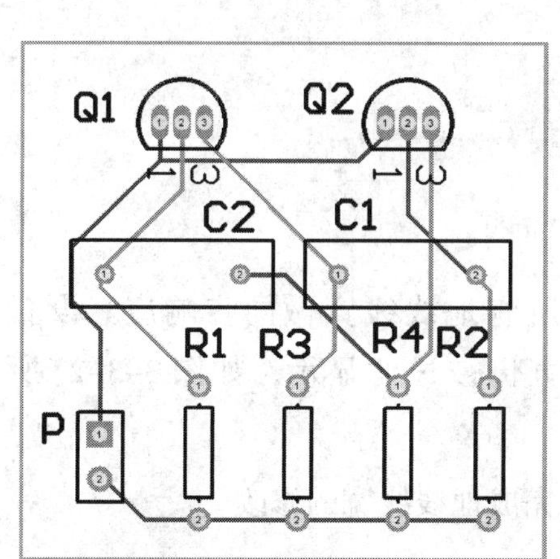

图 3-3-20 修改地线线宽

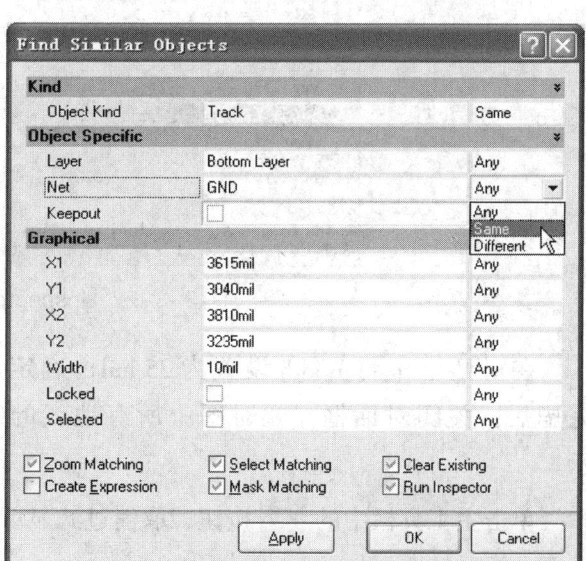

图 3-3-21 Find Similar Objects 对话框

可以看到，在 Find Similar Objects 对话框中列出了铜膜线“Track”的所有属性，并且在每项属性后面都有一个下拉列表，用于设置搜索的目标，其中：

· Any：搜索任意目标。

· Same：搜索相同类型的目标。

· Different：搜索不同类型的目标。

这里在网络 Net 中选择 GND，并在后面的下拉列表中选择 Same 选项。

在对话框下方有六个复选框，其含义如下：

· Zoom Matching：选中后，缩放窗口显示匹配对象。这里选中该复选框。

· Select Matching：选中后，选取所有匹配对象。这里选中该复选框。

· Clear Existing：选中后，清除前一次搜索的结果。这里选中该复选框。

· Create Expression：选中后，创建表达式。这里不选中该复选框。

· Mask Matching：选中后，过滤显示所有的匹配对象。这里选中该复选框。

· Run Inspector：选中后，运行检查。这里选中该复选框。

设置完毕后，单击 OK 按钮，图中所有匹配的元件将被选取，并过滤显示。此时将弹出 Inspector 对话框，如图 3-3-22 所示。

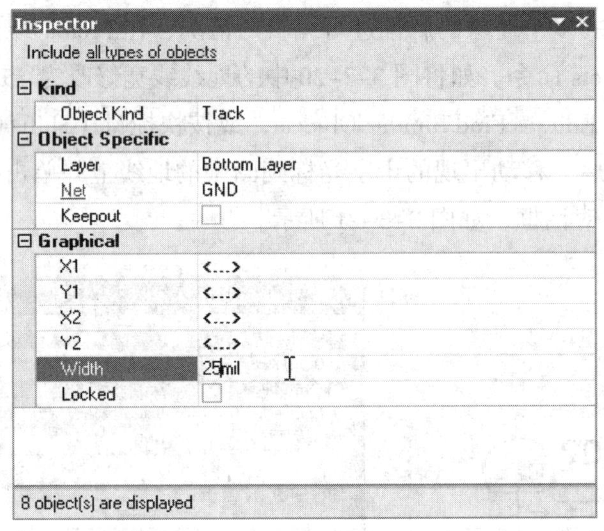

图 3-3-22　Inspector 对话框

在对话框中将 Width 设置为 25 mil，确定后所有地线线宽做同步响应。设置完毕后，关闭对话框，此时图中所有地线的线宽仍被过滤显示，如图 3-3-23 所示。

单击主工具栏中的按钮，取消过滤显示，完成地线线宽的修改。

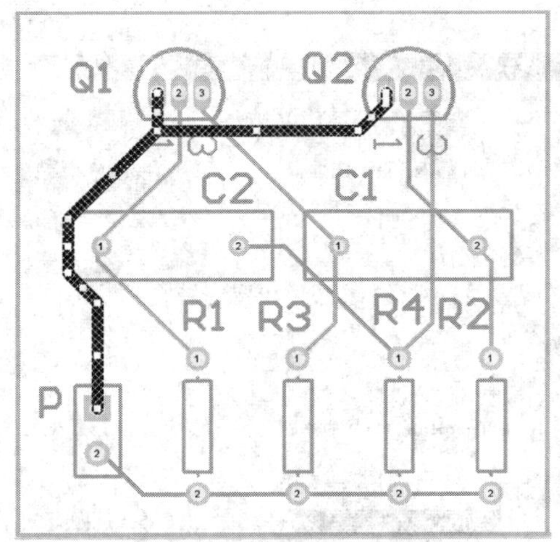

图 3-3-23　过滤显示地线

五、尺寸标注的放置与属性编辑

1. 尺寸标注的放置

在放置尺寸标注前，应先将当前层切换为机械层，即 Mechanical 层。

单击 Utilities 工具条中的 按钮，或执行菜单命令 Place → Dimension → Dimension，进入放置尺寸标注状态，光标变成十字形，并且光标上粘着一个相对着的箭头，如图 3-3-24a 所示。移动光标到合适的位置，单击鼠标左键确定标注的起点，然后再移动光标，此时尺寸标注拉开，移动到合适的位置，再单击鼠标左键，确定标注的终点，如图 3-3-24b 所示。

a)　　b)

图 3-3-24　放置标注

a）开始放置标注　b）放置好的标注

2. 尺寸标注的属性编辑

在放置尺寸标注时按【Tab】键或用鼠标左键双击尺寸标注，在弹出的 Dimension 对话框中可以进行尺寸标注属性编辑，如图 3-3-25 所示。

各主要项含义如下：

· Line Width：设置尺寸线的粗细。

· Text Width：设置标注文字的宽度。

· Height：设置标注文字的高度。

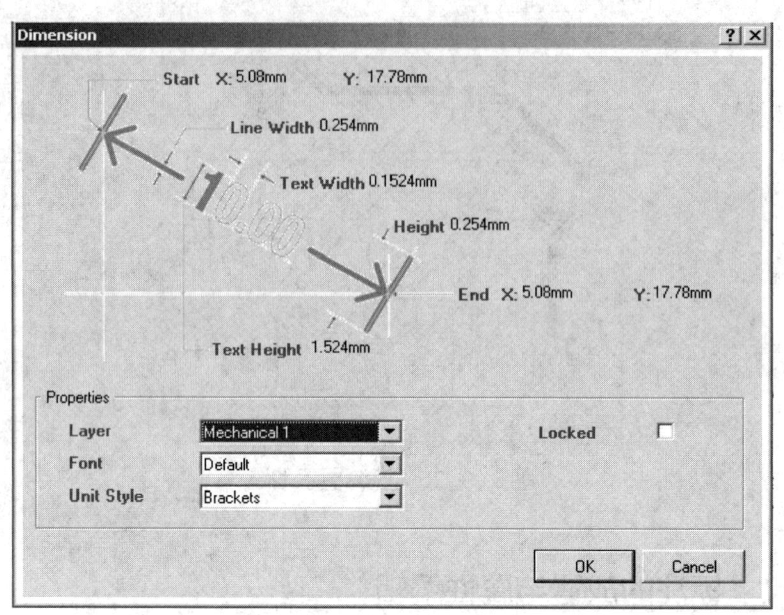

图 3–3–25 Dimension 对话框

· Layer：选择标注所在的层面。

· Font：选择标注的字体。

· Unit Style：设置标注单位的显示模式，系统设置了三种显示模式，即 None（无单位）、Normal（通常模式）、Brackets（括号模式），如图 3–3–26 所示。

标注完尺寸的电路板如图 3–3–27 所示。

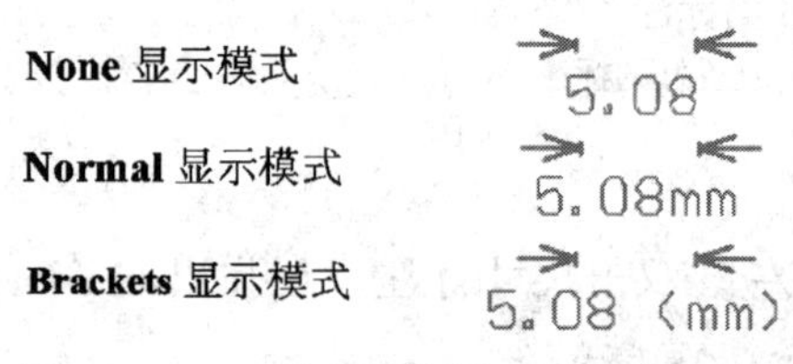

图 3–3–26 尺寸标注的三种显示模式

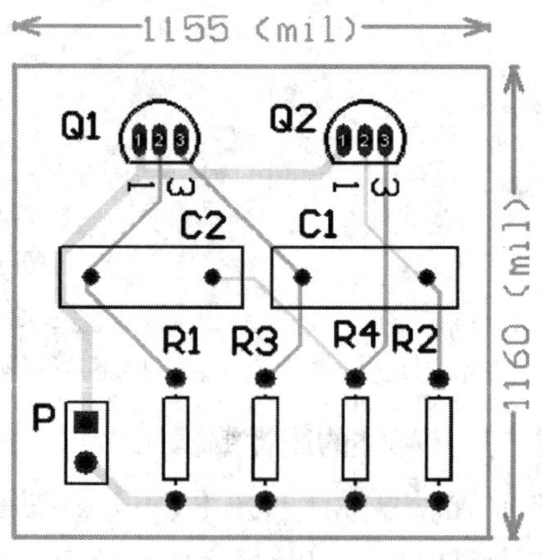

图 3–3–27 标注完尺寸的电路板

小提示

可以执行菜单命令 View → Toggle Units 进行公 / 英制单位的转换。

尺寸标注完毕后，单击主工具条上的 按钮，保存 PCB 文件。

六、PCB 图的打印

1. 打印页面设置

执行菜单命令 File → Page Setup，打开如图 3-3-28 所示的 Composite Properties 对话框。

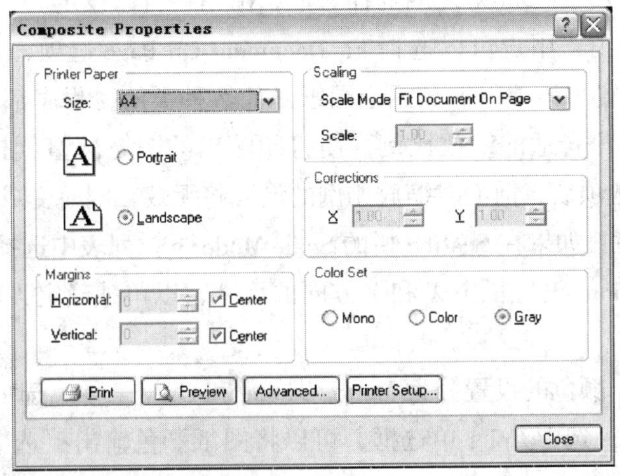

图 3-3-28　Composite Properties 对话框

其中，各设置项含义如下：

· Printer Paperl 栏：在此栏中可以设置纸张的大小和打印的方向。在 Size 下拉列表中可以选择所需要的纸张大小。

Portrait 和 Landscape 单选框用于设置打印时是纵向打印还是横向打印。纵向打印和横向打印的效果如图 3-3-29 所示。

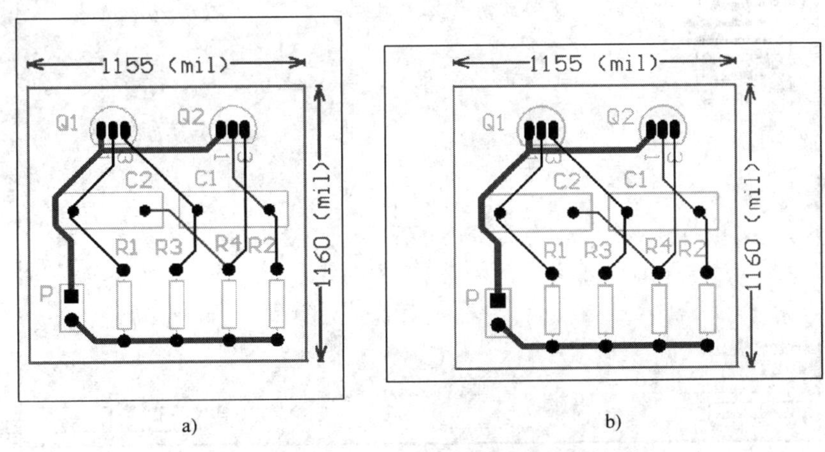

图 3-3-29　纵向打印和横向打印的效果
a）纵向打印　b）横向打印

· Margins 栏：此栏用于设置纸张的边缘到边框的距离，其单位为 inch（英寸）。页边距有水平页边距和垂直页边距两种。在设置时应注意将装订边留有较大的宽度，以免装订时盖住打印出来的 PCB 图。

· Scaling 栏：此栏用于设置打印时的缩放比例。由于工程图纸的尺寸与普通打印纸的尺寸不同，因此，当工程图纸的尺寸大于打印纸的尺寸时，用户可以在打印输出时对工程图纸进行一定比例的缩放，以便工程图纸能在一张打印纸中完全显示出来。缩放的比例可以是 10% ~ 500% 之间的任意值，由用户自己设定。

对于图形的输出，用户可以选择 Fit Document On Page 选项，即选择充满整页的缩放比例。如果设置了该项，那么无论图纸是什么种类的，程序都会自动地根据当前打印纸的尺寸计算出合适的缩放比例，使打印输出的图充满整页打印纸。选择了 Fit Document On Page 选项后，前面对缩放比例的设置将无效，同时变成灰色（不可更改）。

· Corrections 栏：如果在 Scaling 栏的 Scale Mode 下拉列表中选择 Scaled Print 选项，则可以设置 Corrections 设置栏中 X 和 Y 方向的尺寸，以单独确定 X 轴和 Y 轴方向的缩放比例。

· Color Set 栏：颜色的设置分为 Mono、Color 和 Gray 三种。选中 Mono 单选框，可以将图纸单色输出；选中 Color 单选框，可以将图纸彩色输出；选中 Gray 单选框，可以将图纸以灰度值输出。

2. 打印层面设置

单击图 3-3-28 中的 Advanced... 按钮，打开如图 3-3-30 所示的对话框，在该对话框中可以进行打印层面设置。

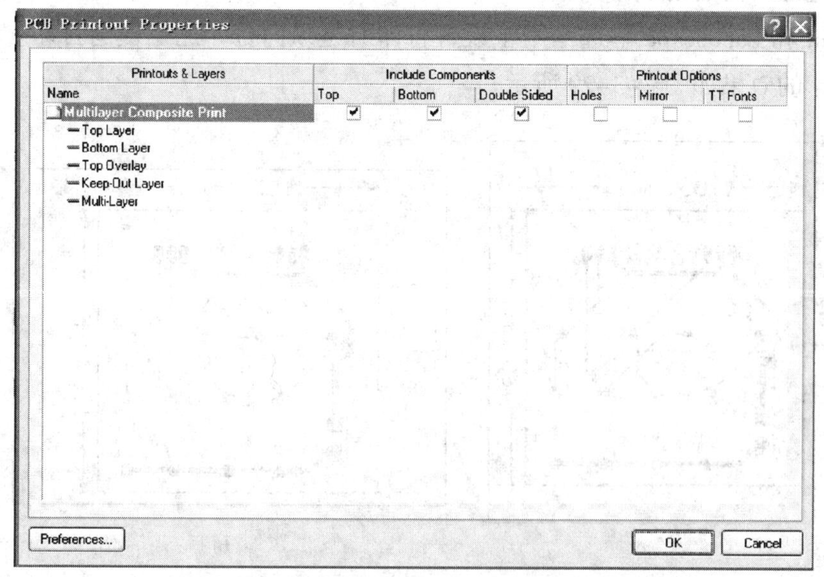

图 3-3-30　打印层面设置

在该对话框中显示了 PCB 图中所有用到的板层，可以选择需要的板层进行打印。用鼠标右键单击图中的相应层，然后在弹出的快捷菜单中选择相应的命令，即可在打印时添加或删除一个板层，如图 3–3–31 所示。

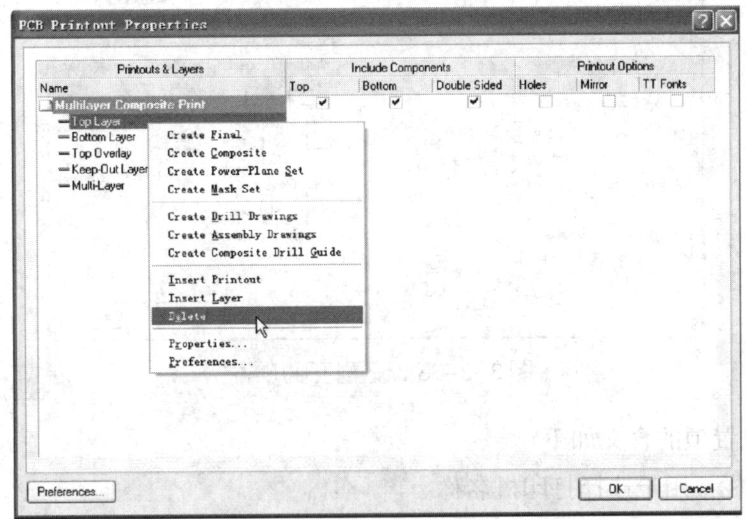

图 3–3–31 添加或删除一个板层

单击图 3–3–30 中的 Preferences... 按钮，即可打开如图 3–3–32 所示的对话框，在该对话框中可以设置各层的打印颜色、打印字体等，同时可以选择打印时包含哪些机械层。

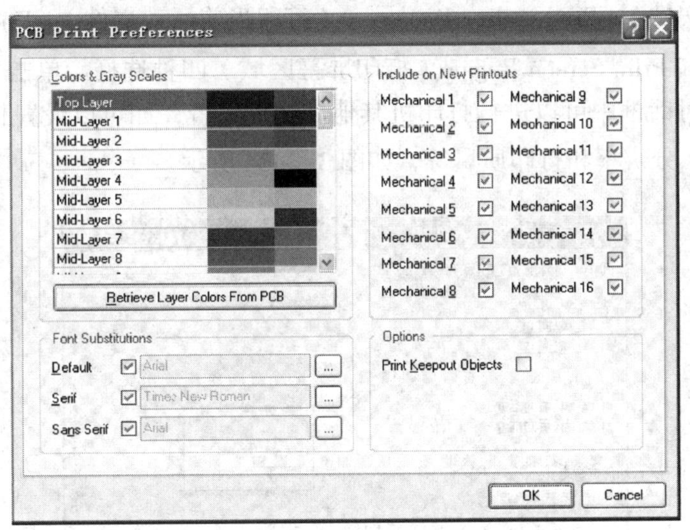

图 3–3–32 设置各层的打印颜色、打印字体等

3. 打印机设置

单击图 3–3–28 中的 Printer Setup... 按钮，或执行 File → Print 命令，弹出如图 3–3–33 所示的对话框，在该对话框中可以进行打印机属性设置。

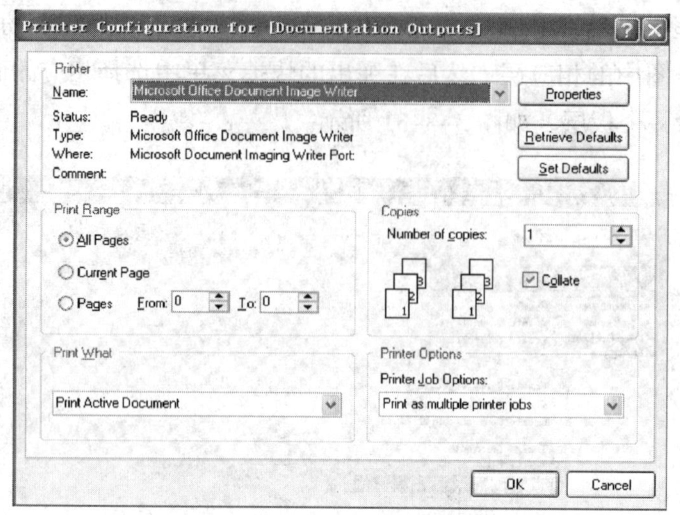

图 3-3-33　设置打印机属性

各主要设置项的含义如下：

· Printer 栏：用于选择打印机名称。

· Print Range 栏：用于选择打印的 PCB 图纸页数，可以选择 All Pages（全部打印）、Current Page（打印当前页）和 Pages From...To...（选择打印页面的范围）。

· Copies 栏：用于设置本次打印的份数。

· Print What 栏：用于设置打印的目标 PCB 图。共有 Print All Valid Document（打印所有的有效文件）、Print Active Document（打印当前活动文件）、Print Selection（打印选择对象）和 Print Screen Region（打印屏幕区域）四种选择。单击 Properties 按钮，在弹出的对话框中可以进行打印机其他属性的设置，如可以设置打印的方向、页序、纸张来源、分辨率和打印质量等，如图 3-3-34 所示。

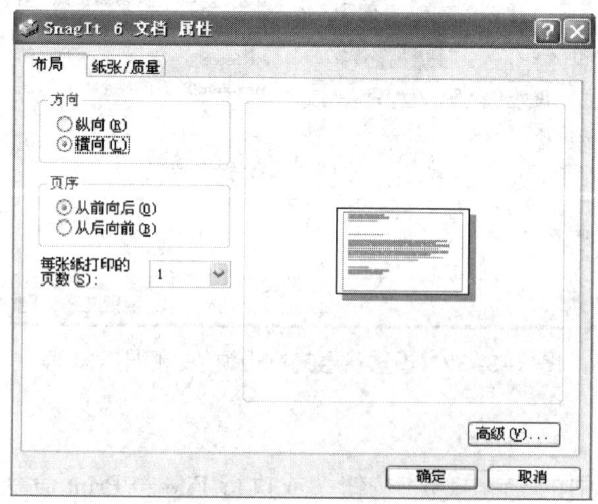

图 3-3-34　设置打印机其他的属性

4. 打印预览

单击图 3–3–28 中的 Preview 按钮，或执行菜单命令 File → Print Preview，将显示对纸张和打印机设置后的打印效果。如果设计者对打印的效果不满意，可在打印之前对纸张和打印机重新进行设置。当一切都设置完成后，直接单击图 3–3–28 中的 Print 按钮即可开始打印。

巩固练习

试设计下列各图所示电路的电路板。设计要求：

（1）使用双面电路板。

（2）电源、地线的铜膜线宽度为 25 mil。

（3）一般布线的宽度为 20 mil。

（4）利用同步器载入元件封装，人工排列元件封装。

（5）人工连接铜膜线。

1. 振荡分频电路（图 3–3–35），元件信息见表 3–3–2。

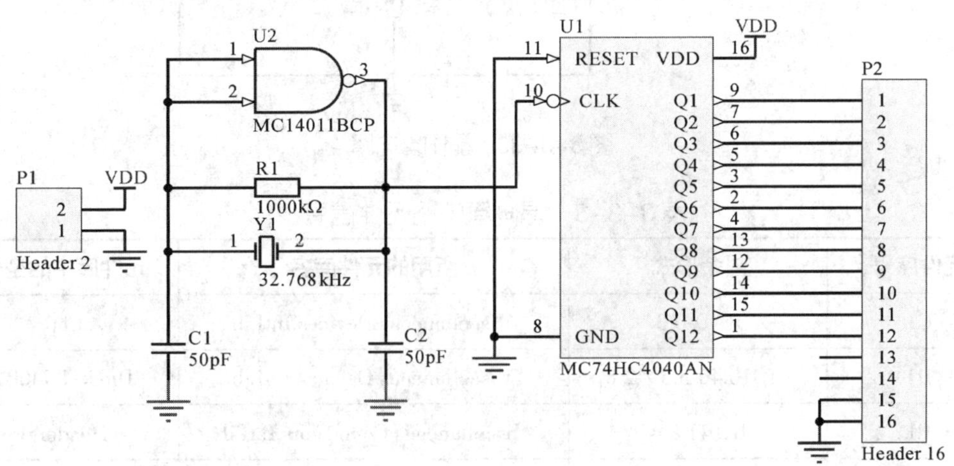

图 3–3–35 振荡分频电路

表 3–3–2 振荡分频电路元件信息表

元件序号	封装形式	所用的元件库名	元件库中的型号
C1	RAD-0.3	Miscellaneous Devices.IntLib	Cap
C2	RAD-0.3	Miscellaneous Devices.IntLib	Cap
P1	HDR1 × 2	Miscellaneous Connectors.IntLib	Header 2
P2	HDR1 × 16	Miscellaneous Connectors.IntLib	Header 16

续表

元件序号	封装形式	所用的元件库名	元件库中的型号
R1	AXIAL-0.4	Miscellaneous Devices.IntLib	Res2
U1	648-08	ON Semi Logic Counter.IntLib	MC74HC4040AN
U2	646-06	ON Semi Logic Gate.IntLib	MC14011BCP
Y1	BCY-W2/D3.1	Miscellaneous Devices.IntLib	XTAL

2. 晶闸管电路（图 3-3-36），元件信息见表 3-3-3。

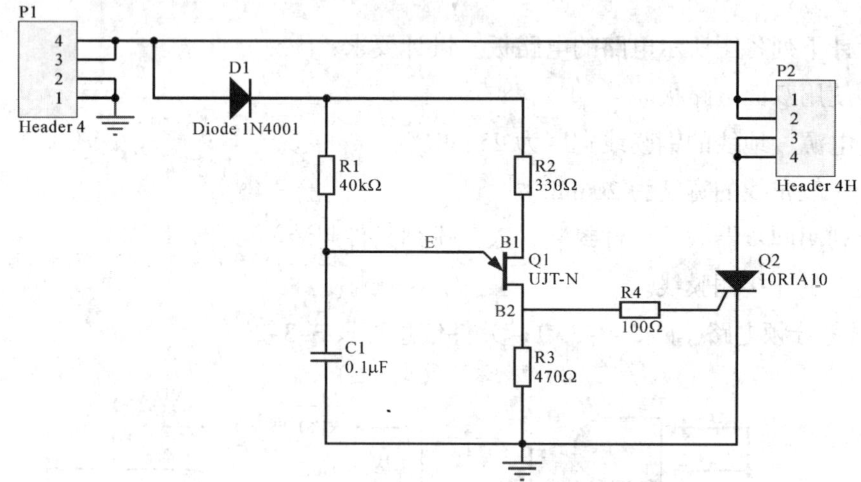

图 3-3-36　晶闸管电路

表 3-3-3　晶闸管电路元件信息表

元件序号	封装形式	所用的元件库名	元件库中的型号
C1	RAD-0.3	Miscellaneous Devices.IntLib	Cap
D1	DIO10.46-5.3 × 2.8	Miscellaneous Devices.IntLib	Diode 1N4001
P1	HDR1 × 4	Miscellaneous Connectors.IntLib	Header 4
P2	HDR1 × 4H	Miscellaneous Connectors.IntLib	Header 4H
Q1	CAN-3/Y1.4	Miscellaneous Devices.IntLib	UJT-N
Q2	Model Name	IR Discrete SCR.IntLib	10RIA10
R1	AXIAL-0.4	Miscellaneous Devices.IntLib	Res2
R2	AXIAL-0.4	Miscellaneous Devices.IntLib	Res2
R3	AXIAL-0.4	Miscellaneous Devices.IntLib	Res2
R4	AXIAL-0.4	Miscellaneous Devices.IntLib	Res2

3. 光隔离电路（图 3–3–37），元件信息见表 3–3–4。

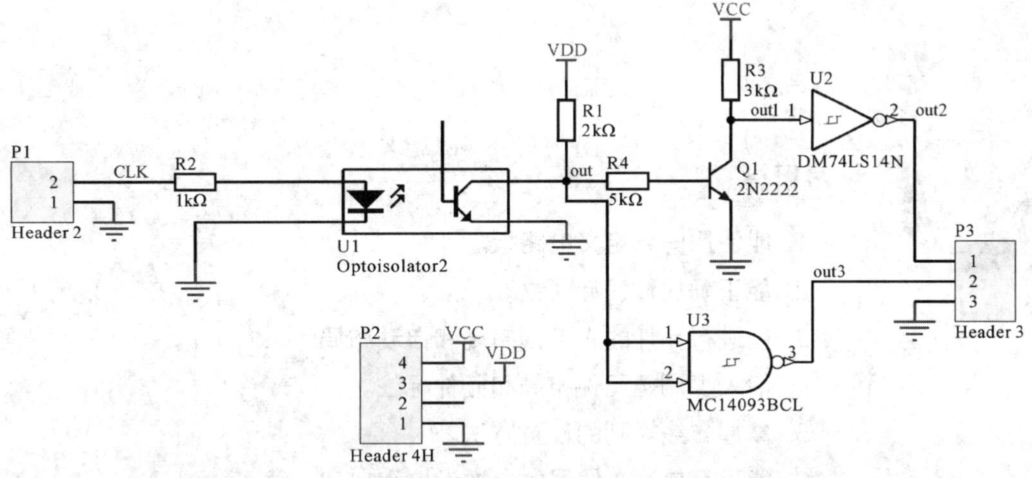

图 3–3–37　光隔离电路

表 3–3–4　光隔离电路元件信息表

元件序号	封装形式	所用的元件库名	元件库中的型号
P1	HDR1 × 2	Miscellaneous Connectors.IntLib	Header 2
P2	HDR1 × 4H	Miscellaneous Connectors.IntLib	Header 4H
P3	HDR1 × 3	Miscellaneous Connectors.IntLib	Header 3
Q1	22–03	Motorola Discrete BJT.IntLib	2N2222
R1	AXIAL–0.4	Miscellaneous Devices.IntLib	Res2
R2	AXIAL–0.4	Miscellaneous Devices.IntLib	Res2
R3	AXIAL–0.4	Miscellaneous Devices.IntLib	Res2
R4	AXIAL–0.4	Miscellaneous Devices.IntLib	Res2
U1	SO–G5/P.95	Miscellaneous Devices.IntLib	Optoisolator2
U2	N14A	NSC Logic Gate.IntLib	DM74LS14N
U3	632–08	ON Semi Logic Gate.IntLib	MC14093BCL

课题 4　自动布线制作 PCB

学习目标

1. 能使用向导定义电路板。
2. 能正确放置设计对象。
3. 能进行元件的人工预布局和自动布局。
4. 能人工调整元件布局和元件标注。
5. 掌握布线规则的设置方法。
6. 能进行自动布线器的参数设置和自动布线。
7. 能进行设计规则检查。
8. 了解泪滴、包地与敷铜操作。

实例讲解

在电路板布线的工作中，为了提高效率，一般采用自动布线和人工调整相结合的方式。通常在完成元件布局工作后，就可以进行自动布线。自动布线就是软件按照一定的规则，依据原有的线路连接关系，在电路板的各个信号层上自动形成具体的电子线路。自动布线是否行得通、结果是否合理、样式是否美观，很大程度上取决于预置的布线设计规则。

本例要求通过设计如图 3–4–1 所示整流电源电路的电路板来介绍元件的自动布局、布线规则的设定以及自动布线的实现方法。

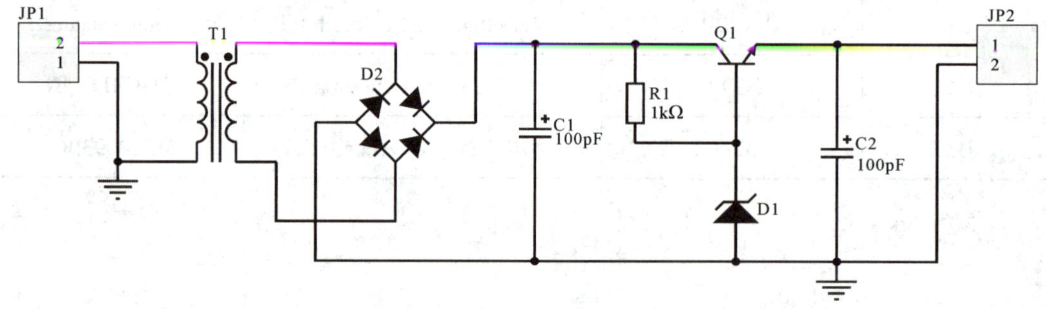

图 3–4–1　整流电源电路

设计要求：

1. 使用双面电路板。
2. 自动载入元件封装。
3. 电源、地线的铜膜线宽度为 20 mil。
4. 一般布线的宽度为 10 mil。
5. 自动布线。

元件信息见表 3–4–1。

表 3–4–1　元件信息表

元件序号	封装形式	元件名称	所用元件库名称
C1	RB7.6–15	Cap Pol1	Miscellaneous Devices.IntLib
C2	RB7.6–15	Cap Pol1	Miscellaneous Devices.IntLib
D1	DIODE–0.7	D Zener	Miscellaneous Devices.IntLib
D2	E–BIP–P4/D10	Bridge1	Miscellaneous Devices.IntLib
JP1	HDR1×2	Header 2	Miscellaneous Connectors.IntLib
JP2	HDR1×2	Header 2	Miscellaneous Connectors.IntLib
Q1	CAN–3/D5.8	2N2222A	ST Discrete BJT.IntLib
R1	AXIAL–0.4	Res2	Miscellaneous Devices.IntLib
T1	TRF_4	Trans Ideal	Miscellaneous Devices.IntLib

首先，新建一个名为“整流电源电路.PrjPCB”的项目，再在此项目下建立原理图文件“整流电源电路.SchDoc”，设计如图 3–4–1 所示的电路原理图。然后再为该项目建立一个名为“整流电源电路.PcbDoc”的 PCB 文件，此时 Projects 工作面板的内容如图 3–4–2 所示。

一、使用向导定义电路板

除了有直接定义电路板和使用菜单命令定义电路板两种方法外，Protel DXP 2004 还为设计者提供了 PCB 向导，设计者可以使用该向导定义电路板，设计出既符合通用标准又符合设计需要的电路板。一般双面板直接建立，多层板用向导建立。具体操作步骤如下：

1. 在 Files 面板中的 New from template 列表中单击 PCB Board Wizard 选项，如图 3–4–3 所示，这时 Protel DXP 2004 就会弹出 PCB 设计向导欢迎界面，如图 3–4–4 所示。

图 3–4–2　Projects 工作面板的内容

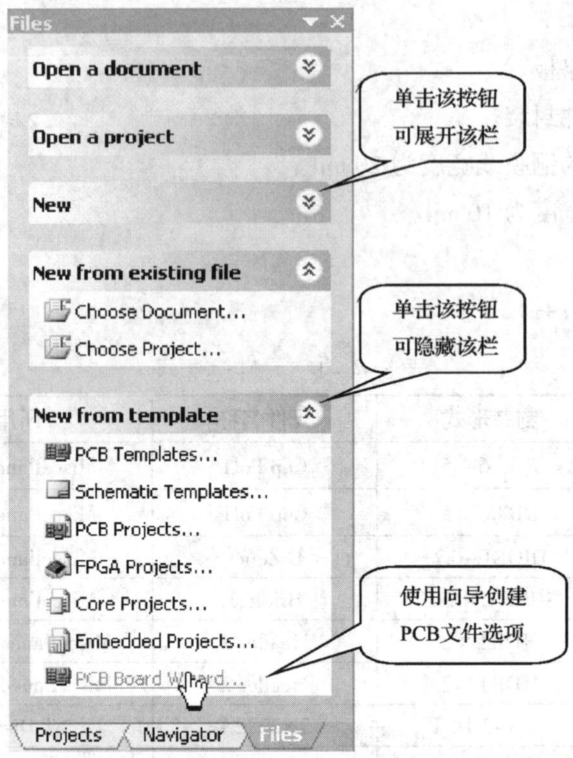

图 3-4-3　使用向导创建空白 PCB

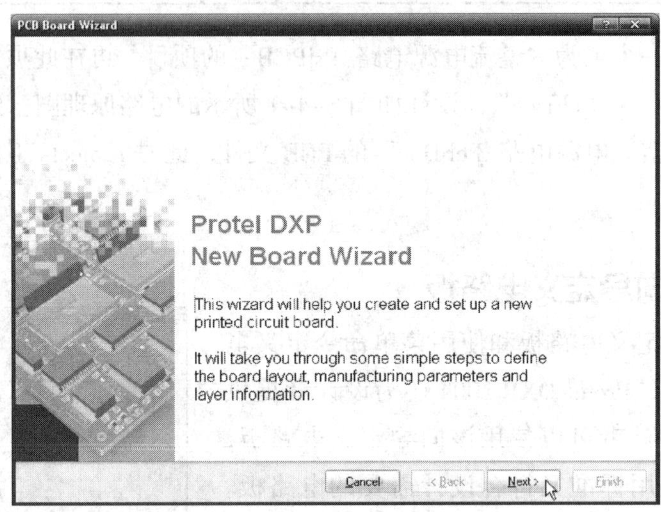

图 3-4-4　PCB 设计向导欢迎界面

2. 单击 Next > 按钮，进入 Choose Board Units 界面，在该界面可以选择 PCB 的基本单位，如选用 Imperial（英制）单位，如图 3-4-5 所示。

3. 单击 Next > 按钮，进入 Choose Board Profiles 界面，在该界面可以选择板型，如图 3-4-6 所示。

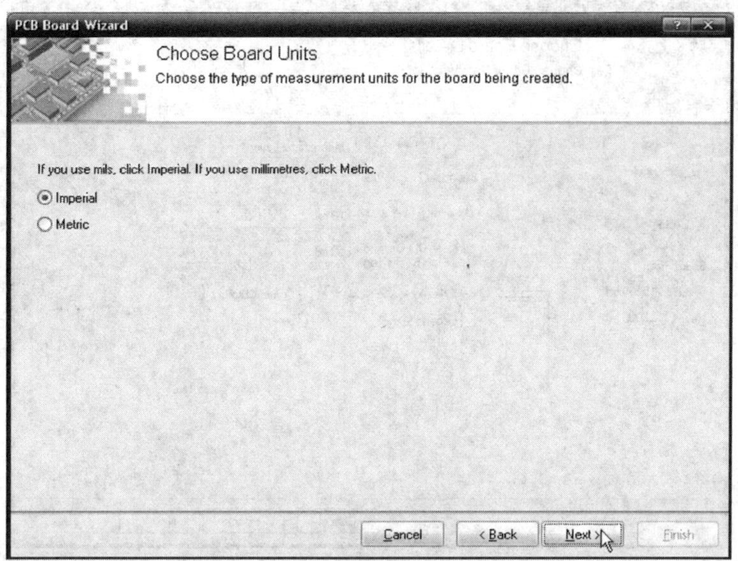

图 3-4-5　选择 PCB 的基本单位

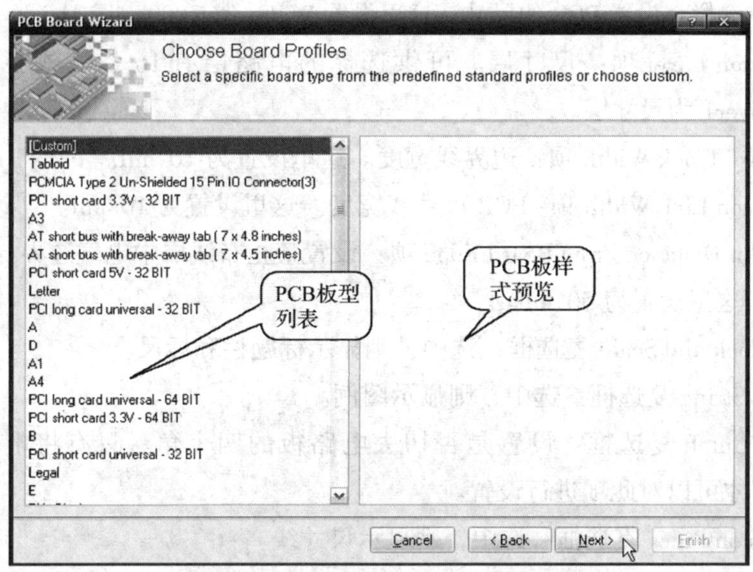

图 3-4-6　选择板型

该界面的左侧列表提供了多种标准板型供设计者选用，界面的右侧是所选板型的预览。这里选择 Custom 选项自定义板型。

4. 单击 Next > 按钮，进入 Choose Board Details 界面，在该界面可以设置 PCB 的形状、尺寸和板层等参数，如图 3-4-7 所示。

各设置项的含义如下：

· Outline Shape 栏：设置 PCB 的外形，可供选择的有 Rectangular（矩形）、Circular（圆形）和 Custom（自定义形状）三种。本例采用矩形板。

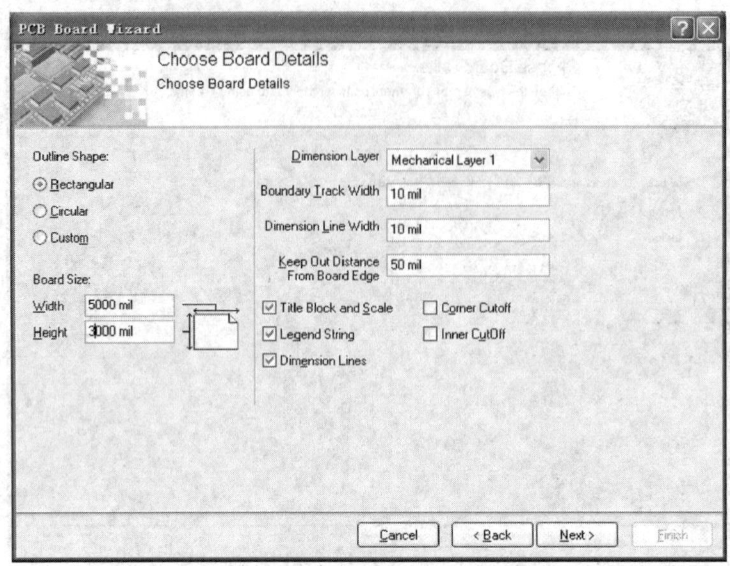

图 3–4–7　设置 PCB 的形状、尺寸和板层等

· Board Size 栏：设置 PCB 的尺寸。这里设置 Width 为 5 000 mil、Height 为 3 000 mil。

· Dimension Layer 项：尺寸层。可供选择的电路层有 16 个机械层，这里选择 Mechanical Layer1 为尺寸层。

· Boundary Track Width 项：边界线宽度。这里设置为 10 mil。

· Dimension Line Width 项：PCB 尺寸线宽度。这里设置为 10 mil。

· Keep Out Distance From Board Edge 项：设置禁止布线层中电气边界与电路板边缘之间的距离。这里设置为 50 mil。

· Title Block and Scale 复选框：选中，则显示标题栏和标尺。

· Legend String 复选框：选中，则显示图例。

· Corner Cutoff 复选框：设置是否切去电路板的四个角。只有将电路板设置成 Rectangular，才可以对此项进行设置。

· Dimension Lines 复选框：选中，则显示尺寸线。

· Inner Cutoff 复选框：设置是否在电路板中间切去一块。与 Corner Cutoff 一样，只有将电路板设置成 Rectangular，才可以对此项进行设置。

5. 单击 Next > 按钮，进入 Choose Board Layers 界面，如图 3–4–8 所示。

该界面可以对 PCB 的信号层数和电源层数进行设置，信号层至少应包括顶层和底层。这里把信号层和电源层都设置为 2 层。

6. 单击 Next > 按钮，进入 Choose Via Style 界面，如图 3–4–9 所示。

在该界面中可以设置过孔方式。过孔方式有通孔和盲孔两种。本例将所有的过孔都设置为通孔，选中 Thruhole Vias only 单选框。

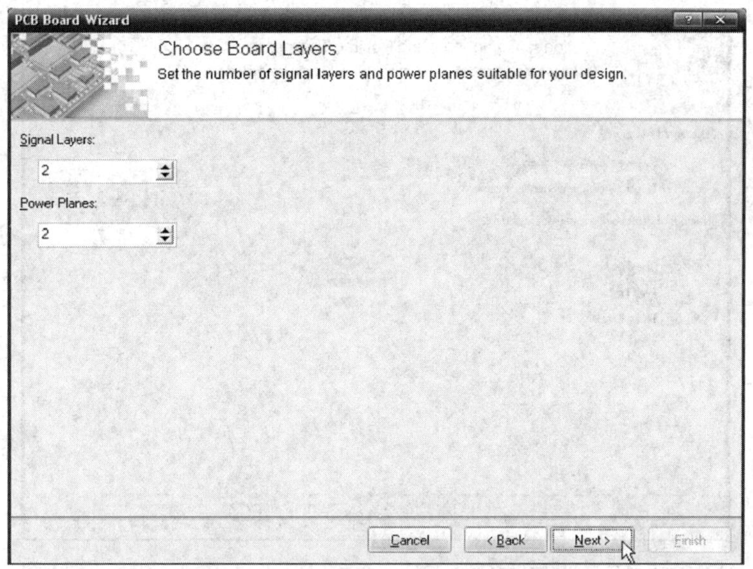

图 3–4–8 Choose Board Layers 界面

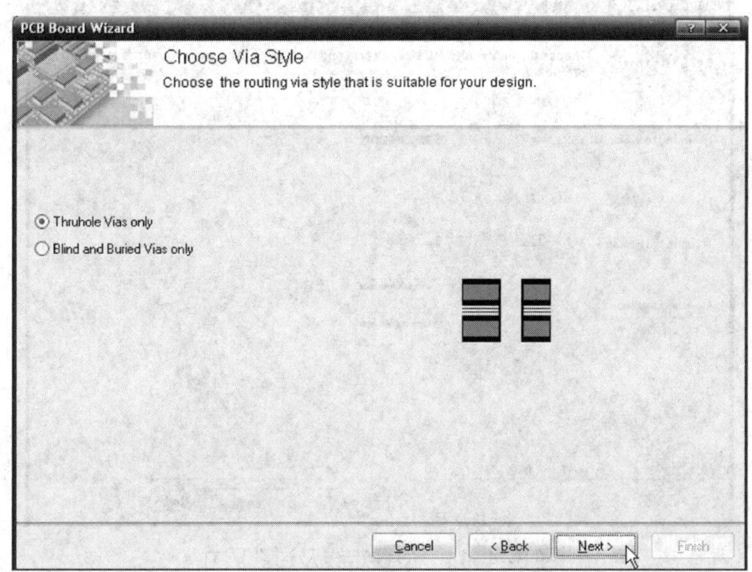

图 3–4–9 Choose Via Style 界面

7. 单击 Next > 按钮，进入 Choose Component and Routing Technologies 界面，如图 3–4–10 所示。

在该界面中可以设置 PCB 是采用 Surface-mount components（表贴元件）还是采用 Through-hole components（直插元件）。本例采用直插元件的方式，两个相邻的焊盘之间最多允许有一条走线。

8. 单击 Next > 按钮，进入 Choose Default Track and Via sizes 界面，在该界面中可以设置走线及过孔尺寸，如图 3–4–11 所示。

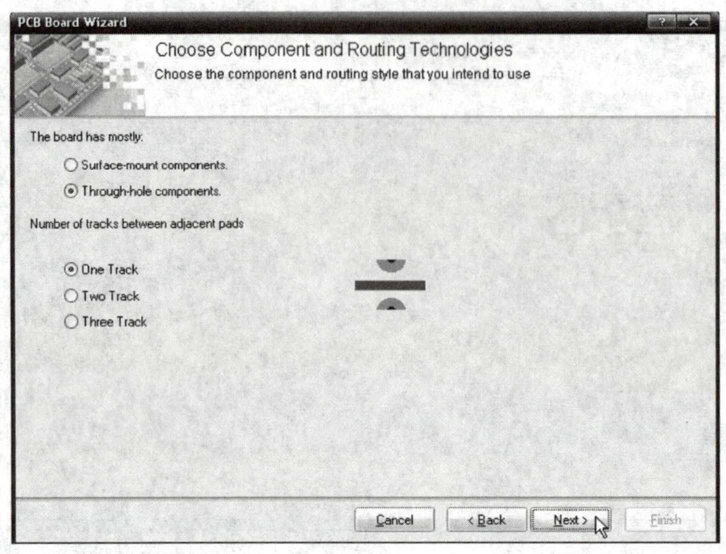

图 3–4–10　Choose Component and Routing Technologies 界面

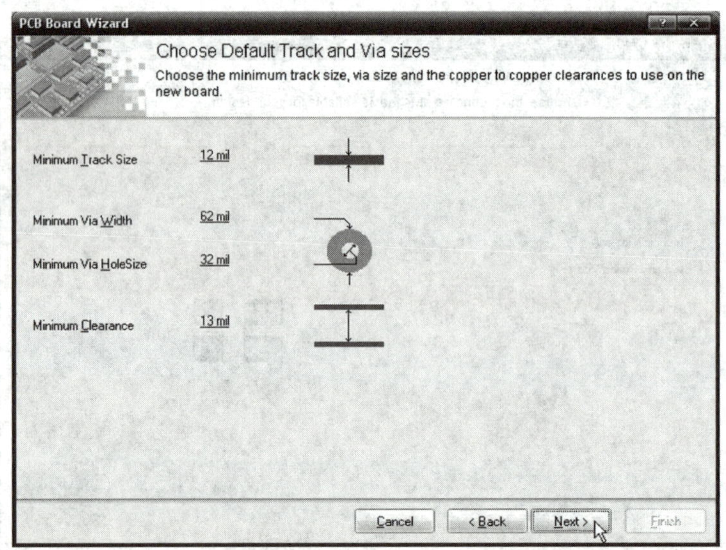

图 3–4–11　设置走线及过孔尺寸

各设置项的含义如下：

· Minimum Track Size 项：最小导线宽度。这里设置为 12 mil。

· Minimum Via Width 项：过孔最小外径。这里设置为 62 mil。

· Minimum Via HoleSize 栏：过孔最小内径。这里设置为 32 mil。

· Minimum Clearance 栏：最小安全距离。这里设置为 13 mil。

9. 单击 Next > 按钮，进入 PCB 向导结束界面，如图 3–4–12 所示。单击 Finish 按钮关闭该向导，生成一个符合用户要求的空白 PCB 文档，如图 3–4–13 所示。设计向导自动生成的文件默认名称为“PCB1.PcbDoc”，可以重命名并把该文件保存到当前项目下。

图 3-4-12　PCB 向导结束界面

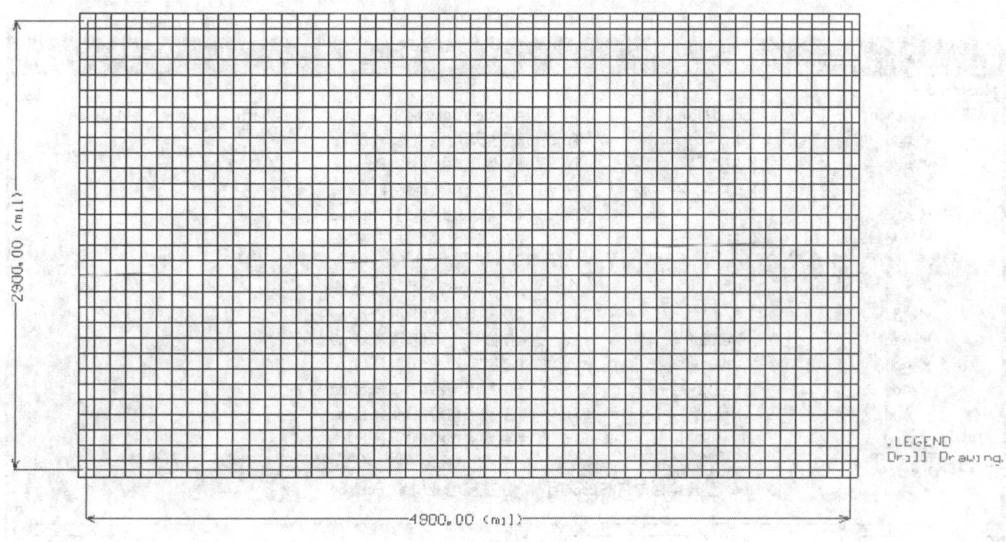

图 3-4-13　新的 PCB 文档

二、放置设计对象

1. 在 PCB 编辑器中，执行菜单命令 Design → Import Changes From 整流电源电路 .PrjPCB，弹出 Engineering Change Order 对话框。单击 Validate Changes 按钮，确定元件的载入是否正确无误，如图 3-4-14 所示。

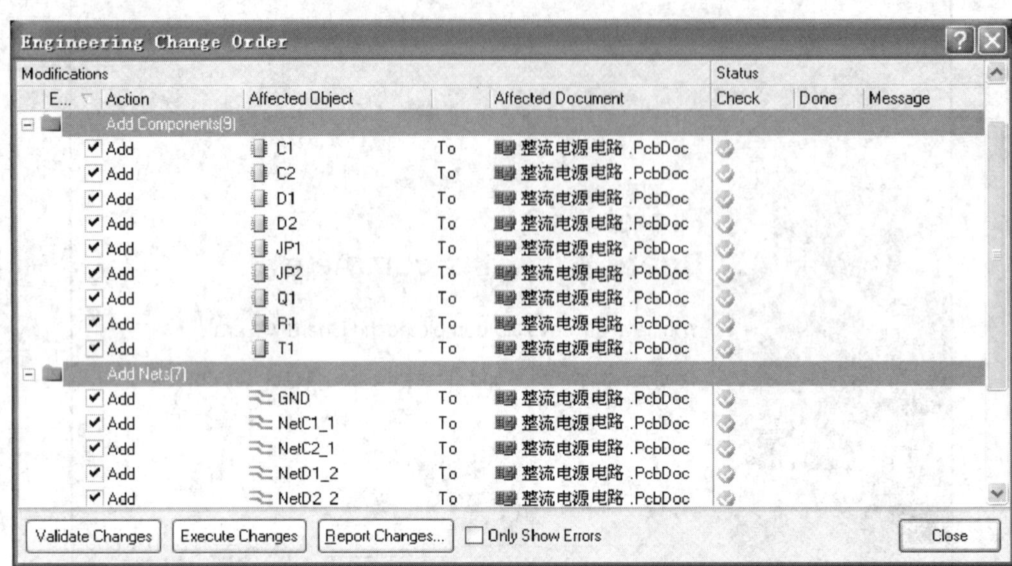

图 3–4–14　Engineering Change Order 对话框

2. 单击 Execute Changes 按钮，载入网络表和元件封装，如图 3–4–15 所示。

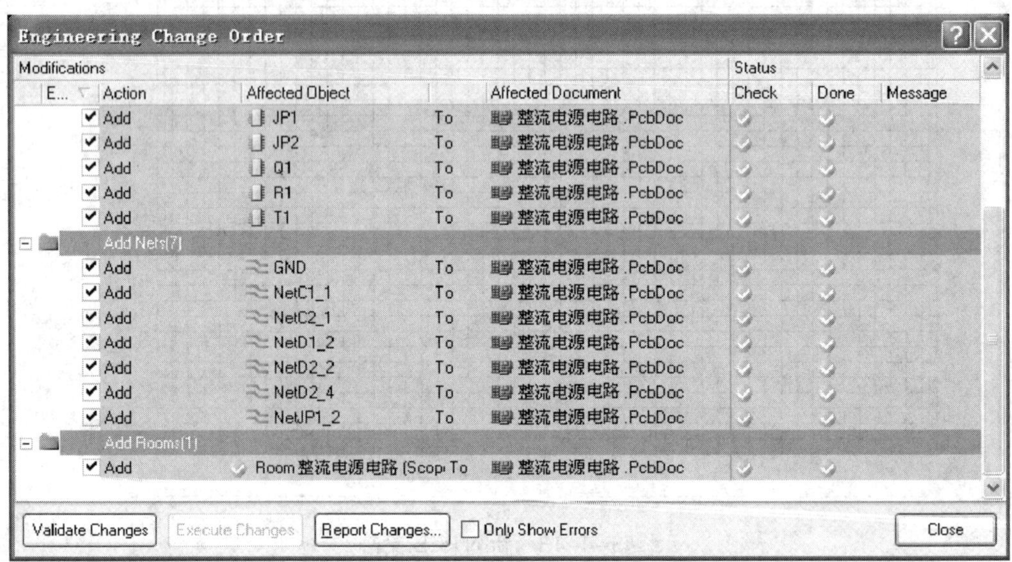

图 3–4–15　载入网络表和元件封装

3. 单击 Close 按钮，返回 PCB 编辑器。连续按【Page Down】键扩大可见工作区范围，直到工作区显示出如图 3–4–16 所示的内容。

4. 将元件封装移动到电路板中，如图 3–4–17 所示。

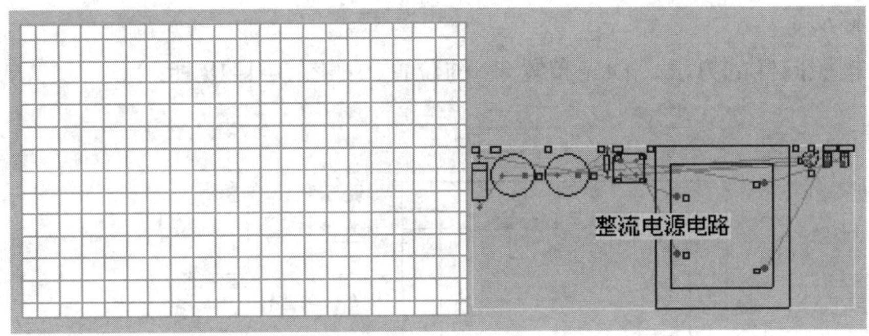

图 3-4-16 扩大可见工作区范围

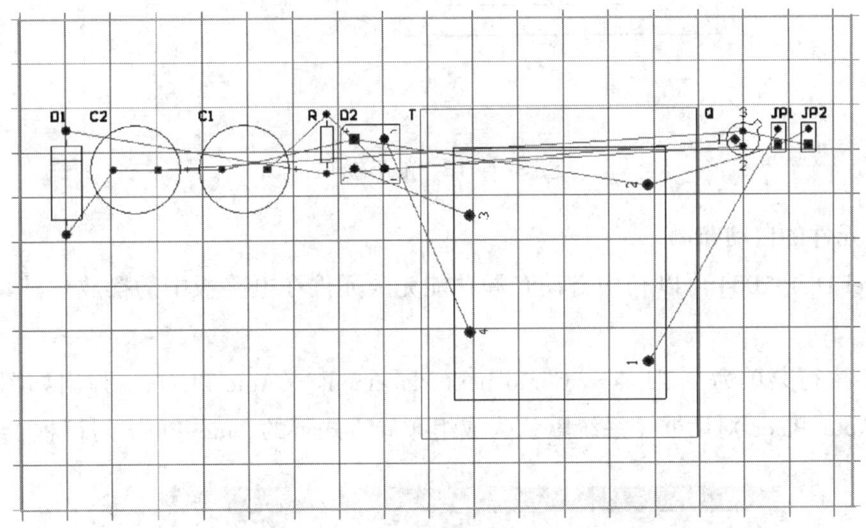

图 3-4-17 将元件封装移动到电路板中

三、元件布局

1. 元件的人工预布局

人工预布局是用人工方法将电路中比较重要的元件以及需要特殊安排位置的元件预先放在指定位置。如接口器件一般都放在电路板的边缘，在对器件进行自动布局前，首先要对这些器件进行布局。本例中先将 JP1、T1 布置在电路的左侧。

（1）将光标放至 JP1 上，按住鼠标左键不放，移动光标，拖拽元件至电路板的最左侧，松开鼠标左键，完成元件的移动。

（2）移动过程中，在按住鼠标左键的同时，即元件在悬浮状态下，可按空格键调整元件的放置方向。

（3）放置好 JP1 后，需要锁定元件，否则在后面的自动布局过程中，这个元件又将会被重新放置到别的位置。双击 JP1，在弹出的元件属性对话框中将 Locked 复选框选中，单击 OK 按钮，即可固定元件的位置。这样在进行自动布局时，元件 JP1

就不会被移动了。

（4）按照同样的方法，预先布置 T1 的位置，如图 3-4-18 所示。

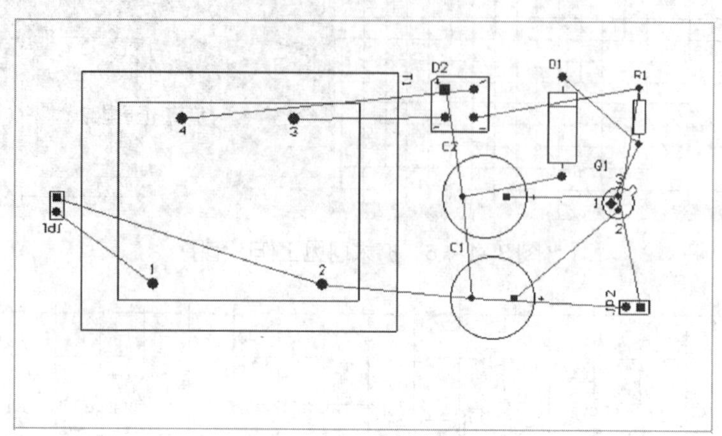

图 3-4-18　预布置 T1

2．元件的自动布局

Protel DXP 2004 可以利用自动布局功能完成元件在电路板中的摆放。其具体的操作如下：

（1）执行菜单命令 Tools → Component Placement → Auto Placer，弹出如图 3-4-19 所示的 Auto Place 对话框（系统默认为成组布局方式下的 Auto Place 对话框）。

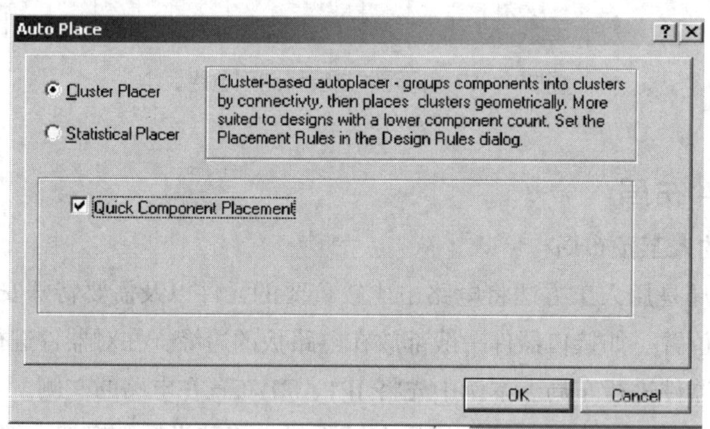

图 3-4-19　Auto Place 对话框

其中，各设置项的含义如下：

· Cluster Placer 单选框：成组布局方式。这种基于组的元件自动布局方式将根据连接关系把元件划分为组，然后按照几何关系放置元件组。该方式比较适合元件较少的电路。

· Statistical Placer 单选框：统计布局方式。这种基于统计的元件布局方式根据统计算法放置元件，以使元件之间的连接长度最短。该方式比较适合元件较多的电路。

· Quick Component Placement 复选框：快速元件布局。该选项只有在选择成组布局方式时选中才有效。

本例选择统计布局方式，则对话框如图 3-4-20 所示。

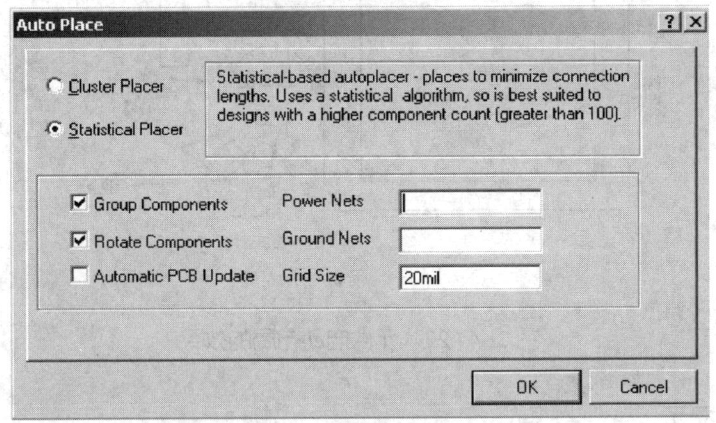

图 3-4-20 统计布局方式下的 Auto Place 对话框

其主要设置项的含义如下：

· Group Components 复选框：该选项的功能是将当前 PCB 设计中网络连接密切的元件归为一组。排列时该组的元件将作为整体考虑，默认状态为选中。

· Rotate Components 复选框：该选项的功能是根据当前网络连接与排列的需要使元件或元件组旋转方向。若未选中该复选框，则元件将按原始位置放置，默认状态为选中。

· Power Nets 栏：电源网络名称。一般习惯将电源网络设定为 VCC。

· Ground Nets 栏：接地网络名称。一般习惯将接地网络设定为 GND。

· Grid Size 栏：设置元件自动布局时栅格点的间距大小。

（2）设置好元件自动布局参数后，单击 OK 按钮，即可开始元件自动布局。图 3-4-21 所示为元件自动布局时的进程（此时状态栏中的进度条会显示其进程）。

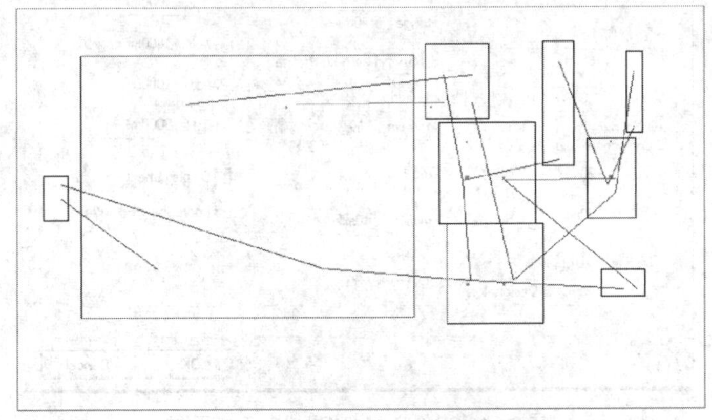

图 3-4-21 元件自动布局时的进程

元件自动布局的效果如图 3–4–22 所示。

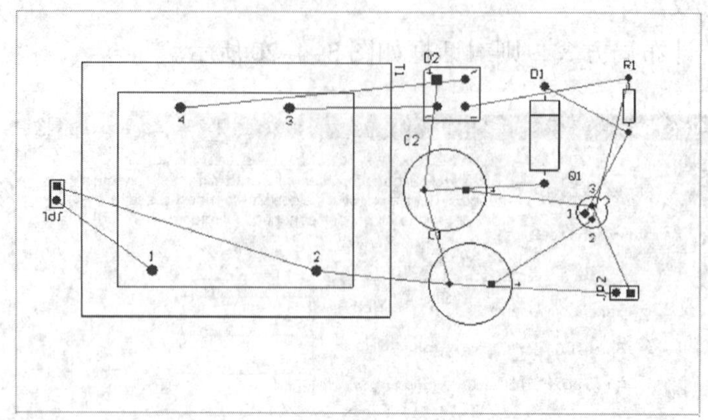

图 3–4–22　元件自动布局的效果

小提示

对于同一个电路，程序每次执行自动布局的结果都是不同的，用户可以根据 PCB 的设计要求选择自己比较满意的布局结果。

3. 人工调整元件布局

从元件的自动布局效果可知，元件的自动布局并不能完全令人满意，在自动布局后，通常还要对元件进行人工调整。元件的布局要求均衡、疏密有序，要考虑到整体的美观性。在进行元件布局的人工调整之前，必须设置栅格的间距和光标移动的单位距离，方法是：执行菜单命令 Design → Board Options，在弹出的 Board Options 对话框中进行参数设置，如图 3–4–23 所示。

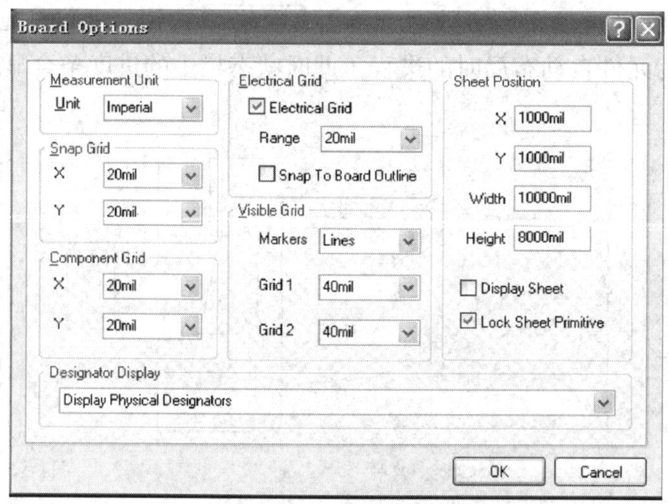

图 3–4–23　Board Options 对话框

在元件布局的人工调整过程中，需要对元件进行一些基本操作，如元件的选取、移动、旋转和排列等，元件调整后的效果如图 3-4-24 所示。

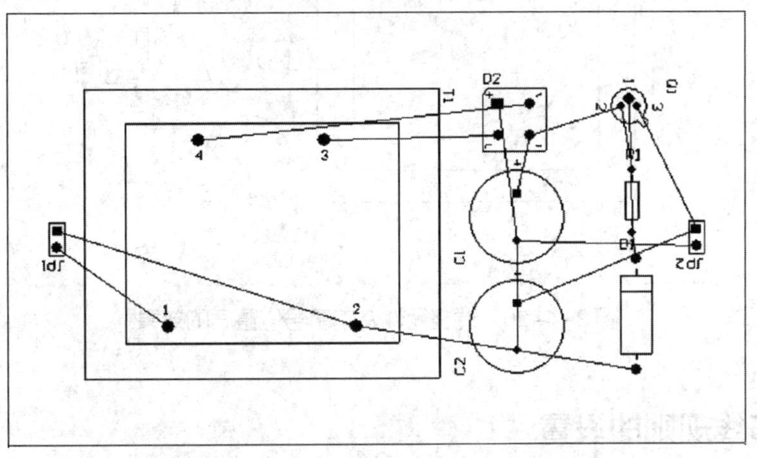

图 3-4-24　人工调整后的元件布局

4．元件标注的调整

先调整好元件标注的方向，然后选取电路板中的所有元件，执行菜单命令 Edit → Align → Position Component Text，在弹出的对话框中设置元件标注的位置，本例将元件的文本序号放在元件的右上角，如图 3-4-25 所示。

调整后的效果如图 3-4-26 所示。

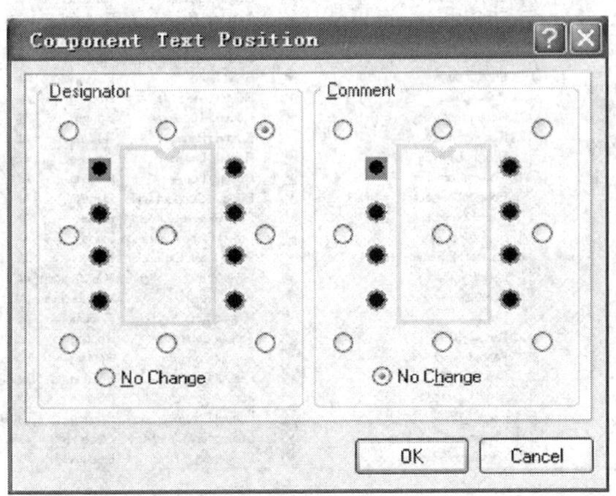

图 3-4-25　设置元件的文本序号位置

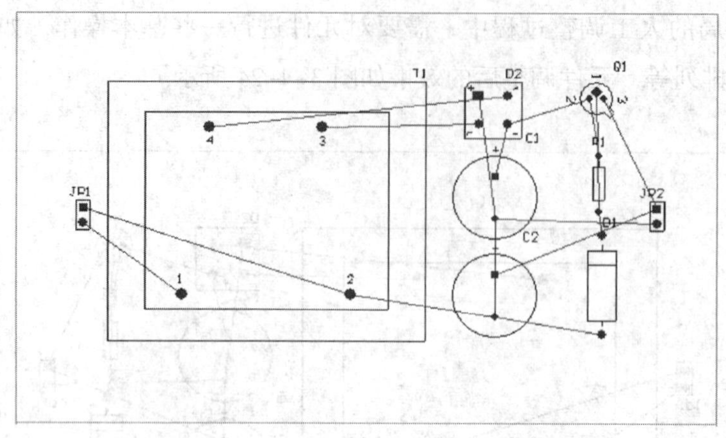

图 3–4–26　调整元件文本序号位置后的效果

四、布线规则的设置

完成电路板的元件布局后，就可以进行电路板的布线操作。在自动布线之前，需要对电路板的布线规则进行设置，然后系统将按此布线规则进行电路板布线。如果规则设置不当，可能会导致自动布线失败。

执行菜单命令 Design → Rules，在弹出的对话框中可以设置布线参数，如图 3–4–27 所示。

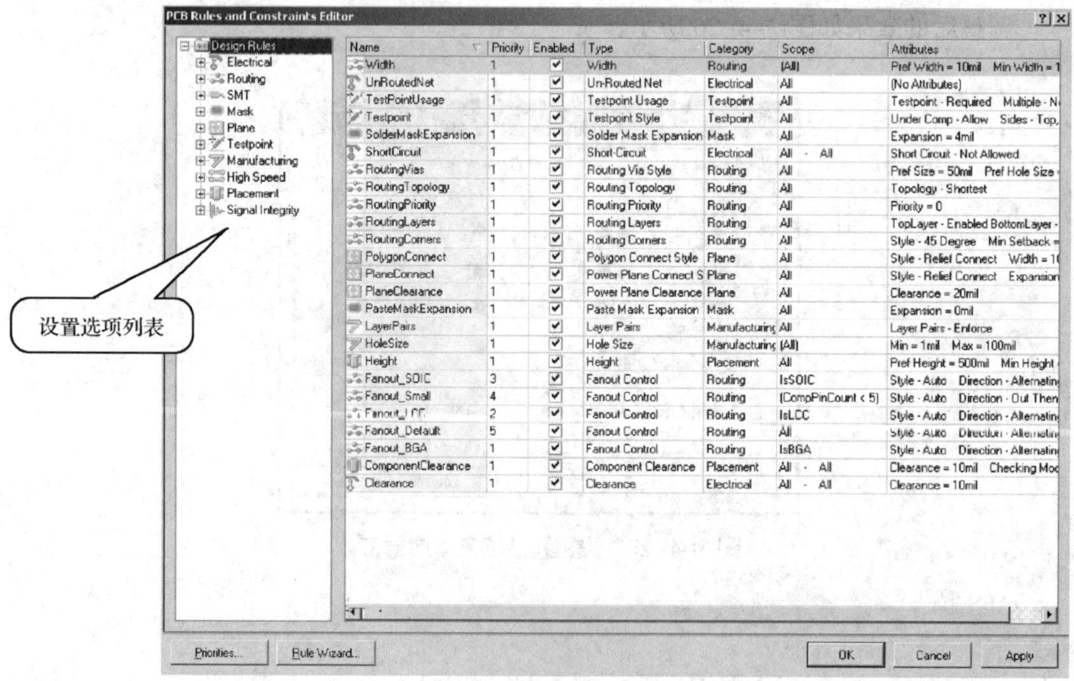

图 3–4–27　设置布线参数

在该对话框中，PCB 编辑器将 PCB 的设计规则分成 10 类，包括了设计过程中的电气特性、布线、电层和测试等方面。单击 Routing 选项，在相应的界面中可以设置布线规则，如图 3–4–28 所示。

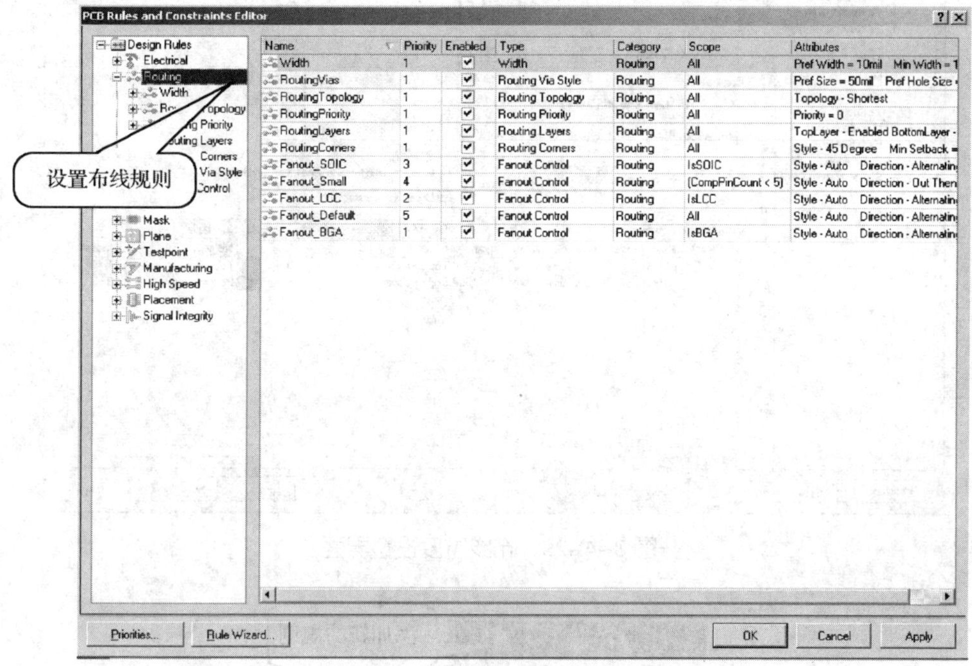

图 3–4–28 设置布线规则

在该界面中可以设置布线宽度（Width）、布线的工作层面（RoutingLayers）、布线的拐角模式（RoutingCorners）、布线优先级（RoutingPriority）、布线拓扑结构（RoutingTopology）、过孔形式（RoutingVias）等布线规则。

1. 设置布线的宽度

该项用于定义布线时导线宽度的最大、最小允许值和典型值。在图 3–4–28 中展开布线宽度选项 Width，对其中的子项进行编辑，即可进入如图 3–4–29 所示的布线宽度设置界面。

该界面主要分为以下两大部分：

· Where the First object matches 栏：设置布线宽度范围。这里设置为 All，即该规则适用于整个电路板。

· Constraints 栏：设置布线宽度属性，包括当前布线宽度所允许的最小线宽（Min Width）、最大线宽（Max Width）和典型线宽（Preferred Width）。

由于电源线和地线流过的电流较大，经常要加宽这些导线，则需增添新的设置，方法如下：

在 Width 选项上单击鼠标右键，即可弹出如图 3–4–30 所示的布线规则菜单选项。

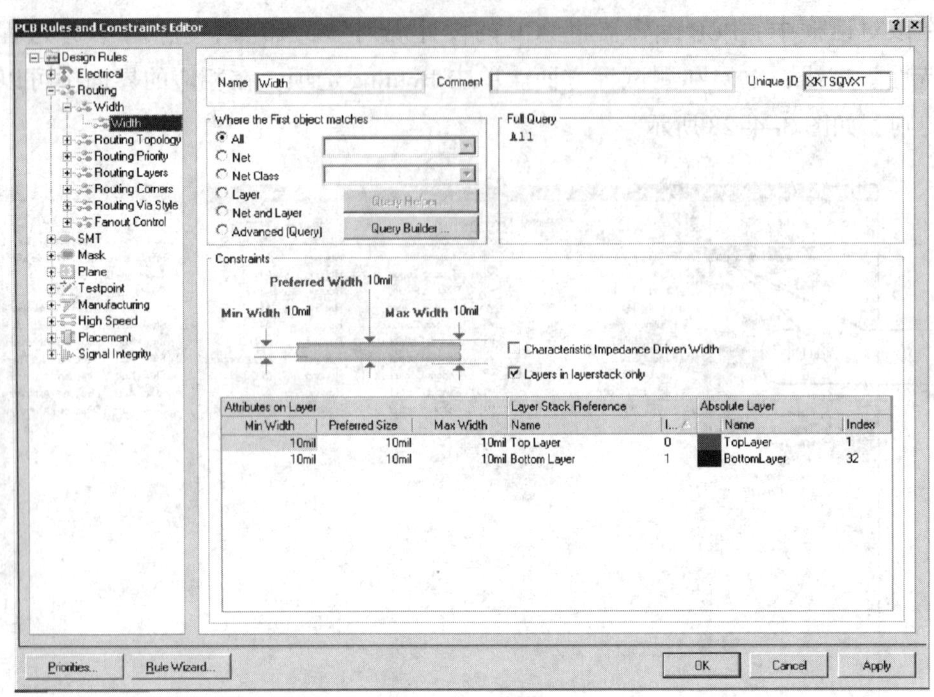

图 3-4-29　布线宽度设置界面

图 3-4-30　布线规则菜单选项

选择菜单命令 New Rule，一个新的名为“Width*”的规则将会出现，在名称栏中输入“GND”，在 Design Rules 栏中的这个名字就会自动刷新。

小提示

如果要删除原来的设置，可以先选中 Width 选项中的子项，然后执行图 3-4-30 中的菜单命令 Delete Rule。

选中 Where the First object matches 栏的 Net 单选框，在 Full Query 栏将出现 InNet( )。在 All 单选框旁边的下拉列表中有效的网络中选择 GND，在 Full Query 栏即会出现 InNet（'GND'）。在 Constraints 栏中进行参数设置，如图 3-4-31 所示。

设置好布线宽度规则后，无论是人工布线还是自动布线，所有的导线宽度都按照所制定的规则执行。

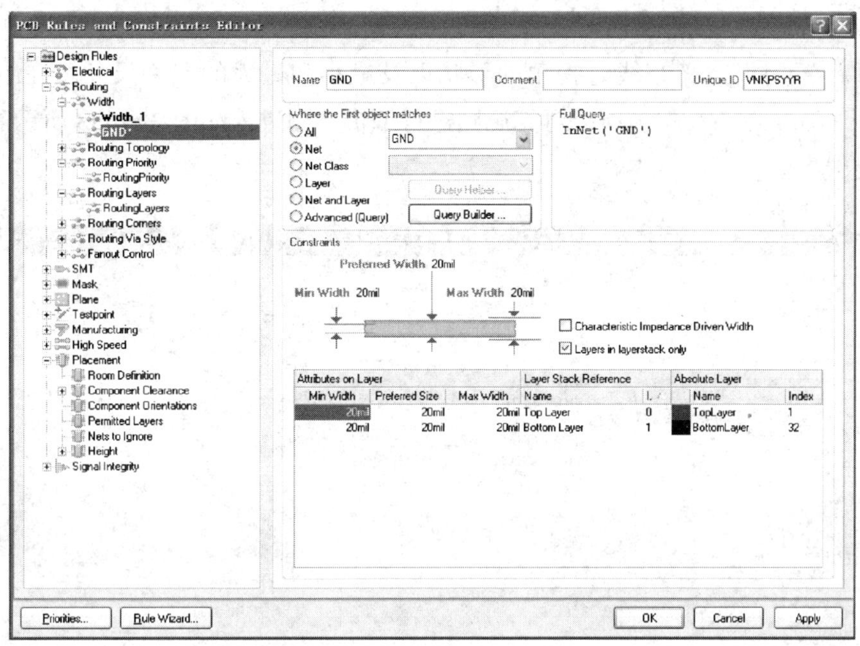

图 3-4-31　设置地线的布线宽度

2. 设置布线的工作层面

该项用于设置布线的工作层面。在图 3-4-28 中，展开 Routing Layers 选项，对其中的子项进行编辑，即可进入如图 3-4-32 所示的布线工作层面设置界面。图中选择了顶层 Top Layer 和底层 Bottom Layer 两个布线层。

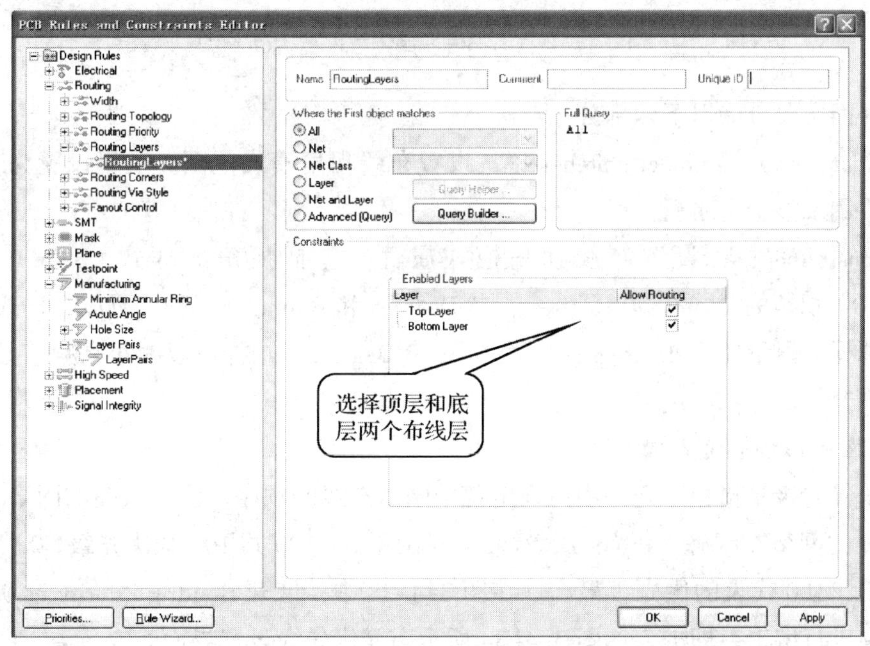

图 3-4-32　布线工作层面设置界面

3．设置布线的拐角模式

该项设置用于定义布线时拐角的形状以及最小和最大的允许尺寸。在图 3–4–28 中，展开 Routing Corners 选项，对其规则进行编辑，则进入如图 3–4–33 所示的布线拐角模式设置界面。

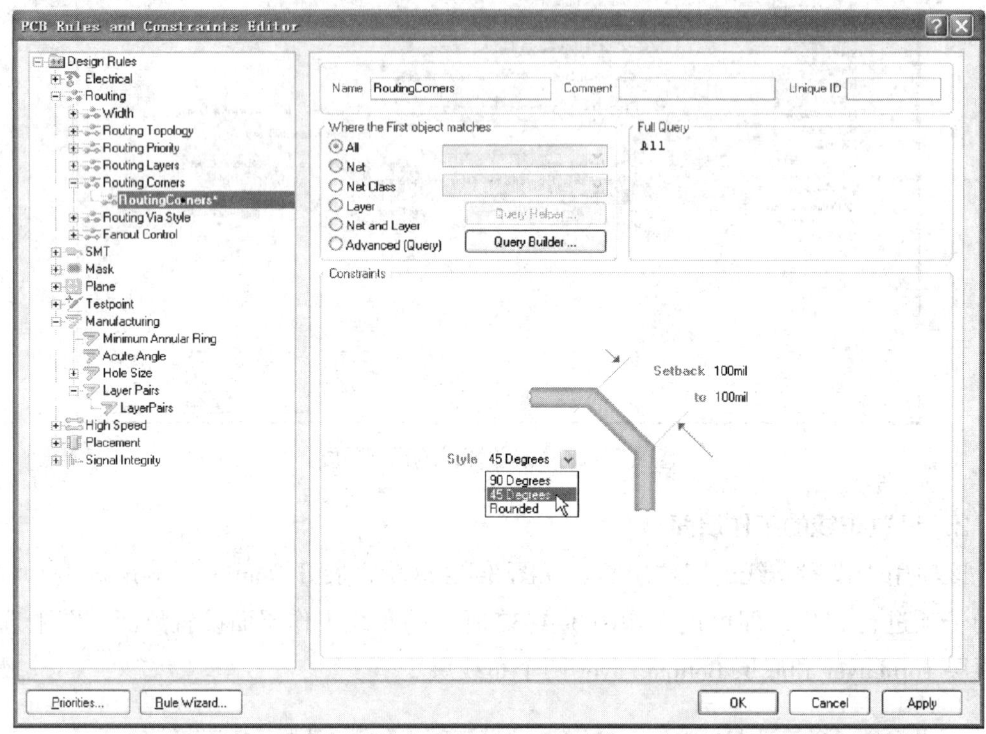

图 3–4–33　布线拐角模式设置界面

该界面主要分为以下两部分：

· Where the First object matches 栏：设置布线拐角模式范围。这里设置为 All，即该规则适用于整个电路板。

· Constraints 栏：设置布线拐角模式属性，包括拐角的样式（Style）和尺寸（Setback）。拐角的样式有 90 Degrees、45 Degrees 和 Rounded 三种，可以在样式的下拉列表中选择。尽量使用 45 Degrees，而不用 90 Degrees，这样可以减小高频信号的对外辐射与耦合。

4．设置布线的优先级

布线优先级是指程序允许用户设定各个网络布线的顺序，优先级高的网络布线早，优先级低的网络布线晚。Protel DXP 2004 提供了 0 ~ 100 共 101 个优先级，0 代表的优先级最低，100 代表的优先级最高。在图 3–4–28 中，展开 Routing Priority 选项，对其中的子项进行编辑，即进入如图 3–4–34 所示布线优先级设置界面。

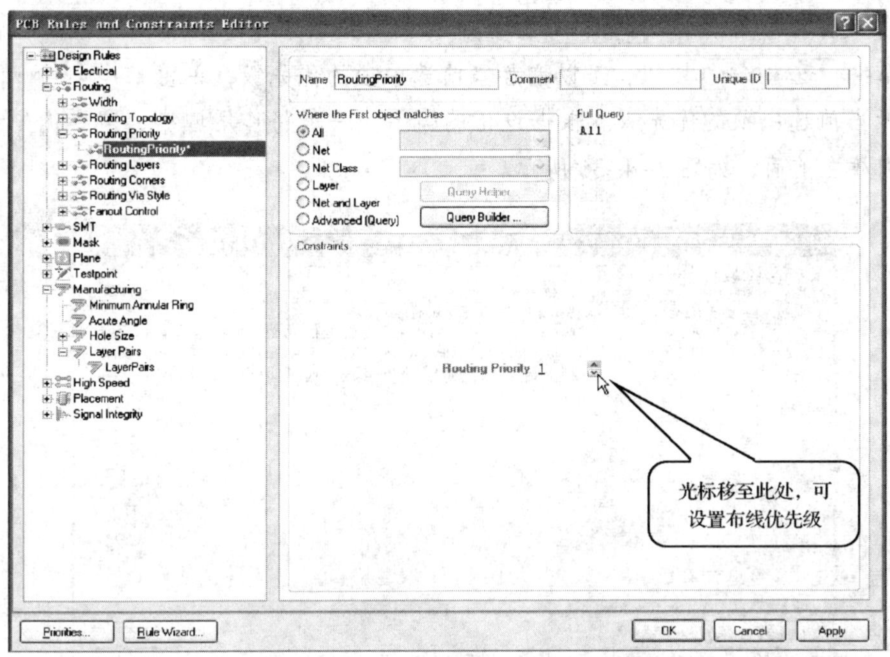

图 3-4-34 布线优先级设置界面

操作小技巧

如某电路板设置了 VCC、GND 和 All 三种线宽，优先级的设定如下：

执行菜单命令 Design → Rules，在弹出的对话框中进入线宽设置界面，如图 3-4-35 所示。

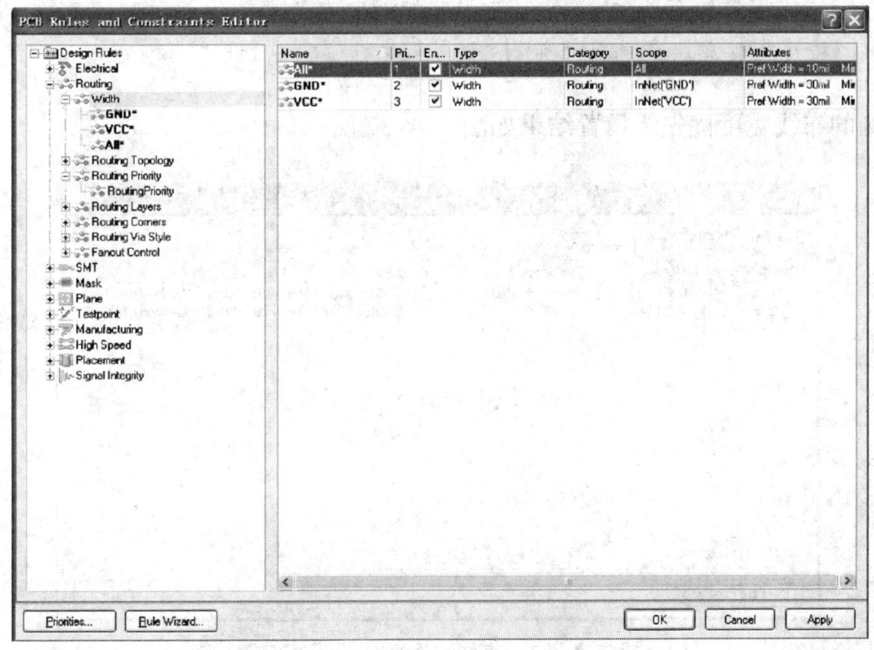

图 3-4-35 线宽设置界面

单击界面左下角的 Priorities... 按钮，弹出 Edit Rule Priorities 对话框。在该对话框中，单击 Increase Priority 按钮，可以增加当前选中项的优先级，单击 Decrease Priority 按钮，可以降低当前选中项的优先级。根据设计的需要，一般将作用域小、需要优先考虑的布线规则放在前面，如图 3-4-36 所示。

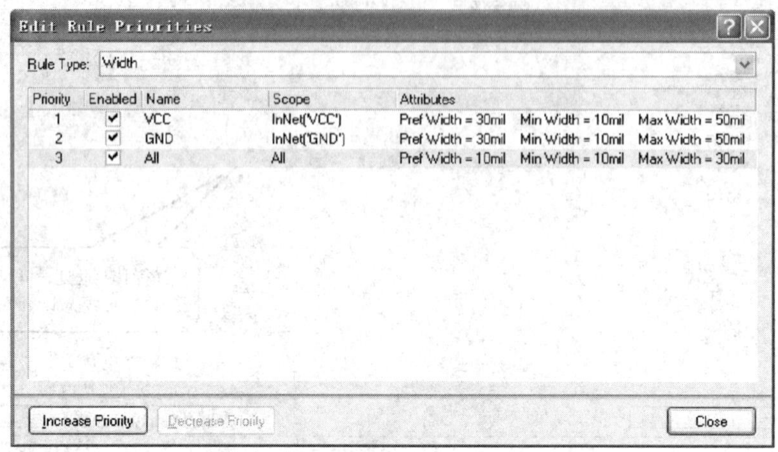

图 3-4-36　优先级设置结果

设置完成后，单击 Close 按钮退出即可。

小提示

在自动布线时，必须要把作用域小的规则的优先级放在前面，否则布线将按整板的布线规则执行。

本例的布线宽度优先级设置结果如图 3-4-37 所示。

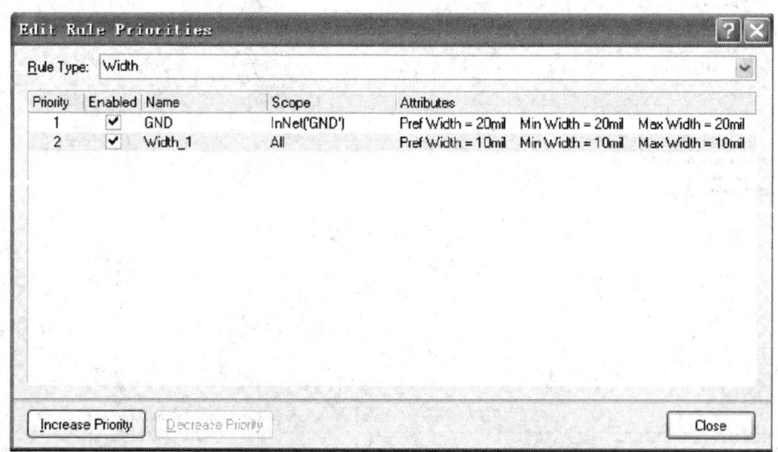

图 3-4-37　布线宽度优先级设置结果

5. 设置布线的拓扑结构

该项主要用于定义管脚到管脚之间布线的规则。在图 3–4–28 中，展开 Routing Topology 选项，对其子项进行编辑，即可进入如图 3–4–38 所示的布线拓扑结构设置界面。这里采用系统默认设置，即范围为整板（All），属性参数为线长最短（Shortest）。

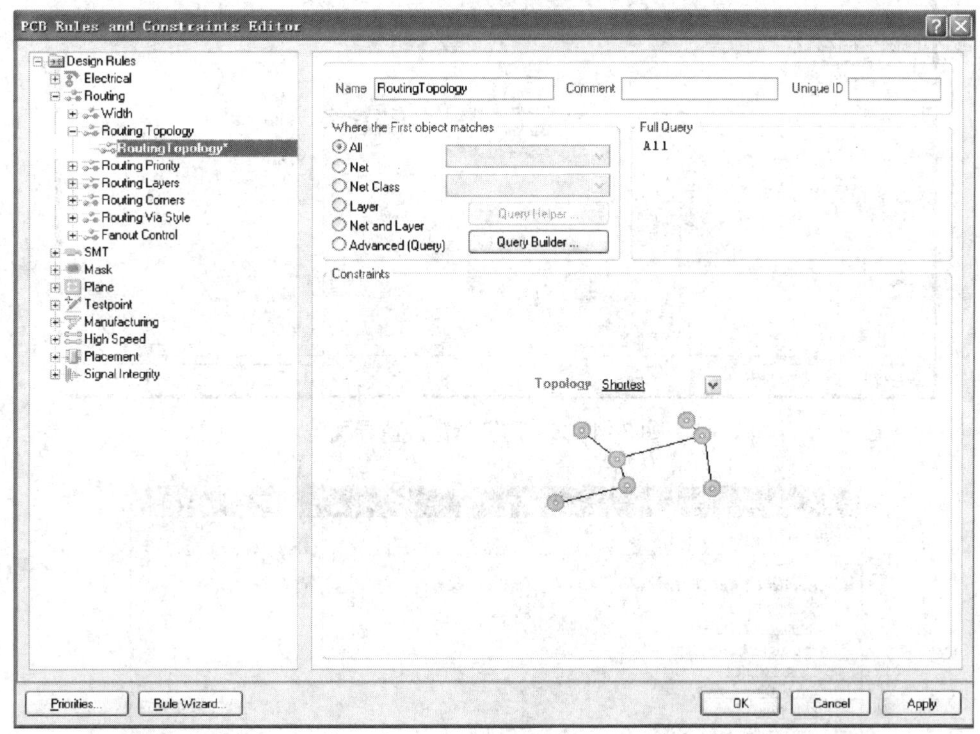

图 3–4–38 布线拓扑结构设置界面

6. 设置过孔形式

在图 3–4–28 中，展开 Routing Via Style 选项，对其中的子项进行编辑，进入如图 3–4–39 所示的过孔参数设置界面。该界面主要用于定义各层之间过孔的样式和相关尺寸。

五、自动布线器的参数设置

执行菜单命令 Auto Route → Setup，弹出如图 3–4–40 所示的 Situs Routing Strategies 对话框。在该对话框中可以设置自动布线器的参数，这里选用 Default 2 Layer Board（双面板默认的布线策略）。

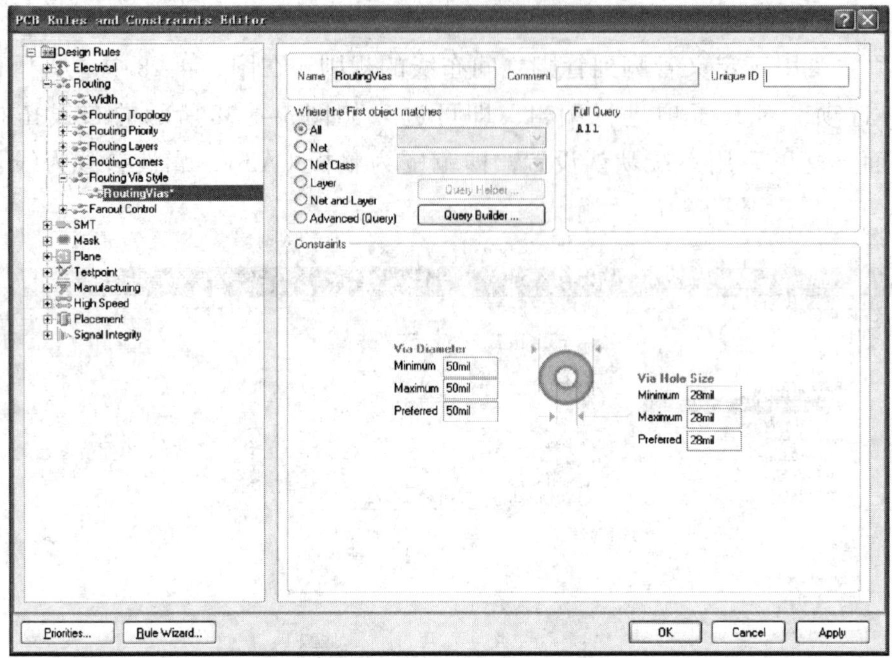

图 3-4-39　过孔参数设置界面

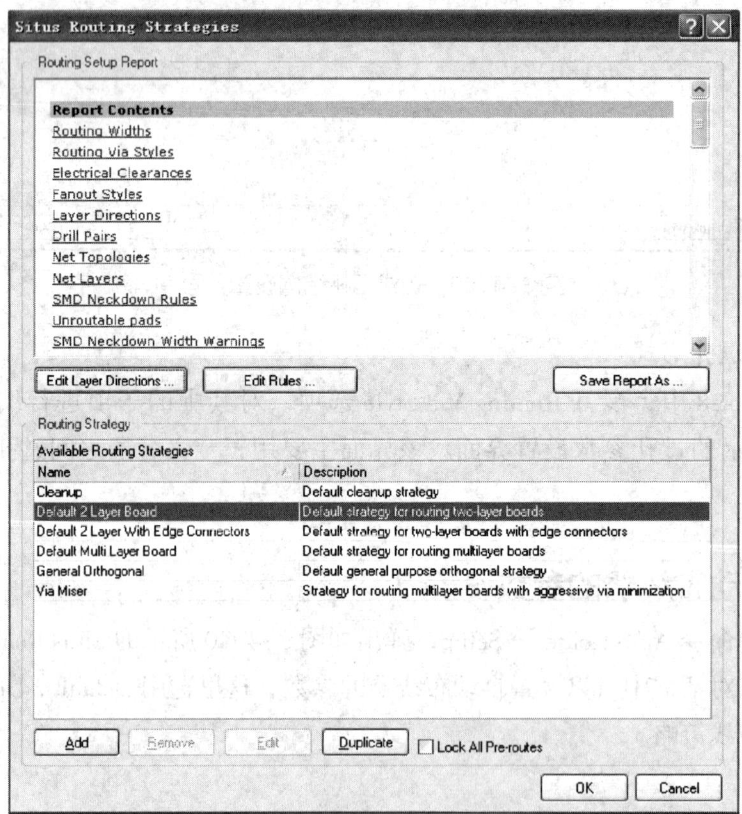

图 3-4-40　Situs Routing Strategies 对话框

1. 单击 [Edit Rules ...] 按钮，即可对布线规则进行编辑。

2. 单击 [Edit Layer Directions ...] 按钮，在弹出的对话框中可以设置层布线方向，如图 3-4-41 所示。其中显示了可用的层面，单击 Current Setting 的下拉按钮，可以对各层面的布线方向进行设置。在双面板中，一般将顶层和底层设置为布线层面，顶层为水平方向走线，底层为垂直方向走线。

小提示

如果只需要对单层面进行自动布线，则可按图 3-4-42 进行设置。

图 3-4-41　设置层布线方向

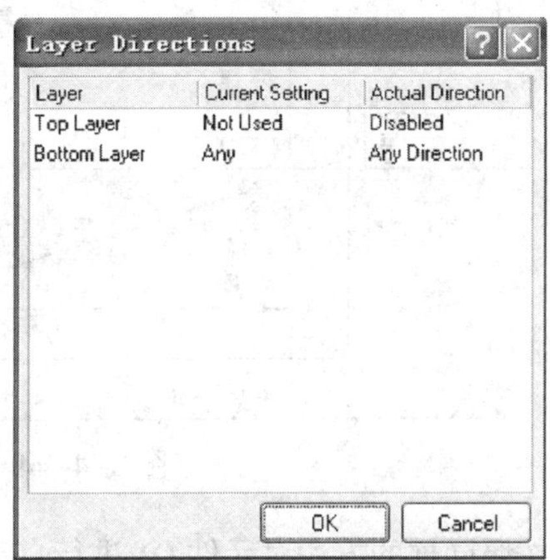

图 3-4-42　单层自动布线的设置

六、自动布线

执行菜单命令 Auto Route → All，在弹出的对话框中单击 [Route All] 按钮，确认布线策略，即开始进行自动布线。PCB 的自动布线需要一定的时间，这需根据电路元件的多少和布局的合理情况而定，自动布线完成后的 PCB 如图 3-4-43 所示。

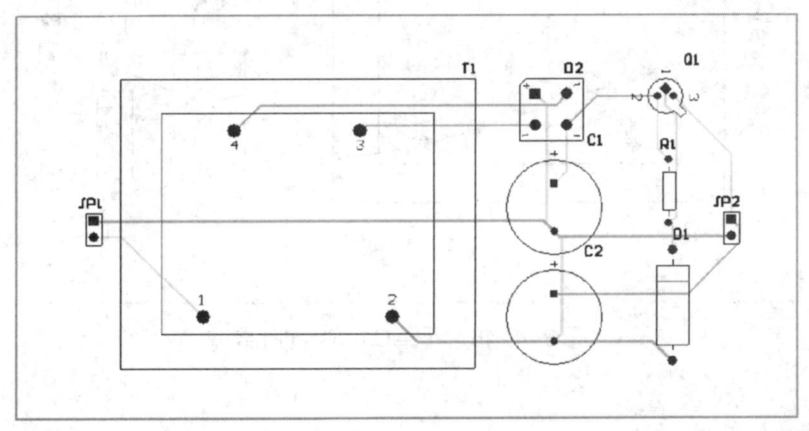

图 3-4-43　PCB 自动布线结果

在使用自动布线时，一般可以先对重要元件进行布线操作，从而给该元件更多的布线空间，提高布线质量。

如在本例中可以对电桥 D2 先布线，方法是：执行菜单命令 Auto Route → Component，进入元件自动布线状态，此时光标变成十字形，移动光标至 D2 处，单击鼠标左键，即可完成 D2 所有导线的布线操作，如图 3-4-44 所示。

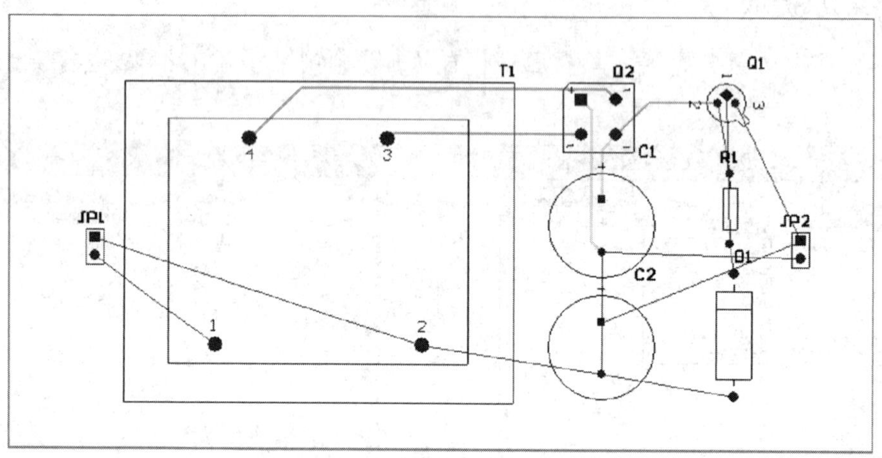

图 3-4-44　元件 D2 的自动布线

按照同样的方法对元件 Q1 进行自动布线，如图 3-4-45 所示。

最后执行菜单命令 Auto Route → All，进行全局自动布线，如图 3-4-46 所示。

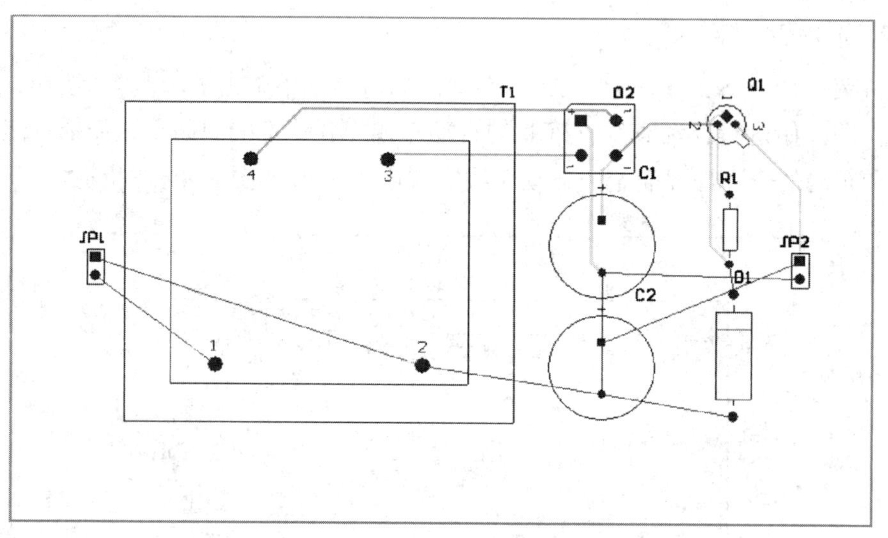

图 3-4-45　元件 Q1 的自动布线

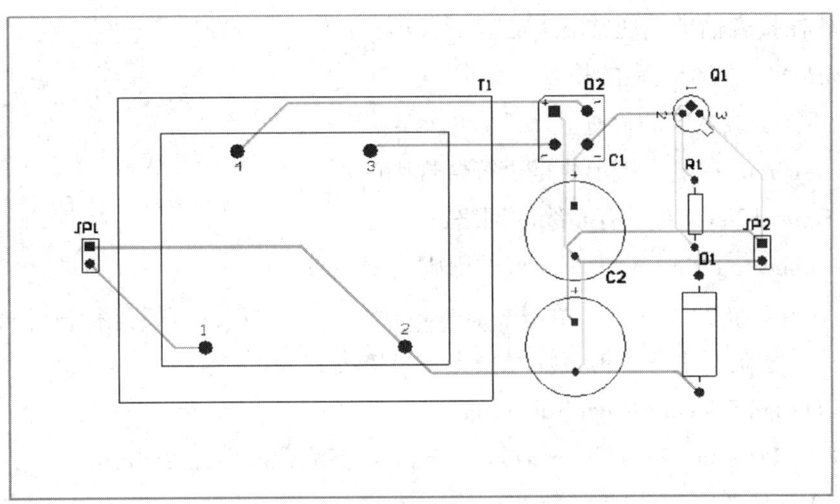

图 3-4-46　PCB 全局自动布线结果

七、设计规则检查

Protel DXP 2004 具有设计规则检查（DRC）功能。对布线完毕后的电路板做 DRC 检查，可以确保 PCB 符合设计者的要求，使所有网络都正确连接。因此，在完成 PCB 的布线后，需要进行 DRC 检查。

执行菜单命令 Tools → Design Rule Check，弹出 Design Rule Checker 对话框，如图 3-4-47 所示。

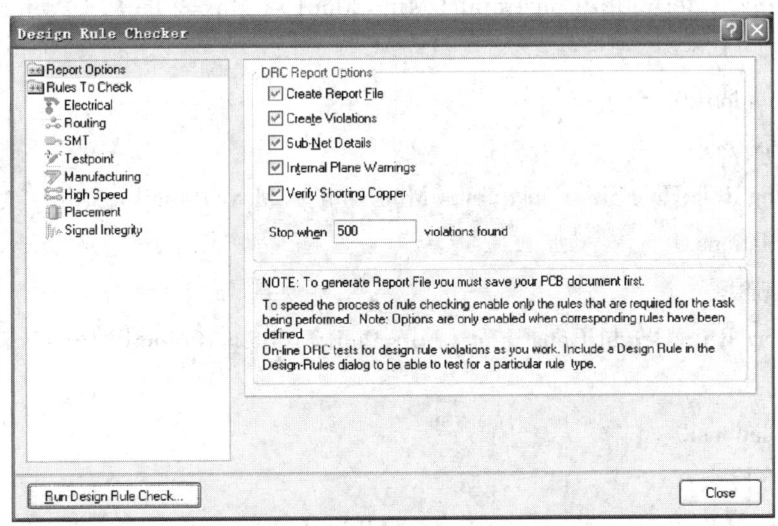

图 3-4-47　Design Rule Checker 对话框

设计规则的检查可以分为两种：一种是报表（Report）输出，可以产生检查的结果报表；另一种是在线检查工具，也就是在布线的过程中对布线规则进行检查，防止错误产生。在报表输出中通常需关心以下各项：

· Clearance：安全间距的检查。

· Width：走线宽度的检查。

· Short-Circuit：电路板走线是否符合规则的检查。

· Un-Routed Net：对没有布线的网络进行检查。

· Un-Connected Pin：对没有布线的引脚进行检查。

本例采用系统默认设置，单击 Run Design Rule Check... 按钮，开始运行设计规则检查，检查结束后，系统产生一个检查情况报表，具体内容如下：

Protel Design System Design Rule Check

PCB File:\Program Files\Altium2004\Examples\ 整流电源电路 .PcbDoc

Date:2020-12-11

Time:14:21:58

线宽限制检查：

Processing Rule:Width Constraint（Min=10mil）（Max=10mil）（Preferred=10mil）（All）

Rule Violations:0

安全间距检查：

Processing Rule:Clearance Constraint（Gap=13mil）（All），（All）

Rule Violations:0

线宽限制检查：

Processing Rule:Width Constraint（Min=20mil）（Max=20mil）（Preferred=20mil）（InNet（'GND'））

Rule Violations:0

孔径大小检查：

Processing Rule:Hole Size Constraint（Min=1mil）（Max=100mil）（All）

Rule Violations:0

高度限制检查：

Processing Rule:Height Constraint（Min=0mil）（Max=1000mil）（Preferred=500mil）（All）

Rule Violations:0

断路网络检查：

Processing Rule:Broken-Net Constraint（（All））

Rule Violations:0

短路网络检查：

Processing Rule:Short-Circuit Constraint（Allowed=No）（All），（All）

Rule Violations:0

冲突总数：

Violations Detected:0

Time Elapsed:00:00:01

八、补泪滴、包地与敷铜

在完成布线后，为了改善电路板性能，通常还对电路板进行泪滴、包地与敷铜操作。

1. 补泪滴

泪滴是指在导线与焊盘连接处的泪滴状过渡区域。当与焊盘连接的铜膜线较细时，要将焊盘与铜膜线之间的连接设计成泪滴状，这样可以使焊盘不容易被剥离，且铜膜与焊盘之间的连线不易断开，从而增强连接处的强度。对电路进行补泪滴操作可以增强连接处的强度，具体方法如下：

执行菜单命令 Tools → Teardrops，将弹出如图 3-4-48 所示的 Teardrop Options 对话框。

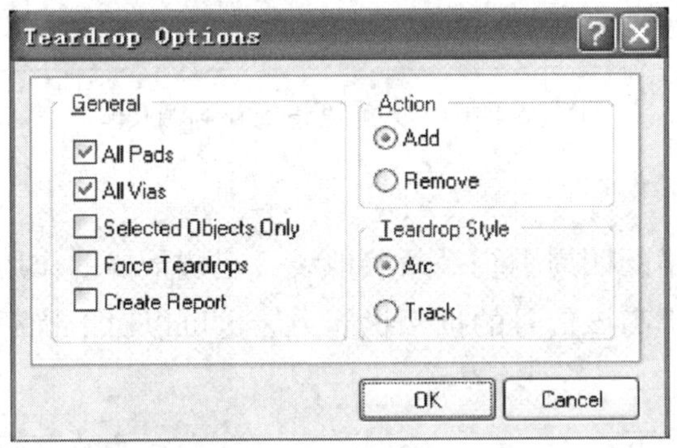

图 3-4-48 Teardrop Options 对话框

其中，各主要设置项的含义如下：

· All Pads：对所有焊盘补泪滴。

· All Vias：对所有过孔补泪滴。

· Selected Objects Only：对所有选中的对象补泪滴。

· Add：添加泪滴。

· Remove：删除泪滴。

· Arc：添加圆弧形泪滴，效果如图 3-4-49 所示。

· Track：添加直线形泪滴，效果如图 3-4-50 所示。

本例选择圆弧形泪滴，效果如图 3-4-51 所示。

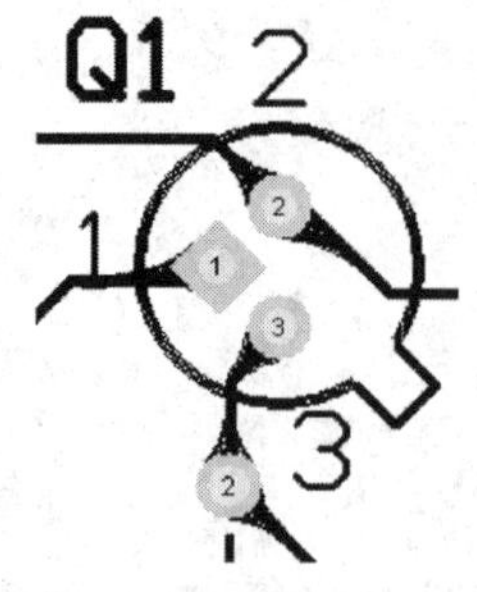

图 3-4-49　圆弧形泪滴效果

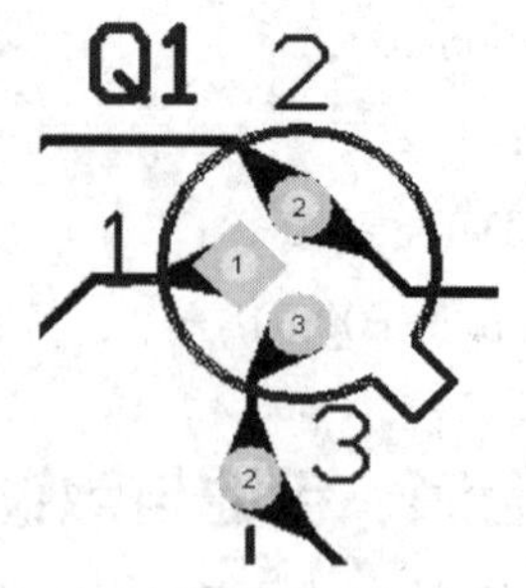

图 3-4-50　直线形泪滴效果

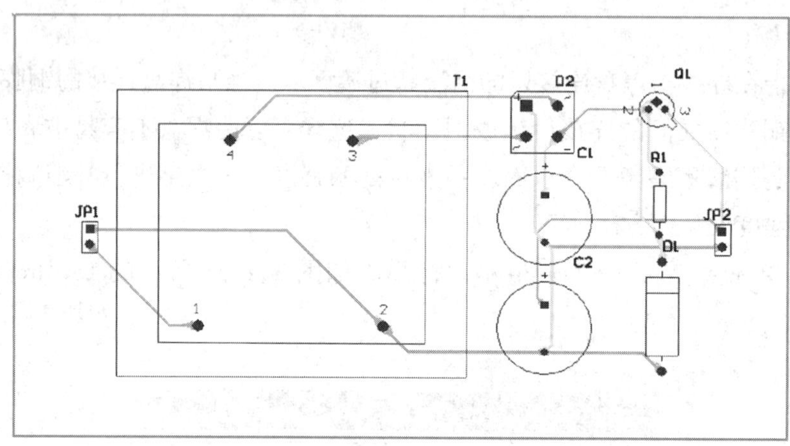

图 3-4-51　对电路进行补泪滴操作

2. 包地

包地是在指定网络的四周围绕一条接地线，起抗干扰的作用。对重要信号线进行包地处理，可以显著提高该信号的抗干扰能力。也可以对干扰源进行包地处理，使其不能干扰其他信号。

实现包地的方法如下：

（1）将需要包地的对象选中，然后按住【Shift】键，逐一单击焊盘和连线，即可将其快速地选中，如果整个网络都进行包地，则可执行菜单命令 Edit → Select → All。

（2）执行 Tools → Outline Selected Objects 命令，即可实现在选中对象的外围做包地，如图 3-4-52 所示。

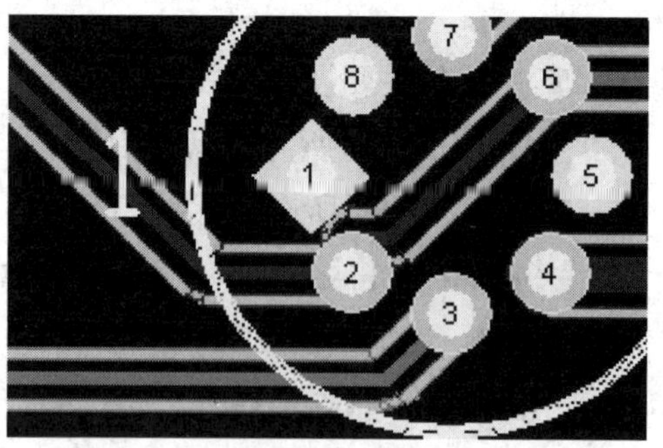

图 3-4-52　在选中对象的外围做包地

本例将整个电路板进行包地，效果如图 3-4-53 所示。

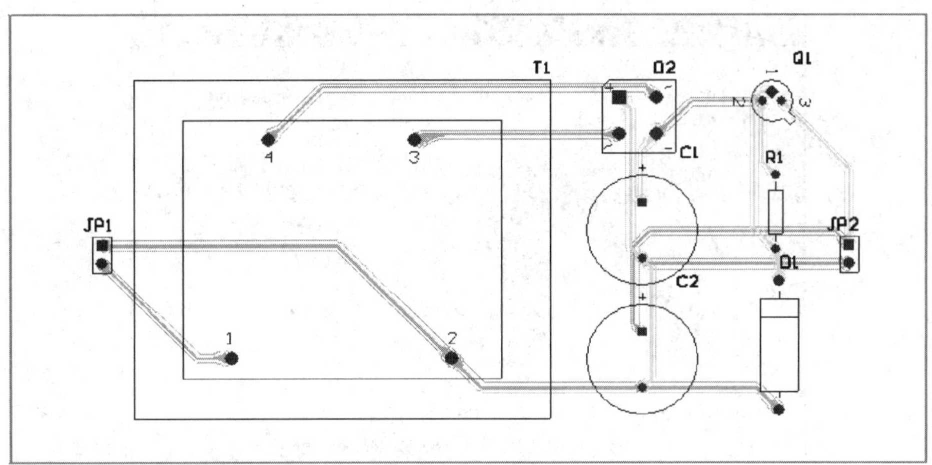

图 3-4-53　对整个电路板进行包地的效果

小提示

需要进行屏蔽的导线一定要与其余的导线保持一定的距离，因为屏蔽导线也要占据一定的空间，否则在设计规则检查时会出现冲突。

3. 敷铜

敷铜就是在电路板上放置一层铜膜，一般将这层铜膜接地，这样可以增强电路的抗干扰能力，并提高电路板的强度。在电路板中需要通过大电流的区域也可以通过敷铜的方式来加大其通过电流的能力。

敷铜的方法如下：

（1）执行菜单命令 Place → Polygon Pour 或单击布线工具栏中的 按钮，弹出如图 3-4-54 所示的 Polygon Pour 对话框。

（2）在 Polygon Pour 对话框中设置敷铜参数。

1）Properties 栏

· Layer 项：设置所在层面。

· Min Prim Length 项：设定敷铜最小长度。

· Lock Primitives 复选框：锁定敷铜。

2）Net Options 栏

· Connect to Net 项：设置连接的网络。单击右边的下拉按钮，在下拉列表中可以选择电路板上的所有网络名称，一般将敷铜连接到接地的网络上。如果不选择，则下面的两个选项没有作用。

· Remove Dead Copper 复选框：去死铜。去死铜是指如果某一块铜膜无法连接到指定的网络，则将其删除。

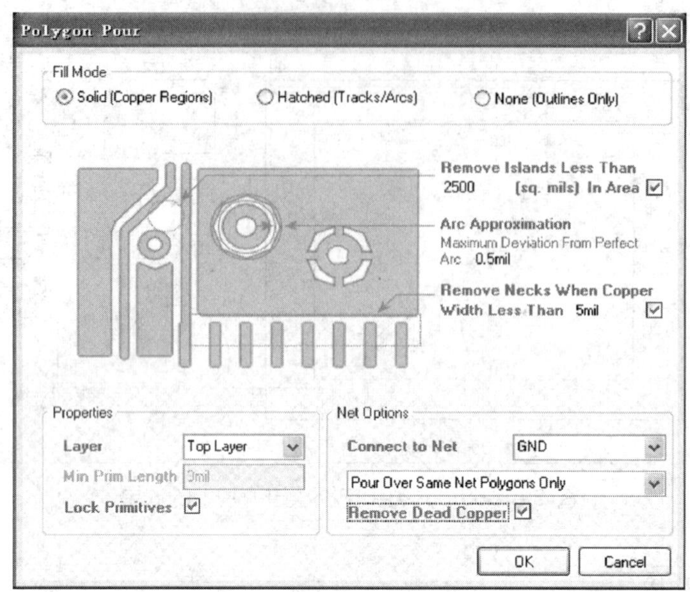

图 3-4-54　Polygon Pour 对话框

3）Fill Mode 栏（设置填充模式）

· Solid（Copper Regions）单选框：实心敷铜。

· Hatched（Tracks/Arcs）单选框：带网格的敷铜。

· None（Outlines Only）单选框：仅轮廓敷铜。

每一种填充模式下面都可以进行相应的参数设置。

本例采用带网格的敷铜，参数设置如图 3-4-55 所示。

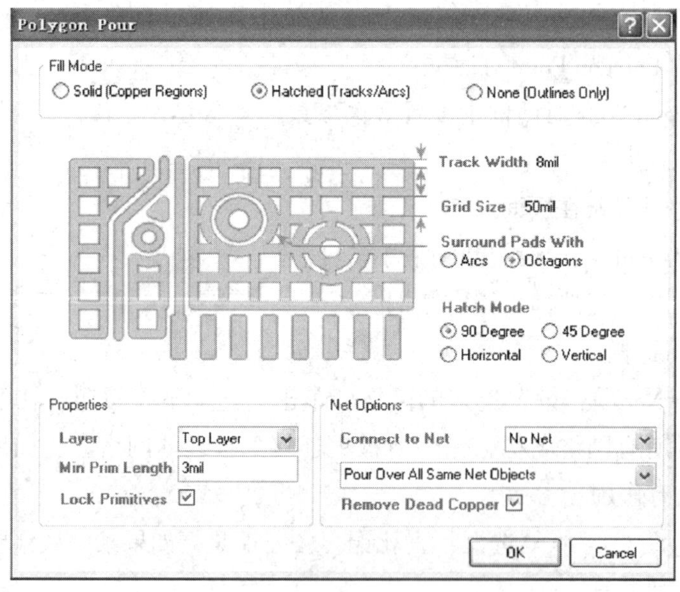

图 3-4-55　带网格的敷铜参数设置

（3）单击 OK 按钮，出现十字光标，用鼠标在电路板外绘制一个闭合的矩形，以便将整个电路板包含进去，如图 3-4-56 所示。

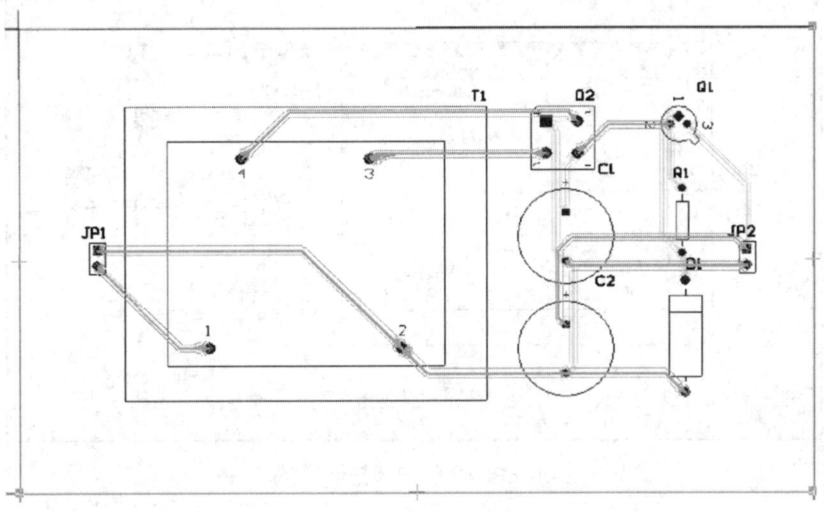

图 3-4-56 在电路板外绘制闭合的矩形

小提示

在设置敷铜外框时，最后的点可以不必点上，只要单击鼠标右键，系统会自动连接起点和终点。

（4）绘制完闭合的矩形后，Protel DXP 2004 将自动对矩形中的区域进行敷铜。可以看到，在禁止布线区外的敷铜都是死铜，已经被去掉了。这样便完成了顶层的敷铜操作，如图 3-4-57 所示。

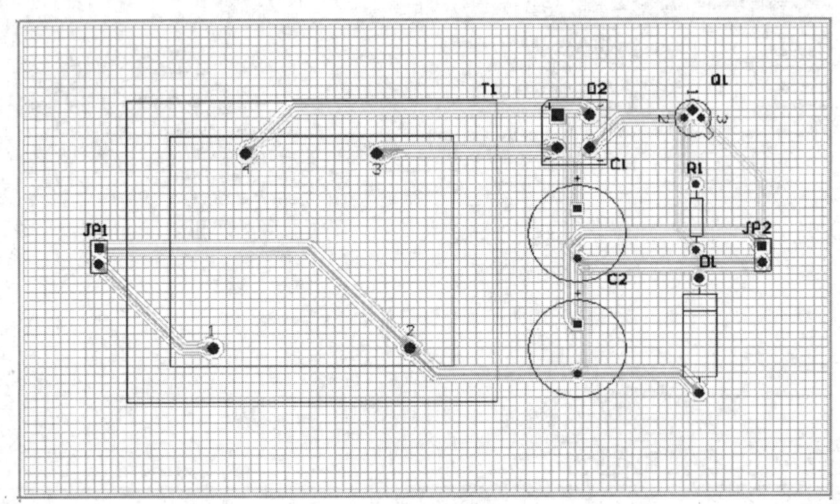

图 3-4-57 顶层放置敷铜后的 PCB

（5）把板层切换到底层，按照同样的方法对底层进行敷铜，如图 3-4-58 所示。

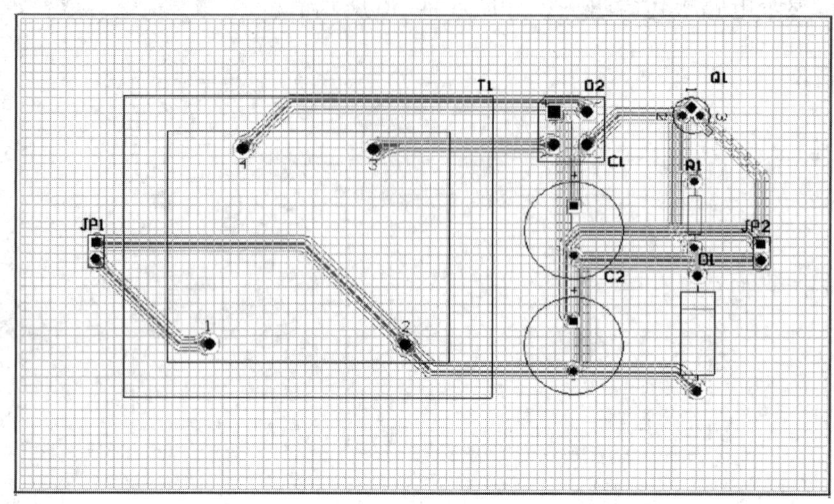

图 3-4-58　底层放置敷铜后的 PCB

一般来说，应该在完成 PCB 布线、检查没有问题时再进行多边形敷铜。但是，如果进行了多边形敷铜后，又发现某根走线需要改变，这时候不必删除敷铜，可以在改变走线后重新敷铜。

可使用“犁地”功能（Plow Through Polygons）重新敷铜，具体方法为：在图 3-4-59 所示的选项卡中，选择 Polygon Repour 栏 Repour 下拉列表中的 Always

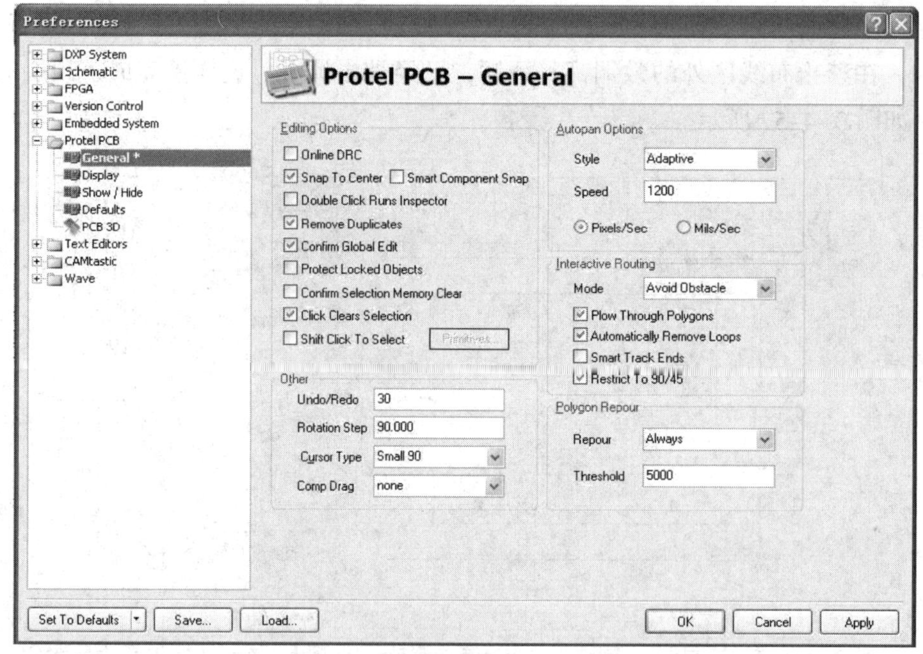

图 3-4-59　“犁地”功能设置

项，当交互布线模式为避免障碍时，选中 Plow Through Polygons 复选框即可。在多边形上面编辑布线后，多边形将自动重新敷铜，以后新编辑的走线将避让这个多边形。

小提示

在敷铜前最好设置走线间距约束，一般应该在安全间距的 2 倍以上，为保险起见可设为 30 mil 以上，敷铜完成后再改回原来的设计值，以免 DRC 时出错。

单击菜单命令 File → Save，保存所有编辑操作，完成整流电源电路 PCB 文件的设计。该 PCB 文件的 3D 效果如图 3-4-60 所示。

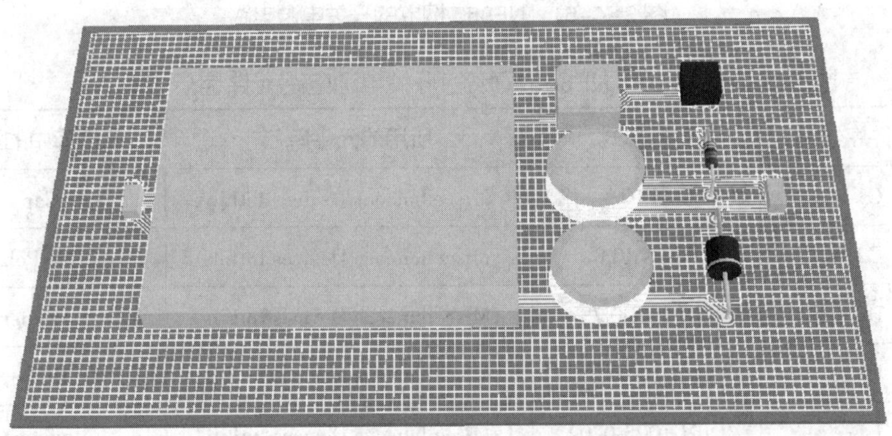

图 3-4-60 “整流电源电路 .PcbDoc”的 3D 效果

巩固练习

试设计下列各图所示电路的电路板，要求：

（1）使用双面板。

（2）采用插针式元件。

（3）镀铜过孔。

（4）焊盘之间允许走一根铜膜线。

（5）最小铜膜线宽度为 10 mil，电源、地线的铜膜线宽度为 20 mil。

（6）自动布线。

1. NE555 构成的开关电源电路（图 3-4-61），元件信息见表 3-4-2。

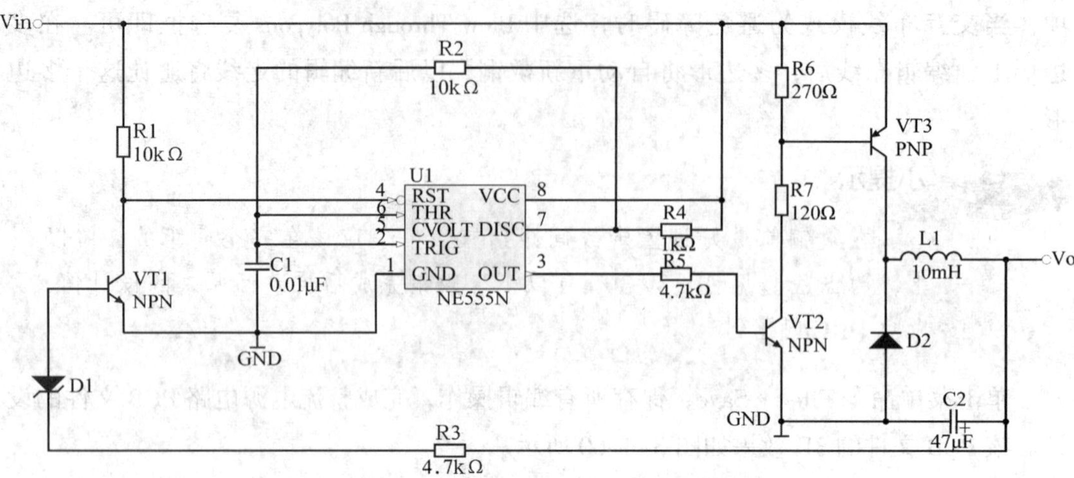

图 3-4-61　NE555 构成的开关电源电路

表 3-4-2　NE555 构成的开关电源电路元件信息表

元件序号	封装形式	所用的元件库名	元件库中的型号
C1	RAD-0.3	Miscellaneous Devices.IntLib	Cap
C2	POLAR0.8	Miscellaneous Devices.IntLib	Cap Pol2
D1	DIODE-0.7	Miscellaneous Devices.IntLib	D Zener
D2	DIODE-0.7	Miscellaneous Devices.IntLib	Diode
L1	INDC1005-0402	Miscellaneous Devices.IntLib	Inductor
R1	AXIAL-0.4	Miscellaneous Devices.IntLib	Res2
R2	AXIAL-0.4	Miscellaneous Devices.IntLib	Res2
R3	AXIAL-0.4	Miscellaneous Devices.IntLib	Res2
R4	AXIAL-0.4	Miscellaneous Devices.IntLib	Res2
R5	AXIAL-0.4	Miscellaneous Devices.IntLib	Res2
R6	AXIAL-0.4	Miscellaneous Devices.IntLib	Res2
R7	AXIAL-0.4	Miscellaneous Devices.IntLib	Res2
U1	DIP8	ST Analog Timer Circuit.IntLib	NE555N
VT1	BCY-W3	Miscellaneous Devices.IntLib	NPN
VT2	BCY-W3	Miscellaneous Devices.IntLib	NPN
VT3	BCY-W3	Miscellaneous Devices.IntLib	PNP

2. V–F 变换电路（图 3–4–62），元件信息见表 3–4–3。

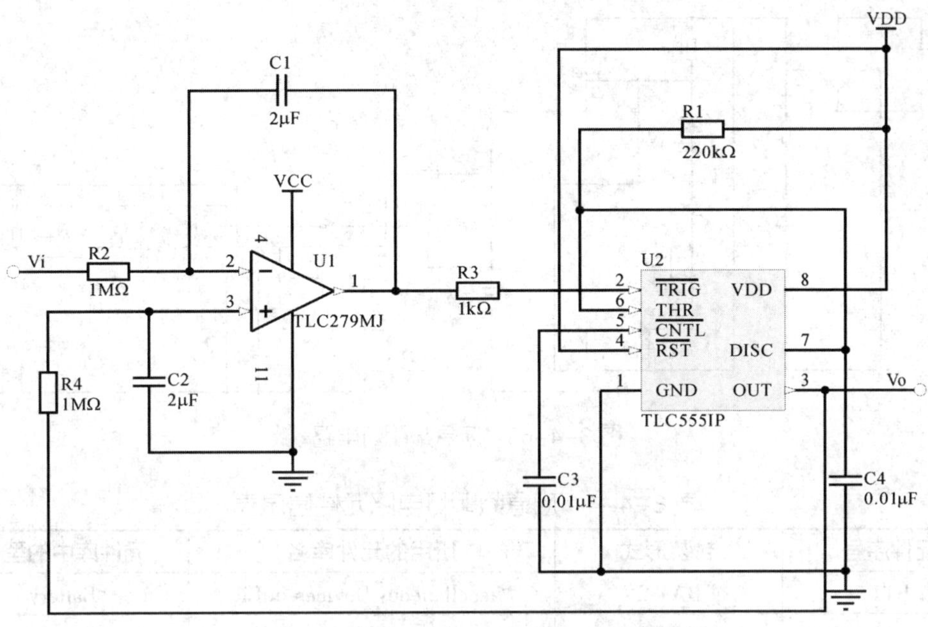

图 3–4–62 V–F 变换电路

表 3–4–3 V–F 变换电路元件信息表

元件序号	封装形式	所用的元件库名	元件库中的型号
C1	RAD-0.3	Miscellaneous Devices.IntLib	Cap
C2	RAD-0.3	Miscellaneous Devices.IntLib	Cap
C3	RAD-0.3	Miscellaneous Devices.IntLib	Cap
C4	RAD-0.3	Miscellaneous Devices.IntLib	Cap
R1	AXIAL-0.4	Miscellaneous Devices.IntLib	Res2
R2	AXIAL-0.4	Miscellaneous Devices.IntLib	Res2
R3	AXIAL-0.4	Miscellaneous Devices.IntLib	Res2
R4	AXIAL-0.4	Miscellaneous Devices.IntLib	Res2
U1	J014	TI Operational Amplifier.IntLib	TLC279MJ
U2	P008	TI Analog Timer Circuit.IntLib	TLC555IP

3. 应急照明灯电路（图 3-4-63），元件信息见表 3-4-4。

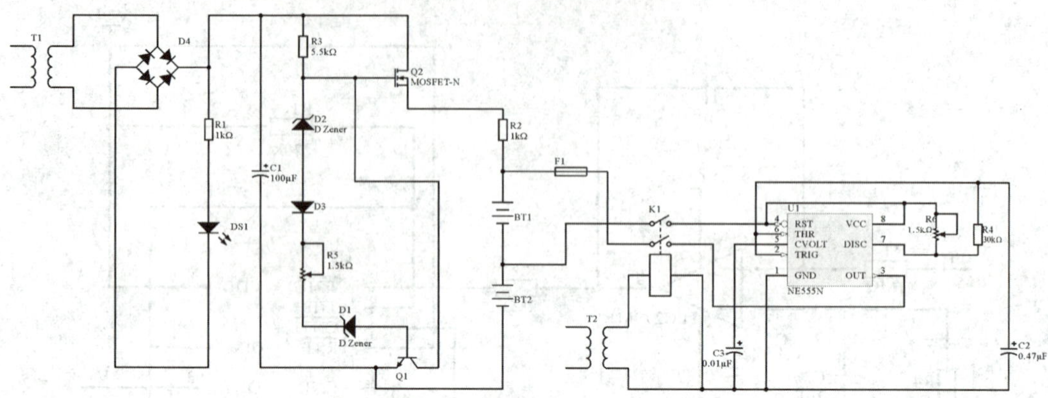

图 3-4-63　应急照明灯电路

表 3-4-4　应急照明灯电路元件信息表

元件序号	封装形式	所用的元件库名	元件库中的型号
BT1	BAT-2	Miscellaneous Devices.IntLib	Battery
BT2	BAT-2	Miscellaneous Devices.IntLib	Battery
C1	RB7.6-15	Miscellaneous Devices.IntLib	Cap Pol1
C2	RB7.6-15	Miscellaneous Devices.IntLib	Cap Pol1
C3	RB7.6-15	Miscellaneous Devices.IntLib	Cap Pol1
D1	DIODE-0.7	Miscellaneous Devices.IntLib	D Zener
D2	DIODE-0.7	Miscellaneous Devices.IntLib	D Zener
D3	DIODE-0.7	Miscellaneous Devices.IntLib	Diode
D4	E-BIP-P4/D10	Miscellaneous Devices.IntLib	Bridge1
DS1	DIODE-0.7	Miscellaneous Devices.IntLib	LED2
F1	PIN-W2/E2.8	Miscellaneous Devices.IntLib	Fuse 1
K1	DIP-P6/D33	Miscellaneous Devices.IntLib	Relay-DPST
Q1	BCY-W3	Miscellaneous Devices.IntLib	NPN
Q2	BCY-W3/B.8	Miscellaneous Devices.IntLib	MOSFET-N
R1	AXIAL-0.4	Miscellaneous Devices.IntLib	Res2
R2	AXIAL-0.4	Miscellaneous Devices.IntLib	Res2
R3	AXIAL-0.4	Miscellaneous Devices.IntLib	Res2
R4	AXIAL-0.4	Miscellaneous Devices.IntLib	Res2
R5	VR5	Miscellaneous Devices.IntLib	RPot
R6	VR5	Miscellaneous Devices.IntLib	RPot
T1	TRANS	Miscellaneous Devices.IntLib	Trans
T2	TRANS	Miscellaneous Devices.IntLib	Trans
U1	DIP8	ST Analog Timer Circuit.IntLib	NE555N

4. 波形发生电路（图 3–4–64），元件信息见表 3–4–5。

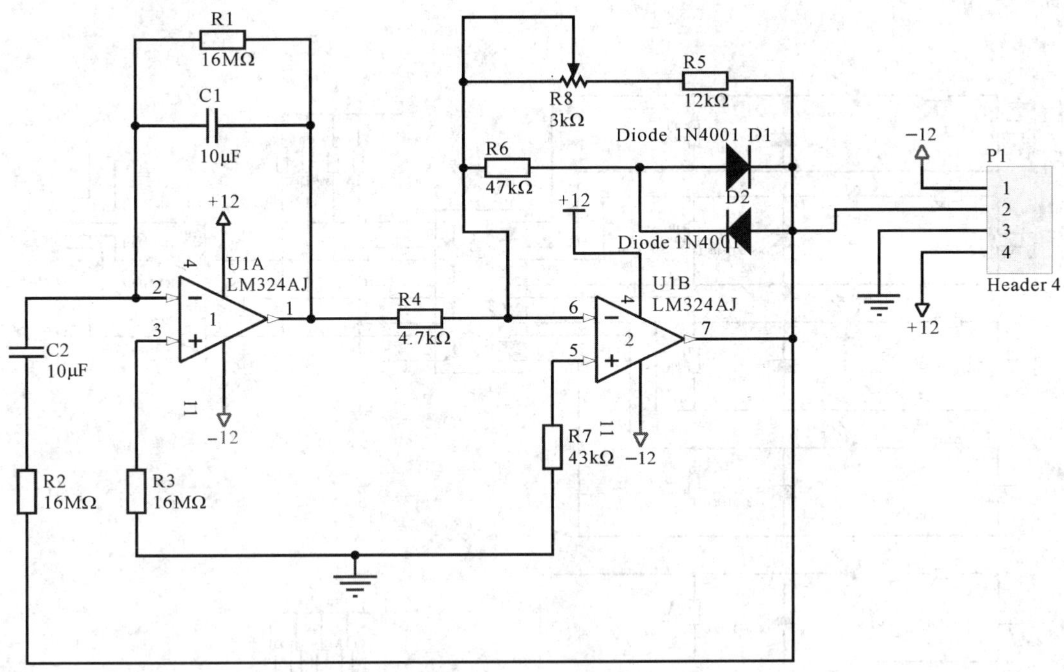

图 3–4–64　波形发生电路

表 3–4–5　波形发生电路元件信息表

元件序号	封装形式	所用的元件库名	元件库中的型号
C1	RAD-0.3	Miscellaneous Devices.IntLib	Cap
C2	RAD-0.3	Miscellaneous Devices.IntLib	Cap
D1	DIODE-0.4	Miscellaneous Devices.IntLib	Diode 1N4001
D2	DIODE-0.4	Miscellaneous Devices.IntLib	Diode 1N4001
P1	HDR1 × 4	Miscellaneous Connectors.IntLib	Header 4
R1	AXIAL-0.4	Miscellaneous Devices.IntLib	Res2
R2	AXIAL-0.4	Miscellaneous Devices.IntLib	Res2
R3	AXIAL-0.4	Miscellaneous Devices.IntLib	Res2
R4	AXIAL-0.4	Miscellaneous Devices.IntLib	Res2
R5	AXIAL-0.4	Miscellaneous Devices.IntLib	Res2
R6	AXIAL-0.4	Miscellaneous Devices.IntLib	Res2
R7	AXIAL-0.4	Miscellaneous Devices.IntLib	Res2
R8	VR5	Miscellaneous Devices.IntLib	RPot
U1A、U1B	J014	TI Operational Amplifier.IntLib	LM324AJ

5. 与 CPLD1032E 实验电路板配套的光耦输入电路（图 3-4-65），元件信息见表 3-4-6。

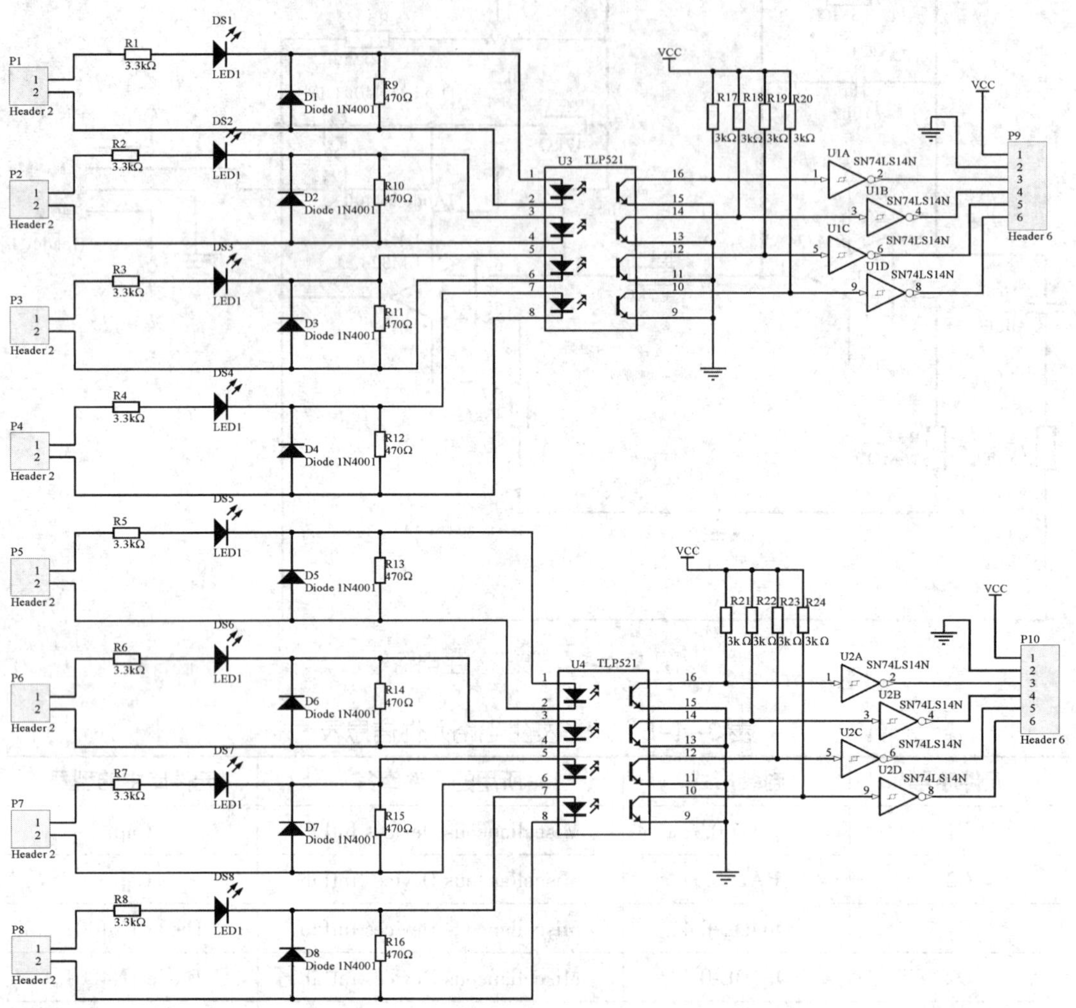

图 3-4-65　与 CPLD1032E 实验电路板配套的光耦输入电路

表 3-4-6　与 CPLD1032E 实验电路板配套的光耦输入电路元件信息表

元件序号	封装形式	所用的元件库名	元件库中的型号
D1	DIO10.46-5.3 × 2.8	Miscellaneous Devices.IntLib	Diode 1N4001
D2	DIO10.46-5.3 × 2.8	Miscellaneous Devices.IntLib	Diode 1N4001
D3	DIO10.46-5.3 × 2.8	Miscellaneous Devices.IntLib	Diode 1N4001
D4	DIO10.46-5.3 × 2.8	Miscellaneous Devices.IntLib	Diode 1N4001
D5	DIO10.46-5.3 × 2.8	Miscellaneous Devices.IntLib	Diode 1N4001

续表

元件序号	封装形式	所用的元件库名	元件库中的型号
D6	DIO10.46-5.3×2.8	Miscellaneous Devices.IntLib	Diode 1N4001
D7	DIO10.46-5.3×2.8	Miscellaneous Devices.IntLib	Diode 1N4001
D8	DIO10.46-5.3×2.8	Miscellaneous Devices.IntLib	Diode 1N4001
DS1	DIODE-0.4	Miscellaneous Devices.IntLib	LED1
DS2	DIODE-0.4	Miscellaneous Devices.IntLib	LED1
DS3	DIODE-0.4	Miscellaneous Devices.IntLib	LED1
DS4	DIODE-0.4	Miscellaneous Devices.IntLib	LED1
DS5	DIODE-0.4	Miscellaneous Devices.IntLib	LED1
DS6	DIODE-0.4	Miscellaneous Devices.IntLib	LED1
DS7	DIODE-0.4	Miscellaneous Devices.IntLib	LED1
DS8	DIODE-0.4	Miscellaneous Devices.IntLib	LED1
P1	HDR1×2	Miscellaneous Connectors.IntLib	Header 2
P2	HDR1×2	Miscellaneous Connectors.IntLib	Header 2
P3	HDR1×2	Miscellaneous Connectors.IntLib	Header 2
P4	HDR1×2	Miscellaneous Connectors.IntLib	Header 2
P5	HDR1×2	Miscellaneous Connectors.IntLib	Header 2
P6	HDR1×2	Miscellaneous Connectors.IntLib	Header 2
P7	HDR1×2	Miscellaneous Connectors.IntLib	Header 2
P8	HDR1×2	Miscellaneous Connectors.IntLib	Header 2
P9	HDR1×6	Miscellaneous Connectors.IntLib	Header 6
P10	HDR1×6	Miscellaneous Connectors.IntLib	Header 6
R1	AXIAL-0.4	Miscellaneous Devices.IntLib	Res2
R2	AXIAL-0.4	Miscellaneous Devices.IntLib	Res2
R3	AXIAL-0.4	Miscellaneous Devices.IntLib	Res2
R4	AXIAL-0.4	Miscellaneous Devices.IntLib	Res2

续表

元件序号	封装形式	所用的元件库名	元件库中的型号
R5	AXIAL-0.4	Miscellaneous Devices.IntLib	Res2
R6	AXIAL-0.4	Miscellaneous Devices.IntLib	Res2
R7	AXIAL-0.4	Miscellaneous Devices.IntLib	Res2
R8	AXIAL-0.4	Miscellaneous Devices.IntLib	Res2
R9	AXIAL-0.4	Miscellaneous Devices.IntLib	Res2
R10	AXIAL-0.4	Miscellaneous Devices.IntLib	Res2
R11	AXIAL-0.4	Miscellaneous Devices.IntLib	Res2
R12	AXIAL-0.4	Miscellaneous Devices.IntLib	Res2
R13	AXIAL-0.4	Miscellaneous Devices.IntLib	Res2
R14	AXIAL-0.4	Miscellaneous Devices.IntLib	Res2
R15	AXIAL-0.4	Miscellaneous Devices.IntLib	Res2
R16	AXIAL-0.4	Miscellaneous Devices.IntLib	Res2
R17	AXIAL-0.4	Miscellaneous Devices.IntLib	Res2
R18	AXIAL-0.4	Miscellaneous Devices.IntLib	Res2
R19	AXIAL-0.4	Miscellaneous Devices.IntLib	Res2
R20	AXIAL-0.4	Miscellaneous Devices.IntLib	Res2
R21	AXIAL-0.4	Miscellaneous Devices.IntLib	Res2
R22	AXIAL-0.4	Miscellaneous Devices.IntLib	Res2
R23	AXIAL-0.4	Miscellaneous Devices.IntLib	Res2
R24	AXIAL-0.4	Miscellaneous Devices.IntLib	Res2
U1A ~ U1D	646-06	ON Semi Logic Buffer Line Driver.IntLib	SN74LS14N
U2A ~ U2D	646-06	ON Semi Logic Buffer Line Driver.IntLib	SN74LS14N
U3	DIP-16	—	TLP521
U4	DIP-16	—	TLP521

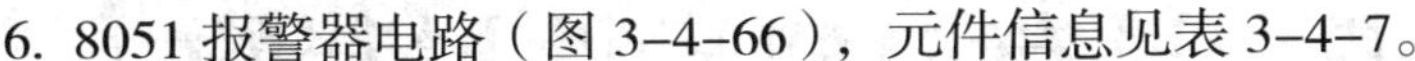

6. 8051 报警器电路（图 3-4-66），元件信息见表 3-4-7。

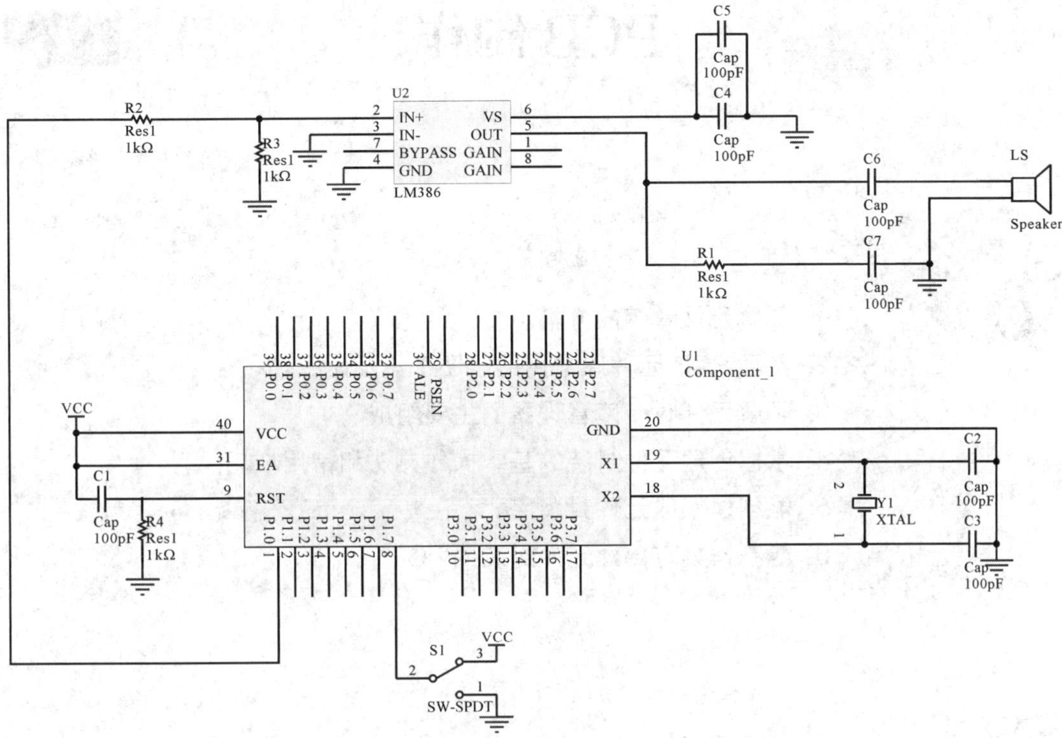

图 3-4-66　8051 报警器电路

表 3-4-7　8051 报警器电路元件信息表

元件序号	封装形式	所用的元件库名	元件库中的型号
C1	CAPR2.54-5.1 × 3.2	Miscellaneous Devices.IntLib	Cap
C2	CAPR2.54-5.1 × 3.2	Miscellaneous Devices.IntLib	Cap
C3	CAPR2.54-5.1 × 3.2	Miscellaneous Devices.IntLib	Cap
C4	CAPR2.54-5.1 × 3.2	Miscellaneous Devices.IntLib	Cap
C5	CAPR2.54-5.1 × 3.2	Miscellaneous Devices.IntLib	Cap
C6	CAPR2.54-5.1 × 3.2	Miscellaneous Devices.IntLib	Cap
C7	CAPR2.54-5.1 × 3.2	Miscellaneous Devices.IntLib	Cap
LS	PIN2	Miscellaneous Devices.IntLib	Speaker
R1	AXIAL-0.3	Miscellaneous Devices.IntLib	Res1
R2	AXIAL-0.3	Miscellaneous Devices.IntLib	Res1
R3	AXIAL-0.3	Miscellaneous Devices.IntLib	Res1
R4	AXIAL-0.3	Miscellaneous Devices.IntLib	Res1
S1	TL36WW15050	Miscellaneous Devices.IntLib	SW-SPDT
U1	DIP40	Schlib1.SchLib	Component_1
U2	DIP8	Schlib1.SchLib	LM386
Y1	BCY-W2/D3.1	Miscellaneous Devices.IntLib	XTAL

课题 5　具有自建元件封装的 PCB 制作

学习目标

1. 了解元件封装的分类。
2. 熟悉 PCB 元件库常用的绘图工具及命令。
3. 了解元件封装库管理器的主要组成。
4. 掌握创建元件封装的基本操作方法和常用技巧。
5. 能创建集成元件封装库。
6. 能制作具有自建元件封装的 PCB。

基本知识

一、元件封装的分类

元件封装分为两类，一类是分立元件的封装，另一类是集成电路的封装。

1．分立元件的封装

分立元件的封装出现得较早，种类也比较多，涉及的元件有电阻、电容、二极管、三极管、继电器和接口等。

2．集成电路的封装

集成电路的封装是指安装半导体集成电路芯片用的外壳，它不仅起着安放、固定、密封、保护芯片和增强电热性能的作用，而且还是沟通芯片内部和外部电路的桥梁——芯片上的接点用导线连接到封装的引脚上，这些引脚又通过印制电路板上的导线与其他器件建立连接。

二、PCB 元件封装库绘图工具及命令

PCB 元件封装库绘图工具栏如图 3–5–1 所示。各按钮的功能见表 3–5–1。

PCB Lib Placement

图 3–5–1　PCB 元件封装库绘图工具栏

表 3-5-1 PCB 元件封装库绘图工具栏按钮功能列表

按钮	对应命令	功能
	Place → Line	放置直线
	Place → Pad	放置焊盘
	Place → Via	放置导孔
	Place → String	放置字符
	Place → Coordinate	放置坐标
	Place → Dimension → Dimension	放置标注尺寸
	Place → Arc（Center）	放置中心弧
	Place → Arc（Edge）	从边缘放置圆弧
	Place → Arc（Any Angle）	放置由边缘确定的任意角度弧
	Place → Full Circle	放置完全圆弧

三、元件封装库管理器

元件封装库管理器主要用于对元件封装库文件进行管理，单击编辑窗口右下角的 PCB 标签，选择其中的 PCB Library 选项，即可进入元件封装库管理器，如图 3-5-2 所示。

元件封装库管理器主要由屏蔽查询栏、封装列表框、元件封装原始信息列表和航行视图组成。

1. 屏蔽查询栏

在该栏输入要查询的字符后，在封装列表框中将显示封装名称中包含键入字符的所有封装。一般不输入或输入“*”，在封装列表框中将列出所有当前库中的封装。

2. 封装列表框

在该框中显示符合屏蔽查询要求的所有封装的名称。单击该框中的封装名称，其封装形式就会显示在工作区中。

3. 元件封装原始信息列表

在该列表中显示封装列表框中选中封装的所有信息。

4. 航行视图

面板底部的一栏在默认情况下是缩小的 PCB 全视图，称为航行视图。其中显示了 PCB 的形状、大小和目前在页面显示中所处的位置。可以通过移动缩小视图上的框来移动当前显示的图纸，使之处于最适合观看的位置。需要注意的是，框只能起到平移的作用，放大和缩小应该在图纸中进行。

对元件封装的管理可以通过 Tools 菜单进行，如图 3-5-3 所示。

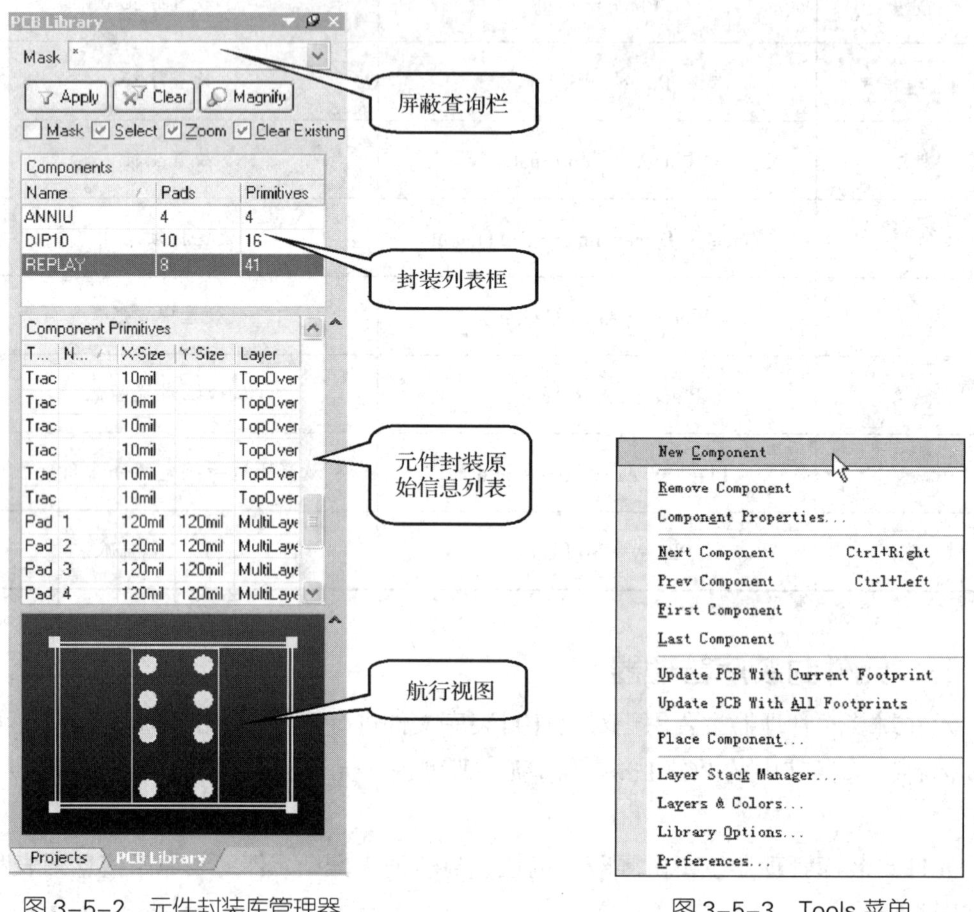

图 3-5-2 元件封装库管理器　　　　图 3-5-3 Tools 菜单

实例讲解

要想把实际的元件焊接到印制电路板上，就必须保证元件引脚和印制电路板上的焊盘一一对应，并且焊盘间的距离也要和元件引脚之间的距离一致。因此，在设计印制电路板时，不仅要知道元件的名称、型号，还要知道元件的封装形式。当现有的封装形式满足不了设计要求时（如开关、按钮、继电器和一些接插连接器等），就需要按照要求创建元件封装。本例要求根据如图 3-5-4 所示的 CPLD1016E 实验板原理图，学习制作具有自建元件封装的 PCB。该电路的元件信息见表 3-5-2。

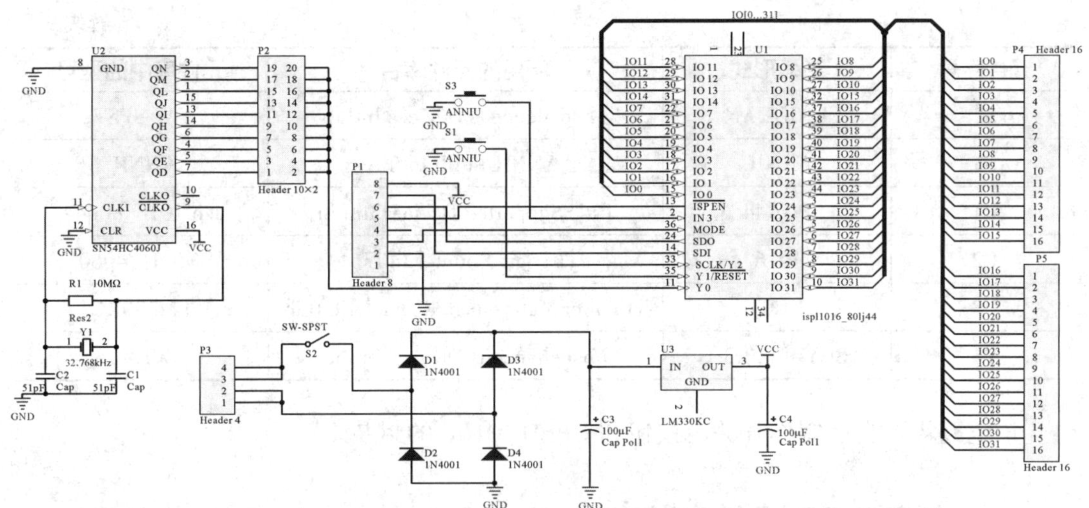

图 3-5-4 CPLD1016E 实验板原理图

设计要求：

1. 使用双面板。
2. 采用插针式元件。
3. 一般铜膜线走线宽度为 10 mil，电源、地线的铜膜线宽度为 20 mil。
4. 自动布线。

表 3-5-2 CPLD1016E 实验板电路元件信息表

元件序号	封装形式	所用的元件库名	元件库中的型号
C1	RAD-0.3	Miscellaneous Devices.IntLib	Cap
C2	RAD-0.3	Miscellaneous Devices.IntLib	Cap
C3	RB7.6-15	Miscellaneous Devices.IntLib	Cap Pol1
C4	RB7.6-15	Miscellaneous Devices.IntLib	Cap Pol1
D1	DIO10.46-5.3×2.8	Miscellaneous Devices.IntLib	Diode 1N4001
D2	DIO10.46-5.3×2.8	Miscellaneous Devices.IntLib	Diode 1N4001
D3	DIO10.46-5.3×2.8	Miscellaneous Devices.IntLib	Diode 1N4001
D4	DIO10.46-5.3×2.8	Miscellaneous Devices.IntLib	Diode 1N4001
P1	HDR1×8	Miscellaneous Connectors.IntLib	Header 8
P2	HDR2×10	Miscellaneous Connectors.IntLib	Header 10×2
P3	HDR1×4	Miscellaneous Connectors.IntLib	Header 4
P4	HDR1×16	Miscellaneous Connectors.IntLib	Header 16
P5	HDR1×16	Miscellaneous Connectors.IntLib	Header 16
R1	AXIAL-0.4	Miscellaneous Devices.IntLib	Res2
S1	ANNIU	ANNIUintlib.IntLib	ANNIU

续表

元件序号	封装形式	所用的元件库名	元件库中的型号
S2	KAIGUAN	Miscellaneous Devices.IntLib	SW-SPST
S3	ANNIU	ANNIUintlib.IntLib	ANNIU
U1	PGA44	PLD Supported Devices.IntLib	ispl1016_80lj44
U2	J016	TI Logic Counter.IntLib	SN54HC4060J
U3	KC03	TI Power Mgt Voltage Regulator.IntLib	LM330KC
Y1	BCY-W2/D3.1	Miscellaneous Devices.IntLib	XTAL

该电路需要自己制作开关、按钮和 CPLD 1016E 的封装。

一、创建 PCB 元件封装库

为了方便起见，用户可以首先新建一个元件封装库，将以后自己设计的封装都放在这个封装库中。创建 PCB 元件封装库要在 Protel DXP 2004 的 PCB 元件封装库编辑器中进行。

1. 执行菜单命令 File → New → Library → PCB Library，进入元件封装库编辑器，此时的界面如图 3-5-5 所示。同时创建一个 PCB 库文件，新建的 PCB 库文件其文件名默认为“PcbLib1.PcbLib”。

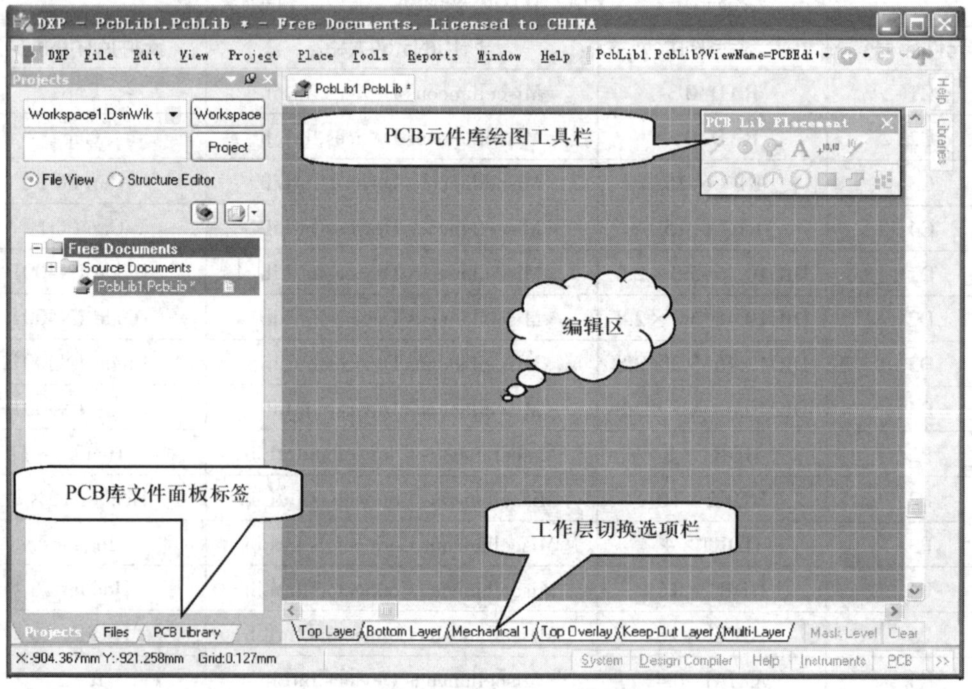

图 3-5-5　元件封装库编辑器界面

2. 执行菜单命令 File → Save，打开保存文件对话框，选择合适的文件保存路径，并在“文件名”文本框内输入此库文件的文件名“My Components. PcbLib”，单击 保存(S) 按钮保存此文件，返回封装库编辑工作环境，此时的 Projects 工作面板如图 3-5-6 所示。

二、创建元件封装

1. 人工创建开关和按钮封装

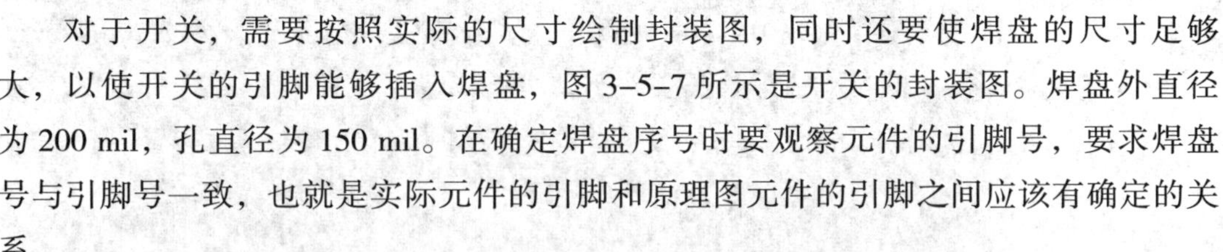

对于开关，需要按照实际的尺寸绘制封装图，同时还要使焊盘的尺寸足够大，以使开关的引脚能够插入焊盘，图 3-5-7 所示是开关的封装图。焊盘外直径为 200 mil，孔直径为 150 mil。在确定焊盘序号时要观察元件的引脚号，要求焊盘号与引脚号一致，也就是实际元件的引脚和原理图元件的引脚之间应该有确定的关系。

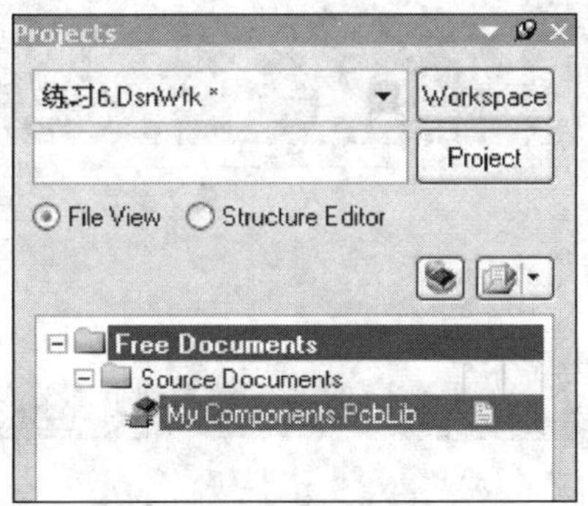

图 3-5-6　Projects 工作面板

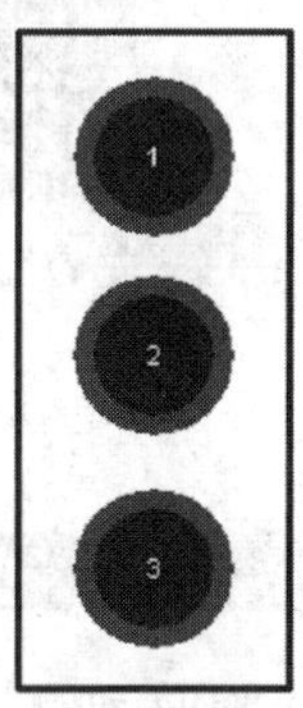

图 3-5-7　开关的封装图

（1）在封装库编辑工作环境中放置焊盘

焊盘所在的板层应该为多层 Multi-Layer。

1）设置参考点。执行菜单命令 Edit → Set Reference → Location，进入设置参考点位置命令状态。此时光标变为十字形。移动光标到工作区的中央位置，单击鼠标左键确定该点为参考原点，状态栏的坐标指示为设置后的情况。执行菜单命令 Tools → Preferences，在弹出的 Preferences 对话框的 Protel PCB-Display 界面选中 Origin Marker 前的复选框，显示参考点，如图 3-5-8 所示。

2）执行菜单命令 Place → Pad，或者使用布线工具栏上的 按钮，进入放置焊盘状态，然后按【Tab】键，打开如图 3-5-9 所示的 Pad 对话框。在该对话框中，用户可以对焊盘的孔径大小（Hole Size）、旋转角度（Rotation）、位置坐标（Location）、焊盘序号（Designator）、工作层面（Layer）、网络标号（Net）、焊盘形状（Shape）和外形尺寸（Size）等属性参数进行选择或设定。

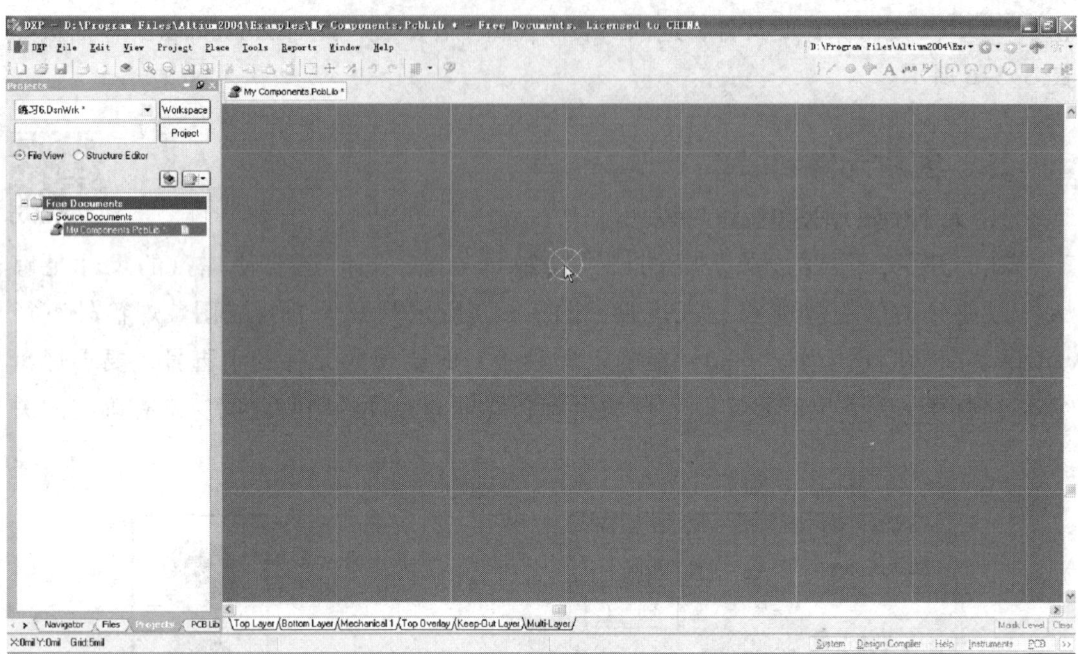

图 3-5-8　设置参考点

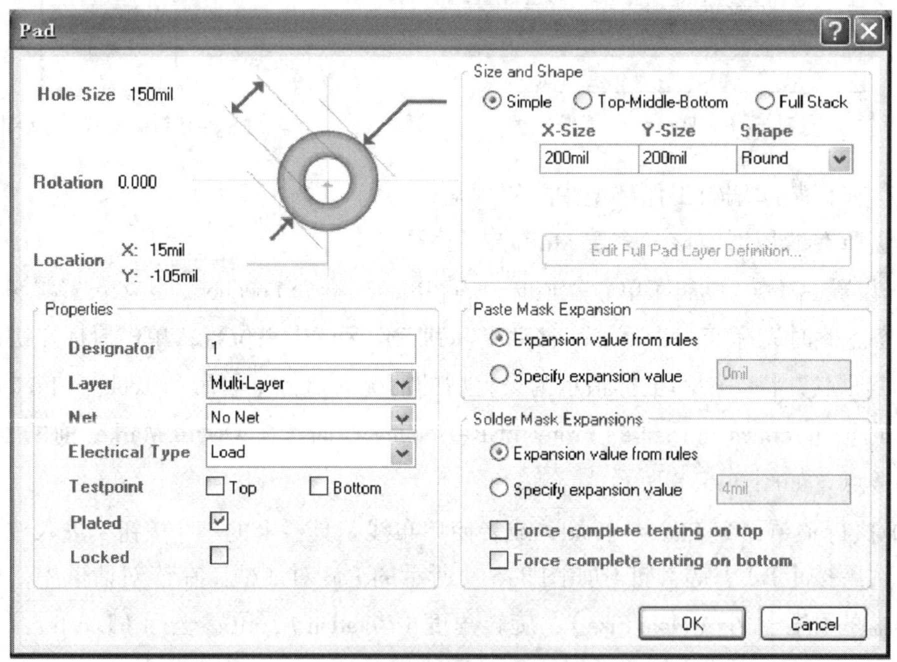

图 3-5-9　Pad 对话框

系统提供的焊盘有三种基本形状，如图 3–5–10 所示。

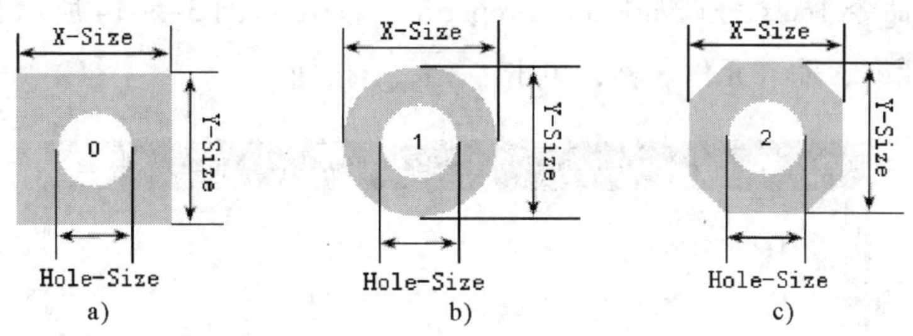

图 3–5–10　焊盘的三种基本形状

a）Rectangle　b）Round　c）Octagonal

本例选择 Round。

3）修改对话框 Hole Size 参数为 150 mil，然后修改 Size and Shape 栏中的 X-Size 和 Y-Size 大小为 200 mil，Shape 为 Round，将焊盘序号设为“1”，其他参数保持系统默认设置，如图 3–5–9 所示。单击 OK 按钮，返回 PCB 编辑工作环境。

4）移动光标到坐标（0，0）位置处，单击鼠标左键放置该焊盘，如图 3–5–11 所示。

5）依次移动光标到坐标（0，–270）和（0，–540）位置处，单击鼠标左键放置其余两个焊盘，完成如图 3–5–12 所示的焊盘放置。

小提示

焊盘所在的位置为最终印制电路板上固定元件的位置，各焊盘之间的尺寸必须符合实际尺寸，否则不可能得到正确的印制电路板，也不可能完成电路的安装和焊接。严格按照实际尺寸设置元件封装信息是最为重要的操作之一。

（2）绘制轮廓线

轮廓线一般放置在丝印层中，因此，先将板层切换到 Top Overlay。单击 PCB 元件封装库绘图工具栏中的按钮或执行菜单命令 Place → Line，完成轮廓线的绘制，如图 3–5–13 所示。

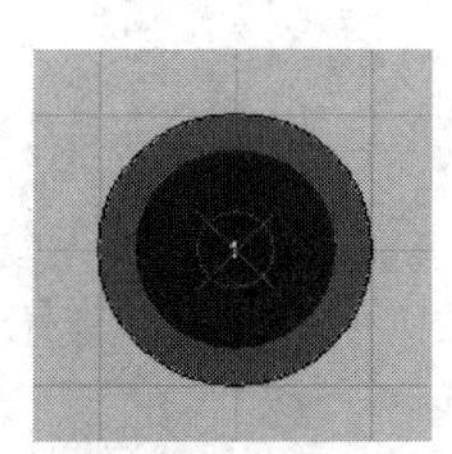

图 3–5–11　放置第一个焊盘

图 3–5–12　放置其余两个焊盘

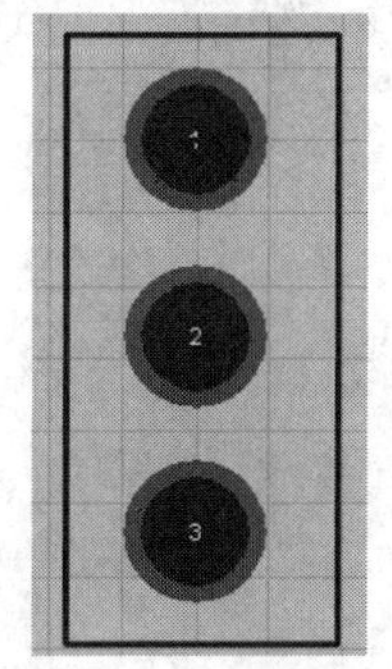

图 3–5–13　完成轮廓线的绘制

（3）给元件命名

执行菜单命令 Tools → Component Properties，弹出如图 3-5-14 所示的 PCB Library Component 对话框，输入元件名称，单击 OK 按钮。

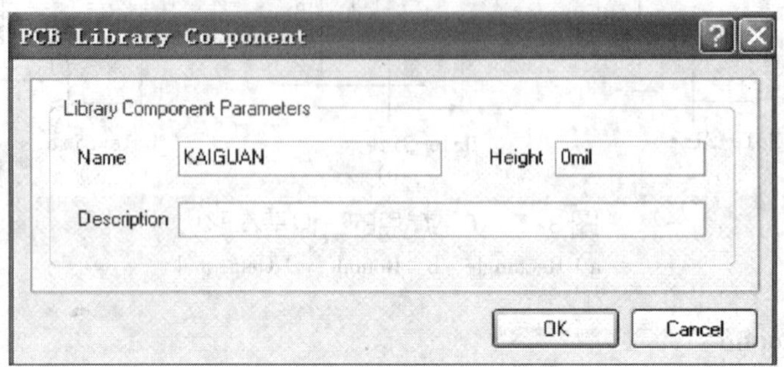

图 3-5-14　设置元件名称

单击面板标签 PCB Library ，打开 PCB Library 工作面板，此时该面板内容如图 3-5-15 所示。

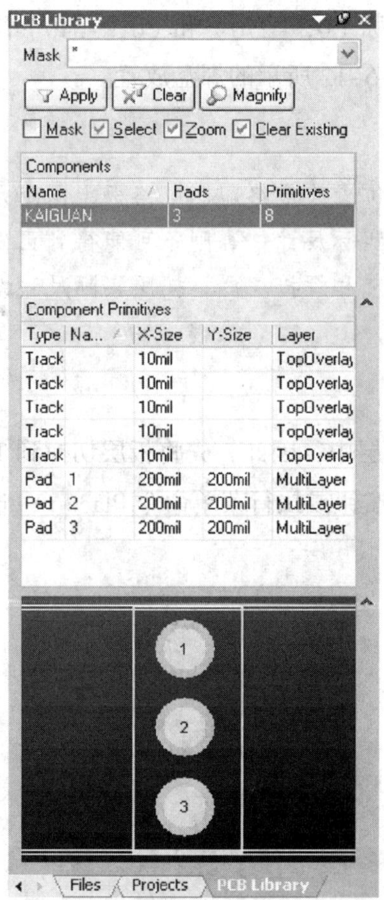

图 3-5-15　PCB Library 面板内容

（4）保存开关封装

执行菜单命令 File → Save，保存所有编辑操作，完成开关封装的创建。

（5）创建按钮封装

执行菜单命令 Tools → New Component，在当前元件封装库中新建按钮封装。按钮封装焊盘的外直径为 120 mil，孔直径为 80 mil，如图 3–5–16 所示。应注意，在按下按钮时，按钮有两只引脚短接，这两只引脚对应的焊盘应与原理图中按钮的引脚对应。

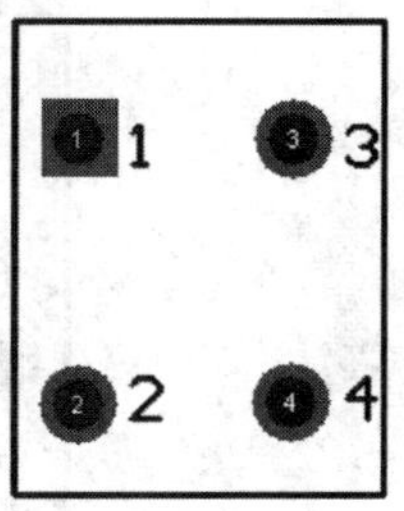

图 3–5–16　按钮的封装图

小提示

若要从元件封装库中删除元件，则可执行菜单命令 Tools → Remove Component。

2. 利用向导创建 CPLD1016E 封装

CPLD1016E 封装如图 3–5–17 所示。为了说明焊盘编号的排列规律，在图中用细实线和数字表示，制作封装时不必画出。

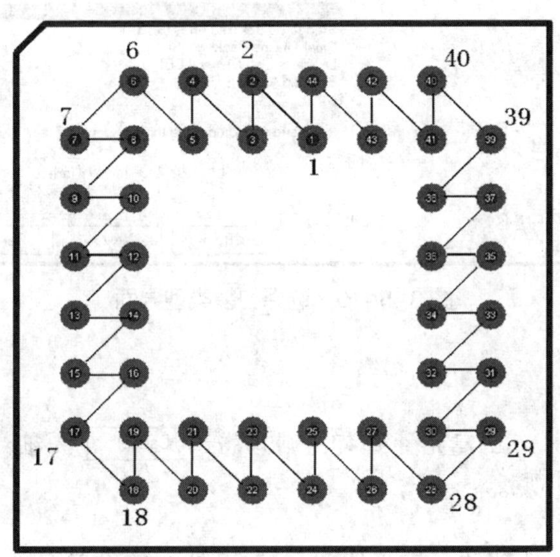

图 3–5–17　CPLD1016E 封装

（1）进入当前的元件封装库文件 My Components. PcbLib 后，执行菜单命令 Tools → New Component，弹出如图 3–5–18 所示的 Component Wizard 对话框。

（2）单击 Next > 按钮，进入如图 3–5–19 所示的选择封装类型界面。在图中选择 Pin Grid Arrays（PGA）封装类型，测量单位选择英制（Imperial）。

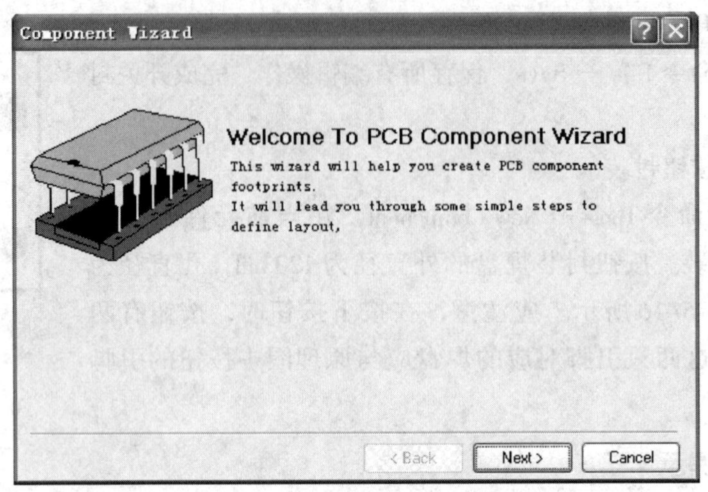

图 3-5-18　Component Wizard 对话框

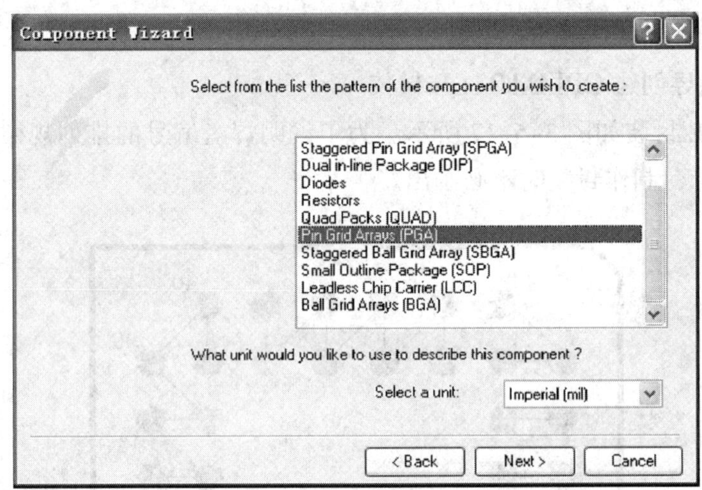

图 3-5-19　选择封装类型界面

小提示

若是人工创建元件封装，则单击 Cancel 按钮，直接进入封装库编辑工作环境。

（3）单击 Next > 按钮，进入如图 3-5-20 所示的设置焊盘尺寸界面，这里选择默认设置。

（4）单击 Next > 按钮，进入如图 3-5-21 所示的设置焊盘间距界面，单击界面中各尺寸数值，使其处于编辑状态，然后输入适当的数值。本例选择默认设置。

（5）单击 Next > 按钮，进入如图 3-5-22 所示的设置元件边框线宽界面，选择丝印层导线宽度，设置元件边框线宽为 10 mil。

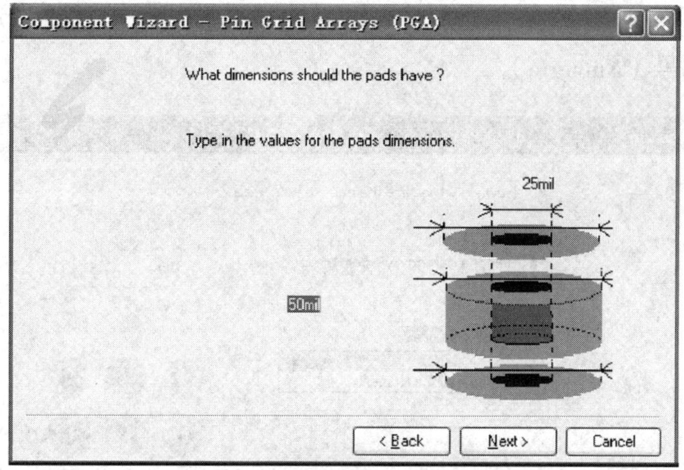

图 3-5-20　设置焊盘尺寸界面

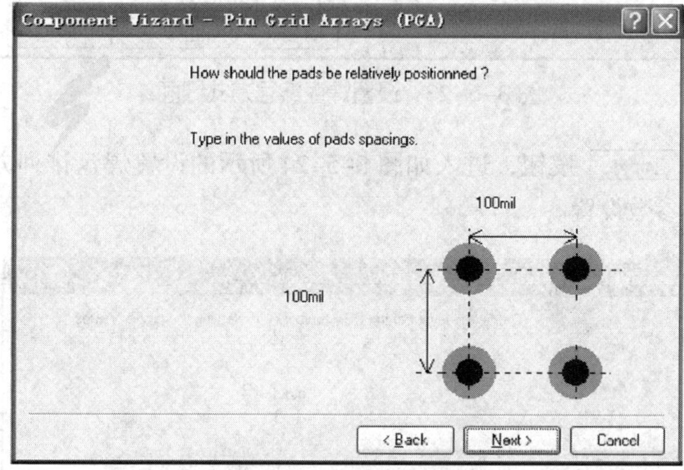

图 3-5-21　设置焊盘间距界面

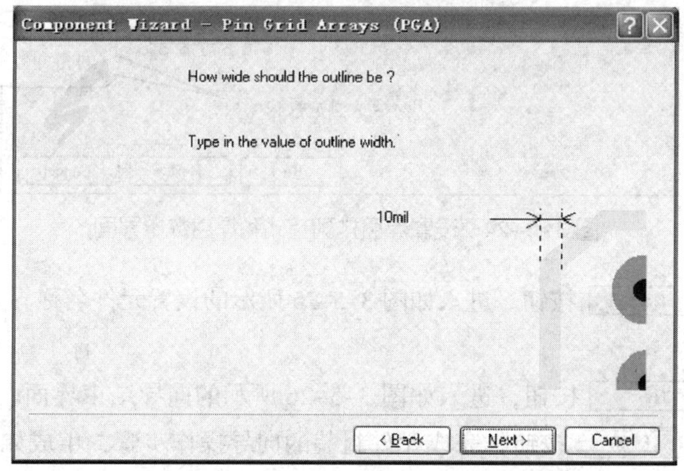

图 3-5-22　设置元件边框线宽界面

（6）单击 Next > 按钮，进入如图 3-5-23 所示的设置焊盘编号方式界面，这里选择自然数值编号（Numeric）。

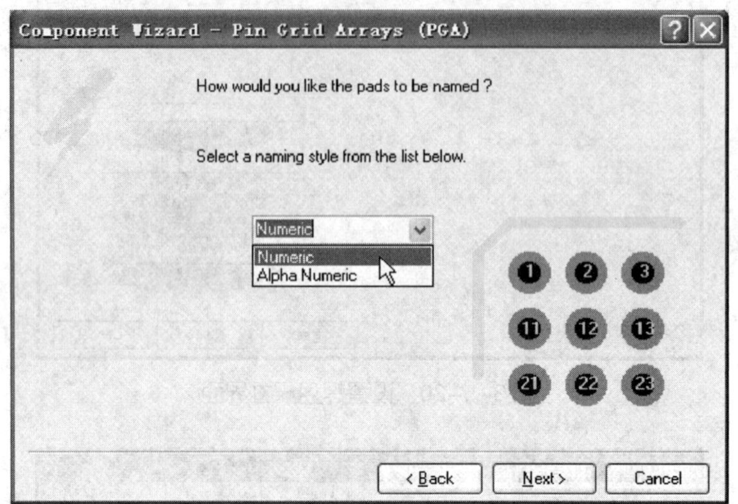

图 3-5-23　设置焊盘编号方式界面

（7）单击 Next > 按钮，进入如图 3-5-24 所示的设置焊盘排列方式和焊盘数量界面，按照图中参数设置。

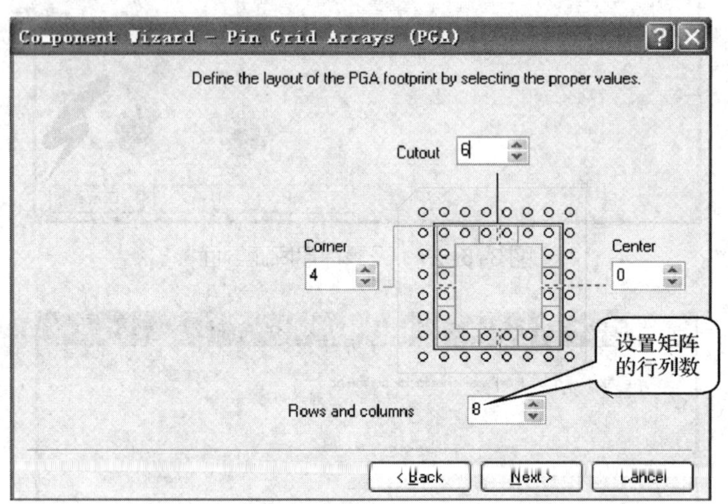

图 3-5-24　设置焊盘排列方式和焊盘数量界面

（8）单击 Next > 按钮，进入如图 3-5-25 所示的设置元件名称界面，输入元件名称 PGA44。

（9）单击 Next > 按钮，进入如图 3-5-26 所示的向导结束界面。

（10）单击 Finish 按钮，完成元件封装的向导操作步骤，生成如图 3-5-27 所示的 PGA 封装形式。

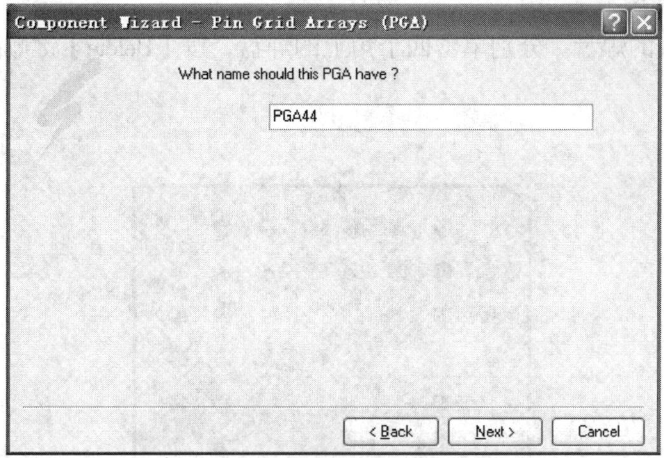

图 3-5-25 设置元件名称界面

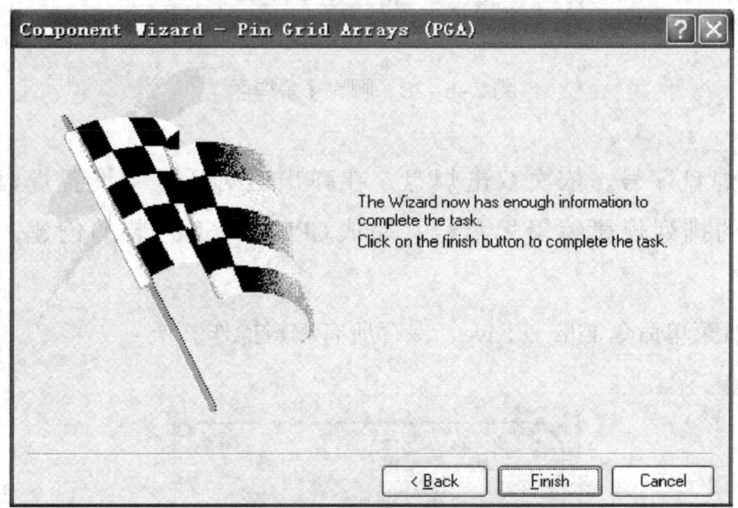

图 3-5-26 向导结束界面

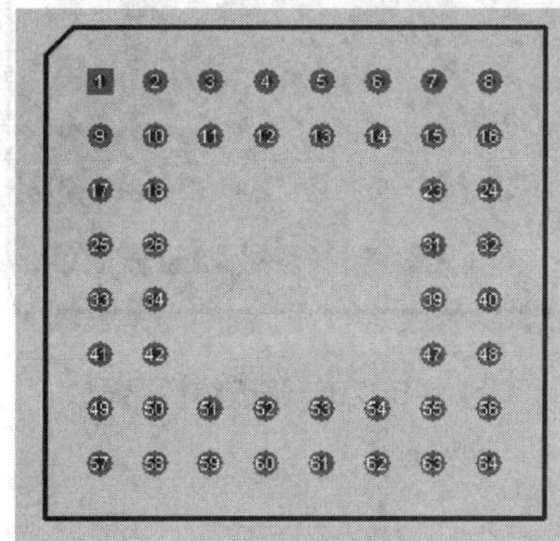

图 3-5-27 利用向导创建的 PGA 封装

（11）修改封装

1）删除多余的焊盘。分别单击四个角上的焊盘，按【Delete】键删除，如图 3-5-28 所示。

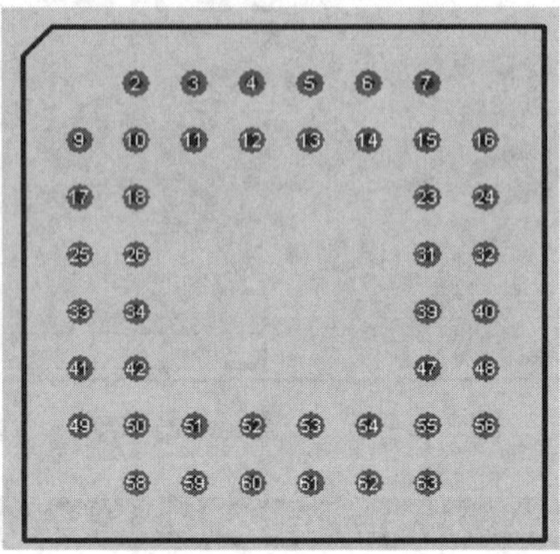

图 3-5-28　删除多余焊盘

2）修改焊盘序号。依次双击焊盘，在弹出的对话框中设置焊盘属性，按照图 3-5-17 中的排列规律编辑焊盘号，完成 CPLD1016E 封装的创建，如图 3-5-29 所示。

（12）执行菜单命令 File → Save，保存所有编辑操作。

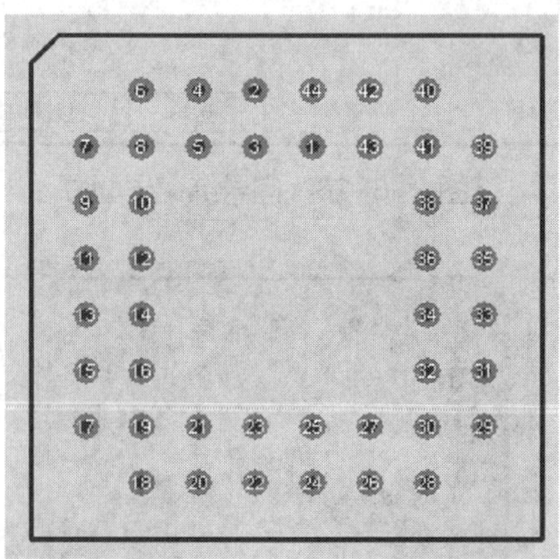

图 3-5-29　修改焊盘序号

小提示

在一般情况下，人工创建元件封装和利用向导创建元件封装经常结合使用。可以先由向导生成元件封装，然后在此基础上进行人工修改，从而得到符合要求的元件封装，这在很大程度上可以提高设计效率。

单击面板标签 PCB Library ，打开 PCB Library 面板，此时该面板内容如图 3-5-30 所示，完成所需的自建 PCB 元件封装库的制作。

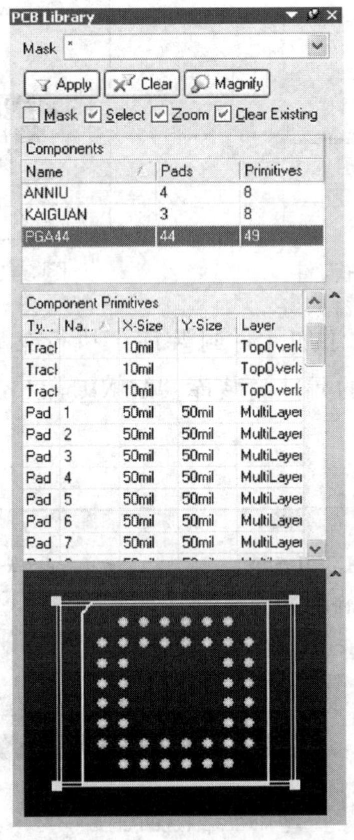

图 3-5-30 PCB Library 面板内容

三、创建集成元件封装库

前文中介绍了制作原理图元件封装库和 PCB 元件封装库的方法。但这两者都是独立的元件封装库，使用起来多有不便，Protel DXP 2004 具有将独立元件封装库制作成集成元件封装库的特色，这大大方便了元件封装库的使用和保存。下面以按钮为例，介绍集成元件封装库的制作过程。按钮的原理图封装库文件“ANNIUschlib.SchLib”如图 3-5-31 所示。

（1）新建集成元件封装库。执行菜单命令 File → New → Project → Integrated Library，即可新建一个集成库文件包。

（2）保存文件。执行菜单命令 File → Save Project As，输入文件名“ANNIUintlib”，此时的 Projects 面板内容如图 3-5-32 所示。

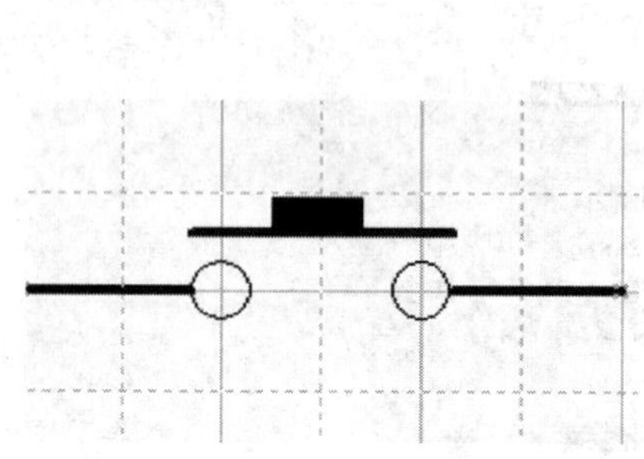

图 3-5-31 按钮的原理图库文件

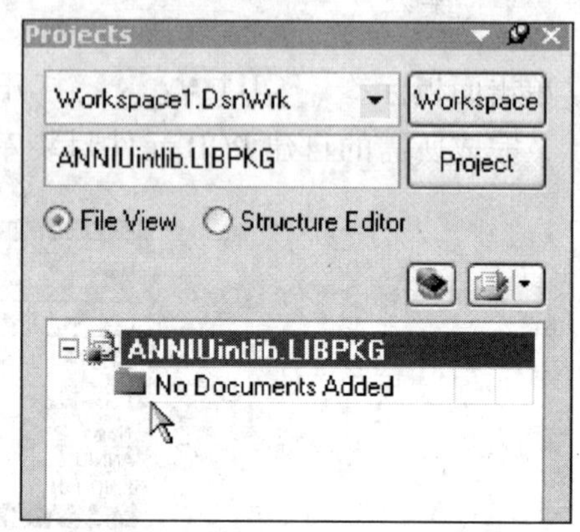

图 3-5-32 Projects 面板内容

（3）在新建的集成库中添加元件封装库。执行菜单命令 Project → Add Existing to Project，并选择前面制作的元件封装库“ANNIUschlib.SchLib”和“My Components.PcbLib”，如图 3-5-33 所示。

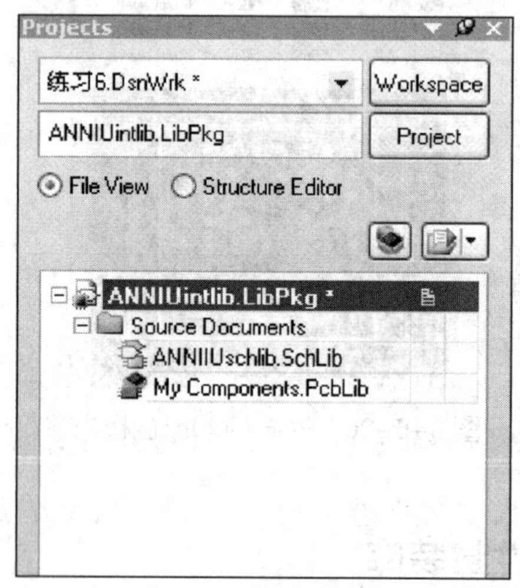

图 3-5-33 添加元件封装库

（4）向元件封装库添加模型。双击“ANNIUschlib.SchLib”，打开该文件，并进入原理图库文件编辑器，然后单击屏幕右下角的 SCH 标签，打开 SCH Library 面板，如图 3-5-34 所示。

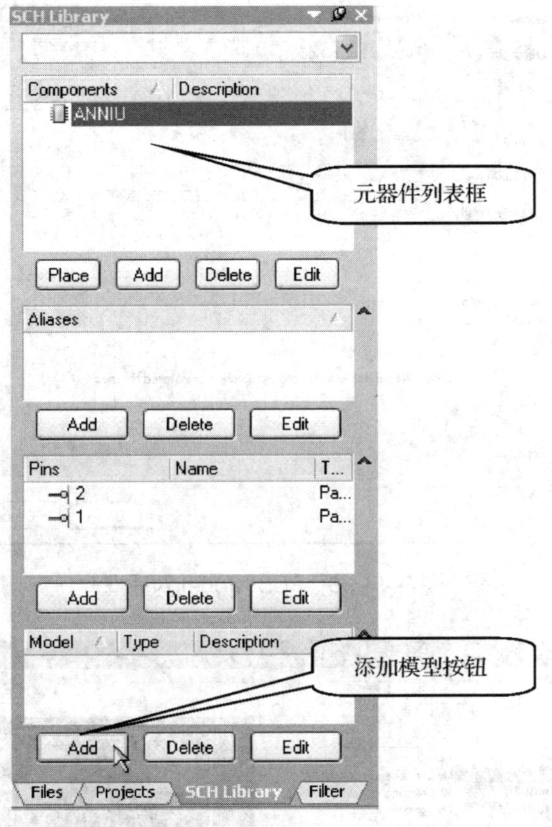

图 3-5-34 打开 SCH Library 面板

选择要添加的元件 ANNIU，在模型栏中单击 Add... 按钮，弹出如图 3-5-35 所示的 Add New Model 对话框。

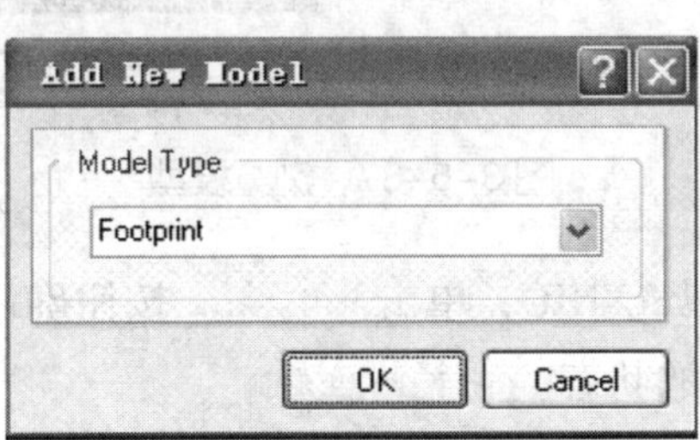

图 3-5-35 Add New Model 对话框

（5）在模型类型下拉列表中选择封装类型（Footprint），单击 OK 按钮确认，弹出如图 3-5-36 所示的 PCB Model 对话框。

该对话框用于选择添加的模型。单击 Browse... 按钮浏览，如图 3-5-37 所示。

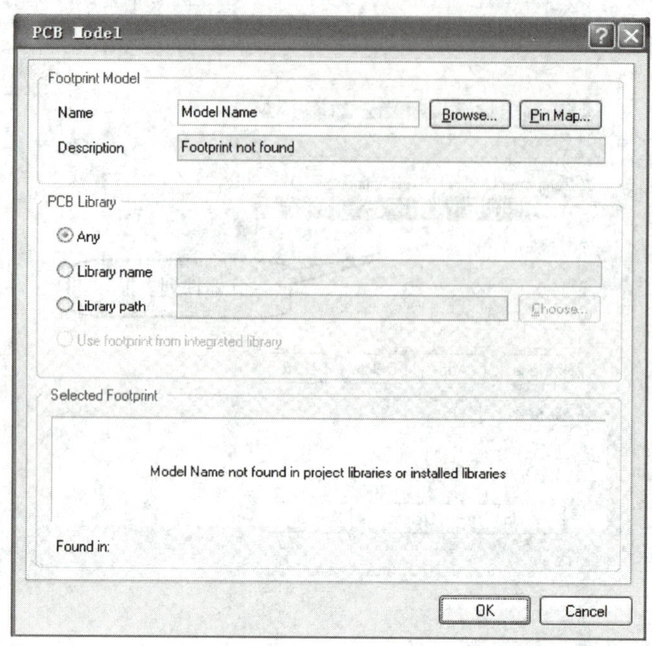

图 3-5-36　PCB Model 对话框

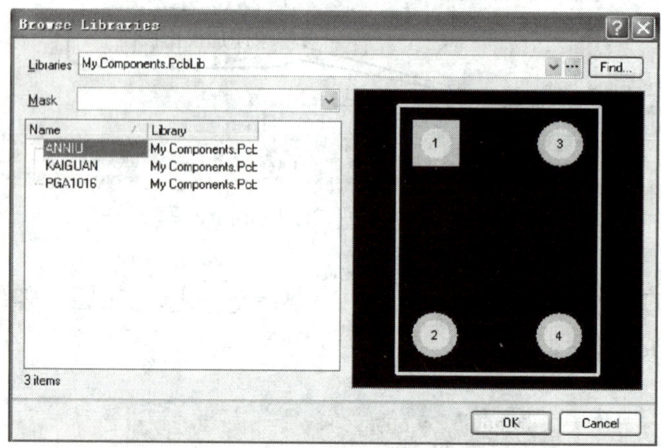

图 3-5-37　浏览模型

（6）选择要添加的模型 ANNIU，单击 OK 按钮确认。可以看到 PCB Model 对话框变成如图 3-5-38 所示的状态。

（7）单击 OK 按钮确认，可以看到封装模型已经添加到该元件封装库中，如图 3-5-39 所示。

（8）执行菜单命令 Project → Compile Integrated Library 进行编译，编译完成后系统将自动弹出 Libraries 面板，并将“ANNIUintlib.IntLib”库文件载入系统中，如图 3-5-40 所示。这样，一个自己制作的集成元件封装库就生成了，其放置在 Project Outputs for ANNIUintlib 目录下。

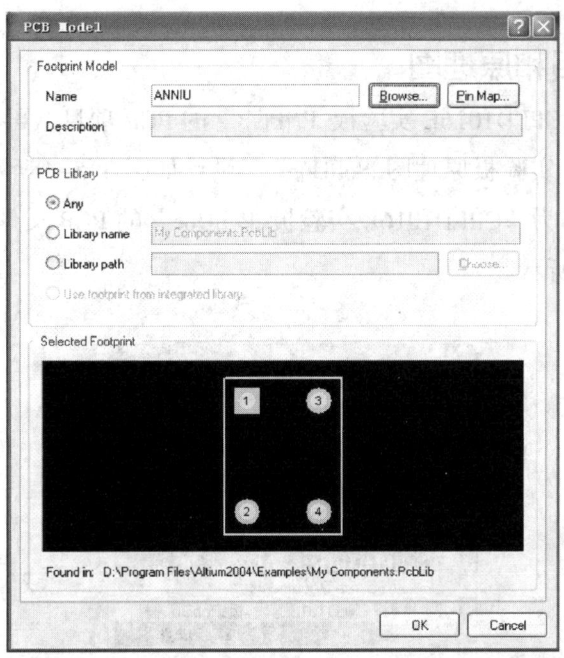

图 3–5–38　选择添加模型后的 PCB Model 对话框

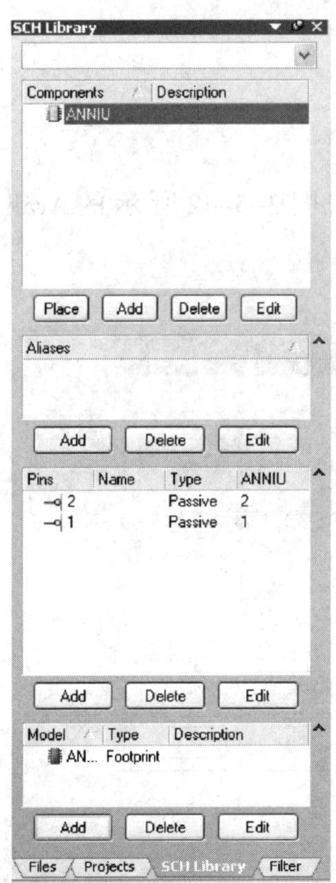

图 3–5–39　添加完封装模型

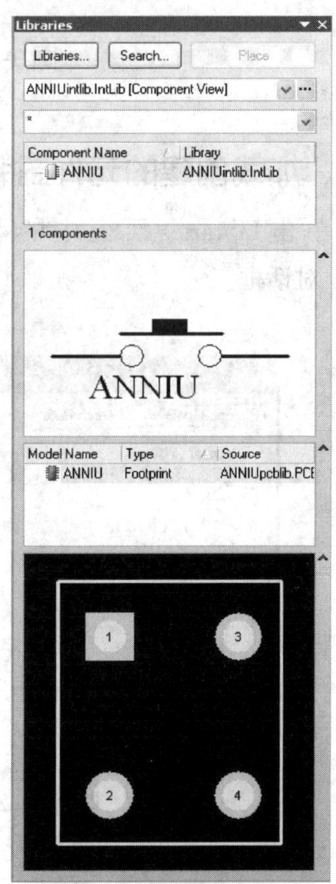

图 3–5–40　编译完成并载入库文件

四、新建项目和原理图

新建一个名为“CPLD1016E 实验板 .PrjPCB”的 PCB 项目，再在此项目下建立原理图文件“CPLD1016E 实验板原理图 .SchDoc”，设计如图 3-5-4 所示的原理图。然后再为该项目建立一个名为“CPLD1016E 实验板 .PcbDoc”的 PCB 文件。此时的 Projects 面板内容如图 3-5-41 所示。

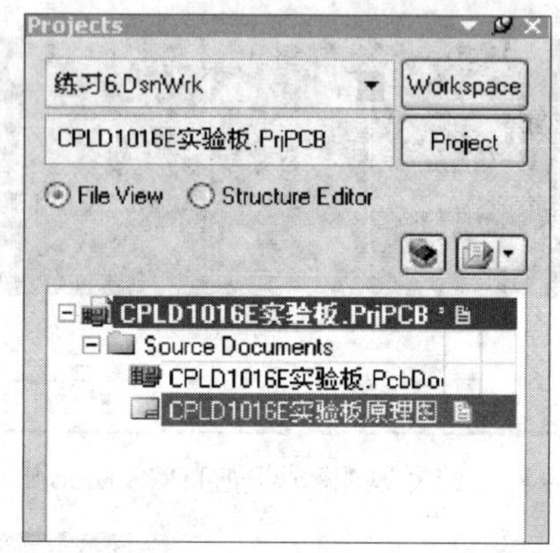

图 3-5-41　Projects 面板内容

五、加载创建的元件封装库

1. 单击 Libraries 面板中的 Libraries... 按钮，弹出如图 3-5-42 所示的 Available Libraries 对话框。

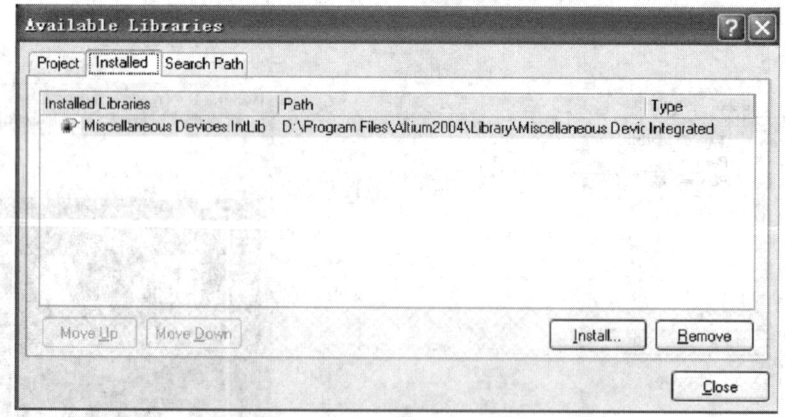

图 3-5-42　Available Libraries 对话框

2. 单击 Install... 按钮，弹出如图 3–5–43 所示的“打开”对话框。

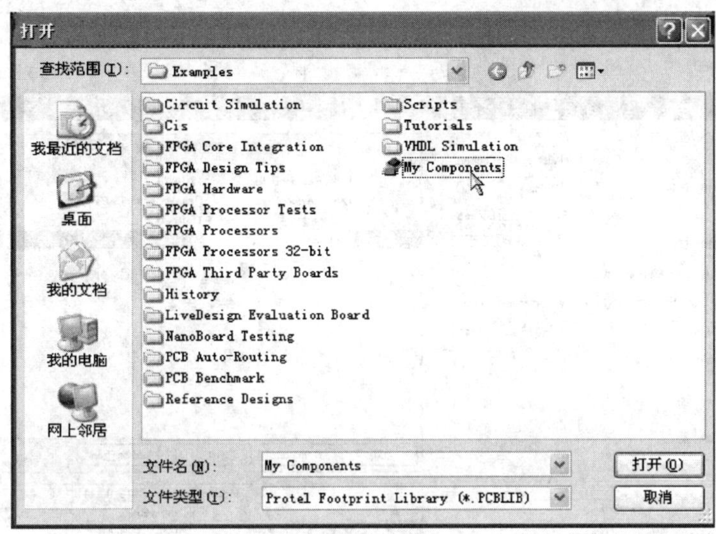

图 3–5–43 “打开”对话框

3. 选择适当路径下的文件，单击 打开(O) 按钮，打开该文件，返回 Available Libraries 对话框，如图 3–5–44 所示。

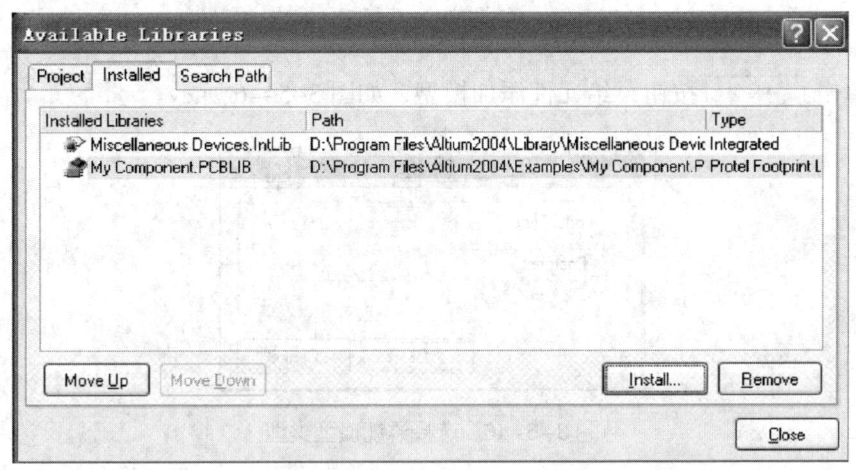

图 3–5–44 加载自建元件封装库后的 Available Libraries 对话框

4. 单击 Close 按钮，关闭对话框，完成元件封装库的加载，返回 PCB 编辑环境，在 PCB 编辑器中就可以使用自己创建的封装了。

六、给元件添加封装

1. 在原理图中双击 U1，打开其属性对话框，如图 3-5-45 所示。

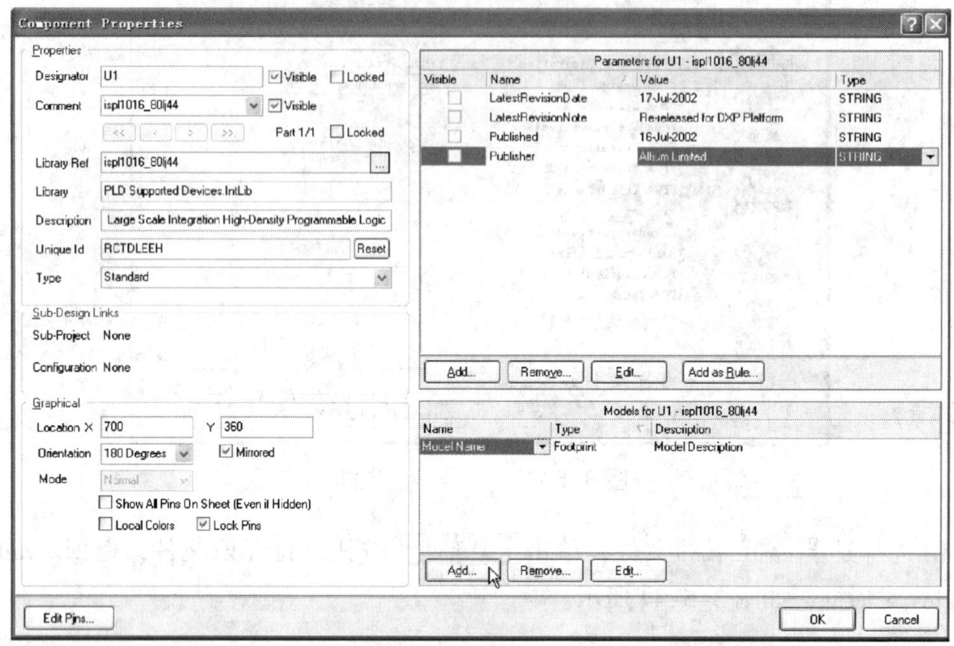

图 3-5-45　元件 U1 的属性对话框

2. 单击 Add... 按钮，给元件添加模型，如图 3-5-46 所示。

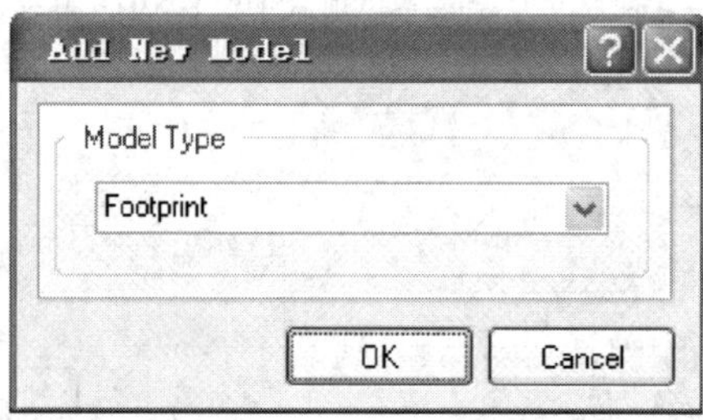

图 3-5-46　选择添加模型类型

3. 选择封装 Footprint，然后单击 OK 按钮，弹出如图 3-5-47 所示的 PCB Model 对话框。

4. 单击 Browse... 按钮，浏览元件封装库，并选择所需的模型，如图 3-5-48 所示。

5. 单击 OK 按钮，弹出如图 3-5-49 所示的添加了模型后的 PCB Model 对话框。

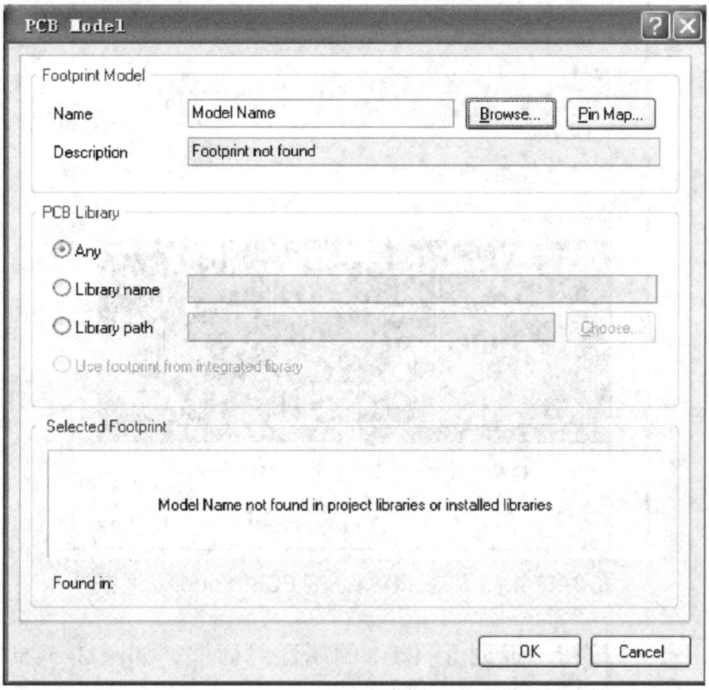

图 3-5-47　PCB Model 对话框

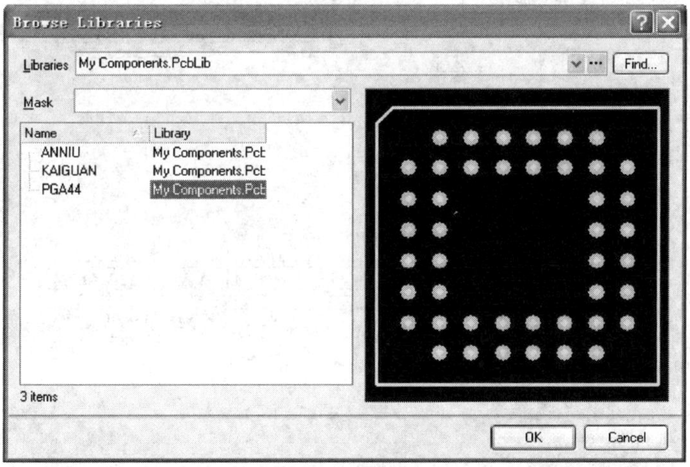

图 3-5-48　浏览元件封装库并选择模型

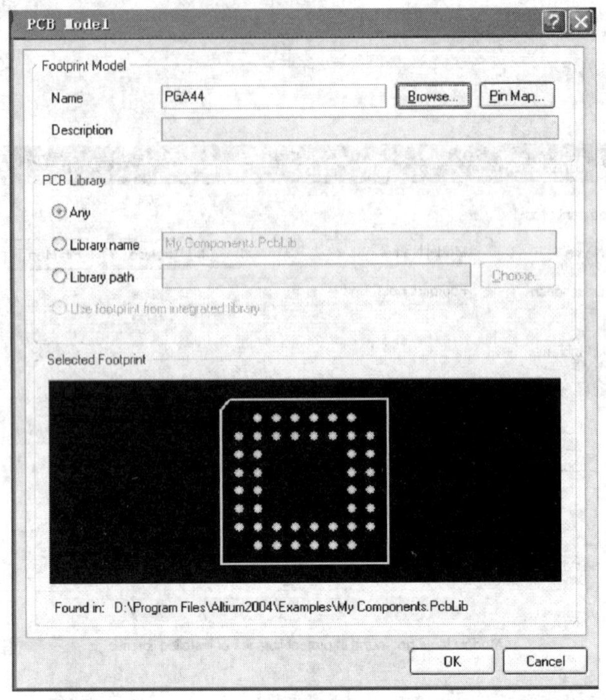

图 3-5-49　添加了模型后的 PCB Model 对话框

6. 单击 OK 按钮，返回元件 U1 的属性对话框，如图 3-5-50 所示，从中可以看出，已为元件 U1 添加了 PGA44 封装。

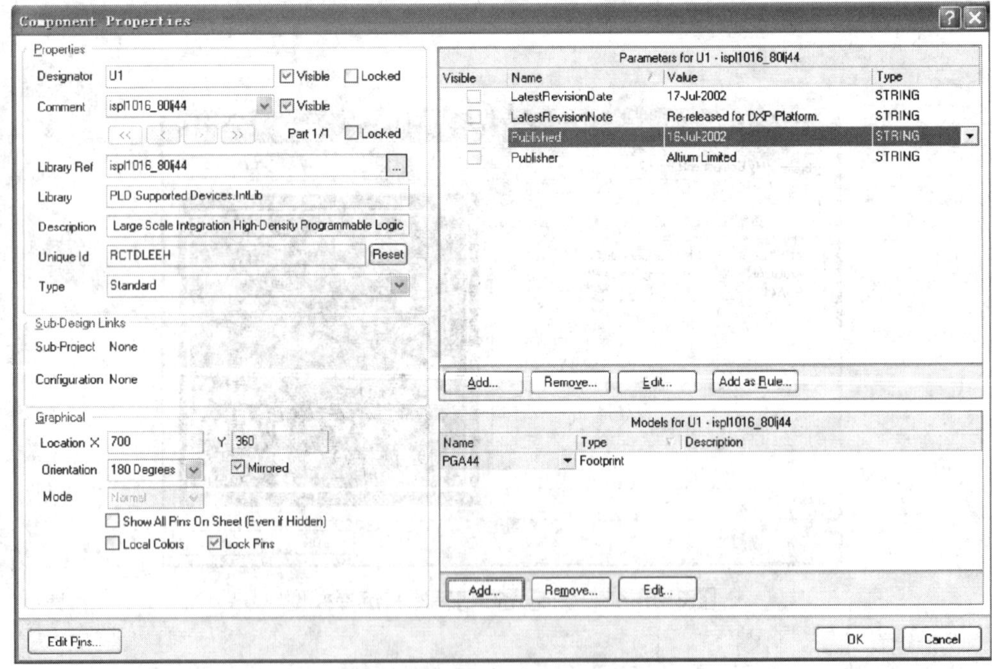

图 3-5-50　添加了封装的 U1 属性对话框

7. 单击 OK 按钮，完成 U1 封装的添加。利用相同的方法为开关 S2 添加封装 KAIGUAN，如图 3-5-51 所示。

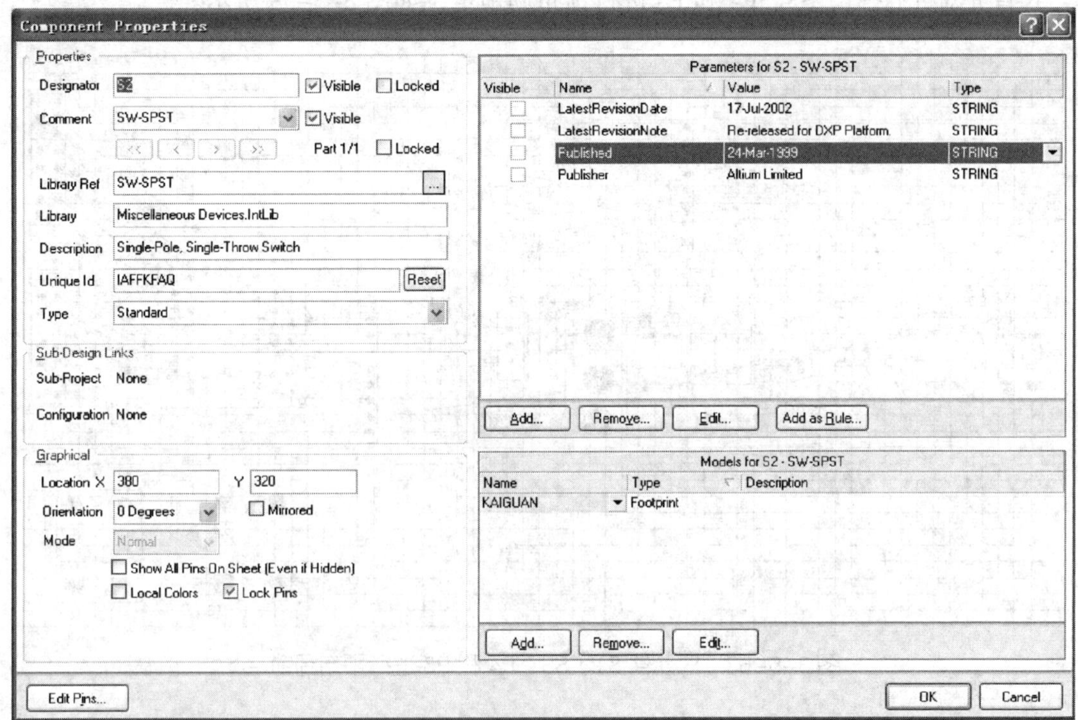

图 3-5-51　添加了封装的 S2 属性对话框

七、放置元件封装

本例利用同步器载入网络表和元件封装，步骤与前面课题中介绍的相同，这里不再赘述，加载好的元件封装如图 3-5-52 所示。

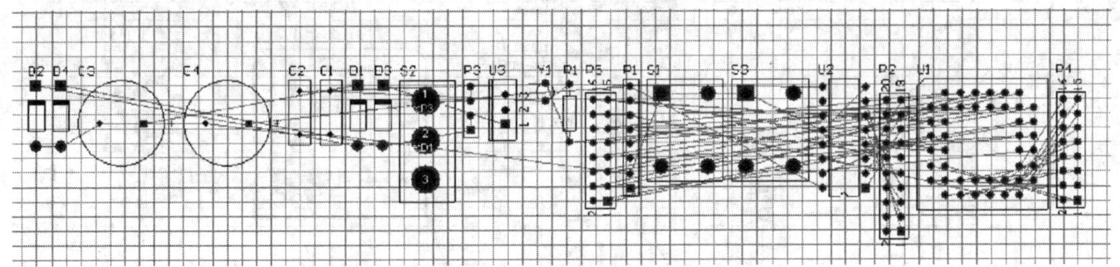

图 3-5-52　加载好的元件封装

八、元件布局

首先对元件 S1、S3、P4 和 P5 进行预布局锁定，如图 3-5-53 所示。

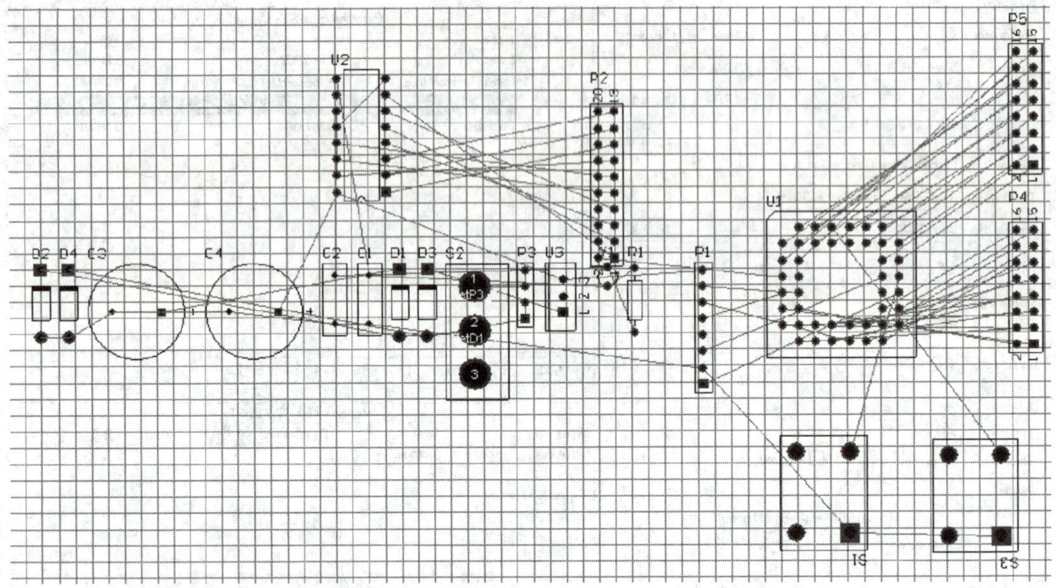

图 3-5-53　对元件 S1、S3、P4 和 P5 进行预布局锁定

然后进行自动布局、元件的人工调整、文字标注的调整，调整后的元件布局如图 3-5-54 所示。

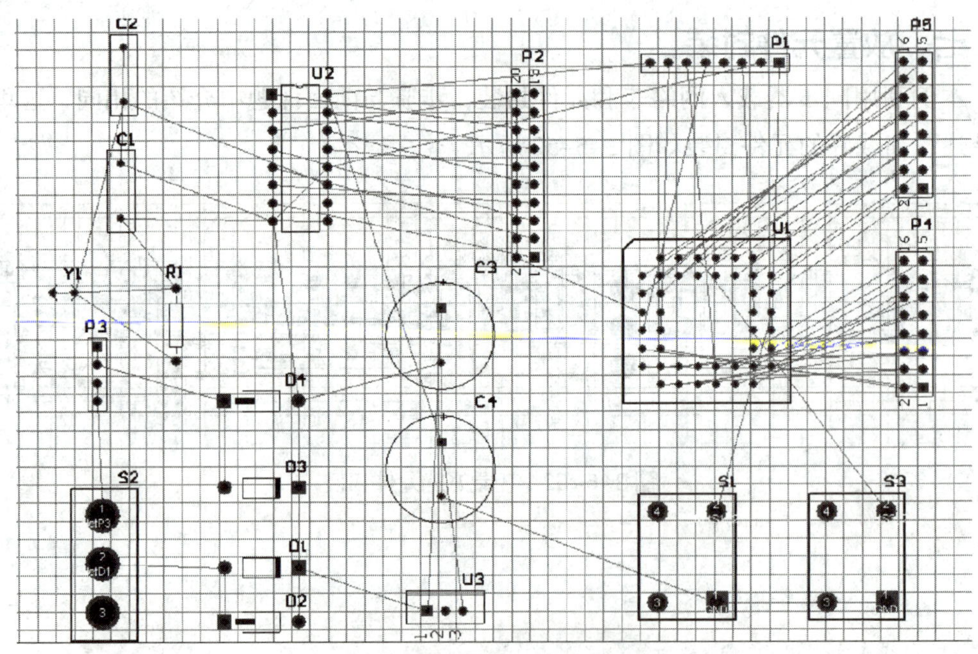

图 3-5-54　调整后的元件布局

九、布线规则的设置

执行菜单命令 Design → Rules，在弹出的对话框中展开布线宽度 Width 选项，对其中的子项进行编辑，如图 3-5-55 所示。

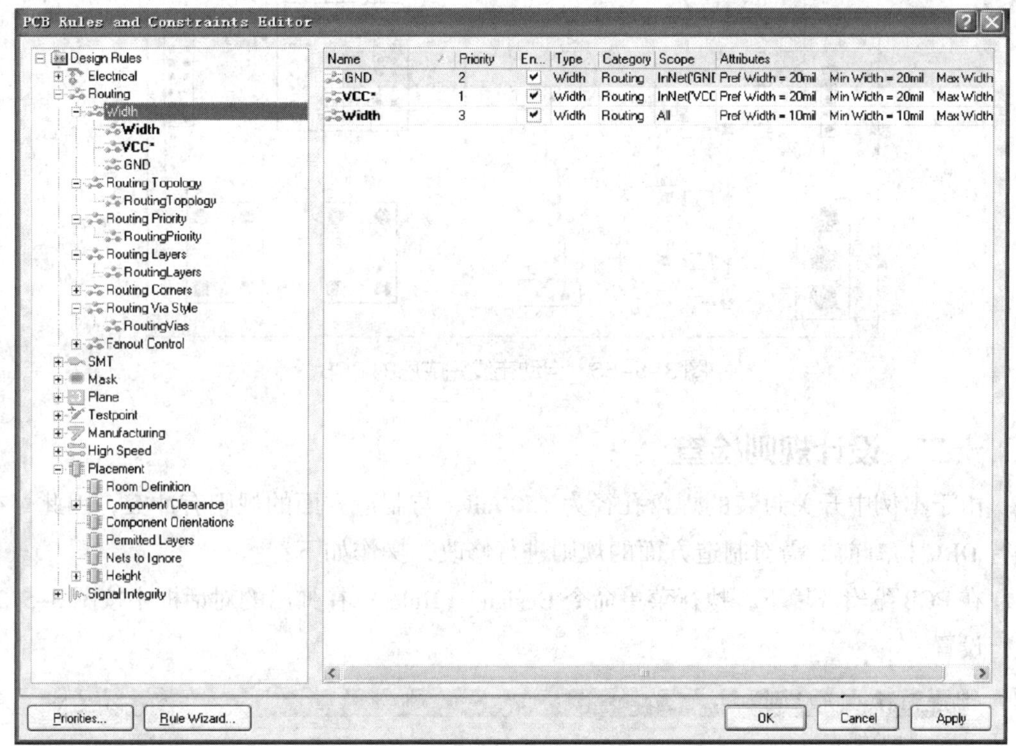

图 3-5-55　设置导线宽度及布线优先级

十、规划电路板大小

将板层切换到 Keep-Out Layer，执行菜单命令 Place → Keepout → Track 绘制一个框，该框的大小即为电路板的大小。

十一、自动布线

执行菜单命令 Auto Route → All，在弹出的对话框中确认布线策略。

单击 Route All 按钮，确认默认的双面板布线策略，即开始自动布线。自动布线完成后的 PCB 如图 3-5-56 所示。

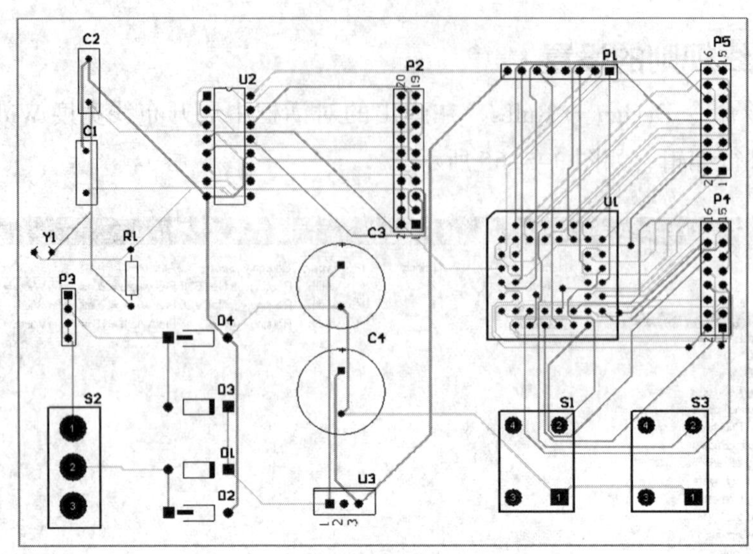

图 3-5-56　自动布线完成后的 PCB

十二、设计规则检查

由于本例中开关封装的焊盘孔径为 150 mil，与制造方面的规则有冲突，因此，在进行 DRC 检查前，需对制造方面的规则进行修改，操作如下：

在 PCB 编辑环境下，执行菜单命令 Design → Rules，在弹出的对话框中按图 3-5-57 进行设置。

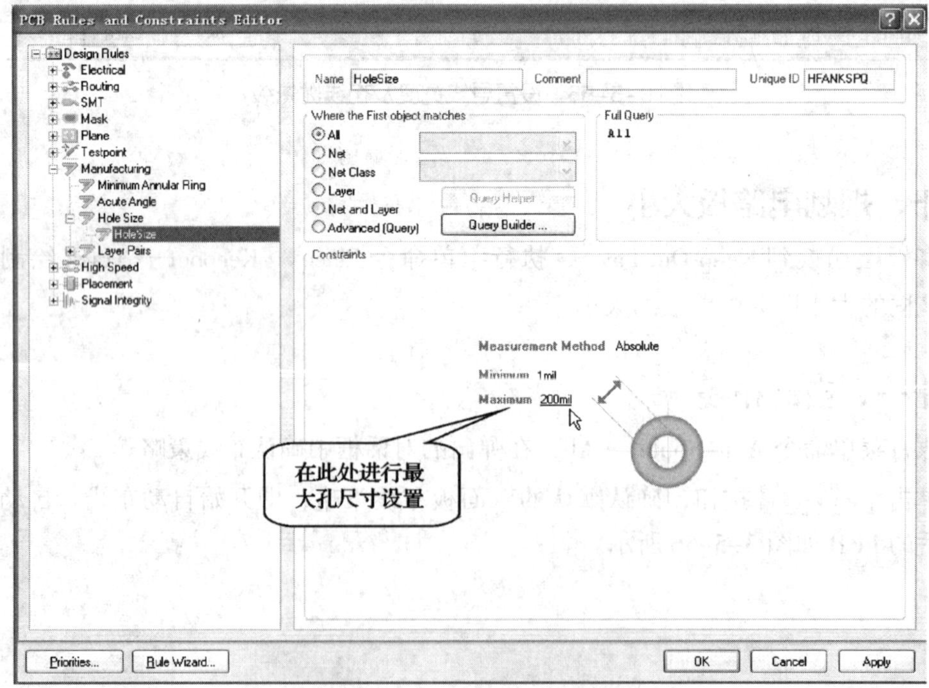

图 3-5-57　最大孔尺寸设置

执行菜单命令 Tools → Design Rule Check，进行 DRC 检查，检查结束后，系统生成一个检查情况报表，具体内容如下：

Protel Design System Design Rule Check

PCB File:\Program Files\Altium2004\Examples\CPLD1016E 实验板 .PcbDoc

Date:2020-12-14

Time:14:04:09

Processing Rule:Width Constraint(Min=10mil)(Max=10mil)(Preferred=10mil)(All)

Rule Violations:0

Processing Rule:Width Constraint(Min=20mil)(Max=20mil)(Preferred=20mil)(InNet('VCC'))

Rule Violations:0

Processing Rule:Hole Size Constraint(Min=1mil)(Max=200mil)(All)

Rule Violations:0

Processing Rule:Height Constraint(Min=0mil)(Max=1000mil)(Preferred=500mil)(All)

Rule Violations:0

Processing Rule:Width Constraint(Min=20mil)(Max=20mil)(Preferred=20mil)(InNet('GND'))

Rule Violations:0

Processing Rule:Clearance Constraint(Gap=10mil)(All),(All)

Rule Violations:0

Processing Rule:Broken-Net Constraint((All))

Rule Violations:0

Processing Rule:Short-Circuit Constraint(Allowed=No)(All),(All)

Rule Violations:0

Violations Detected:0

Time Elapsed:00:00:00

十三、保存文件

执行菜单命令 File → Save，保存所有编辑器操作，完成 CPLD1016E 实验板的 PCB 文件设计。

巩固练习

1. 试设计与 CPLD1032E 实验板配套的开关和按钮电路的电路板，要求：

（1）使用双面板。

（2）采用插针式元件。

（3）镀铜过孔。

（4）焊盘之间允许走两根铜膜线。

（5）最小铜膜线走线宽度为 10 mil，电源、地线的铜膜线宽度为 20 mil。

（6）自动布线。

本练习中的按钮和开关封装与本课题例题中的封装一样。电路如图 3-5-58 所示，元件信息见表 3-5-3。

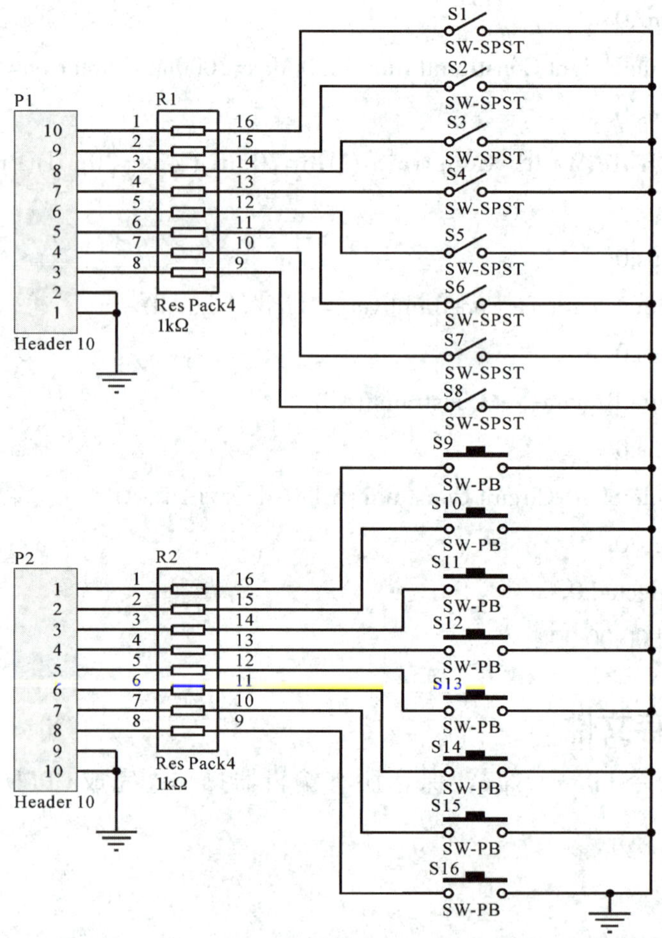

图 3-5-58　与 CPLD1032E 实验板配套的开关和按钮电路

表 3–5–3　与 CPLD1032E 实验板配套的开关和按钮电路元件信息表

元件序号	封装形式	元件库中的型号	所用的元件库名
P1	HDR1 × 10	Header 10	Miscellaneous Connectors.IntLib
P2	HDR1 × 10	Header 10	Miscellaneous Connectors.IntLib
R1	DIP-16	Res Pack4	Miscellaneous Devices.IntLib
R2	DIP-16	Res Pack4	Miscellaneous Devices.IntLib
S1	KAIGUAN	SW-SPST	Miscellaneous Devices.IntLib
S2	KAIGUAN	SW-SPST	Miscellaneous Devices.IntLib
S3	KAIGUAN	SW-SPST	Miscellaneous Devices.IntLib
S4	KAIGUAN	SW-SPST	Miscellaneous Devices.IntLib
S5	KAIGUAN	SW-SPST	Miscellaneous Devices.IntLib
S6	KAIGUAN	SW-SPST	Miscellaneous Devices.IntLib
S7	KAIGUAN	SW-SPST	Miscellaneous Devices.IntLib
S8	KAIGUAN	SW-SPST	Miscellaneous Devices.IntLib
S9	ANNIU	SW-PB	Miscellaneous Devices.IntLib
S10	ANNIU	SW-PB	Miscellaneous Devices.IntLib
S11	ANNIU	SW-PB	Miscellaneous Devices.IntLib
S12	ANNIU	SW-PB	Miscellaneous Devices.IntLib
S13	ANNIU	SW-PB	Miscellaneous Devices.IntLib
S14	ANNIU	SW-PB	Miscellaneous Devices.IntLib
S15	ANNIU	SW-PB	Miscellaneous Devices.IntLib
S16	ANNIU	SW-PB	Miscellaneous Devices.IntLib

2. 试设计如图 3–5–59 所示电源电路的电路板，元件信息见表 3–5–4，要求：

（1）使用双面板。

（2）采用插针式元件。

（3）焊盘之间允许走一根铜膜线。

（4）最小铜膜线走线宽度为 12 mil，电源、地线的铜膜线宽度为 25 mil。

（5）人工布线。

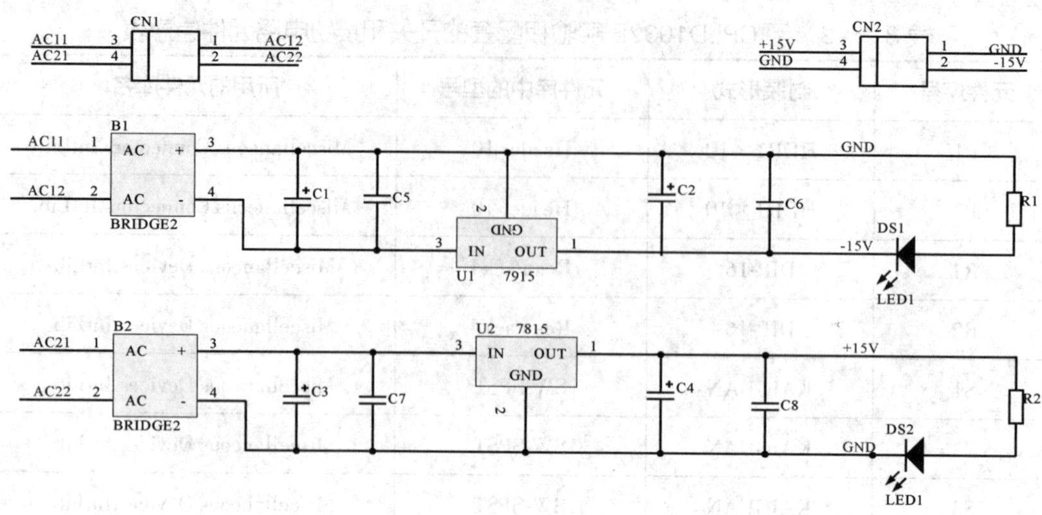

图 3-5-59 电源电路

表 3-5-4 电源电路元件信息表

元件序号	封装形式	元件库中的型号	所用的元件库名
B1	4-POWER	BRIDGE2	—
B2	4-POWER	BRIDGE2	—
C1	RB7.6-15	Cap Pol2	Miscellaneous Devices.IntLib
C2	RB7.6-15	Cap Pol2	Miscellaneous Devices.IntLib
C3	RB7.6-15	Cap Pol2	Miscellaneous Devices.IntLib
C4	RB7.6-15	Cap Pol2	Miscellaneous Devices.IntLib
C5	RAD-0.3	Cap	Miscellaneous Devices.IntLib
C6	RAD-0.3	Cap	Miscellaneous Devices.IntLib
C7	RAD-0.3	Cap	Miscellaneous Devices.IntLib
C8	RAD-0.3	Cap	Miscellaneous Devices.IntLib
CN1	CN4	CN-4	—
CN2	CN4	CN-4	—
DS1	LED-1	LED1	Miscellaneous Devices.IntLib
DS2	LED-1	LED1	Miscellaneous Devices.IntLib
R1	AXIAL-0.4	Res2	Miscellaneous Devices.IntLib
R2	AXIAL-0.4	Res2	Miscellaneous Devices.IntLib
U1	SR79	L78L15ACZ	ST Power Mgt Voltage Regulator.IntLib
U2	SR78	L78L15ACZ	ST Power Mgt Voltage Regulator.IntLib

本练习中需要自己创建元件 BRIDGE2 和 CN-4。元件封装 CN4、4-POWER、SR79 和 SR78 如图 3-5-60 所示。

Hole Size: 1.5mm
X: 3mm Y: 1.8mm

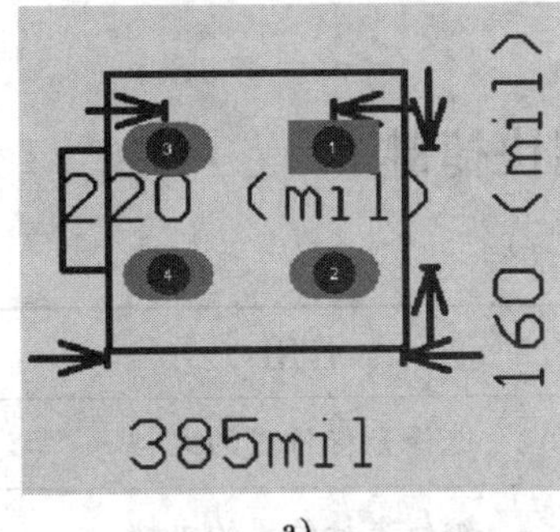

a）

Hole Size: 0.8mm
X: 2.54mm Y: 2.54mm

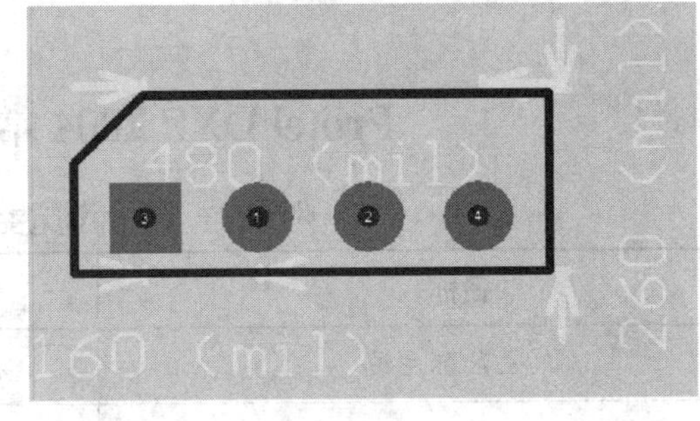

b）

Pad 1、2、3
X-Size: 100mil
Y-Size: 70mil
Hole: 40mil

Pad 4、5
X-Size: 125mil
Y-Size: 125mil
Hole: 55mil

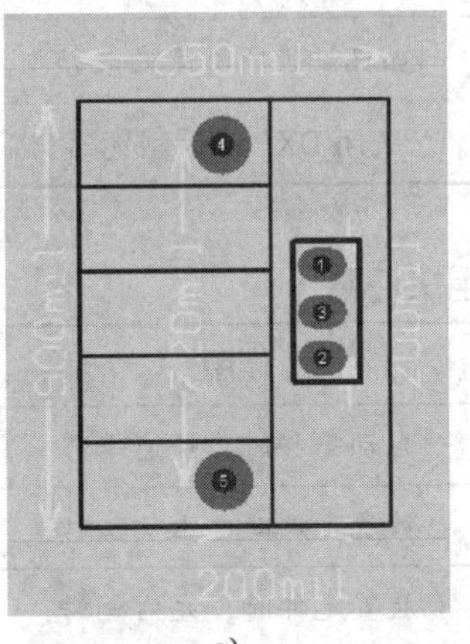

c）

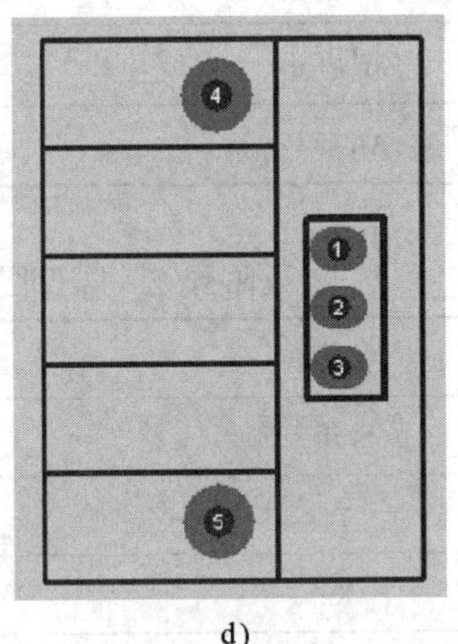

d）

图 3-5-60 元件封装

a）元件封装 CN4 b）元件封装 4-POWER c）元件封装 SR79
d）元件封装 SR78（尺寸与 SR79 相同）

附 录

Protel DXP 2004 常用快捷键

附录 1 设计浏览器快捷键

名称	作用
单击鼠标左键	选择光标位置的文档
双击鼠标左键	编辑光标位置的文档
单击鼠标右键	显示相关的弹出菜单
Ctrl+F4	关闭当前文档
Ctrl+Tab	循环切换所打开的文档
Alt+F4	关闭 DXP 设计浏览器

附录 2 原理图和 PCB 通用快捷键

名称	作用
Shift	自动平移时，快速平移
Y	放置元件时，上下翻转
X	放置元件时，左右翻转
↑/↓/←/→	箭头方向以一个网格为增量，移动光标
Shift+↑/↓/←/→	箭头方向以十个网格为增量，移动光标
空格键	放弃屏幕刷新
Esc	退出当前命令
End	屏幕刷新
Home	以光标为中心刷新屏幕
PageDown，Ctrl+ 鼠标滚轮	以光标为中心缩小画面
PageUp，Ctrl+ 鼠标滚轮	以光标为中心放大画面
鼠标滚轮	上下移动画面
Shift+ 鼠标滚轮	左右移动画面

续表

名称	作用
Ctrl+Z	撤销上一次操作
Ctrl+Y	重复上一次操作
Ctrl+A	选择全部
Ctrl+S	保存当前文档
Ctrl+C	复制
Ctrl+X	剪切
Ctrl+V	粘贴
Ctrl+R	复制并重复粘贴选中的对象
Delete	删除
V+D	显示整个文档
V+F	显示所有对象
X+A	取消所有选中的对象
按住鼠标右键拖动	显示滑动小手并移动画面
单击鼠标左键	选择对象
单击鼠标右键	显示弹出菜单，或取消当前命令
单击鼠标右键并选择 Find Similar Objects	选择相同对象
按住鼠标左键拖动	选择区域内部对象
双击鼠标左键	编辑对象
Shift+ 单击鼠标左键	选择或取消选择
Tab	编辑正在放置对象的属性
Shift+C	清除当前过滤的对象
Shift+F	可选择与之相同的对象
Y	弹出快速查询菜单
F11	打开或关闭 Inspector 面板
F12	打开或关闭 Filter 面板

附录 3　原理图快捷键

名称	作用
Alt	在水平和垂直线上限制对象的移动
G	循环切换捕捉网格设置
空格键	放置对象时将待放置的对象旋转 90°，放置电线、总线、多边形线时激活开始 / 结束模式
Shift+ 空格键	放置电线、总线、多边形线时切换放置模式
Backspace	放置电线、总线、多边形线时删除最后一个拐角
按住鼠标左键 +Delete	删除所选中线的拐角
按住鼠标左键 +Insert	在选中的线处增加拐角
Ctrl+ 按住鼠标左键拖动	拖动选中的对象

附录 4　PCB 快捷键

名称	作用
Shift+R	切换三种布线模式
Shift+E	打开或关闭电气网格
Ctrl+G	弹出捕获网格对话框
G	弹出捕获网格菜单
N	移动元件时隐藏网状线
L	镜像元件到另一布局层，显示 Board Layers 对话框
Backspace	在布铜线时删除最后一个拐角
Shift+ 空格键	在布铜线时切换拐角模式，顺时针旋转对象
空格键	在布铜线时改变开始 / 结束模式，逆时针旋转对象
Shift+S	切换打开 / 关闭单层显示模式
O+D+D+Enter	选择草图显示模式
O+D+F+Enter	选择正常显示模式
O+D	显示 / 隐藏 Preferences 对话框
Ctrl+H	选择连接铜线
Ctrl+Shift+ 单击鼠标左键	打断线
+	切换到下一层（数字键盘）

续表

名称	作用
-	切换到上一层（数字键盘）
*	下一布线层（数字键盘）
M+V	移动分割平面层顶点
Alt	在避开障碍物和忽略障碍物之间切换
Ctrl	布线时临时不显示电气网格
Ctrl+M	测量距离
Q	在公制和英制之间进行单位切换